高等院校新能源专业系列教材

普通高等教育新能源类"十四五"精品系列教材

融合教材

Experimental and Practical Course for Lithium Ion Battery

锂离子电池实验与实践教程

主　编　李加新

副主编　黄志高　林应斌

U0259208

中国水利水电出版社

www.waterpub.com.cn

·北京·

内 容 提 要

本书系统而全面地介绍了锂离子电池技术的基础知识、基本工艺和典型应用实例；综合汇编了锂离子电池的前沿基础研究及实用性全电池开发相关的 27 个实验项目。本书共分 7 章，具体包括：锂离子电池的基础知识，锂离子电池电极材料的合成技术及表征技术，锂离子电池的性能测试及分析技术，锂离子电池的正极、负极材料的制备及电化学性能研究，叠片型软包 NCM‖石墨锂电池和 18650 圆柱形磷酸铁锂‖石墨锂电池的工业化制备及电池综合性能检测，结合其工业制备及检测过程的关键工序编制了 15 个实验。此外，本书特别与国家级虚拟仿真项目和数字化资源建设相结合，既体现基础研究和生产实际，又反映了电池和新能源产业的最新技术成果和前沿进展。

本书适合作为高等学校新能源科学与工程、储能科学与工程专业及其他相关专业方向的本科生和研究生综合实验的教学参考用书，也适合从事电化学、新能源储能、动力电池生产与设计的从业人员参考。

图书在版编目（ＣＩＰ）数据

锂离子电池实验与实践教程 / 李加新主编. -- 北京：
中国水利水电出版社，2022.5
　　高等院校新能源专业系列教材　普通高等教育新能源
类"十四五"精品系列教材
　　ISBN 978-7-5170-9802-7

　　Ⅰ. ①锂… Ⅱ. ①李… Ⅲ. ①锂离子电池－高等学校
－教材 Ⅳ. ①TM912

中国版本图书馆CIP数据核字(2021)第151627号

书　　名	高等院校新能源专业系列教材 普通高等教育新能源类"十四五"精品系列教材 **锂离子电池实验与实践教程** LILIZI DIANCHI SHIYAN YU SHIJIAN JIAOCHENG
作　　者	主　编　李加新 副主编　黄志高　林应斌
出版发行	中国水利水电出版社 （北京市海淀区玉渊潭南路 1 号 D 座　100038） 网址：www. waterpub. com. cn E - mail：sales@mwr. gov. cn 电话：(010) 68545888 （营销中心）
经　　售	北京科水图书销售有限公司 电话：(010) 68545874、63202643 全国各地新华书店和相关出版物销售网点
排　　版	中国水利水电出版社微机排版中心
印　　刷	天津嘉恒印务有限公司
规　　格	184mm×260mm　16 开本　21.5 印张　523 千字
版　　次	2022 年 5 月第 1 版　2022 年 5 月第 1 次印刷
印　　数	0001—3000 册
定　　价	**68.00 元**

前　　言

当前，在应对能源短缺、气候变化和实现中国碳达峰、碳中和的目标下，储能技术的发展备受关注和青睐。储能技术在促进能源生产消费、推动能源革命和能源新业态发展方面发挥着至关重要的作用，是国家能源安全的重要保障。储能技术的创新突破将成为带动全球能源格局革命性、颠覆性调整的重要引领技术，是实现碳达峰、碳中和的重要举措。同时，2020 年 2 月，教育部、国家发展和改革委员会、国家能源局联合发布了《储能技术专业学科发展行动计划（2020—2024 年)》（以下简称《计划》)，提出加快培养优秀专业人才，加快发展我国储能科学与技术。该《计划》提出的储能学科涉及电力电子、电力系统、电化学、热管理等诸多领域，锂离子电池储能技术是电化学储能的重要代表。至 2021年，全国已有 20 余家高校获批储能科学与工程本科专业，在此专业中开设《锂离子电池实验实践教程》是迫切需要的。

本书系统而全面地介绍了锂离子电池技术的基础知识、基本工艺和典型应用实例；综合汇编了锂离子电池的前沿基础研究及实用性全电池开发的实验项目。本书共分 7 章，第 1 章锂离子电池概述，重点介绍锂离子电池的发展概况、基本原理，关键材料及锂离子输运动力学及电芯集成工艺；第 2 章锂离子电池电极材料的合成技术及表征技术，重点介绍电极材料的合成技术及原位表征技术；第 3 章锂离子电池的性能测试及分析技术，深入浅出地介绍锂离子电池电极材料的合成技术、常规表征技术以及原位表征技术；第 4 章锂离子电池正极材料的制备及电化学性能研究，针对磷酸铁锂、钴酸锂、三元 NCM、富锂锰、高压 LNMO 及聚阴离子型硅酸铁锂等 6 类典型正极材料，重点汇编了 6 个实验指导书，制备方法涉及固相法、球磨法、喷雾法、模板法及溶胶—凝胶法；第 5 章锂离子电池负极材料的制备及电化学性能研究，针对 6 类典型负极材料，重点汇编了 6 个实验指导书，制备方法涉及电纺丝法、自组装法、溶剂热法及水热法；第 6 及 7 章针对叠片型软包 NCM‖石墨锂离子全电池和 18650 圆柱形磷酸铁锂‖石墨锂离子全电池的工业化制备及电池综合性能检测，结合其工业制备及检测过程的关键工序重点汇编了 15 个实验，包含在每章最后各自汇编的一个全电池的设计探究实验。

本书力求做到概念清晰，语言简明，理论严谨，编排合理；在描述和分析问题时注重启发性，在汇编实验中辅以前沿拓展阅读，使读者能够深入浅出地且较全面系统地理解和掌握锂离子电池的基本理论知识以及关键实验实践内容，做到学以致用、学用结合，把理论学习充分联系实际应用。

本书由李加新任主编，黄志高和林应斌任副主编。第 1 章由李加新、黄志高编写，第 2 章由黄志高、邹明忠编写，第 3 章由林应斌、林志雅编写，第 4 章由李加新、邹明忠编写，第 5 章由李加新、林志雅编写，第 6 章由林应斌、赵桂英编写，第 7 章由赵桂英、李加新、黄永聪编写；最后，由李加新、黄志高和林应斌统稿。本书数字化教学资源主要由李加新、黄志高、赵桂英制作和编辑。

在编写过程中，参阅了许多作者的有关著作、教材、论文和资料，在此向有关作者表示感谢；另外，得到了国家级和省级实验示范中心的经费支持，同时得到了福州市科技局对外科技合作项目（2021-Y-086）的经费支持，得到中国水利水电出版社丁琪、李莉、殷海军、王惠等编辑的鼎力支持；以及得到了福建师范大学物理与能源学院锂离子电池研究课题组黄永聪、陈越、陶剑铭、陈岚、高靖国、王道益、杨江芍、徐铖杰、申辽、林旭棋等研究生在初稿审阅工作上的全力支持，在此一并表示深深的谢意。

限于编者的知识、能力，加上时间仓促，本书疏漏与不足之处在所难免，敬请同行与读者不吝赐教。

作者
2022 年 3 月

目　　录

第1章　锂离子电池概述

本章首先介绍锂离子电池的发展历史与现状、基本概念与原理及其特点与相关类型，其次重点介绍了锂离子电池的关键材料，最后对锂离子电池中的锂离子输运动力学及电池电芯集成工艺的研发进展进行了简要的分析。

1.1　锂离子电池的发展历史与行业现状

1.1.1　锂离子电池的发展历史

- THE NOBEL PRIZE IN CHEMISTRY 2019：2019 年诺贝尔化学奖
- For the development of lithium – ion batteries：对于锂离子电池的发展
- THE ROYAL SWEDISH ACADEMY OF SCIENCES：瑞典皇家科学院
- John B. Goodenough：约翰·古迪纳夫
- M. Stanley Whittingham：斯坦利·威廷汉
- Akira Yoshino：吉野彰

2019 年，瑞典皇家科学院决定将诺贝尔化学奖授予 John B. Goodenough、M. Stanley Whittingham 和 Akira Yoshino 三名科学家（图 1.1.1），以表彰他们在锂离子电池的发展方面所做出的巨大贡献，这标志着锂电池技术对于人类社会进步所产生的积极作用最终赢得了科学界的高度认同。现今，锂电池在人类生产生活中扮演着越来越重要的角色，且其应用领域日趋广泛。例如，电子设备储能、平衡可再生能源的收集储存、电网系统储能的削峰填谷以及电动汽车无人机等运输动力领域。特别是近年来社会对提升电动汽车电池续航能力的需求不断增长，进一步推动了锂电池领域的科研工作者进行更深入广泛地研究以优化现有技术，挖

图 1.1.1　诺贝尔化学奖获得者——John B. Goodenough、M. Stanley Whittingham 和 Akira Yoshino

1-1　诺贝尔化学奖

掘更先进的电池材料。其中这些优化技术都追求开发出具有更高能量和功率密度、更长的循环寿命以及更好的安全特性的锂电池储能体系。

追根溯源，早在 20 世纪中期发生的石油危机就已促使人类去寻找新的替代能源。由于金属锂在所有金属中质量最轻、氧化还原电位最低、质量能量密度最大，这些因素决定了锂是一种高比能量的电极材料，因此，锂离子电池成为替代能源之一。最初，可充电锂离子电池的研究主要集中在以金属锂及其合金为负极的电池体系。然而，金属锂作为负极，在充电时由于锂电极表面的不平整可能会诱导锂金属的不均匀沉积，进而导致局部位置沉积过快，最后在金属锂表面产生树枝一样的结晶（锂枝晶），当锂枝晶发展到一定程度，不但造成金属锂的不可逆，更严重的是锂枝晶会穿过隔膜而造成电池短路并产生大量的热，使电池着火甚至发生爆炸，从而带来严重的安全隐患。20 世纪 70 年代，就职于美国石油巨头 Exxon 公司的 M. Stanley Whittingham 开发了锂离子电池的雏形，以层状 TiS_2 为正极和 Li - Al 合金为负极的基于锂离子嵌入式反应的二次电池。尽管由于负极锂金属存在一系列的安全问题导致 TiS_2 电池的商业化并不成功，但也迈出了锂离子电池商业化的第一步。

自此以后，许多科学研究小组对锂离子二次电池进行了系统且深入的研究。20 世纪 80 年代初，M. B. Armand 等首次提出用可嵌锂化合物替代金属锂作为负极材料的概念，在充放电过程中此类化合物可允许锂离子电池进行可逆地嵌入和脱出，人们形象地称这类电池为"摇椅式电池"（Rocking - chair Batteries）。Scrosati 等对这种类型的"摇椅式电池"进行了细致研究，他们以 $Li_yM_nY_m$（$LiWO_2$ 或 $Li_6Fe_2O_3$）作为电池负极材料，以 A_zB_w（TiS_2、NbS_2、WO_3 或 V_2O_5）作为电池正极材料，组装成 $LiWO_2$（或 $Li_6Fe_2O_3$）/$LiCO_4$ + PC/TiS_2（NbS_2、WO_3 或 V_2O_5 等）电池，这类电池具有工作电压高和充放电效率高等特点，但也存在材料制备工艺复杂、比容量低、不能快速充电等不足之处。1980 年，Goodenough 等提出了氧化钴锂（$LiCoO_2$）作为锂充电电池的正极材料。1985 年发现碳材料可以作为锂充电电池的负极。1987 年，J. J. Auborn 等研制出 MoO_2（WO_2）/$LiPF_6$—PC/$LiCoO_2$ 型摇椅式电池，大大提高了锂离子二次电池的安全性和循环性能，然而该体系采用 MoO_2 或 WO_2 为负极材料，其嵌锂电位较高，电池的电压和能量都不能满足人们的需求。20 世纪 80 年代末，日本索尼（Sony）公司采用 $LiCoO_2$ 等作为正极材料，焦炭作为负极材料，$LiPF_6$ + PC + EC 为电解液组装成的锂电池表现出良好的性能。由于该电池的充放电过程是通过锂离子的移动来实现的，因此又称为"锂离子电池"。1989 年，索尼公司申请了该项专利并于 1990 年正式将其推向商业市场。锂离子电池的成功之处在于利用焦炭取代金属锂，不但克服了之前锂离子二次电池安全性差、循环寿命低等问题，而且保留了锂离子二次电池高电压、高比能量等优点，其工作电压为 3.6V，比能量高达 80Wh/kg，循环寿命长达 1000 多次，基本满足了各种便携式电子产品的需求。

随后近 30 年里，Jeff Dahn 等研究并组装成了 Li_xC_6/$LiN(CF_3SO_3)_2$ + EC－DMC/$Li_{1-x}NiO_2$ 锂离子电池。Tarascon 和 Guyomard 提出了组成为 Li_xC_6/$LiClO_4$ + EC－DMC/$Li_{1+x}Mn_2O_4$ 的锂离子电池。1996 年，Goodenough 和 Padhi

发现了橄榄石结构的磷酸盐正极材料；以及随后 Yet－Ming Chiang 等对磷酸铁锂进行掺杂，该方法显著提高了材料的电导率，有力地推动了 $LiFePO_4$ 的商业化应用。近年来，由于 3C（Computer、Communication 和 Consumer Electronics，合称"信息家电"）消费类电子产品的快速更新换代、智能电网的迅速推广、动力汽车行业的蓬勃发展以及其他储能技术领域的不断扩张，促使锂离子电池得到了飞速发展。随着生产工艺和电极材料的不断改进以及各种新兴电池的出现，锂离子电池的综合电化学性能也在不断地得到提升。目前，世界各国已经形成了一股研究高性能锂离子电池及其关键材料的热潮。

1.1.2 锂离子电池的行业现状

在电动汽车市场快速增长带动情况下，全球锂离子电池继续保持快速增长势头。目前，全球锂离子电池产业主要集中在中国、日本、韩国、美国等国家。从2015 年开始，在中国大力发展新能源汽车的带动情况下，中国锂离子电池产业规模开始迅猛增长，近年来已经超过韩国和日本，跃居至全球首位。如图 1.1.2 所示，智研咨询发布的《2021—2027 年中国锂离子电池行业市场发展潜力及前景战略分析报告》数据显示：2019 年，全球锂离子电池产业规模为 450 亿美元，动力电池市场需求持续增长，全球锂离子电池市场格局基本保持不变，中国仍然保持领先地位，韩国在乏力追赶，日本趋于落后。锂离子电池还广泛应用于能源存储领域，预计到2025 年，全球锂离子电池市场将达到 918 亿美元。总体而言，中国在全球锂离子电池产业分布上仍然保持领先地位。例如，2019 年，日本锂离子电池产量为 9.3 亿只，实现收入 4043 亿日元，同比大幅下降；其中，动力型锂离子电池产量 5.7 亿只，容量为 25.1 亿 Ah，其他类型锂离子电池产量 3.6 亿只，容量 9.7 亿 Ah。2019年，韩国锂离子电池产业规模为 146 亿美元，同比增长 14.4％。同年，中国锂离子电池产业规模达到 1750 亿元，从 2010—2019 年期间实现锂离子电池产业的规模呈逐年增长态势，年均复合增速为 14％。

1－2 锂离子电池的行业现状

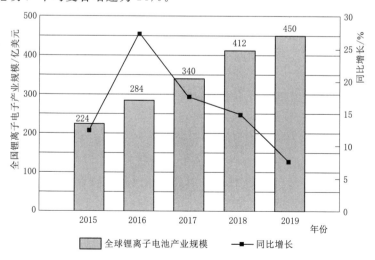

图 1.1.2　2015—2019 年全球锂离子电池产业规模及增速表

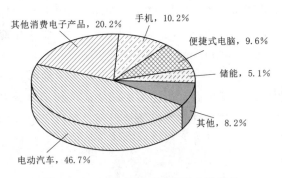

图 1.1.3　2019 年全球锂离子电池产品
结构分布图

2019 年，全球锂离子电池市场结构基本与以往保持一致，其电池产品的结构分布如图 1.1.3 所示，其中消费电子产品用锂离子电池占比达 20.2%，手机用锂离子电池占比达 10.2%，便携式电脑用锂离子电池占比达 9.6%，储能用锂离子电池占比达 5.1%，而电动汽车用锂离子电池占比则高达 46.7%，显示出强大的市场增长。

目前，电动汽车（EVs）技术和市场的快速发展和扩张，已成为全球锂离子电池增长的主要推动力。《中国锂离子电池行业发展白皮书（2021 年）》数据显示，2020 年，全球锂离子电池出货量达到 294.5GWh，其中，中国市场为 158.5GWh；这得益于欧洲新能源汽车市场的超预期增长，全球汽车用动力电池出货量同比增长 26.4%，达到 158.2GWh，中国市场汽车用动力电池出货量为 84.5GWh；市场份额方面，美国、欧洲和亚洲合计占有全球 80.2% 的市场份额；欧洲市场是增长最快的，年复合增长率为 17%，计划到 2023 年在电池制造能力方面超过美国。而中国紧随其后，年复合增长率达 16.2%。受益于下游新能源汽车发展，10 年来，全球动力电池出货量增长 200 倍以上，新能源车自 2011 年开始步入高速发展期，动力电池作为主要中游产业也随之进入爆发期，全球动力电池出货量从 2011 年的 1.08GWh 上升至 2020 年的 294.5GWh。恒大研究院《2019 年全球动力电池行业报告》指出，从企业层面来看，龙头企业优势突出，市占率不断提高。装机量前五的企业市占率不断提升，其中，宁德时代、松下与 LG 化学市场份额占比最高、提升最快，总装机量增幅最大。例如，2018 年宁德时代装机量 21.3GWh，市占率 22%；松下装机量 20.7GWh，市占率 21.4%；LG 化学装机量 7.4GWh，市占率 7.6%。这三大企业在技术、工艺等领域各具竞争优势：松下是全球最先实现 NCA18650＋硅碳负极圆柱电池量产的企业，在电化学体系、生产良率与一致性方面居于领先地位；宁德时代率先实现了 NCM811 方形电芯的量产，并成功运用于广汽与宝马，技术路线上成功实现由 NCM523 向 NCM811 的过渡；LG 化学的优势在于其对化学材料的理解，技术路线为软包电池，是国际上最先掌握层压叠片式软包的企业，而在 NCM811 的应用上，则落后于宁德时代。

据前述调研报告，电池企业的产品研发周期呈现缩短趋势，且全球动力电池最终将出现寡头化趋势。1991 年锂离子电池商用以来基本延续了以钴酸锂、锰酸锂、磷酸铁锂为正极、石墨为负极的电池体系，但近几年来出于对能量密度的要求，正极材料由 NCM111 向中高镍的三元 NCM523、NCM622 及 NCM811 过渡，未来进一步升级到 NCA 及富锂锰基正极、硅碳负极甚至固态电池，对于电池企业来说研发压力陡增，小企业更加难以竞争。

作为锂离子电池的核心关键材料，正极材料是锂电池产业链中市场规模最大、产值最高的环节，正极材料的性能决定了锂电池的能量密度、寿命、安全性以及使用领域等。近年来，受锂离子电池及其下游行业发展的带动，锂离子电池正极材料增长速度较为迅猛。同时，针对锂离子电池的另一个核心关键材料——负极材料，目前应用最广的负极材料仍然是天然石墨和人造石墨两大类，其中人造石墨是以天然石墨为基础和其他负极材料掺杂形成的复合石墨，硅基等合金类负极材料已开始在特斯拉等少数动力电池上应用，但仍处于推广的初期，未来需求值得期待。

如图 1.1.4 和图 1.1.5 所示，前瞻产业研究院《中国锂电池正极材料行业发展前景与投资预测分析报告》指出，2019 年，中国锂电池正极材料产值达到 737 亿元，锂离子电池正极材料出货量 40.4 万 t，同比增长 46.91％。在锂离子电池正极材料产品结构方面，钴酸锂总需求量虽然呈上升趋势，但是相对份额却逐步下降，主要是因为成本相对较低的三元材料和锰酸锂已经逐渐被锂离子电池市场所接受；磷酸铁锂材料出货量 6.62 万 t；锰酸锂材料出货量 5.7 万 t；另外，三元正极材料出货量 19.2 万 t，同比增幅 40.7％，市场份额占比达 47.62％。其中，从竞争格局角度分析，2019 年正极材料出货量排名前三的企业分别为厦门钨业、天津巴莫和德方纳米，市场占比分别为 9.92％、6.44％ 和 6.31％。厦门钨业受益于钴酸锂以及三元材料的双重增长，其正极材料出货量同比增长超过 50％；天津巴莫受益于产能释放以及终端客户需求量提升，其三元正极材料出货量增长速度明显，总出货市场排名上升。

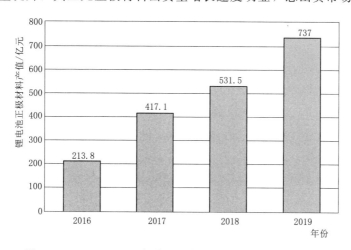

图 1.1.4 2016—2019 年中国锂离子电池正极材料市场规模

如图 1.1.6 所示，前瞻产业研究院基于高工产研锂电研究所调研数据指出，2019 年中国锂离子电池负极材料市场出货量 26.5 万 t，同比增长 38％。其中人造石墨出货量 20.8 万 t，占比负极材料总出货量的 78.5％，同比占比提升 9.2％。全球锂离子电池行业受益汽车电动化发展迅猛，带动锂离子电池负极材料需求高速增长，市场空间巨大。到 2020 年全球动力电池负极材料需求量约 28 万 t，复合增长率达 22％；据预测，到 2025 年仅国内动力电池需求量将达到 310GWh，相应负极材料需求量将达 26 万 t。目前，国内负极行业市场的供应企业主要为贝特瑞、杉杉

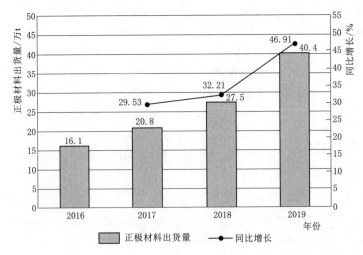

图 1.1.5　2016—2019 年中国锂离子电池正极材料出货量及增长情况

股份、凯金能源和江西紫宸，四家企业的市场份额在 2019 年至今合计均在 75% 以上。而且，面对巨大的市场需求，负极材料企业也在加速布局，在产能、技术上持续跟进，以期在激烈的市场争夺战中抢占先机。

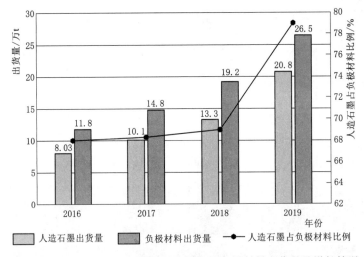

图 1.1.6　2016—2019 年中国锂离子电池负极材料出货量及增长情况

目前，中国已成为世界锂离子电池产业最大的生产国和消费国，自 1990 年以来，中国锂离子电池产业从最初的模仿借鉴到逐渐自主创新，从最初只能提供消费电池到现今为动力电池的主要供应商，诞生出众多具有全球竞争力的企业，中国在锂离子电池行业扮演的角色愈发重要。同时，锂离子电池是基于物理、材料、化学、工程等多学科技术上发展起来的新型储能装置，其产业链涵盖上游、中游及下游的各个链条。如图 1.1.7 所示，锂离子电池上游产业链包括钴、锰、镍矿、锂矿、石墨矿等；中游产业链包括锂电池的各大主要关键材料及电池电芯装配链条；下游产业链的电池、电池模组及电池管理系统等制造链条等。可以说，中国拥有丰

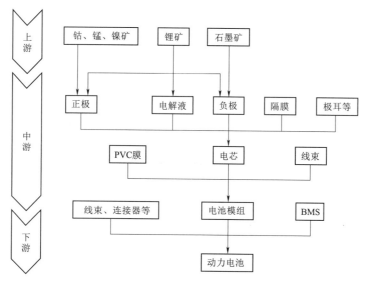

图 1.1.7　锂离子电池的主要产业链

富的锂资源、完善的锂离子电池产业链以及庞大的基础人才储备，使中国在锂离子电池及其材料产业发展方面，成为全球最具吸引力的国家，并且已经成为全球最大的锂离子电池材料和成品电池生产基地。随着当下新能源汽车的超预期发展及 5G 锂离子电池产品的供不应求，锂离子电池面临"展望未来，提升技术核心竞争力，形成持续发展态势"的需求，需要锂离子电池行业从事者和院校科研工作者积极开展专业基础技术、前沿技术和产业链的研究，从基础理论和实践应用中发掘未来发展的契机，及时了解行业前沿技术动态，促进锂离子电池的技术进步。锂离子电池技术的发展也成为新形势下实现"碳达峰"和"碳中和"提供强劲的助力。

1.2　锂离子电池的工作原理与基本概念

1.2.1　锂离子电池的工作原理

锂离子电池的工作原理是基于 M. B. Armand 提出的"摇椅式电池"，在充放电过程中，锂离子在正极和负极之间来回摇摆，以达到能量交换的目的。以 $LiCoO_2$ 为正极、石墨为负极的锂离子电池为例，其工作原理如图 1.2.1 所示。充电时，锂离子从正极 $LiCoO_2$ 脱出，正极材料被氧化，这部分脱出的锂离子与溶解于电解液的导电锂盐中的锂离子，通过隔膜嵌入到石墨负极的层状结构中，同时 $LiCoO_2$ 释放出的电子通过外电路转移到石墨负极中。在充电过程中，锂离子电池将电能存储为化学能，使得 $LiCoO_2$ 正极处于贫锂状态，石墨负极处于富锂状态。反之，放电时，锂离子从富锂石墨中脱出，穿过隔膜回到正极中，电子也通过外电路回到正极，在这个过程中产生电流来给外部设备供电，将化学能转化为电能。

其化学表示式为：$(-)C/LiPF_6+PC-EC/LiCoO_2(+)$

1-3　锂离子电池的工作原理和类型

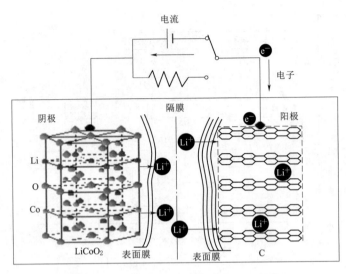

图 1.2.1   锂离子电池的工作原理示意图

电极反应可以表示为

正极反应：
$$LiCoO_2 \underset{\text{放电}}{\overset{\text{充电}}{\rightleftharpoons}} Li_{1-x}CoO_2 + x\,Li^+ + x\,e^- \qquad (1.2.1)$$

负极反应：
$$6C + x\,Li^+ + x\,e^- \underset{\text{放电}}{\overset{\text{充电}}{\rightleftharpoons}} Li_x C_6 \qquad (1.2.2)$$

电池总反应：
$$6C + LiCoO_2 \underset{\text{放电}}{\overset{\text{充电}}{\rightleftharpoons}} Li_{1-x}CoO_2 + Li_x C_6 \qquad (1.2.3)$$

锂离子电池是指分别用两个能可逆地嵌入和脱出锂离子的材料作为正负极构成的二次电池，其充放电的过程是通过锂离子的移动来实现的。从能级的角度看，其实锂离子电池充放电的行为就是电子在两个电子能级间的转移。如图 1.2.2 所示，μ_C 与 μ_A 分别代表正负极材料的化学势；Φ_C 和 Φ_A 指示正负极材料的功函数。这里的正极是处在氧化态，负极是处于还原态。最高占据分子轨道（HOMO）与最低未占据分子轨道（LUMO）之间的差值 E_g 被称之为电解液的电化学窗口。可以很清晰地看到，μ_C 与 μ_A 决定着锂离子电池最终的开路电压。但是 μ_C 与 μ_A 的数值不能超出电解液的电化学稳定窗口。如果 μ_C 比 HOMO 低的话，此时 HOMO 就会将电子注入正极，这就发生了电解液的氧化，除非生成物可以完全隔绝正极与电解液的接触，阻止反应的继续进行，否则会影响锂离子电池的电化学性能。同理，如果负极的 μ_A 比 LUMO 稍高一点的话，负极的电子就会被注入电解液中，电解液就相当于发生还原反应，除非还原产物可以完全隔离负极与电解液的反应，否则副反应将会继续，造成锂离子电池的不可逆锂损失。由于水溶剂电解液的 $E_g \approx 1.3\text{eV}$。当电压范围超过 E_g 时，水就会发生分解反应，电池将会具有一定的危险性。而非水溶剂的电解液具备很宽的电压窗口，最低可以到 0V，最高可以到 5V，这将有助于电池能量密度的提高；另外，基于高稳定电解液的情况下，我们选择 μ_C、μ_A 数值与电解液电化学稳定窗口相匹配的正负极材料，可在不发生副反应的前提下，最大限度地提高电池比能量。

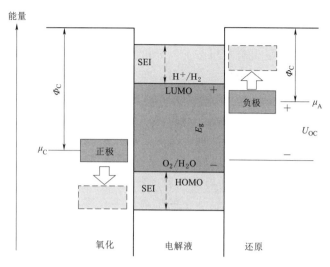

图 1.2.2 锂离子电池工作的能级示意图

锂离子电池主要包括电极、电解质、隔膜和外壳四个基本组成部分。电极是锂离子电池的核心部件，由活性物质、导电剂、黏结剂和集流体组成。活性物质（或称电极材料）是锂离子电池在充放电时能够通过电化学反应释放出电能的电极材料，它决定了锂离子电池的电化学性能和基本特性。活性材料包括正极材料和负极材料，其中：正极材料主要是电势比较高（相对金属锂电极）的、粉末状的复合金属氧化物，如 $LiCoO_2$、$LiMn_2O_4$、$LiNi_{1-x-y}Mn_xCo_yO_2$、$LiCo_xNi_{1-x}O_2$、$LiFePO_4$ 等；负极材料通常选择嵌锂电位接近金属锂的可嵌锂化合物，主要包括碳材料、合金材料和金属氧化物材料。目前，广泛应用于便携式设备的锂离子电池的主要正负极材料分别为 $LiCoO_2$ 和石墨。另外，在电极制作过程中，为了改善电极活性颗粒间或者电极活性颗粒与金属集流体之间的物理接触，降低欧姆阻抗，通常需要加入导电剂（如乙炔黑等）提高正负极材料的低导电率并减少电极极化，以更好地满足锂离子电池的实际应用需要。为了能够使颗粒状的正负极材料和导电剂能牢固地黏附在电流集流体上，通常需要加入黏结剂，常用的黏结剂分为水系黏结剂和油系黏结剂两大类，油系黏结剂主要有聚偏氟乙烯（PVDF）和聚四氟乙烯（PTFE）等，水系黏结剂主要是羧甲基纤维素钠/丁苯橡胶（CMC/SBR）等。集流体的主要作用是将活性物质中的电子传导出来，并使电流分布均匀，同时还起到支撑活性物质的作用。通常要求集流体具有较高的机械强度、良好的化学稳定性和高电导率，以及对电极浆料具有较好的润湿性。目前，锂离子电池通常以铝箔和铜箔分别作为正极和负极的集流体。铜箔在电极的工作范围（0.01～3V）内电化学活性稳定，同时相较于镍价格低廉，常用作负极集流体；铝箔的表面可以形成氧化层，因此可以防止在高压下发生氧化，考虑到成本和电化学稳定性，因此被用作正极的集流体。

电解质的作用是传导正负极间的锂离子，电解质的选择在很大程度上取决于电池的工作原理。不同的电解质会影响锂离子电池的比能量、安全性能、循环性能、倍率性能、低温性能和储存性能。目前，商业化的锂离子电池主要采用的是非水溶液电解质体系，非水溶液电解质包括有机溶剂和导电锂盐。有机溶剂是电解质的主体部分，与电解质的性能密切相关，通常采用碳酸乙烯酯、碳酸丙烯酯、二甲基碳酸酯和甲乙基碳酸酯等的混合有机溶剂。导电锂盐提供正负极间传输的锂离子，是由无机阴离子或有机阴离子与锂离子组成，商业化的导电锂盐主要是 $LiPF_6$。在新形势下，为实现锂离子电池的电化学性能的改善和一些特殊功能，通常会往电解质中加入一些功能添加剂，如阻燃剂、成膜剂等。

隔膜置于锂离子电池正负极之间，目的是防止锂离子电池正极和负极直接接触而导致短路，同时其微孔结构可以让锂离子顺利通过。隔膜直接影响到电池的容量、循环以及安全性能，性能优异的隔膜对提高电池的电化学性能具有重要的作用。锂离子电池一般采用高强度薄膜化的聚烯烃多孔膜，目前常用的商业化隔膜有聚丙烯（PP）微孔隔膜和聚乙烯（PE）微孔隔膜，以及丙烯与乙烯的共聚物、聚乙烯均聚物等，具有 $0.03\sim0.1\mu m$ 的孔，空隙率为 $30\%\sim50\%$，闭孔温度对于 PE 材料为 $135℃$，PP 则为 $165℃$。当温度升高时隔膜闭孔，限制了锂离子的运动，从而阻碍了反应的进行，提高电池的安全性。另外，外壳就是锂离子电池的容器，常用的外壳有钢质外壳、铝质外壳和铝塑膜等。通常要求外壳能够耐受高低温环境的变化和电解液的腐蚀。

1-4　锂离子电池的基本概念

1.2.2　锂离子电池的基本概念

1.2.2.1　电压

当电池的电极中没有电流通过，且电极处于平衡状态时，与之相对应的是可逆电极电势，此时对应的电压为电池的电动势。从热力学的角度看，电池的电动势是指当电池处于热力学平衡状态且通过电池的电流为零时，正负电极之间的可逆电极电势之差。根据热力学原理，有

$$-\Delta G = nFE \tag{1.2.4}$$

$$E = -\frac{\Delta G}{nF} \tag{1.2.5}$$

式中：ΔG 为吉布斯自由能；n 为得失电子的物质的量；F 为 1mol 电子所带的电量或者叫法拉第常数（96485C mol^{-1}）；E 为电池的电动势。

电池的电动势 E 只与参与电化学反应的物质本性、电池的反应条件及反应物与产物的活度有关，而与电池的几何结构、尺寸大小无关。电池的电动势 E 与电池反应焓变的关系，可以用吉布斯-亥姆霍兹方程进行描述：

$$E = -\frac{\Delta H}{nF} + T\left(\frac{\partial E}{\partial T}\right)_P \tag{1.2.6}$$

式中：ΔH 为锂离子电池反应焓变；T 为热力学温度；P 为恒压强。

电池的开路电压是正负极之间所连接的外电路处于断路时两极间的电势差。此时正负极在电解质中不一定处于热力学平衡状态，因此电池的开路电压总是小于电动势。电池的电动势是由热力学函数计算得到，而开路电压是通过测量出来的。测量开路电压时，测量仪表内的电流应该为零。

另一方面，电池电压受到锂离子嵌入和脱出正负极材料晶格时电子排列和轨道能量的影响，其电压值取决于锂离子在晶格中的占位，而锂离子的占位又与电极材料的费米能级变化和锂离子的相互作用有关，这种关系可以 Armand 方程表示，具体如式（1.2.7）所示。

$$E_{\text{cell}} = E_{\text{cell}}^{0} - \left(\frac{nFT}{F}\right)\ln\left(\frac{\gamma}{1-\gamma}\right) + k\gamma \qquad (1.2.7)$$

式中：γ 为含锂量；$k\gamma$ 为以嵌入晶格中的锂离子的相互作用对电池电压的影响。

电池的电压变化除了取决于锂离子的扩散速率、材料相变、晶格结构变化和溶解等相关因素，还受到活性材料的粒度、温度、电解液特性和隔膜的空隙率也会对电压产生影响；这些因素会影响 Armand 的 γ 和 k 值。

标称电压是指稳态热敏电阻器在 ±25℃ 时，标称电流所对应的电压值；也是表示或识别一种电池的电压近似值，称为额定电压，可用来区别电池类型。例如铅酸电池开路电压约为 2.1V，标称电压定为 2.0V，锌锰电池标称电压为 1.5V，镍氢电池标称电压为 1.2V，锂离子电池标称电压为 3.6V。

在电池充放电过程中，随着电流密度的增大，电极反应的不可逆程度也增大，电极电势偏离可逆电势值也增大。在有电流通过电极时，电极电势偏离可逆电势值的现象称为电极的极化。根据极化产生的不同原因，通常可将极化分为欧姆极化、电化学极化和浓差极化三类。欧姆极化是指电极对通过的电流所产生的阻力而导致；电化学极化是由于电极表面发生的电化学反应比较缓慢所产生的阻力而导致；浓差极化是由于电极通过电流时，电极附近溶液的浓度和本体溶液的浓度存在差别所导致。

电池的工作电压又称为负载电压、放电电压，是存在极化时所产生的电压，指有电流通过外电路时电池正负极之间的电势差。当电池内部有电流通过时，必须克服电池内阻所造成的阻力，因此工作电压总是小于开路电压。

当 $E = U_{\text{开}}$ 时，有

$$U = E - IR_{\text{内}} = E - I(R_{\Omega} + R_{\text{f}}) \qquad (1.2.8)$$

式中：$U_{\text{开}}$ 为开路电压；U 为放电电压；E 为电动势；I 为放电电流；$R_{\text{内}}$ 为电池内阻；R_{Ω} 为欧姆内阻；R_{f} 为极化内阻。

通常将电池放电刚开始时的电压称为初始工作电压，电压下降到不宜再继续放电的最低工作电压称为终止电压，终止电压并不为零。根据不同的放电方式和对电池寿命的要求，规定的终止电压数值略有不同，低温或大电流放电时，规定的终止电压可以低一些，小电流放电时则规定高一些。这是由于放电电流较大时，极化较大，电压下降也较快，正负极活性物质利用不充分，因此把终止电压规定得低一些，有利于输出较多的能量。而放电电流较小时，正负极活性物质利用比较充分，终止电压可以适当规定得高一些，这样可以减少深度放电造成电池寿命的降低。

1.2.2.2 电流

锂离子电池的电流包含充电电流和放电电流。放电电流是电池工作时输出电流，通常也称之为放电率，常用时率（又称为小时率）和倍率表示。时率是以放电

时间表示的放电速率，也就是以一定的放电电流放完电池的全部容量所需的时间。比如额定容量为 20Ah 的电池以 10 小时率进行放电是指以 2A 的电流放电。倍率是电池在规定时间内放完全部容量时，用电池容量数值的倍数表示的电流值。例如，额定容量为 20Ah 的电池以 2 倍率（2C）放电是指 40A 的电流进行放电，对应为 0.5 小时率。

1.2.2.3　内阻

电池的内阻是指电流流过电池时所受到的阻力，包括欧姆内阻和电化学反应中电极极化所导致的极化内阻。一方面，欧姆内阻与电解质、电极材料和隔膜的性质有关。电解质的欧姆内阻与电解质的组成、浓度和温度有关。通常，电解液的浓度值多选在电导率最大的区间以降低欧姆内阻，不过还需要考虑电解液浓度对电池其他性能的影响，如对极化内阻、自放电、电池容量等的影响。电极的欧姆内阻包含正负极活性物质的电阻，活性物质与铜箔、铝箔的接触电阻以及铜箔、铝箔的电阻。电池的欧姆电阻还与电池的尺寸、装配、结构等因素有关，装配越紧凑，电极间距就越小，欧姆内阻就越小。隔膜对电解液锂离子迁移所造成的阻力称为隔膜的欧姆电阻，即电流通过隔膜微孔中电解液的电阻。隔膜的欧姆电阻与电解质种类、隔膜材料的面积、厚度、孔隙率及曲折系数等有关。另一方面，极化内阻指化学电源的正负极在进行电化学反应时所引起的内阻，包括由于电化学极化和浓差极化所引起的电阻之和。极化内阻与活性物质的特性、电极的结构和电池的制造工艺有关，由于电化学极化和浓差极化随反应条件而变化，所以，极化内阻随放电制度和放电时间的改变而变化。

另外，电池的内阻也可视为由电池的离子电阻和电子电阻构成，其中离子电阻主要与隔膜、正负电极内部的电解液参数有关；电子电阻主要与电极、集流体的电导率及厚度等参数有关，还与极耳、极柱、内部导电连接元件等有关。用交流法测出的是电池的交流阻抗，主要包含电池的电阻和容抗，需要建立复杂的数学模型加以计算。用直流法测试的是电池的直流内阻，ICE（国际电工委员会）对电池直流内阻的测试做了标准规定，即，电池充满电后，以 0.2C 放电 10s，测试电压为 U_1，电流 I_1，然后以 1C 放电 1s，此时电压为 U_2，电流 I_2，那么电流直流内阻为：$R_{dc}=(U_1-U_2)/(I_2-I_1)$。通常，电池的交流内阻与欧姆电阻相近，但是直流内阻却包含了欧姆内阻和活化阻抗。总的来说，对于电池的研究，直流内阻的测定有很重要的意义。

1.2.2.4　容量和比容量

锂离子电池的容量是指在一定放电条件下可以释放的电量，容量的单位为 Ah，可以分为理论容量、实际容量和额定容量。理论容量是假设活性物质全部参加电池的电化学反应时所能释放出来的电量，可以根据活性物质的质量由法拉第定律计算得到。由法拉第定律可知，电极上参加电化学反应的物质的质量与通过的电量成正比。我们定义电池放电时，正负极上发生的形成放电电流的主导的电化学反应为成流反应。根据计算，1mol 的活性物质参加锂离子电池的成流反应，所释放出的电量为 1F＝96500C/mol（法拉第常数）。

进行单位转换：

$$1\text{mAh}=1\times10^{-3}\text{A}\times3600\text{s}=3.6\text{C}$$

$$1\text{Ah}=1\text{A}\times3600\text{s}=3600\text{C}$$

所以　　96500C＝（96500/3600）（Ah）＝26.806（Ah）≈26.8（Ah）

由此，电极的理论容量计算公式为

$$C_0=26.8n\frac{m}{M}\quad(\text{Ah})\tag{1.2.9}$$

式中：C_0 为理论容量，mAh/g；m 为活性物质完全反应时的质量；n 为电化学反应的得失电子数；M 为活性物质的摩尔质量。

例如，钴酸锂 $LiCoO_2$，其摩尔质量为 97.8g/mol，反应式如下：

$$LiCoO_2 = Li^+ + CoO_2 + e^-\tag{1.2.10}$$

其得失电子数为 1，即 1mol $LiCoO_2$ 完全反应将转移 1mol 电子的电量，所以 1g $LiCoO_2$ 完全反应时将转移 1/97.8mol 电子的电量。根据式（1.2.10）计算得到 $LiCoO_2$ 的理论容量为

$$C_0=26.8nm/M=26.8\times1\times1/97.8=0.2738(\text{Ah/g})=273.8(\text{mAh/g})$$

实际容量是指在一定的放电条件下，锂离子电池实际能输出的电量。锂离子电池实际容量受理论容量的限制，还受放电条件的影响。额定容量是指在锂离子电池设计时，规定在一定的放电条件下应该可以释放出来的最低容量，也成为标称容量。

由于极化的存在等原因，正负极活性物质无法被全部利用，所以锂离子电池的实际容量总是低于理论容量。实际容量决定于活性物质的数量和利用率（k）。

利用率的计算方法为

$$k=\frac{C_{\text{实际}}}{C_0}\times100\%\tag{1.2.11}$$

式中：$C_{\text{实际}}$ 为实际容量；C_0 为根据法拉第定律计算出来的理论容量。

正负极活性物质的利用率与锂离子电池的放电制度、电池的结构及制造工艺等密切相关。相同结构的锂离子电池，放电制度影响了极化，放电制度不同产生的极化程度不同，释放出的容量也不同，活性物质的利用率就不一样。因此，在相同的放电制度下，活性物质的利用率越高就说明电池结构设计越合理；影响锂离子电池容量的因素同样影响活性物质的利用。当电池的结构、活性物质的质量和电池的制造工艺确定后，电池的容量就与放电制度有关，而放电电流大小对电池容量的影响最大，因此，在谈及电池容量时，需要指明其放电电流的大小。

锂离子电池的容量取决于组成锂离子电池正负极的容量，当正极和负极的容量不一致时，电池的容量取决于容量小的那个电极，而非正负极容量之和。考虑到经济性和安全性问题，锂离子电池通常设计成负极活性物质过量，由正极来控制整个电池的容量。锂离子电池正负极活性物质的利用率和比容量不一样，可以分别进行计算或者测量。而锂离子电池实际的质量比容量或体积比容量是由电池的实际容量除以电池的质量或体积得到。

锂离子电池的容量是锂离子电池电化学性能最重要的指标之一，影响的因素归纳起来可以分为两大方面：一是活性物质的质量；二是活性物质的利用率。在锂离子电池中，正负极活性物质的质量确定理论容量，而正负极活性物质利用率主要确定实际容量。

容量是锂离子电池电化学性能最重要的指标之一，但是不同型号的电池的容量不同，无法进行比较。为了便于比较，常常采用比容量这个术语。单位质量或单位体积的锂离子电池所能释放出的容量称为质量比容量（Ah/kg）或体积比容量（Ah/L）。对于锂离子电池来说，除了电极和电解液外，还包括外壳、隔膜等。对于动力电池组，还包括电池管理系统等。因此在计算锂离子电池的质量比容量和体积比容量时需要把这些组成或附属配件包括在内。通过比容量可以比较出不同大小、不同类型的锂离子电池电化学性能的优劣。与理论容量和实际容量相对应，比容量包含理论比容量和实际比容量。

1.2.2.5　能量和比能量

锂离子电池的能量是指电池在一定放电条件下对外做功所能输出的电能，能量的单位为 Wh，可以分为理论能量和实际能量。

理论能量是指锂离子电池在常温、恒压的可逆放电条件下所能做的最大非体积功。此时，锂离子电池在放电过程中始终处于平衡状态，放电电压始终等于其电动势的数值，且活性物质全部参与成流反应。因此，锂离子电池的理论能量只是理想状态下的能量，实际上不可能达到。理论能量可以表示为

$$W_0 = C_0 E = -\Delta G = nFE \tag{1.2.12}$$

式中：W_0 为理论能量；C_0 为理论容量；E 为电动势；ΔG 为吉布斯自由能；n 为电化学反应中的电子得失数；F 为法拉第常数。

实际能量是指锂离子电池在一定放电条件下实际输出的能量。与活性物质利用率会影响锂离子电池的实际容量一样，活性物质利用率也必然会影响锂离子电池的实际能量。

与容量一样，为了方便对锂离子电池性能进行比较，人们提出了比能量（或能量密度）的概念。单位质量的锂离子电池输出的能量称为质量比能量（Wh/kg），单位体积的锂离子电池输出的能量称为体积比能量（Wh/L）。比能量也分为理论比能量和实际比能量。锂离子电池的理论比能量可以由理论比容量乘以电动势得到。实际比能量可由输出的实际能量除以电池的质量或体积得到。

比能量是锂离子电池电化学性能的一个非常重要的指标，是比较各类不同的正负极活性材料性能优劣的重要技术参数。尽管锂离子电池的理论比能量非常高，但是实际比能量远远低于理论比能量，目前动力电池中的质量比能量发展目标为350Wh/kg。

1.2.2.6　功率和比功率

锂离子电池的功率是指在一定的放电条件下，单位时间内电池所能输出的能量，单位为瓦（W）或千瓦（kW）。锂离子电池的比功率是指在一定的放电条件下，单位时间内单位质量或单位体积的电池所能输出的能量，质量比功率的单位为

W/kg 或 kW/kg，体积比功率的单位为 W/L 或 kW/L。

功率和比功率这两个概念表示锂离子电池放电倍率的大小，功率越大，表示电池可以在大电流下或高倍率下放电。与锂离子电池的容量、能量相类似，功率可以分为理论功率和实际功率。

显然，影响锂离子电池容量和能量的一些因素也影响功率，尤其是放电制度对于电池的输出功率影响甚大。当以大电流放电时，电池的输出比功率增大，但是极化增大，电池的工作电压却下降较快，因此比能量降低；而当电池小电流放电时，电池的输出比功率变小，但是极化减小，电池的工作电压下降较慢，因此比能量增大。可以看出，比功率与比能量不是线性关系，而是类似于抛物线关系。

1.2.2.7 储存性能和循环寿命

锂离子电池的储存性能是指电池开路时，在一定的条件下储存一段时间后，容量自发降低的性能，也称为自放电。电池的容量降低率小就说明储存性能好。自放电发生的原因是电极在电解液中处于热力学的不稳定性，自发发生了氧化还原反应的结果。自放电速率用单位时间内容量降低的百分数表示为

$$x\% = \frac{C_前 - C_后}{C_前 \ t} \times 100\% \qquad (1.2.13)$$

式中：$C_前$、$C_后$ 分别为储存前、后电池的容量；t 为电池储存时间，可以用天、月、年表示。

除了用一定时间内容量的变化来表示自放电的大小外，还可以用锂离子电池搁置至容量降低到规定值时的天数表示，称为搁置寿命。影响自放电的因素有储存温度、湿度、活性物质、电解液、隔板和外壳等带入的有害杂质。

循环寿命是衡量锂离子电池电化学性能的另一个最重要的指标之一。在一定的充放电条件下，当电池容量降低至某一规定值前锂离子电池所能耐受的循环次数称为锂离子电池的循环寿命，即循环寿命是指锂离子电池在容量耗尽前所能进行的充放电的循环次数。循环寿命越长，则电池性能越好。一次循环是指经历一次充电和放电。锂离子电池的循环寿命很大限度上取决于电极活性材料在充放电过程中结构的稳定性。循环寿命受放电深度的影响，如果进行深度放电，循环寿命会比较短，反而如果进行浅度放电，循环寿命会比较长。

影响锂离子电池循环寿命的因素很多，主要受两方面影响：一是外部使用条件，二是内部电芯因素。从外部使用条件来看，影响锂离子电池使用寿命的因素主要包括充放电方式、充放电截止电压、充放电倍率、使用温度以及搁置条件等。从内部电芯因素来看，主要有以下五个方面：其一，正负极活性物质的本性，如 $LiFePO_4$、$Li_4Ti_5O_{12}$ 的结构非常稳定，循环性能极其优异；其二，活性物质的比表面积在充放电过程中不断减少，致使充放电电流密度上升，极化增大；其三，在充放电过程中，活性物质结构遭到破坏，活性物质不断溶解，或活性物质颗粒不断脱落；其四，在充放电过程中，电极上产生枝晶造成电池内部短路，影响电池寿命；其五，电解液的分解和失效，电极、电解液中的有害物质造成电池的极化加剧以及内部微短路等现象。对于电池组而言，其循环寿命主要受制于内部电芯单体不一致

性，单体电池的不一致性，主要表现为电压、容量、内阻等参数的不一致性。不一致的单体电池串并在一起使用，类似"木桶短板原理"，电池组的循环寿命由性能最差的单体电池决定。

1.2.2.8　充放电曲线

在研究锂离子电池的电化学性能时，通常需要测量锂离子电池的放电曲线，即放电电压随时间变化的曲线。放电曲线受放电制度或放电条件的影响。放电制度包括放电方式、放电电流、终止电压和放电时的环境温度等。放电方式有恒电流放电、恒功率放电和恒电阻放电三种。通常，常规的放电曲线采用恒电流的放电方式，通过放电曲线可以了解锂离子电池电极材料的充放电比容量、库仑效率、电压平台、放电时间、倍率性能和低温性能等信息。

1.3　锂离子电池的特点与类型

1.3.1　锂离子电池的特点

锂离子电池是继 Ni—Cd、Ni—MH 电池之后最新一代的蓄电池。锂离子电池与常用的铅酸蓄电池、Ni—Cd 电池和 Ni—MH 电池相比，其能量密度最高，尤其是质量比能量的优势更为明显，再加上其有无记忆效应、无污染、自放电小等特点，广泛应用于移动电话、笔记本电脑、数码照相机等便携式电子设备，在军事领域，如鱼雷、声呐、无人机等也被广泛采用。随着人们环保意识的提高以及石油的短缺，电动汽车成为目前备受关注的行业，以锂离子电池为动力的电动汽车发展十分迅速。而在电力领域以削峰填谷为目的的储能电池，锂离子电池也是非常具有竞争力的选择，因此锂离子电池成为化学电源领域最具竞争力的电池。锂离子与其他二次电池相比，具有以下几方面的特点：

（1）能量密度高。锂离子电池的实际能量密度可达 200Wh/kg，如果采用目前比容量最高的富锂锰基正极材料和硅/碳复合负极材料组成的锂离子电池，质量比容量高达 400Wh/kg，体积比容量 700Wh/L，远远超过传统的二次电池。

（2）开路电压高。锂离子单体电池电压可达 3.6V 以上，其电压是镍氢电池的 2～3 倍。而目前正在研究的高电压正极材料，锂离子电池的单体电池的电压高达 4.5～5V，这将使锂离子电池的能量密度又进一步得到提升。

（3）自放电小。室温下锂离子电池月自放电率很低，小于 5%。

（4）对环境友好。锂离子电池不含有铅、镉、汞等有害物质，不污染环境。

（5）无记忆效应。

（6）安全性好。商业化的锂离子电池采用石墨作为负极活性物质。石墨具有与金属相近的电极电势，锂离子在石墨中可逆的脱出/嵌入时，使金属锂发生沉积的概率极大降低，锂离子电池的安全性能有明显的提升。同时，近年来，一些进一步改善安全性能的方法，如采用阻燃添加剂、可封闭隔膜、防爆设置、电池管理系统共控制等技术，保证了锂离子电池具有极高的安全性能。

（7）循环寿命长。锂离子电池循环寿命通常在 1000 次以上，而正极材料采用磷酸铁锂的锂离子电池循环寿命在 2000～3000 次之间。

尽管锂离子电池有诸多优点，但是它的缺点也是显而易见的，主要缺点表现在以下方面：

（1）内部阻抗高。因为锂离子电池的电解液通常为有机溶液，其电导率比镍镉电池、镍氢电池的电解液小得多，所以锂离子电池的内部阻抗比镍镉电池或镍氢电池约大十倍。

（2）成本比较高。主要是正极材料 $LiCoO_2$ 的价格高，随着正极技术的不断发展，可以采用 $LiMn_2O_4$、低钴 NCM 以及无钴正极等，从而有望大大降低锂离子电池的成本。

（3）工作电压变化较大，且放电速率较大时，容量下降较快。因此，锂离子电池很难发生大电流放电。

1.3.2 锂离子电池的类型

锂离子电池应用于社会的各个领域，从不同的角度可以分为不同的类型。其中：按容量或功率属性划分，主要有消费类容量型锂离子电池和动力功率型锂离子电池；锂离子电池所使用的领域划分，可以分为便携式电池、动力电池、储能电池；根据电解液形态划分，则可分为聚合物锂离子电池和液态锂离子电池；按照外形划分（图 1.3.1），锂离子电池主要有扣式、方形和圆柱形三种类型；按锂离子电池所使用的外壳区分，锂离子电池可以分为钢壳、铝壳和铝塑膜三种；电池结构划分，可以分为卷绕式结构和叠片式结构。

扣式电池，也就是纽扣电池。它们由正极、负极、隔膜、电解液和上下不锈钢外壳组成。纽扣电池的型号名称前面英文字母表示电池的种类，中间两位数字表示直径，最后两位数字表示厚度。如：CR2025，其中 CR 表示锂离子电池，直径为 20mm，厚度为 25mm。纽扣电池因体型较小，因此在各种微型电子产品中得到较为广泛的应用。圆柱形电池的型号用 5 位数表示，前两位数表示直径，后面表示高度，如目前使用最广泛的 18650 型电池，表示这种电池的直径为 18mm，高度为 65.0mm。方形电池的型号用 6 位数表示，前两位数表示电池的厚度，中间两位数表示电池的宽度，最后两位表示电池的长度，如 383450 型电池，表示厚度为 38mm，宽度为 34mm，长度为 50mm。

不同类型的电池，制造方法不一样。圆柱形电池将正极、负极、隔膜放置到卷绕机上进行卷绕，然后入壳、焊接封口、注液得到成品。而方形电池卷绕之后需要进行碾压压实，把卷绕之后的圆柱形极组压成方形，然后再入壳、焊接封口、注液得到成品。方形电池与圆柱形电池的制作，多了碾压压实这个步骤，其他步骤大致相同。圆柱形锂离子电池的空间利用率高，容易得到较高的能量密度，因此圆柱形锂离子电池占据市场份额越来越大。但是圆柱形锂离子电池的制造难度要高于方形锂离子电池，对设备要求高，而且成品率要低于方形电池。圆柱形锂离子电池采用的是卷绕式结构，而方形锂离子电池中：对于小型电池（<4Ah）一般采用卷绕式

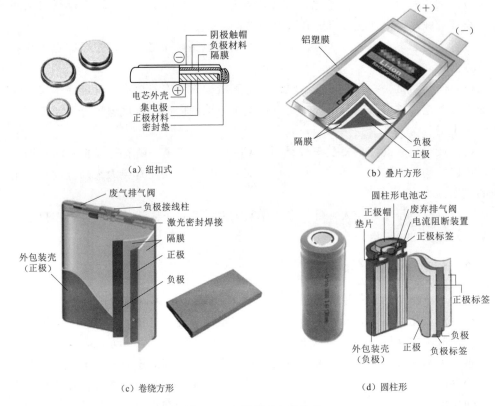

图 1.3.1 锂离子电池种类

结构；对于大型电池多采用叠层式结构。因为，在大型电池制造时，卷绕容易导致电极极片破裂。圆柱形电池和方形电池的外壳材质有钢壳和铝壳两种，铝壳成本高于钢壳，但是质量轻，采用铝壳做外壳有利用提高能量密度，尤其是在目前越来越追求高能量、高功率锂离子电池的时代里。铝塑膜通常是由聚丙烯/铝箔/聚丙烯三层膜进行热压而成。采用铝塑膜作为外壳，可将锂离子电池做得很薄，或者把锂离子电池做得很大，而且铝塑膜的质量轻于铝壳和钢壳，有利于能量密度的提高，然而成本较高，而且不适合于采用卷绕式的电池结构，只能采用叠层式结构。由于铝塑膜锂离子电池具有的设计形状多样化、质量比能量高、安全性高和厚度超薄的这些优点，被广泛应用于便携式电子产品上。聚合物锂离子电池多采用铝塑膜作为外壳。

1-5 锂离子
电池的关
键材料

1.4 锂离子电池的关键材料

1.4.1 锂离子电池正极材料

锂离子电池的关键技术之一是采用能在充放电过程中嵌入和脱嵌锂离子的正负极材料。锂离子电池正极材料作为电池中的锂离子源，且作为电极材料参与电化学反应。大多数可作为锂离子电池的正极活性材料包括含锂的过渡金属化合物和金属磷酸盐。对锂离子电池正极材料的要求包括以下几个方面：

（1）正极中金属离子在嵌入化合物中有较高的氧化还原电位，而且氧化还原电位随材料中锂离子含量的变化尽可能少。

（2）可逆地嵌入和脱出大量的锂离子，具有高的比容量才可以获得高比能量的电池。

（3）在脱出/嵌入锂过程中，材料结构保持良好的可逆性，才可能获得较长的循环寿命。

（4）具有较快的锂离子扩散速率，这样才可以获得良好的倍率性能。

（5）优良的电子导电率和离子电导率，降低电极极化，实现大电流充放电。

（6）具有较好的电化学稳定性和热稳定性，在电解液中不溶解或溶解性很低，并且能形成稳定的 SEI 膜。

（7）原料易得，合成成本低廉，材料价格便宜。

现阶段，产学界正在研发和推向市场的锂离子电池的正极材料主要有 $LiCoO_2$、$LiNiO_2$、$LiMn_2O_4$、$LiNi_{1-x-y}Mn_xCo_yO_2$、$LiCo_xNi_{1-x}O_2$、$LiFePO_4$ 等。正极材料主要归结为有序的岩盐型结构、尖晶石型结构和橄榄石型结构及其衍生物材料三种结构类型。早期的研究者对锂离子电池正极材料的研究几乎都围绕着层状过渡金属氧化物与尖晶石过渡金属氧化物进行，直到 1997 年，Goodenough 团队首次报道一种聚阴离子正极材料 $LiFePO_4$，并于 2001 年实现其量产；至此，商品化的锂离子电池正极材料的主要结构都已经出现。如图 1.4.1 所示，后续的改进材料都是在这些母体结构的材料基础上进行衍生和发展，以实现正极材料具备更高的放电电压、放电容量、循环稳定性等性能。其中，有序的岩盐型结构是一种层状结构，锂原子、金属原子和氧原子占据交替层的八面体位置。典型的岩盐型结构正极材料有

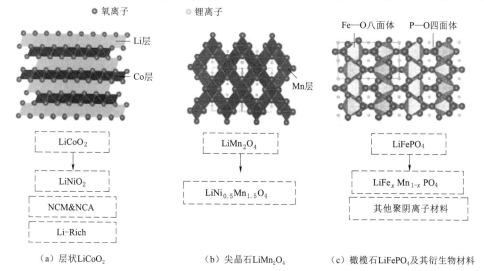

（a）层状 $LiCoO_2$ （b）尖晶石 $LiMn_2O_4$ （c）橄榄石 $LiFePO_4$ 及其衍生物材料

图 1.4.1　层状 $LiCoO_2$、尖晶石 $LiMn_2O_4$、
橄榄石 $LiFePO_4$ 及其衍生物材料

$LiCoO_2$、$LiNi_{1-x-y}Mn_xCo_yO_2$（NCM）、$LiCo_xNi_{1-x}O_2$。典型的尖晶石型结构正极材料有 $LiMn_2O_4$，橄榄石型结构的正极材料有 $LiFePO_4$。近几年来，随着市场需求的强劲生长，反向催生高能量、高功率的锂电池的研发，当下热门的正极材料研究主要集中高比能富锂锰基材料、高压钴酸锂和高镍三元 NCM 材料等体系。本章节主要围绕层状结构的 $LiCoO_2$、具有尖晶石型结构的 $LiMn_2O_4$、聚阴离子型橄榄石型结构的 $LiFePO_4$ 以及 $LiNi_{1-x-y}Mn_xCo_yO_2$ 三元正极材料进行阐述。

1.4.1.1　层状结构 $LiCoO_2$ 正极材料

1958 年，Johnson 首次合成了 $LiCoO_2$ 正极材料，1980 年，K. Mizushima 等首次报道了 $LiCoO_2$ 的电化学性能和可能的实际应用，1991 年，日本 Sony 公司以 $LiCoO_2$ 为正极材料制成了商品化的二次锂离子电池。与其他正极材料相比，$LiCoO_2$ 在可逆性、放电容量、充放电效率和电压平台等方面综合性能更为优异，是目前商业化最成功的正极材料。

$LiCoO_2$ 具有 $\alpha-NaFeO_2$ 型层状结构，属于六方晶系，具有 $R\bar{3}m$ 空间群，晶格常数 $a=0.2816nm$，$c=1.4081nm$，基于 O 原子的立方密堆积，Li^+ 与 Co^{3+} 交替占据岩盐结构的（111）层面的 3a 位（000）和 3b 位（00 1/2），O^{2-} 位于 6c（00z）位，即层状结构由 CoO_6 共边八面体所构成，其间被 Li 原子面隔开，其结构如图 1.4.2 所示。O—Co—O 层内原子（离子）以化学键结合，层间靠范德瓦尔斯力维持，由于层间范德瓦尔斯力较弱，锂离子的存在恰好可以通过静电作用来维持层状结构的稳定。层状的 $LiCoO_2$ 中锂离子可以在 CoO_2 原子密实层的层间进行二维运动，扩散系数 $D_{Li^+}=10^{-9}\sim10^{-7}cm^2/s$。实际上，由于 Li^+ 和 Co^{3+} 与 O^{2-} 离子层作用力的不同，导致 O^{2-} 的分布偏离理想的最紧密堆积结构而呈现三方对称。所以在高电压 $LiCoO_2$ 的结构不稳定，循环性能差，且 Co^{4+}、O^{2-} 活性大，容易引发安全事故。

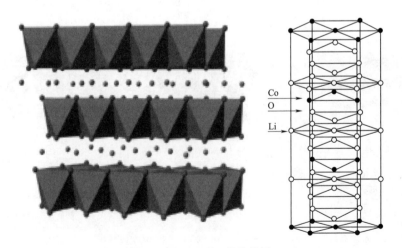

图 1.4.2　$LiCoO_2$ 的结构图

合成 $LiCoO_2$ 的方法有高温固相法、低温共沉淀法和凝胶法。比较成熟的方法是钴的碳酸盐、碱式碳酸盐或钴的氧化物等与碳酸锂在高温下固相合成。热重曲线和 XRD 物相分析表明，200℃以上分解生成 Co_3O_4、Co_2O_3，300℃时其主体仍为 Co_3O_4，高于此温度时钴的氧化物与 Li_2CO_3 进行固相反应生成 $LiCoO_2$。有研究者采用 Co_3O_4 和 Li_2CO_3 作原料，按化学计量混合，首先在 650℃下灼烧 5h，然后在 900℃下灼烧 10h，最后得到稳定的活性物质。R. Yazami 等介绍了低温合成方法，即在强力搅拌下，将醋酸钴的悬浮液加到醋酸锂溶液中，然后在 550℃下处理 2h 以上。所得的材料具有单分散的颗粒形状、大的比表面积、好的结晶以及化学计量组成。还有人把锂和钴的碳酸盐或草酸盐溶于载体溶液中并形成气流悬浮体，进行高温反应，可快速制备 $LiCoO_2$。$CoOOH$ 与过量的 $LiOH \cdot H_2O$ 可在 100℃下进行离子交换反应制备 $LiCoO_2$，或用共沉淀法低温制备锂钴前驱物合成 $LiCoO_2$，但产物必须在高温下处理。

$LiCoO_2$ 的理论比容量高达 274mAh/g，但是从 $LiCoO_2$ 中脱出的锂离子最多为 0.5 个单元，超过 0.5 个单元 $LiCoO_2$ 结构将不稳定，钴离子将从其所在的位置迁移到锂离子所在位置上，产生离子混排现象，造成不可逆结构变化。另外，在较高电位下（锂离子脱出量超过 0.5 个单元），$Li_{1-x}CoO_2$（$x > 0.5$）材料中的 Co^{4+} 易与电解液发生氧化还原反应，致使材料的比容量快速衰减。一般情况下，$LiCoO_2$ 充电电压的上限为 4.2V，$LiCoO_2$ 在实际应用中可发挥的容量不超过 150mAh/g，在此电压范围内 $LiCoO_2$ 具有较平稳的电压平台，且充放电过程的不可逆容量损失小，循环性能好。还须指出，充电状态的 $LiCoO_2$ 处于介稳状态，当温度高于 200℃或者高电压时，会发生释氧反应，即释放出氧气，产生的氧气与有机电解液发生放热反应，产生的热量使电池的温度上升，当达到液态有机电解液的燃点时，将会发生爆炸，造成安全事故。除此之外，电解液中 $LiPF_6$ 会发生以下反应：

$$LiPF_6 \longrightarrow LiF + PF_5 \tag{1.4.1}$$

$$PF_5 + H_2O \longrightarrow POF_3 + 2HF \tag{1.4.2}$$

生成的 HF 将侵蚀 $LiCoO_2$ 正极材料，导致 Co 元素发生溶解，容量发生衰减。

近年来，高压钴酸锂的研究在全球范围重新掀起热潮。钴酸锂在保持其高压实密度的前提下，高电压钴酸锂可有效实现充放电容量上升，且其体积能量密度仍可在正极材料中处于领先位置。例如，4.6V 的钴酸锂材料的体积能量密度可高达 3696Wh/L，高于尖晶石材料与磷酸铁锂材料，甚至远大于 NCM811 材料的体积能量密度，且可媲美比容量达高到 300mAh/g 的富锂正极材料。如图 1.4.3 所示，2004 年，J. R. Dahn 就已阐述了包覆钴酸锂在全电压范围内脱出/嵌入锂过程的相图和相变机制。J. N. Zhang 等归结了前人工作指出，高电压钴酸锂面临的问题主要包括体相结构变化、表面结构变化、界面副反应、氧参与电荷转移过程以及高电压配套技术问题等五个方面，分别导致材料容量快速衰减、内阻增加、电解液消耗、界面膜增厚、安全性能下降等一系列宏观电池失效行为。

表面包覆和离子掺杂替代是改善 $LiCoO_2$ 材料电化学性能的两种主要途径，它可以有效缓解电解液对 $LiCoO_2$ 材料的侵蚀，阻止材料结构的变化，进而实现材料工作电压的提升和循环寿命的改善。目前对 $LiCoO_2$ 进行表面包覆的材料有 AlF_3、碳材料、ZnO、$Li_4Ti_5O_{12}$ 和钒氧化物等。特别是，2019 年中科院物理所李泓团队

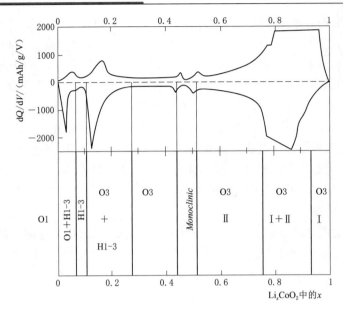

图 1.4.3　钴酸锂在全电压范围内脱出/嵌入锂过程的相图和相变机制

采用 Ti、Mg、Al 三种元素痕量掺杂（掺杂比例＜0.1wt％），使得钴酸锂材料在 4.6V 高电压充放电过程中的循环稳定性和倍率特性得到了极大的提升（图 1.4.4）。研究表明，Mg 和 Al 元素更容易掺杂进入材料的晶体结构中，而 Ti 元素则倾向于在钴酸锂颗粒表面富集；掺杂进入钴酸锂晶格的 Mg、Al 可以抑制 4.5V 高电压充放电时出现的结构相变，是促使钴酸锂材料在高电压充放电下性能提升的主要原因

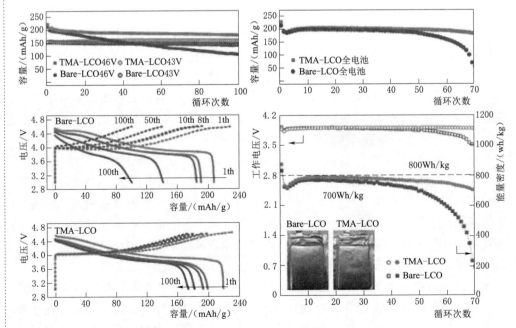

图 1.4.4　Ti、Mg、Al 共掺杂 LiCoO₂（TMA‐LCO）与未掺杂 LiCoO₂（Bare‐LCO）的半电池和全电池性能对比

之一；富集于钴酸锂颗粒表面和颗粒内部的 Ti 元素能够为钴酸锂颗粒内部一次颗粒之间提供良好的界面接触，并可以有效地抑制高电压下材料表面氧离子的氧化活性，从而减缓高电压下材料与有机电解液的副反应，最终稳定材料的表面能够提升材料的循环稳定性和倍率性能。

1.4.1.2 尖晶石结构 $LiMn_2O_4$ 正极材料

$LiMn_2O_4$ 是由 Hunter 在 1981 年首先制备得到。图 1.4.5 中，$LiMn_2O_4$ 具有尖晶石结构，为立方晶体，a＝8.239Å，是 Fd3m 空间群。$LiMn_2O_4$ 的理论比容量为 148mAh/g，实际比容量在 120mAh/g 左右。$LiMn_2O_4$ 具有锰资源丰富、价格便宜、对环境无毒等优点，以其低廉的价格、良好的热稳定性、强大的耐过充能力和良好的环境效益备受人们关注。但是其循环性能和存储性能较差，尤其是高温环境下的循环性能很差，导致了严重的不可逆容量衰减。根据近年来的研究，人们普遍认为 $LiMn_2O_4$ 尖晶石的不可逆容量主要归结于锰的溶解及其造成的材料结构变化、钝化膜的形成、Jahn－Teller 效应造成的材料结构破坏和电解液的分解。目前，对 $LiMn_2O_4$ 的研究也就集中在改善 $LiMn_2O_4$ 的高温循环性能。对 $LiMn_2O_4$ 高温循环性能的改善就围绕着下面几点进行研究：减小 $LiMn_2O_4$ 的比表面积以减小电极材料/电解液的界面面积，从而减小锰的溶解速度；优化电解液来改善 $LiMn_2O_4$ 和电解液的相容性，同时防止电解液的分解；进行体相掺杂和表面相掺杂；另外，也有不少人合成非化学计量的 $LiMn_2O_4$ 以改善性能。还有一些研究者将正极材料和电解液二者联系起来，作为一个系统考虑它们的界面性质，而不单纯地研究正极材料或电解液。

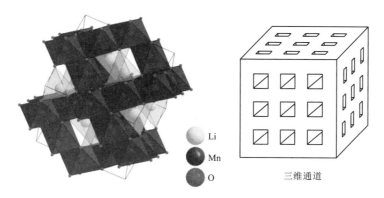

Li
Mn
O

三维通道

图 1.4.5　$LiMn_2O_4$ 尖晶石的晶体结构和离子输运通道示意图

掺杂是稳定材料结构和性能的常用手段，体相掺杂可以改善尖晶石的循环性能，但会引起初始比容量的减少，因而不能掺杂过高的量。以前的研究主要掺杂金属离子，近年来，也有人在研究掺杂非金属离子，或者同时掺杂金属离子和非金属离子。在选择掺杂离子时需要考虑的因素主要有以下方面：

（1）掺杂离子的晶体场稳定能，在尖晶石结构中存在着锂离子占据 8a 四面体间隙和锰离子占据八面体 16d 间隙。因此，选择掺杂离子时应首先选择和锰离子相近或更强的择位能的离子，掺杂后这些离子就会顺利进入 Mn 的 16d 位置，从而稳定尖晶石结构。

（2）掺杂离子的稳定性。掺杂低价离子可以提高 $LiMn_2O_4$ 中 Mn 的平均价态，抑制 Jahn-Teller 效应，若掺杂离子不稳定，易于氧化高价离子，则导致 Mn 平均价态的降低，发生 Jahn-Teller 效应。

（3）M—O 键的强度。掺杂离子和氧所形成的强 M—O 键能提高尖晶石结构的稳定性，改善循环性能。

（4）掺杂离子的半径。若掺杂离子的半径过大或过小，都可能导致 $LiMn_2O_4$ 晶格过度扭曲而使稳定性下降，使循环性能变差。

表面相掺杂是设法使掺杂元素扩散渗入其表层，保持 $LiMn_2O_4$ 原有的粒度，同时在总掺杂量较低的前提下，对颗粒表面进行高浓度掺杂，达到高浓度掺杂的效果。合成非计量的锂锰氧，设法使锰的平均化合价升高，平均价态大于 3.5。这样，充放电在单相中进行，高电压下不出现两相，延缓了 Jahn-Teller 效应的发生。同时，锰元素电荷的升高也增强了 Mn—O 键，使 $LiMn_2O_4$ 在脱出/嵌入锂过程中的体积膨胀/收缩程度减小，稳定了尖晶石框架结构，从而延长了循环寿命。目前，比较热门的掺杂体系是 $LiNi_{0.5}Mn_{1.5}O_4$。

例如：采用表面氟化技术进一步稳定 $LiNi_{0.5}Mn_{1.5}O_4$ 结构。在图 1.4.6 中，60℃ 下的电池具有更高的容量，这是由于高温下锂离子具有更高的扩散速率。与 $LiNi_{0.5}Mn_{1.5}O_4$ 相比，$LiNi_{0.5}Mn_{1.5}O_4/F$ 明显具有更好的循环性能。在温度为 60℃ 以下，$LiNi_{0.5}Mn_{1.5}O_4/F$ 的首次放电容量为 119.4mAh/g，且其容量随着循环次数的增加而衰减，经过 100 次循环后的放电容量为 103.5mAh/g。$LiNi_{0.5}Mn_{1.5}O_4$ 的首次放电容量为 122.9mAh/g，然而其容量衰减较快，经过 100 次循环后的放电容量为 75.9mAh/g，容量损失达到 38.2%。在温度为 25℃ 以下，经过 450 次长循环，$LiNi_{0.5}Mn_{1.5}O_4/F$ 样品的容量保持率高达 87.8%，而纯的样品容量保持率仅为 67.7%。结果表明，表面氟化作用可以显著提高材料的结构稳定性和循环性能，主要是由于 M—F 相对 M—O 的结合力较大，较为稳定的电极表面可以抑制电化学循环过程中其与电解液的反应。因此，电极材料的循环稳定性得到显著改善。

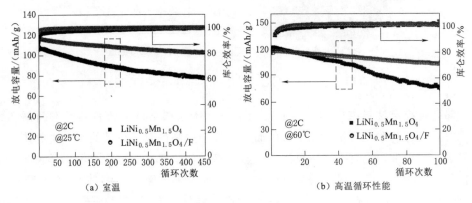

图 1.4.6　$LiNi_{0.5}Mn_{1.5}O_4$ 和 $LiNi_{0.5}Mn_{1.5}O_4/F$ 循环性能图

人们从研究 $LiMn_2O_4$ 合成方法、结构和性能的关系以解决 $LiMn_2O_4$ 较低的初始比容量，到研究 $LiMn_2O_4$ 的体相掺杂和表面包覆以改善 $LiMn_2O_4$ 的循环性能，体现着锂离子电池正极材料 $LiMn_2O_4$ 研究的历史趋势。

$LiMn_2O_4$ 的合成方法基本上可以分为固相合成法和液相合成法。传统的固相合成法主要有高温合成法、微波合成法等。高温合成法的优点是易于实现规模化生产，其缺点是能量消耗巨大，且合成的材料的均匀性较差。传统的液相合成法有溶胶—凝胶法、水热法、Pechini 法及共沉淀法等。溶胶—凝胶法和它的变化形式溶胶—凝胶—酯化法具有短的反应时间、低的反应温度、反应产物粒度均一、尺寸小、反应过程易控制等优点，缺点是醇化物前驱体的反应活性大，易生成沉淀，而且不能保证加热过程中产物的均匀性。水热法是将锂盐和锰盐溶液置于不锈钢高压釜中，进行水热反应获得 $LiMn_2O_4$，其优点是反应温度较低。

1.4.1.3　聚阴离子型正极材料

按聚阴离子的种类，聚阴离子型正极材料可以分为：磷酸盐类（$LiMPO_4$，M＝Fe、Co、Ni、Mn）、硅酸盐类（Li_2MSiO_4，M＝Fe、Co、Ni、Mn）、硼酸盐类（$LiFeBO_3$）以及氟代聚阴离子型（Li_2MPO_4F、$LiMSO_4F$ 和 $LiVPO_4F$）等。

作为聚阴离子型正极材料的典型代表，$LiFePO_4$ 材料具有晶体结构稳定，与电解液相容性良好，以及高的放电电压平台、优良的热稳定性、循环稳定性和低廉的价格等优点，因而受到人们的广泛关注，并被广泛应用于新能源汽车动力电池的正极材料。$LiFePO_4$ 为橄榄石型结构，属于正交晶系，Pnma 空间群，在自然界中主要以磷铁矿的形式存在，其结构如图 1.4.7 所示，$LiFePO_4$ 晶体中每个晶胞含有 4个 $LiFePO_4$ 单元，O 原子以类似六方密堆积方式排列；P 原子占据氧四面体的 4c位置，Fe 和 Li 原子各自占据氧八面体的 4c 和 4a 位置；P—O 四面体、Fe—O 八面体和 Li—O 八面体交替排列。锂离子在 4a 位形成与 c 轴平行的共棱的连续直线链，使得 Li^+ 具有二维可移动性，在充放电过程中可以脱出和嵌入。

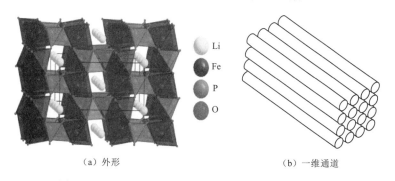

（a）外形　　　　　　　　　　　（b）一维通道

图 1.4.7　$LiFePO_4$ 的晶体结构和离子输运通道示意图

充电时，锂离子从 FeO_6 层间迁移出来，Fe^{2+} 被氧化为 Fe^{3+}，形成 $LiFePO_4$/$FePO_4$ 共存态，电子则从外电路到达负极，放电过程与上述相反，发生还原反应。具体的充放电反应表达式如下：

$$充电反应：LiFePO_4 - xLi^+ - xe^- \Longrightarrow xFePO_4 + (1-x)LiFePO_4 \tag{1.4.3}$$

$$放电反应：FePO_4 + xLi^+ + xe^- \longrightarrow xLiFePO_4 + (1-x)FePO_4 \tag{1.4.4}$$

　　LiFePO$_4$ 脱出/嵌入锂时产生 Li$_x$FePO$_4$/Li$_{1-x}$FePO$_4$ 两相界面，是一种典型的离子电子混合导体。从结构上看，FeO$_6$ 八面体通过共点链接，与 PO$_4$ 四面体交替排列，使得 LiFePO$_4$ 具有较低的电导率。锂原子所在的平面中包含有 PO$_4$ 四面体，按近似于六方密堆积的方式排列，使得锂离子在晶体中的迁移速率较小。而 P—O 共价键形成离域三维立体化学键，使 LiFePO$_4$ 材料具有很强的热力学和动力学稳定性。LiFePO$_4$ 和 FePO$_4$ 结构相似，晶系相同，因此锂离子在脱出/嵌入过程中，晶格体积畸变小，晶格结构不会因体积的收缩膨胀而受到破坏，颗粒与导电剂之间的电接触也不会受到破坏，因此该材料的结构稳定，循环寿命长，具有较好的循环性能。而且 LiFePO$_4$ 还具有环境友好、价格低廉、安全性高、比容量高（170mAh/g）以及充放电平台平稳等优点。因此，该材料被视为最具潜力的动力电池等大型电池应用领域的锂离子电池正极材料。

　　但是 LiFePO$_4$ 的主要缺点是电子导电率较低，锂离子扩散速率慢、振实密度低，导致大电流放电时容量衰减快、倍率性能差、低温性能不好、体积能量密度低，而且放电电压略低于其他正极材料。为了解决这些问题，通常通过碳掺杂或包覆，以及金属掺杂等方法对 LiFePO$_4$ 进行改性。掺杂的金属离子常有 Mg、Al、Co、Cu、Ag 等。通过掺杂能有效调控 LiFePO$_4$ 的晶格常数，提高锂离子在 LiFePO$_4$ 中的扩散能力。例如，利用湿化学工艺在 LiFePO$_4$@C 表面沉积纳米锡颗粒可以显著改善材料的大电流充放电性能（图 1.4.8）。这主要归因于金属锡和碳网共同包覆在 LiFePO$_4$ 颗粒表面，形成完整连续的电子导电层，有效降低了大电流充放电时的电化学极化，进而提高电池在充放电过程中的可逆性。

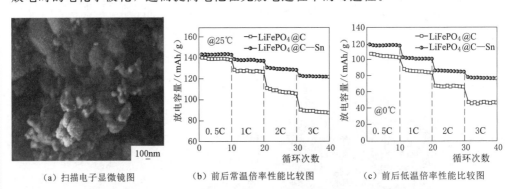

（a）扫描电子显微镜图　　（b）前后常温倍率性能比较图　　（c）前后低温倍率性能比较图

图 1.4.8　LiFePO$_4$@C 表面沉积纳米锡颗粒形貌和性能图

　　目前，以 LiFePO$_4$ 为锂离子电池正极材料的工业电池产品放电能力已经可以达到 40C 以上。LiFePO$_4$ 正极材料是动力电池的主流正极材料之一，被广泛应用于电动自行车、油电混合车、纯电动车、电动工具、储能电池、航空航天电池、备用电池以及船用电池等领域。与常规锂离子电池相比，LiFePO$_4$ 没有过热或爆炸等安全性问题，同时电池的循环寿命是常规锂离子电池的 4 倍以上，放电功率是常规锂离子电池的 3 倍以上。

　　磷酸铁锂属于复合磷酸盐类，在橄榄石结构的化合物中，可以用于锂离子电池的正极材料并非只有磷酸铁锂，还有 LiMnPO$_4$、LiMnFePO$_4$、LiVPO$_4$、LiCoPO$_4$

等。尽管制备 $LiFePO_4$ 的原料价格低廉，但是在制备中对原料的纯度、晶相、杂质等要求非常严格，这加大了 $LiFePO_4$ 制备成本。制备 $LiFePO_4$ 的方法有草酸亚铁法、碳热还原法、水热法、微波法、溶胶—凝胶法和共沉淀法等。草酸亚铁法和碳热还原法是主流的工业制备 $LiFePO_4$ 的方法。

1.4.1.4 三元正极材料 $LiNi_{1-x-y}Mn_xCo_yO_2$

开发循环寿命长、倍率性能好、热稳定高的正极材料去替代当前 $LiCoO_2$ 材料，是锂离子动力电池正极材料研究的重要内容。目前，被认为最有可能成为锂离子动力电池的正极材料是三元材料 $LiNi_{1-y-z}Mn_zCo_yO_2$（NCM），该材料具备较高的比容量、原材料价格较低、安全性比 $LiCoO_2$ 材料好、同时对环境友好等诸多优点。图 1.4.9 中，三元材料晶体结构是 α—$NaFeO_2$ 结构，$R\overline{3}m$ 空间点群，是 1999 年由 Liu 等提出的，协同了钴酸锂、镍酸锂、锰酸锂三种材料各自优点的特点，按一定比例混合起来组成的一类材料，保持了原材料的层状结构，同时又实现三种材料电化学性能间的互补。通过调节三种过渡金属的比例，可以突出三种材料各自的特定性能。目前，研究推广应用的三元材料有低镍的 $LiNi_{1/3}Co_{1/3}Mn_{1/3}O_2$（NCM333）、中镍的 $LiNi_{0.5}Co_{0.2}Mn_{0.3}O_{0.2}$（NCM523）、高镍的 $LiNi_{0.6}Co_{0.2}Mn_{0.2}O_{0.2}$（NCM622）和 $LiNi_{0.8}Co_{0.1}Mn_{0.1}O_2$（NCM811）等。

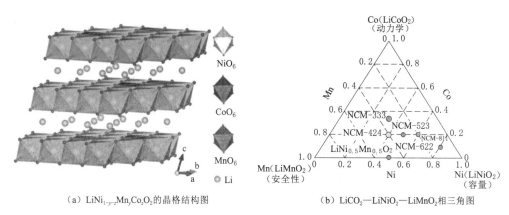

（a）$LiNi_{1-y-z}Mn_yCo_zO_2$ 的晶格结构图　　　　（b）$LiCO_2$—$LiNiO_2$—$LiMnO_2$ 相三角图

图 1.4.9　$LiNi_{1-y-z}Mn_yCo_zO_2$ 的晶格结构图及 $LiCoO_2$—$LiNiO_2$—$LiMnO_2$ 相三角图

图 1.4.10 中，以 $LiNi_{1/3}Mn_{1/3}Co_{1/3}O_2$（NCM333）为例，在充电和放电过程中，$Li^+$ 在二维通道上脱出/嵌入不同程度时，材料结构中离子价态会发生阶段性变化。当 $0 \leqslant x \leqslant 1/3$ 时，结晶结构中的 Ni 原子由 +2 价变为 +3 价，当锂离子进一步脱出 $1/3 < x \leqslant 2/3$ 时，Ni 原子化合价将从 +3 价再次被氧化成 +4 价；当 $2/3 < x \leqslant 1$ 时，+3 价的钴离子被氧化成 +4 价。放电是充电过程的逆过程。从整个充放电过程来看，Mn 原子不发生化合价的改变，起到保护材料的层状结构作用。使三元材料具备一定的结构稳定性，而 Ni 原子对材料的容量贡献很大，Co 原子对放电电压平台高有贡献。

对于不同 Ni、Co、Mn 配比的三元材料，随着 Ni 含量的不同，阳离子的混排程度不同（即 Ni^{2+} 和 Li^+ 分别占据对方的 3a 位和 3b 位），通常用 $I_{(003)}/I_{(004)}$ 比值大

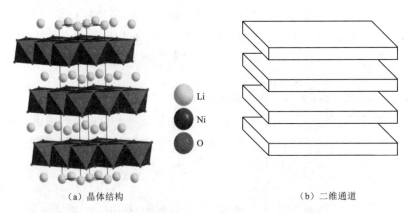

（a）晶体结构　　　　　　　　　　（b）二维通道

图 1.4.10　$LiNi_{1-y-z}Mn_yCo_zO_2$ 的晶体结构和离子输运通道示意图

小衡量阳离子混排程度，其中 $I_{(003)}$ 和 $I_{(004)}$ 分别表示 X 射线图谱中（003）和（004）衍射峰的强度。比值越小说明阳离子混排越严重，这种结构无序状态导致了电化学性能恶化。研究表明，随着 Ni 含量的增加，$I_{(003)}/I_{(004)}$ 比值降低，说明随着 Ni 含量增加，Li/Ni 混排严重。

三元材料具有极高的比容量、较好的循环性能和倍率性能，放电比容量高达 200mAh/g 以上，目前是锂离子动力电池的首选正极材料之一。特别是为实现电动汽车用 300Wh/kg 比能电池发展目标，$LiNi_{0.8}Co_{0.1}Mn_{0.1}O_2$（NCM811）是这类电池正极材料中的重要候选，由于其比钴含量较低的正极材料具有更高的容量而备受关注。虽然这种材料潜力巨大，但是存在一些问题：即随着 Ni 含量的增加，循环性能恶化，且热稳定性和安全性变差；也会使表面的 LiOH、Li_2CO_3 含量升高，LiOH 会与电解液中的 $LiPF_6$ 反应产生 HF 导致过渡金属离子的溶解，进而降低循环寿命和存储寿命。同时，Li_2CO_3 会产生高温气胀，最终引起安全性问题。例如，测试以 NCM333、NCM523 和 NCM811 作为正极材料的半电池，电池电压为 4.3V，它们的热分解温度的峰值分别为 306℃、290℃ 和 232℃。因此，NCM333、NCM523 和 NCM811 基电池释放的热量逐渐增加，表明 NCM811 正极材料的热稳定性和安全性能低于 NCM111 和 NCM523。此外，在锂离子电池的实际应用中，在相同的工作电压下，高镍 NCM 正极材料释放的锂高于低镍 NCM 正极材料释放的锂，导致 Ni^{4+} 含量增加，Ni^{4+} 是一种强氧化剂，可进一步氧化电解质产生氧气，使电池不稳定，给应用带来安全隐患。针对这些问题，研究人员通常通过离子掺杂、表面包覆、结构设计以及采用电解液添加剂等措施来改善材料的电化学性能。大量实验表明：提高三元材料电化学性能的方法有很多种，比如，改进合成材料的方法，改善材料颗粒的大小及形貌；或者通过掺杂离子来提高材料结构的稳定性；或者对材料进行表面修饰以提高材料的电导率和结构稳定性，实现倍率性能和循环性能得到改善。

（1）针对 NCM 材料的纳米化处理及结构调制实现性能调制。例如，Kang 等用静电纺丝法制备出了纳米纤维的 NCM333 前驱体，在氧气氛围下 700℃ 退火结晶，通过 SEM 图像观察到 NCM333 纤维直径约为 100～800nm。电化学性能测试表明，虽然首次充电容量和放电容量很高，分别是 217.93mAh/g，172.8mAh/g，但是存在循环性能较差，高倍率性能不突出，热稳定性差等缺点。例如，Zhang 等采用固相反应法制备了含有不同微米级颗粒的纯 NCM811 粉末，研究了粒径对典型 NCM811 正极材料电化学性能的影响，阐明了尺寸效应的重要性。结果表明，D50＝7.7μm 的原始 NCM811 正极粉末在室温下 100 次循环后具有最好的首次放电比容量（1/20C 和 1C 倍率下分别为 224.5mAh/g 和 169.1mAh/g）和保持容量（1C 倍率下为 71.0%）。此外，在核壳结构中，核心采用 NCM811 等高镍 NCM 材料，可提供高的容量。壳体部分镍含量低，使材料表面性能更稳定。因此，NCM811 的核壳结构可以改善其电化学性能。

（2）通过离子掺杂实现 NCM 材料的性能调制。离子掺杂是指在不改变 NCM 材料原有结构的情况下，引入与锂离子半径相近的其他离子来提高正极材料的晶体结构稳定性。由于离子掺杂，NCM 材料的体相结构在循环过程中保持稳定，从而抑制了结构崩塌和提高了正极材料的循环性能。掺杂的性能改善机理可概括为两个方面：掺杂元素可以改变 NCM 材料的晶格常数或某些元素的价态，从而提高材料结构的稳定性；掺杂元素可以减少 NCM 材料的阳离子混排，从而提高 NCM 材料的电子电导率和离子电导率。对于锂离子电池正极材料，通常采用与锂离子半径相近的掺杂离子来改善晶体结构稳定性，以延长其循环寿命和热稳定性。掺杂改性主要有阳离子掺杂、阴离子掺杂和离子共掺杂三种策略。NCM 材料常用的阳离子掺杂元素有 Mg^{2+}、Al^{3+}、Cr^{3+}、Ti^{4+}、Zn^{2+} 等。其中，Mg^{2+} 离子半径接近 Li^+ 半径，有利于 Li^+ 离子的脱嵌，具有良好的支撑效果，因此镁常被用作 NCM 正极材料的掺杂剂；Al^{3+} 能降低 NCM 材料的阳离子混合程度，有效地减小 Ni—O 八面体的 Jahn-Teller 畸变，提高 NCM 材料的结构稳定性。再者，与阳离子掺杂的多样性相比，阴离子掺杂也是提高正极材料性能的一种有效策略。掺杂阴离子以 F^- 为主。

（3）通过表面涂层修饰实现 NCM 材料的性能调制。表面涂层修饰是在 NCM 电池材料的表面涂覆一层材料，防止电池活性物质与电解液接触，减少副反应的发生；该涂层还可以改善材料的结构稳定性，降低界面阻抗，提高材料的导电性。研究表明，NCM 表面修饰金属氧化物、氟化物、磷酸盐、导电聚合物和一些含锂化合物如 Li_2ZrO_3、Li_3PO_4、$Li_2O—2B_2O_3$ 等都能有效提高材料的电化学性能；其中，具体的氧化物修饰材料有 Al_2O_3、MgO、CeO_2、ZrO_2、Co_3O_4 等，这些涂层材料的金属阳离子在特定的电压窗口下只有一个稳定的化学价态，化学稳定性高。例如，Zhang 等采用一种高效的表面改性策略，原位制备了 NCM811 粒子表面包覆固体电解质 Li_3PO_4 层，并系统研究了该纳米包覆层对材料电化学稳定性的影响。NCM811@Li_3PO_4 的制作示意图如图 1.4.11 所示。这种基于 NCM811@Li_3PO_4 的软包电池的能量密度为 304.6Wh/kg，在 1.0C 下的 250 次循环容量保持率为 89.6%。不同于一般的无机材料涂层，典型的导电聚合物有聚乙炔（PA）、聚苯胺（PANI）、聚吡咯（PPy）、聚噻吩（PTH）等导电聚合物涂层可以包覆在 NCM 材料上，形成一个网络或三维涂层结构，可以提高 NCM 材料的电子传递速率和锂离子的扩散系数、放电比容量、倍率性能。

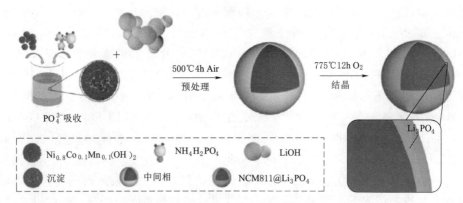

图 1.4.11　NCM811@Li$_3$PO$_4$ 正极材料制作示意图

　　除了上述在电极材料的改性和调制来实现 NCM 材料的性能提升之外，也可以在电解液中添加某些少量的添加剂。在电化学过程中，由于添加剂自身的氧化分解会在活性颗粒表面形成致密的人工固态电解质界面膜（SEI 膜），这将减缓电解液与电池材料间的副反应，从而增强电池的电化学性能。

1.4.2　锂离子电池负极材料

　　在锂离子电池诞生之前，早期锂离子电池采用金属锂作为负极。金属锂是碱金属，密度小，具有极高的比容量（3860mAh/g）和最低的电极电势（-3.045V）。在锂离子电池中，锂与非水有机电解质容易反应，在表面形成一层钝化膜（固体电解质界面膜，Solid Electrolyte Interface，SEI），使金属锂在电解质中能稳定存在，这是锂离子电池商业化的基础。对于二次锂离子电池，锂在充电过程中容易形成枝晶，刺破隔膜导致电池内部短路。因此，以金属锂为负极的二次电池的安全性差，循环性能不好，无法实现商业化应用。为了解决这些问题，20 世纪 70—80 年代，人们寻找了一些材料来取代金属锂，这些材料包括石墨类碳材料、金属合金和金属化合物。由于在锂离子脱出/嵌入过程中，石墨类碳材料的晶体结构并没有明显变化，因此可以使电化学反应可以连续可逆地进行下去，从而使锂离子电池的高能量密度和长循环寿命得以实现，并在 1991 年由索尼公司实现了商业化。

　　负极材料对锂离子电池的电化学性能有着重要影响。通常一种优异的负极材料应该满足下列条件：

　　（1）锂离子在负极材料的插入氧化还原电位尽可能低，接近金属锂的电位，从而使电池的输出电压高。

　　（2）负极材料在脱出/嵌入锂时，晶体结构没有显著变化，保持电化学反应的可逆性，从而确保良好的循环寿命。

　　（3）负极在脱出/嵌入锂时具有高度的可逆性，保持负极材料具备优异的充放电库仑效率。

　　（4）负极插入化合物材料需要具备较高的电子电导率和离子电导率，减少电极极化，实现大电流充放电。

（5）负极材料在整个电压范围内具有良好的化学稳定性，在形成 SEI 膜后不与电解质等发生反应。

（6）负极活性材料具有较高的密度，从而具有较高的电极密度和较高的比容量。

（7）从实用角度上，负极应对环境无污染，价格低廉，便于产业落地。

同正极材料类似地，高性能的负极材料也是锂离子电池的重要组成部件，是实现高比能锂离子电池的关键因素。当下，已商业化锂离子电池的负极材料大多采用石墨材料和少量硅基材料。通常，石墨的理论比容量却比较低，很难达到高比能电池的需求。根据充放电机理的不同，锂离子电池负极材料大致可以分为嵌入型、转换型、合金及其他储锂类型。

1.4.2.1 嵌入型负极材料

嵌入型负极材料是指锂离子能够在负极活性物晶格中实现可逆地嵌入和脱出，因此这类材料往往具有优异的长循环稳定性。锂离子的嵌入过程一般分为两种，一种是异相插入，电位保持不变；另一种是均相插入，电位发生改变。均相插入可以提供更快的离子迁移速率，同时还能保证电极材料结构稳定性。由于它可以便捷辨别电池不同的充电状态，因此，这种电位的改变对于开发大型锂离子电池十分有利。均相和异相反应并不是材料固有性质，它可以通过控制材料粒子尺寸或改变离子有序度来进行调控，这种插入反应在碳材料或钛基材料中较为常见。此外，嵌入型材料通常可以提供一维或二维的结构来作为锂离子和电子快速扩散的通道，同时还可以保证材料自身结构的稳定性。但是由于这种材料活性位点有限，其容量一般都比较低。其中，碳材料在地壳中储量丰富并且环境友好，因此被广泛研究。碳的存在形式有很多种，从结晶性的角度区分，分为无定型碳和石墨化碳。从维度区分有零维富勒烯、一维碳纳米纤维、二维石墨烯和三维纳米碳。同样，碳的性质也会随着形貌的改变而发生变化，可以根据它的具体应用而进行相应调控。本节主要对常见的碳材料和 $Li_4Ti_5O_{12}$ 等嵌入型负极的结构和特性进行分析。

（1）碳材料。锂离子电池的研制成功是以碳材料代替金属锂作为电池负极为标志的。根据石墨化程度将碳负极材料分为石墨、软碳、硬碳。非石墨类碳在高温处理时都有石墨化的趋向，但有的材料易于石墨化——被称为软碳，有的材料难于石墨化——被称为硬碳。通常由煤沥青、石油沥青、蒽等制备软碳，由酚醛树脂、蔗糖等制备硬碳。目前，研究较多的软碳负极材料是中间相碳微球。用作负极的石墨类和非石墨类碳材料各有优缺点，研究者常对碳材料做表面修饰和改性工作。

石墨导电性好，结晶度高，具有良好的层状结构，适合锂离子的脱嵌，是目前锂离子电池商业化应用最多的负极材料。锂离子嵌入到石墨的层状空间后，形成 $Li_xC_6(x \leqslant 1)$ 非计量比化合物。根据 Li_6C 计算，石墨的理论比容量达 $372mAh/g$，锂离子在石墨中的脱嵌电压平台在 $0 \sim 0.25V$ 之间。如图 1.4.12 所示，石墨具有层状结构，碳原子呈六角形排列并向二维方向延伸，层间距为 $0.335nm$。从电化学反应来看，各种碳材料作为锂离子电池负极的主要机制，都与锂—石墨层间化合物的形成有关。锂在石墨中嵌入可形成多级化合物，LiC_6 通常称为一级化合物。石墨在嵌锂时会形成钝化膜或固体电解质界面膜。SEI 膜对负极材料及锂离子电池的电化学性能的影响至关重要，不稳定的 SEI 膜会导致电解液不断的分解、消耗，同时导致石墨的破坏，并导致库仑效率降低。

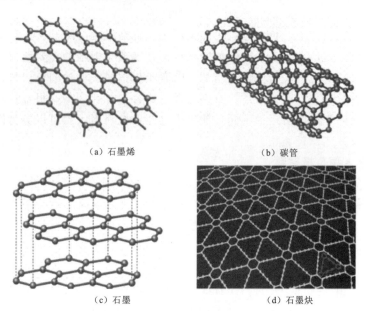

(a) 石墨烯 　　　　　　　　　　(b) 碳管

(c) 石墨 　　　　　　　　　　(d) 石墨炔

图 1.4.12　常见几种碳材料的结构图

石墨可以分为天然石墨与人造石墨。天然石墨由于价格低，电极电势低且充放电曲线平稳，在一些电解液中库仑效率高，比容量相对较高，已在商品化锂离子电池中大量使用。然而，天然石墨具有两个主要缺点：倍率性能低；与 PC 基电解液相容性差。通常在石墨表面采取适度氧化、包覆聚合物热解碳、在表面沉积金属等方法对石墨进行表面修饰或改性处理，实现石墨倍率性能的改善和可逆比容量的提升。天然石墨有无定形石墨和鳞片石墨两类，无定形石墨杂质含量较高，可逆容量较低，仅有 260mAh/g；鳞片石墨的结晶度高，纯度高，可逆容量可高达 300～350mAh/g。人造石墨是将易石墨化炭（如沥青焦炭）在氮气中经过高温（>2800℃）石墨化处理得到，它的很多性质与天然石墨相同。人造石墨具有很多优点，但是成本较高，且可逆比容量低于天然石墨。常见的人造石墨有中间相碳微球（MCMB）、中间相沥青碳纤维（MCF）和气相生长碳纤维（VGCF）。

软碳是易石墨化碳，是在 2500℃ 以上的高温下能石墨化的无定形碳。常见的软碳有石油焦、碳纤维、碳微球、针状焦等。软碳的结晶度低，晶粒尺寸小，晶面间距较大，与电解液的相容性好，循环性能较好。但是由于形成 SEI 膜等原因，首次不可逆容量较大，库仑低，比容量较低，输出电压较低，无明显的充放电电压平台。

硬碳是难石墨化碳，在 2500℃ 以上的高温下也难以石墨化，一般是由高分子聚合物高温热解得到。常见的硬碳有树脂碳（如聚糠醇、环氧树脂、酚醛树脂等）、有机聚合物热解碳（PVC、PVDF、PVA、PAN 等）、炭黑（乙炔黑）。相比于石墨，硬碳材料具有很多优点，比如更高的比容量、良好的循环稳定性和更优越的快速充放电能力。然而硬碳也有一些缺点，比如不可逆比容量较高，充放电曲线之间存在明显滞后回环，而且密度较低也导致了体积比容量较低。

石墨烯［图 1.4.12（a）］是由单层的正六边形排布的 sp2 杂化碳原子层堆叠而成，具有良好的导电性、化学稳定性及超高比表面积。锂离子不仅能在层间嵌入，石墨烯表面的边沿等缺陷位点以及纳米空穴也可以提供锂离子结合的活性位点，从而提供额外的容量，因此通过处理石墨烯表面可以提高电化学性能。与其他碳材料一样，尽管石墨烯具有诸多优势，但是将它作为锂离子电池负极材料的时候还是存在以下问题，如无明显的放电平台，首次库仑效率低、不可逆容量损失大和振实密度低等，再加上其制备方法复杂耗能大进一步制约着其在储能上的应用空间。

碳纳米管（CNTs）是石墨的一种同素异形体，其结构［图 1.4.12（b）］是一种由单层或者数层石墨烯通过弯曲卷绕而形成的封闭的圆筒。其直径分布一般在 $0.8\sim2nm$ 和 $5\sim50nm$ 之间，长度自几十纳米起并可达到厘米量级。CNTs 因具有相当大的机械强度、超高的比表面积、良好的导电性以及柔性，被用作锂离子电池负极材料进行了大量的研究。纵使 CNTs 作为负极使用时有诸多优点，仍存在制约其发展的严重问题：如首次不可逆容量高、电压滞后现象、放电平台不明显等。

石墨炔是近几年出现的一种新的碳的同素异形体，其晶体结构是碳原子以 sp 和 sp2 杂化形成共价键，有着与石墨烯相似的层状结构，其层内的正六边形由三个二炔键构成的三角形连接［图 1.4.12（d）］。sp 碳原子和二炔键的存在扰乱了石墨烯的正六边形晶格，提供了许多有趣的新特性；而且重复的六原子苯矩阵间的丁二烯键赋予石墨炔均匀分布的孔隙和低锂离子扩散能垒，因此使其成为可充电锂基储能设备的候选材料。李玉良院士团队在石墨炔的制备及应用颇有心得，2015 年首次报道了纯相石墨炔在储锂上的应用；2016 年该小组继续对石墨炔进行氮掺杂改性，改性后的电极在 $2A/g$ 的电流密度下循环 1000 次后仍可保留 $510mAh/g$ 的可逆容量；为了进一步改善石墨炔的电化学性能，在 2018 年报道了氟化石墨炔的合成，该材料在 $2A/g$ 的电流密度下循环 9000 次后容量保持率为 70%，展现了非凡的循环稳定性。虽然石墨炔有着令人满意的物理化学性质，然而当前的合成方法复杂，原料涉及吡喃吡啶等危化品，还只是处于实验室阶段。

（2）$Li_4Ti_5O_{12}$ 负极材料。相对于金属锂，碳材料在安全性能、循环性能等方面获得了很大提高，从而使锂离子电池的商业化应用获得了可能。然而，当锂离子电池应用于新能源汽车时，由于碳材料极易燃烧，作为锂离子动力电池负极材料时会产生严重的安全问题。20 世纪 80 年代末，尖晶石结构 $Li_4Ti_5O_{12}$ 作为锂离子电池正极材料被开始研究，但由于相对于锂的电位偏低而未能引起人们的广泛关注。后来，人们将其作为锂离子负极材料进行了研究。$Li_4Ti_5O_{12}$ 的理论比容量只有 $175mAh/g$，但是不可逆比容量很小。该材料的锂离子脱出/嵌入电位约为 $1.55V$，高于大多数电解液的还原电位，因而避免了 SEI 膜的产生，降低了电极材料的首次不可逆容量。同时高电位也避免了生成锂枝晶，提高了材料的安全性。在锂离子脱出/嵌入过程中，$Li_4Ti_5O_{12}$ 的晶体结构保持高度的稳定性，体积变化几乎为零，被称为零应变材料，因而具有优异的循环稳定性和平稳的放电电压。此外，尖晶石型的 $Li_4Ti_5O_{12}$ 原料来源广泛、价格便宜、易于制备、无环境污染，因此在新能源汽车蓬勃发展的今天，$Li_4Ti_5O_{12}$ 作为一种比较理想的碳负极替代材料，在牺牲一定的

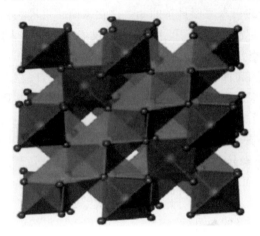

图 1.4.13　$Li_4Ti_5O_{12}$ 的晶体结构图

能量密度的前提下能够改善电池的快速充放电性能、循环性能和安全性能，从而引起了人们广泛关注。

$Li_4Ti_5O_{12}$ 是本身含有锂元素的一种可以在空气中稳定存在的白色的复合氧化物。具有与 $LiMn_2O_4$ 相似的尖晶石结构，空间群为 $Fd3m$，其晶体结构如图 1.4.13 所示：O^{2-} 离子构成 FCC 点阵，位于 32e 的位置，四分之三的 Li^+ 占据四面体 8a 位置，剩下的 Li^+ 和 Ti^{4+} 随机占据八面体 16d 位置，因此，其结构也可表示为 $[Li]_{8a}$ $[Li_{1/3}Ti_{5/3}]_{16d}$ $[O_4]_{32e}$。其充放电反应

过程可表示为（图 1.4.14）

放电：$[Li]_{8a}[Li_{1/3}Ti_{5/3}]_{16d}[O_4]_{32e}+Li^++e^-\longrightarrow[Li_2]_{16c}[Li_{1/3}Ti_{5/3}]_{16d}[O_4]_{32e}$

$$(1.4.5)$$

充电：$[Li_2]_{16c}[Li_{1/3}Ti_{5/3}]_{16d}[O_4]_{32e}-Li^+\longrightarrow[Li]_{8a}[Li_{1/3}Ti_{5/3}]_{16d}[O_4]_{32e}+e^-$$

$$(1.4.6)$$

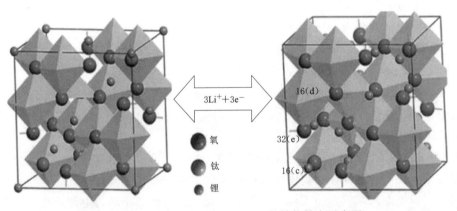

图 1.4.14　$Li_4Ti_5O_{12}$ 和 $Li_7Ti_5O_{12}$ 的结构转变示意图

$Li_4Ti_5O_{12}$ 的制备方法主要有高温固相法和液相法。高温固相法是将钛源（TiO_2 等）与锂源（Li_2CO_3 和 $LiOH$ 等）混合烧结得到。液相法有溶胶—凝胶法、水热法、微乳液法，主要用于制备纳米级 $Li_4Ti_5O_{12}$。虽然 $Li_4Ti_5O_{12}$ 负极材料具有安全、绿色环保、生产成本低等优点，但是也存在一些缺点：高温固相合成过程中颗粒生长不易控制；$Li_4Ti_5O_{12}$ 振实密度较低，导致体积比容量和能量密度较低；$Li_4Ti_5O_{12}$ 本身的导电性很差，其电子电导率非常低，导致高倍率充放电性能较差。

目前，$Li_4Ti_5O_{12}$的研究主要集中于提高振实密度和提高电导率两个方面，具体包括：合成粒径分布均匀的具有高比表面积的$Li_4Ti_5O_{12}$材料以提高其利用率和体积比容量；进行金属离子的掺杂并在表面包覆高导电性的碳以提高电导率。例如：首先通过简单的静电相互作用成功地将石墨烯（Gs）包覆在由纳米薄片组成的$Li_4Ti_5O_{12}$空心微球表面，然后在低温下进行退火处理，既能保持$Li_4Ti_5O_{12}$纳米薄片的结构特征，又能在复合材料中形成高导电性的电子输运网络。相比之下，$Li_4Ti_5O_{12}@Gs$电极具有更高的放电容量和优越的倍率性能。并且系统地研究了$Li_4Ti_5O_{12}@Gs$电极锂离子嵌入/脱出的反应动力学及电导增强机理。如图1.4.15所示，可以明显地看出两种材料之间的容量差，并且随着倍率的增大其二者容量差距也随之增大。$Li_4Ti_5O_{12}@Gs$复合电极的倍率能力增强，是因为电极中的高导电石墨烯网络提供了更多的电子传递途径从而降低了电极的极化和电阻。另外，$Li_4Ti_5O_{12}$与石墨烯之间的功函数的差异导致电子在石墨烯与$Li_4Ti_5O_{12}$接触时从石墨烯转移到$Li_4Ti_5O_{12}$。这种少量的电荷转移就会形成表面电荷以及它们之间相应的电场。内建电场的形成，极大地促进了离子和电子的迁移。研究结果表明，复合电极在20C的电流倍率下可逆容量高达160mAh/g。

（a）形貌

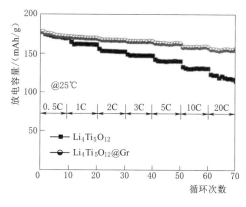

（b）性能

图1.4.15 $Li_4Ti_5O_2@Gr$形貌和性能图

1.4.2.2 转换型负极材料

嵌入性材料的比容量一般都比较低，这主要是由氧化还原反应作用机理（转移电子数目）和材料的结构决定的。较低比容量的电极材料大大降低了器件的能量密度，因此，开发新型氧化还原转换反应机理的电极材料成为研究的热点。基于金属氧化物或金属硫化物可以和Li^+发生电化学反应，其转化反应为

$$Ma\,X_b + (b-n)Li^+ \Longleftrightarrow Ma + bLi_nX \tag{1.4.7}$$

其中，M代表过渡金属，X是阴离子，n是X的氧化态数。关于转化反应的雏形是金属氧化物和硫化物与锂发生合金化反应过程中具有不同程度的可逆性。后逐渐证明此类材料具有高于石墨数倍的高比容量，X阴离子也从O和S扩展到N、P以及F等。在转化反应过程中，先发生嵌入反应形成M-Li-X中间相，然后还原得到

金属颗粒与 Li_nX。另外，金属颗粒嵌入失去 Li^+ 的 Li_nX 结构的活性与转化反应的可逆程度有很大关系。根据转化反应机制可得，材料在整个反应过程面临下面三个问题：①氧化还原过程会引起结构的重组，进而引起体积的巨大变化，这很容易导致颗粒的粉化和脱落；②在充放电过程中出现明显的电压滞后现象；③首圈库仑效率低下；这些问题严重阻碍着其商业化的应用。

此外，转化反应中材料的反应电压与阳离子和阴离子的种类有很大关系。其中，电压平台的滞后主要是由第一圈放电后形成纳米颗粒具有较大表面积，以及产生的无定型 Li_nX 结构造成的。首圈库仑效率低下主要因为电解质的不可逆分解，低活性 Li_nX 与金属颗粒之间不可逆转化，以及纳米颗粒会形成较低氧化态数。目前，为改善转化型材料电化学储锂性能，提出了许多方法。比如，与碳形成复合物，碳材料在低电压也具有储锂活性，不仅能补偿部分不可逆容量损失而且提高整个电极的导电率；寻找合适的聚合物黏结剂并对复合电极做热处理；合成纳米化的材料，纳米颗粒不仅可以缩短锂的扩散路径，而且可以增加比表面积，从而提高比容量和倍率性能。

（1）过渡金属氧化物。除了合金式和嵌入式反应机理，绝大多数的过渡金属氧化物（MO_x，M=Fe、Co、Ni、Cu、Mo、Ni、Cr、Ru 等）的储锂机制都为转换式反应。根据式（1.4.7）和表 1.4.1 所示，在嵌锂过程中，金属氧化物生成 Li_2O 和金属，脱锂后，它们又发生可逆反应生成金属氧化物。在充放电过程中，有多个电子参与了转换反应，因此这类金属氧化物具有高的比容量（600～1200mAh/g）和能量密度。

表 1.4.1　　　　　　　　　金属氧化物的电化学反应式和导电性

氧化物	理论比容量 /(mAh/g)	储锂反应机理	反应电压 (vs Li$^+$/Li)/V	电导率 /(S/cm)
SnO_2	782	$4Li^+ + SnO_2 + 4e^- \longrightarrow 2Li_2O + Sn$ $Sn + xLi^+ + xe^- \Longleftrightarrow Li_xSn$ $(0 \leqslant x \leqslant 4.4)$	约 0.4	10^{-3}
TiO_2	168	$TiO_2 + xLi^+ + xe^- \Longleftrightarrow Li_xTiO_2$ $(0 \leqslant x \leqslant 1)$	1.7	10^{-10}
Fe_3O_4	924	$Fe_3O_4 + 8Li^+ + 8e^- \Longleftrightarrow 4Li_2O + 3Fe$	约 0.8	2×10^2
Fe_2O_3	1005	$Fe_2O_3 + 6Li^+ + 6e^- \Longleftrightarrow 3Li_2O + 2Fe$	约 0.85	约 7×10^{-3}
Co_3O_4	890	$Co_3O_4 + 8Li^+ + 8e^- \Longleftrightarrow 4Li_2O + 3Co$	约 1.1	$10^{-4} \sim 10^{-2}$
CoO	715	$CoO + 2Li^+ + 2e^- \Longleftrightarrow Li_2O + Co$	约 0.75	—
NiO	718	$NiO + 2Li^+ + 2e^- \Longleftrightarrow Li_2O + Ni$	约 0.7	$0.01 \sim 0.032$
Mn_3O_4	936	$Mn_3O_4 + 8Li^+ + 8e^- \Longleftrightarrow 4Li_2O + 3Mn$	约 0.4	$10^{-7} \sim 10^{-8}$
MnO_2	1232	$MnO_2 + 4Li^+ + 4e^- \Longleftrightarrow 2Li_2O + Mn$	约 0.4	$10^{-5} \sim 10^{-6}$
CuO	674	$CuO + 2Li^+ + 2e^- \Longleftrightarrow Li_2O + Cu$	0.8～1.4	9.8×10^{-5}

铁基氧化物因来源广、环境友好和价格低廉等引起广泛关注。铁基氧化物主要分为 Fe_3O_4 和 α-Fe_2O_3 两大类。Fe_3O_4 通常被称为磁铁矿，是一种重要的氧化物半导体，其禁带宽度为 1.85eV。Fe_3O_4 具有反式尖晶石型结构，属立方晶系，单个

晶胞内有 8 个 Fe_3O_4 分子，空间群为 O7h（Fd3m）。一个单位 Fe_3O_4 晶胞含有 8 个分子，故一个 Fe_3O_4 单胞内共含有 56 个离子，含 8 个 Fe^{2+}、16 个 Fe^{3+} 和 32 个 O^{2-}。Fe 原子的占位有四面体位和八面体位两种。同时，这两种不同占位的 Fe 原子具有不同的化合价，填充于四面体位为 Fe^{2+}，填充于八面体位为 Fe^{3+}。另外，$\alpha-Fe_2O_3$ 被称为赤铁矿，也是一种重要的 N 型氧化物半导体，具有间接带隙，禁带宽度为 2.1eV。$\alpha-Fe_2O_3$ 属于三方晶系，空间群为 R3c，晶体的组成是 O^{2-} 离子以六方紧密堆积排列。在晶胞中，正负离子的配位数为 3∶2，Fe^{3+} 填充在 2/3 八面体间隙里，其晶格常数分别为 $a=0.504$nm 和 $c=1.375$nm。由于具有价格低廉、无污染、化学稳定性好和耐腐蚀性强等优点，Fe_3O_4 和 $\alpha-Fe_2O_3$ 广泛地应用于储能材料、光催化、气敏和水处理等诸多领域。

对于铁基氧化物负极材料，其转化反应过程中有多个电子的转移，具有较高的理论比容量。但因其低电导以及大的体积膨胀效应，导致该材料在循环过程中活性物质会发生极化和粉碎等现象，造成了容量的快速下降。目前，主要从纳米化和碳复合两个路径来改善材料的电化学性能。例如，CNFs 具有独特的结构、高的纵横比、优异的电导以及良好的弹性性能，被证实是一个良好的碳复合材料。如图 1.4.16 所示，编者利用静电纺丝法制备了 Ag 修饰 Fe_2O_3@CNF 复合材料，并作为

（a）Ag—Fe_2O_3/CNF复合材料的SEM图

（b）Ag—Fe_2O_3/CNF复合材料的TEM图

（c）Ag—Fe_2O_3/CNF复合材料的HREM图

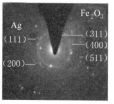

（d）Ag—Fe_2O_3/CNF复合材料的HADDF图

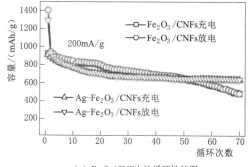

（e）Fe_2O_3/CNF电池循环性能图

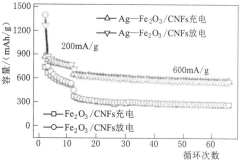

（f）Ag—Fe_2O_3/CNF电池循环性能图

图 1.4.16 材料形貌和性能图

锂离子电池负极研究。这些具有独特结构的电极材料不仅在室温环境中展示出优异的电池性能，而且在 $-5\,^{\circ}\mathrm{C}$ 低温环境中也展现出优异的循环性能。

此外，锰基氧化物（Mn_xO_y，$x=1\sim3$，$y=1\sim4$）的种类较多，放电平台均在 0.8V 以下且产物均为金属锰和氧化锂。虽然种类多，但实际应用较多的只有 MnO、MnO_2 和 Mn_3O_4 等。当然，这些材料也存在着与氧化铁、氧化钴相类似的问题。另外，Mn_3O_4 还存在反应不可逆这一问题，导致其可逆容量不乐观。针对这些问题，在 2017 年，Wang 等通过水热法设计一种空心多面体结构 Mn_3O_4，随后在进行表面多巴胺修饰，这种空心结构可以大大地改善体积膨胀问题，多巴胺层的进一步包覆可缓解材料的团聚及粉化问题，展现出优异的电化学性能。在 100mA/g 电流密度下的首次容量高达 2057.1mAh/g，经 200 次循环后仍然保留 885.5mAh/g 的可逆容量，在 2A/g 的大电流密度下还能给出 400.1mAh/g 的可逆容量，显示出良好的电化学性能。

（2）金属硫化物。与金属氧化物相比，MoS_2、WS_2、VS_2 等层状金属硫化物由于其层状结构在嵌锂过程中对锂的储存有额外的电化学贡献，因此在锂离子电池中的应用引起了广泛的兴趣。这类材料具有相似的结构，都是由共价键 S—M—S（M 为过渡金属）层构成，层与层之间通过弱的范德华力连接。另外，与同类氧化物相比，硫化物的比容量更高，这是因为硫元素的电负性比氧元素的更低，因此可提高其电化学性能。但本身的低电导率严重阻碍了电子/离子的快速传输，导致容量迅速下降；另外，在循环过程中体积的不断变化，阻碍了其在锂离子电池中的进一步发展和应用。

作为典型的层状过渡金属硫化物，MoS_2 因具有类似石墨烯结构，它在太阳能电池、超级电容器、锂离子电池、析氢反应、光催化降解有机污染物、传感器等领域得到了广泛的应用。MoS_2 的物理性质与石墨烯相似，包括高电荷载流子输运、高耐磨性等。然而，与石墨烯相比，MoS_2 具有更低的成本、更丰富可调谐的带隙以及更好的可见光吸收能力等优势。在块状 MoS_2 晶体结构中（图 1.4.17），Mo 原子层夹在紧密排列的 S 原子层之间，形成 S—Mo—S 的层状结构。层内通过强共价键 Mo—S 键相互作用，层之间的相互作用是通过微弱的范德华力连接，间距为 0.62nm。因此，该结构允许在 S—Mo—S 层之间引入其他离子或分子。MoS_2 的广

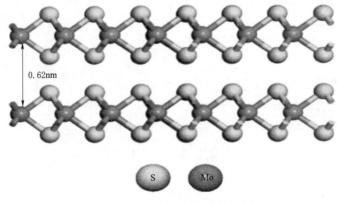

图 1.4.17　MoS_2 的晶体结构图

泛应用源于其优越的物理化学性能，由于其高的各向异性和独特的晶体结构，二维 MoS_2 的性能可以通过缩小尺寸、插入和形成异质结构来调整。

人们已经开发了许多合成方法来制备新型的二硫化钼纳米结构。Jiao 等利用溶剂热法成功的制备了由垂直阵列的金属相 MoS_2 纳米片自组装成新颖的介孔纳米管，该结构具有高的本征电导，因此极大地促进了倍率性能。此外，分层的、中空的、多孔的和规则的结构，避免了二维纳米片的重新折叠，有助于电解质的运输和扩散，从而保持了电化学循环的稳定性。测试结果显示，MoS_2 电极在 5A/g 的电流密度下循环 350 次后保留 1150mAh/g 的可逆容量，在 20A/g 的大电流密度下仍有 589mAh/g 的可逆容量，这种具有超高容量和优异倍率性能的负极材料，为研究人员开发适用于各种锂离子电池高容量负极提供了新的方向。另外，2018 年，Ma 等利用冷冻干燥的方法将 MoS_2 限制在二维 Ti_3C_4 Mxene 层间，层间结构对循环过程中由于膨胀所造成的电极破坏有明显的缓冲作用；取向纳米结构为电化学储能过程中的离子扩散提供了有序通道，该电极在 5A/g 的电流密度下循环 1000 次后保留 700mAh/g 左右的可逆容量。

近年来，除了 MoS_2 作为锂电池负极材料研究以外，其他的二维层状过渡金属硫化物，如硫化钴、硫化铁等也备受关注。Luo 等通过静电纺丝技术和水热法，成功制备了碳纳米纤维负载 Co_3S_4 复合材料。该复合材料的比表面积高达 $936m^2/g$，使电解液容易渗透到电极中，并在循环过程中缓解 Co_3S_4 的体积变化。结果显示，在 1A/g 的电流密度下循环 500 次后保留 436mAh/g 的可逆容量。Liu 等通过水热法合成了具有异质结构的 Fe_3S_4/Co_9S_8 复合材料。这种分级 Fe_3S_4/Co_9S_8 颗粒支架具有丰富的孔隙和孔道，可以提供高度流畅的电子/离子电荷输运途径，缩短离子扩散，并提供足够的结构扩展空间。此外，双金属硫化物起着重要的协同作用，协助电子输运进入电活性位点，从而使锂储存的反应动力学更加高效。该电极用作锂电池负极时，在 2A/g 的电流密度下循环 1500 次后保留 519mAh/g 的可逆容量。为了进一步提升循环性能，在 2019 年，Yin 等利用有机官能团合成了多孔八面体碳负载 FeS_2 电极。多孔八面体碳不仅优化了活性材料的电导率，还提供了适当的空隙空间可以容纳体积膨胀，防止活性物质的团聚，有利于获得良好的循环稳定性。该电极在 2A/g 的电流密度下循环 200 次后保留 590mAh/g 的可逆容量。

除了上述几种金属硫化物，过渡金属的其他硫化物也有相关的报道。即使过渡金属硫化物具有良好的应用前景，但由于其半导体的性质，制约了进一步发展的空间。要将它们应用于实际，还有待技术上的突破。

1.4.2.3　合金负极材料

在 20 世纪 70—90 年代，为了克服锂二次电池使用金属锂引起的安全性差和循环性能差，人们研究用锂合金代替锂二次电池的锂金属作为负极材料，如 LiAlFe、LiPb、LiAl、LiSn、LiIn、LiBi、LiZn、LiCd、LiAlB、LiSi 等。锂合金能避免枝晶的生长，提高了安全性，然而在反复的充放电循环过程中，锂合金将经历较大的体积变化，电极材料逐渐粉化失效。因此，锂合金没有实现商业化。后来日本

FUJI 公司研究人员发现无定形锡基复合氧化物有较好的循环寿命和较高的可逆容量，比容量较高可达到 500mAh/g 以上，不过首次不可逆容量也较大。为了解决体积变化大、首次充放电不可逆容量较高、循环性能不理想等问题，人们在锡的氧化物中掺杂一些氧化物作为缓冲基质，提高了电极材料的结构稳定性。之后，合金负极逐渐成为研究的热点。许多第 IV 和第 V 主族的金属和半金属，如 Si、Sn、Ge、Pb、P、As、Sb 和 Bi 等，以及如 Al、Au、In、Ga、Zn、Cd、Ag 和 Mg 等可以与金属锂形成合金，并且它们的储锂量相当可观，其中金属锡的理论比容量为 990mAh/g，硅为 4200mAh/g，远高于石墨类负极材料，其电位又略高于金属锂，可以防止锂枝晶的产生，因而引起人们的极大关注。但是在电池充放电过程中，Li_xM（M 为金属）的生成与分解伴随着巨大的体积变化，导致电极循环性能变差，阻碍了合金负极的实际应用。

多数合金负极材料都存在循环性能不理想以及首次不可逆容量较高的问题，这也是衡量电极材料性能的两个重要指标。合金负极材料首次不可逆容量较高的原因比较复杂，比较公认的有以下方面：①电解液在电极表面分解形成 SEI 膜，特别是纳米合金，其比表面积较大，因此形成 SEI 膜损失的锂较多，选择合适的电解液可以减少这部分损失；②杂质氧的存在，合金材料在制备时表面容易被氧化而带入杂质氧，在首次嵌锂时氧化物与锂发生了不可逆反应，从而造成锂的损失；③失去电接触，脱嵌锂时合金材料体积变化产生的应力使部分活性物质失去电接触，这部分活性物质中的锂在随后的脱锂反应中无法脱出，形成"死锂"；④热力学与动力学方面的原因，一部分锂在嵌入时被固定在某些间隙位置无法再脱出，或者锂在合金材料中的扩散速度比较慢。为抑制或缓和在脱嵌锂过程中所伴随的体积变化，通常以二元或多元合金作为脱嵌锂的电极基体，其中金属多为质地较软、延展性较好的活性或非活性物质，对体积的变化具有较强的适应性，可以缓冲活性物质体积变化而带来的机械应力，从而使合金材料具有良好的循环稳定性，即制备合金或金属间化合物基负极材料。另一种思路是将纳米技术引入电池负极材料，制备纳米超细合金体系，这样在脱嵌锂的过程中所伴随的体积变化较均匀，材料内部所产生的应力较小。因此，纳米超细合金负极理论上应具有好的循环稳定性和较小的容量损失。

目前，研究较多的是 Sn、Si、Sb 合金材料及其复合材料。锡基合金作为负极材料具有以下优点：在嵌锂时可以形成 $Li_{4.4}Sn$，储锂比容量达 994mAh/g，合金堆积密度大，高达 75.5mol/L，因此体积比容量和质量比容量都很高；嵌锂电势为 1.0~0.3V，在大电流充放电时不会发生金属锂的沉积而产生枝晶问题，安全性大大改善；在充放电过程中不会发生像石墨所产生的溶剂共嵌入问题，但是，锡在嵌锂过程中会发生较大的体积变化，体积膨胀可达两倍以上，在材料内部产生较大应力而引起电极材料粉化，造成与集流体的电接触变差，使容量快速衰减。通常跟碳材料进行复合缓冲体积膨胀，提高电极材料的力学强度，并提高电导率，或者采用惰性金属形成锡基合金金属间化合物，利用惰性金属减小充放电过程中所产生的应力，提高锡基负极材料的循环性能。

硅在嵌入锂时形成 $Li_{4.4}Si$，理论比容量高达 4200mAh/g，这是目前研究的合金中理论比容量最大的材料。特别是，2019 年 12 月，工信部将硅碳材料列入《重点新材料首批次应用示范指导目录》，明确硅碳材料在锂电池中的重要地位。因此，理论比容量最高的硅基材料体系被认为是最有发展潜力的体系之一，攻克硅基负极的机理及工艺难题和推进更高容量硅基负极材料的应用可以保证中国新能源汽车行业未来的健康发展。但是，硅负极材料在脱出/嵌入锂过程中伴随着超过 330% 的巨大体积变化，导致颗粒破碎和粉化，无法形成稳定的固态电解质膜（SEI 膜），且使电极材料失去电接触，造成电极循环性能急剧恶化；另外，硅的电导性欠佳也会导致严重的电极极化，阻碍锂离子的扩散速率，限制了电池的输出功率。因此，人们主要致力于缓冲硅的体积变化和提高其电导率，促使硅材料成功应用于锂离子电池中。为了解决这些问题，研究人员对容量衰减机理做了深入研究，并提出了纳米化、合金化和碳包覆等解决措施。通过合成硅化合物复合物、硅金属复合物、硅碳复合物来缓解体积膨胀，并利用电导率较高的碳来提高电导率。

1-6 硅基材料的研究

纳米硅的引入可缓解机械应变，有效地适应体积膨胀，抑制材料破裂，提高循环性能。碳材料的纳米复合可实现材料的能带调控，提高电极反应活性和面积，缩短锂离子扩散距离，提升锂离子的扩散速率，最终改善电池循环容量和倍率性能等。近期，Zhu 和 Yang 等分别撰写综述指出，硅碳复合材料的结构设计主要有核壳、多孔、夹层和三维等纳米结构；纳米化路径可以有效调控材料的复合形态、调控材料的电导特性和提升材料的界面兼容特性。Yuan 等利用热等离子体制备宏量的硅纳米线负极材料，且制备的电池容量和寿命都达到较高标准，为产业化进展提供了新思路。Guo 等报道了具有西瓜状层级缓冲结构的硅碳复合材料，材料表现出优异的充放电性能。Feng 等利用 CO_2 和硅化镁合金合成出碳包覆的多孔硅，并复合 Mxene 材料作为负极材料，在 1A/g 的电流密度下循环 400 次后输出 1624mAh/g 的可逆容量。编者课题组也在硅基负极材料的机理研究以及工程化量产技术上取得丰富进展，如图 1.4.18 所示，设计制备了原子层 ZnO 修饰、金属银粒子复合的碳包纳米硅多孔碳纤维负极材料，利用 XPS 及 KFPM 等揭示性能增强机理，ZnO 修饰能有效提升界面兼容，显著增强电池性能，特别是在 1.8A/g 的大电流下，循环 1000 次后保持约 920mAh/g 的可逆容量，媲美同时期报道性能最好的同类硅碳材料；与 NCM523 正极构成的软包全电池可提供 230Wh/kg 的能量密度，高于石墨 11NCM523 软包全电池的综合性能；另外，Shen 等设计了一种高导电导热 TiN 纳米颗粒负载的微米级硅/石墨烯/TiN/碳复合材料（Si/G@C/TiN），以解决硅—石墨负极在大电流和高温下因温度和应力分布不均引发的 SEI 膜稳定性问题。该 Si/G@C/TiN 电极在 5A/g 循环 400 次后仍保持 776.5mAh/g，在 55℃ 的高温下，2A/g 循环 200 次后仍具有 996mAh/g；同时，通过红外热成像技术，结合 DSC、XPS 以及 AFM 测试，深入剖析了电极导热能力与 SEI 稳定性的关系，揭示了高导热属性对于硅碳负极电化学性能和 SEI 稳定性的作用。

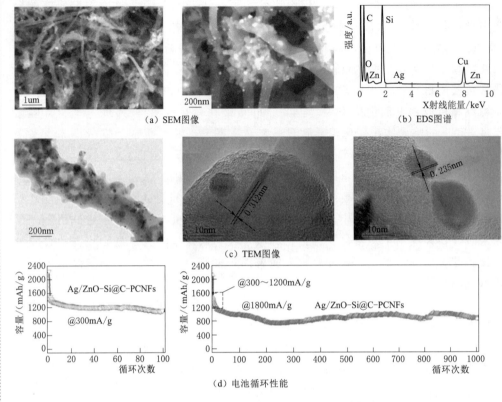

（a）SEM图像　　　　　　　　　　　　　　　（b）EDS图谱

（c）TEM图像

（d）电池循环性能

图 1.4.18　新型 Ag/ZnO—Si@C—PCNFs 硅碳复合材料

1.4.3　锂离子电池电解质

电解质是锂离子电池的重要组成部分，维持正负极之间的离子导电作用，有的电解质还参与正负极活性物质的化学反应和电化学反应。电解质的性能及其与正负极活性物质所形成的界面对锂离子电池性能的影响至关重要。电解质的选择在很大程度上影响电池的工作原理，影响着锂离子电池的比能量、安全性能、循环性能、倍率性能、低温性能和储存性能，因此电解质体系的选择和优化一直是研究的热点，电解质体系的革新也导致了锂离子电池革命性的突破。

锂离子电池的电解质具有很多类型。根据电解质物相的不同，可以分为固体电解质、液体电解质和固液复合电解质。液体电解质可以分为有机液体电解质和室温离子液体电解质，固体电解质可以分为固体聚合物电解质和无机固体电解质，固液复合电解质是固体聚合物和液体电解质复合而成的凝胶电解质。

有机液体电解质是把锂盐溶解于极性的非质子有机溶剂中所得到的电解质。有机液体电解质的电化学稳定性好、沸点高、凝固点低，具有较宽的温度使用范围，其缺点是有机溶剂介电常数小、黏度大，对锂盐的溶解度较低，电子电导率较低（通常在 $10^{-2} \sim 10^{-3}$ S/cm，比水溶液电解质低 $1 \sim 2$ 个数量级），对痕量水特别敏感（含水量必须控制在 20mg/kg 以下）。有机液体电解质在锂离子电池中的作用机制非常复杂，其与正负极活性材料的界面行为、添加剂的性能、锂离子电池组装工艺等都对锂离子电池的性能具有显著的影响。

室温离子液体电解质是由阳离子和阴离子构成的在室温条件下呈现液体的电解质，或者说是以离子液体作为锂离子电池电解质。室温离子液体电解质具有离子电导率较高、蒸汽压较低、化学与电化学稳定性较好、无污染等突出的优点，被誉为绿色电解质。与固体电解质一样，室温离子液体电解质大幅度提高了锂离子电池的安全性能，彻底消除了锂离子电池的安全隐患，然而离子液体的价格非常昂贵，如何降低成本是一个很关键的课题。

无机固体电解质是目前蓬勃发展的全固体锂离子电池的核心材料。根据相态的不同，无机固体电解质可以分为玻璃电解质和陶瓷电解质。在全固体锂离子电池中，无机固体电解质既起着电解质传导离子的作用，还起着隔绝正负极电子接触的作用，因此，全固态电池可以不用隔膜。锂离子电池采用无机固体电解质的优点是：不必使用隔膜；不会发生漏液问题；锂离子电池可以小型化、微型化等。无机固体电解质的最大问题是锂离子传导率较低，虽然在无机固体电解质中锂离子迁移数较大，但是电解质的离子电导率非常小，至少比液体电解质小 $1\sim2$ 个数量级，导致采用无机固体电解质的全固态锂离子电池无法大电流放电而缺乏实用价值，但是近年来取得了一系列的进展，使全固体锂离子电池的产业化应用成为可能。

固液复合电解质是固体聚合物和液体电解质复合而成的凝胶电解质，以固体聚合物为电解质的框架，作为"溶剂"，以液体电解质作为"溶质"，充满于固体聚合物"溶剂"中进行锂离子的传输。这种固液复合电解质既有固体聚合物电解质的优点：没有漏液问题，电池可以小型化、微型化，安全性能较好，又有液体电解质较高的离子导电性的优点，因此备受研究人员的关注。

虽然电极材料的稳定性、电解液组成以及电池本身的制造工艺和使用条件等都是影响锂离子电池安全性的主要因素。但液态锂离子电池安全性问题的根源仍然是有机液体电解质自身的挥发性和高度的可燃性。因此，对液态锂离子电池安全性的研究主要集中在电极材料与电解液的反应及其热效应方面，这些研究加深了人们对锂离子电池内部所发生的一系列放热反应和燃烧机理的认识。但要从根本上消除电池的安全隐患，必须消除有机溶剂的可燃性，开发安全性更高或使用根本不燃烧的电解质体系。特别是对于大型、高功率密度的锂离子电池而言，过充、短路或其他滥用情况下产生的安全性问题逐渐突出，已成为动力型锂离子电池大规模应用时必须攻克的难题。

因此，锂离子电池的电解质应该满足下列特点：

（1）良好的化学稳定性，与正负极活性物质和集流体不发生显著的电化学反应和化学反应，以减少锂离子电池的自放电，从而使锂离子电池具有较高的实际比容量。

（2）较高的锂离子电导率和较低的电子导电率。由于锂离子迁移数大，这样锂离子电池工作时电压损耗较小，从而使锂离子电池具有较高的工作电压，同时锂离子电池不会发生内部短路。

（3）较宽的电化学稳定窗口。所谓的电化学窗口是指施加在电解质上的最正电位和最负电位是有一定限制的，超出这个限度电解质会发生电化学反应而分解，那么这个最正电位和最负电位之间有一个区间，电解质稳定存在，把这个区间称电化学窗口。电化学窗口是衡量电解质稳定性的一个重要指标，尽管锂离子电池的理论比容量和电动势取决于正负极活性物质的性能，但是锂离子电池的实际比容量和工作电压却深受电解质的影响。

（4）此外还要求燃点高或者不燃烧，不会造成环境污染，价格成本低，而且热稳定性良好，以确保锂离子电池具有较宽的温度使用范围，从而具有卓越的安全性能。

（5）对于液体电解质而言，还应具有良好的成膜特性，在负极活性物质表面形成致密稳定钝化膜（近来也有研究人员提出电解质与正极活性物质的界面上也形成钝化膜），以确保负极活性物质与电解质被良好分隔，不会持续发生电化学反应而消耗锂离子电池正负极活性物质中的锂离子，从而确保了锂离子电池具有较高的容量。

锂离子电池使用的有机液体电解质是以适当锂盐溶解在有机非质子混合溶剂中形成的电解质溶液。为了表述的方便，本书中均简称为有机电解液或电解液。经过几十年的发展，锂离子电池使用的电解液已基本成型。常见的有机液体电解质一般是 1mol/L 锂盐与混合碳酸酯溶剂构成的体系。商品化的电解液一般选择 $LiPF_6$ 作为锂盐，溶剂多为碳酸乙烯酯（EC）与碳酸二甲酯（DMC）或者碳酸二乙酯（DEC）构成的混合溶剂。此外，还有少量基于特殊目的使用的电解液体系。这些电解液体系，支撑着锂离子电池的商品化以及今后的研究和发展。

常见的有机溶剂可以分为三类：①质子溶剂，如乙醇、甲醇、乙酸等；②极性非质子溶剂，如碳酸酯、醚类、砜类、乙腈等；③惰性溶剂，如四氯化碳等，质子溶剂由于含有活泼性较强的质子氢，一般不适合于锂电池。而惰性溶剂对锂盐的溶解度不大，限制了该类溶剂的使用。因此，锂离子电池常用的溶剂一般是极性非质子溶剂，这些溶剂中常含有 $C=O$、$S=O$、$C\equiv N$、$C-O$ 等极性基团，能够有效地溶解锂盐并提高电解液的电化学稳定性。在实际操作过程中，由于使用目的的不同，溶剂的选择标准可能会存在一些差异。

单一溶剂很少能同时满足以上要求，而多种溶剂按一定比例混合得到的混合溶剂能够满足锂离子电池工作的需要。例如，为了保证电解液有高的电导率，有机溶剂一般选择介电常数高、黏度小的有机溶剂，但实际上介电常数高的溶剂黏度大，黏度小的溶剂介电常数低。在实际应用中，常常是将介电常数高的有机溶剂与黏度小的有机溶剂进行混合，制得的混合溶剂介电常数相对较高、黏度相对较低，可以满足锂离子电池的要求。同时，多元溶剂体系电解液的使用，使得溶剂的物理化学性质（如介电常数、黏度、液程、电化学窗口等）等可以在更大范围内进行优化组合，以选择更优良或具有特殊目的的电解液体系。例如，为获得较好的低温性能，可选择含有线性或环状醚类溶剂的电解质。刘成勇等制备了一种含氟磺酰亚胺锂盐（三氟甲基磺酰及三氟乙氧基磺酰）的亚胺锂，并与碳酸乙烯酯/碳酸甲乙酯混合，组成非水电解液，采用核磁共振波谱、质谱、元素分析和离子色谱等手段，对合成锂盐进行分析，发现 TFO—TFSI/碳酸酯电解液具有较好的电化学稳定性和循环性能。

另外，较为经济、方便地提升电池性能的方式是在不改变电解质原有框架的基础上加入少量的功能成分，因此，过去十多年间对电解液添加剂的研究力度大为提升。在锂离子电池电解液研究中，添加剂的用量（体积分数）一般不超过 5％。目前，电解液添加剂发展的重要方向之一就是促进稳定 SEI 膜的形成，降低不可逆容量和减小电阻。例如，碳酸亚乙烯酯（VC）是应用较广泛的添加剂，当电解质中碳酸丙烯酯（PC）的含量高于 30％时，无法在石墨材料上形成保护性的 SEI 膜，但添加 VC 后能在高 PC 含量的极端条件下发挥作用。Zu 等研究了电解液添加剂碳酸乙烯亚乙酯（VEC）在提高 NMC 正极的锂离子电池高压性能（3.0～4.5V）方面具有一定的作用。电解液中添加质量分数为 2％的 VEC，以 1C 循环 300 次，电池的容量保持率由添加前的 62.5％提高到 74.5％，原因在于：初始充放电过程中 VEC 原位分解，在正负极上形成了稳定的 SEI 膜。Wang 等在电解液中添加了 0.5％四甲基四苯基环四硅氧烷，组装成以 NMC622 为正极材料的半电池，在 4.5V 的高电压下，得到较好的能量密度和容量保持率。

使用阻燃添加剂是提高锂离子电池安全性的有效途径。常用的锂离子电池阻燃添加剂主要有有机磷阻燃剂、卤代碳酸盐阻燃剂、复合阻燃剂和离子液体等。Chen 等采用了一种环境友好型添加剂乙烯基三乙氧硅烷（VTES），在抑制电解液可燃性的同时，通过在电解液和钴酸锂之间形成稳定的界面层，提高电池的热稳定性。通过密度泛函理论可知，这是由于乙烯甲硅烷原子团更倾向于与有机溶剂分子中的氧原子形成更加稳定的物质，从而提升电池的安全性。为了发展高安全性的电池，Li 等通过向传统的 $LiPF_6$ 和碳酸酯基电解液中加入 5％的乙氧基五氟环三磷睛（PFPN）阻燃剂，电解液的自熄时间在没有正极材料容量损失的前提下得以大幅度提升，临界氧指数达到 22.9；同时，电池保持了良好的循环稳定性和高的容量保持率。研究表明，添加 PFPN 可以降低电池的传荷电阻、减轻电极极化，从而可增强电化学性能；高含量的磷和氟化物的引入，实现了协同阻燃效果。

1.4.4　隔膜

锂离子电池采用隔膜对电池的正极和负极进行电子导电绝缘，防止正负极之间电接触导致短路，同时使锂离子能通过隔膜快速的扩散。目前，非水有机溶剂电解质的锂离子电池都采用聚烯烃微孔膜材料作为隔膜，而对于全固体锂离子电池则不需要隔膜，聚合物电解质可以起到隔膜的作用。之所以采用聚烯烃微孔膜作为隔膜，是由于其具有优良的机械性质、良好的化学稳定性。对锂离子电池而言，隔膜的要求如下：

（1）不与电解液及电极材料反应，具有良好的化学稳定性。

（2）具备一定的厚度，一般在 $20\mu m$ 以下。原则上是越薄越好，但是考虑其均一性、稳定性和安全性，需要选取合适的厚度。

1－7　隔膜

（3）具有合适的孔隙率，有助于保留足够的电解液，以提供自由离子的传输，一般锂离子电池隔膜的孔隙率在 40％ 左右。

（4）孔径大小适当，通常小于 1μm，可使锂离子通过。

（5）合适的渗透性和浸润性。渗透性不均匀会导致不匀一的电流密度分布，这被证实锂离子电池负极锂枝晶形成的主要原因；隔膜在电解液中需要很快的浸润，并长久保持电解液，以利于电池的组装和电池的寿命保持。

（6）良好的机械强度。在长度方向具有较高的拉伸强度，以保证自动卷绕的强度需求；在宽度上不伸长或收缩。

（7）具备良好的热收缩和闭合性。锂离子电池隔膜在低于热失控温度时有电池关闭的能力，且关闭后不会造成机械完整性的损失。

目前，商业化的锂离子电池隔膜主要是以聚乙烯（PE）和聚丙烯（PP）为主的微孔聚烯烃隔膜，这类隔膜凭借着较低的成本、良好的机械性能、优异的化学稳定性和电化学稳定性等优点而被广泛地应用在锂离子电池隔膜中。实际应用中又包括了单层 PP 或 PE 隔膜、双层 PE/PP 复合隔膜、双层 PP/PP 复合隔膜以及三层 PP/PE/PP 复合隔膜。聚烯烃复合隔膜由 Celgard 公司开发，主要有 PP/PE 复合隔膜和 PP/PE/PP 复合隔膜，由于 PE 隔膜柔韧性好，但是熔点低（135℃），闭孔温度低，而 PP 隔膜力学性能好，熔点较高（165℃），将两者结合起来使得复合隔膜具有闭孔温度低，熔断温度高的优点，在较高温度下隔膜自行闭孔而不会熔化，且外层 PP 膜具有抗氧化的作用，因此该类隔膜的循环性能和安全性能得到一定提升，在动力电池领域应用较广。近年来，一方面，3C 产业和新能源汽车产业对于高性能二次电池的强烈需求，推动了隔膜生产技术的快速发展；另一方面，为进一步提高锂离子电池的比能量及安全性，研究人员在传统的聚烯烃隔膜基础上，开发了众多新型锂电隔膜。隔膜主要采用天然材料和已经广泛应用于制备无纺布膜的合成材料，其中：天然材料主要包括纤维素及其衍生物，合成材料包括聚对苯二甲酸乙二酯（PET）、聚偏氟乙烯（PVDF）、聚偏氟乙烯-六氟丙烯（PVDF - HFP）、聚酰胺（PA）、聚酰亚胺（PI）、芳纶（间位芳纶 PMIA、对位芳纶 PPTA）等。

商业化微孔聚烯烃隔膜的制备工艺主要有干法单向拉伸、干法双向拉伸和湿法造膜三种，不管是湿法还是干法，均有拉伸这一工艺步骤，目的是使隔膜产生微孔。

干法单向拉伸工艺最先由美日两国公司开发，在熔融挤出后得到垂直挤出方向的片晶结构，随后通过单向拉伸使片晶结构分离而得到扁长的微孔结构，膜的纵向热收缩厉害，而没有进行拉伸的横向机械强度较低。我国于 20 世纪 90 年代发明了干法双向拉伸技术，原理是在聚丙烯中加入具有成核作用的 β 晶型成核剂，在拉伸过程中受热应力作用发生晶型转变形成微孔，由于进行了双向拉伸，在两个方向均会受热收缩，得到横向拉伸强度明显高于干法单向拉伸工艺生产的隔膜，具有较好的物理性能和力学性能，双向力学强度高，微孔尺寸及分布均匀。干法拉伸工艺生产工序简单，生产效率高，但是其生产的隔膜厚度较大，孔径及孔隙率难以控制，造成隔膜均一性较差，容易导致电池内短路。

湿法造膜的过程是将树脂和增塑剂等混合熔融，经过降温相分离、拉伸后用萃取剂将石蜡油萃取出再经过热处理成型，作为下一代商业化隔膜的发展方向，具有孔隙率和透气性较高、隔膜厚度超薄、隔膜性质均一等优点，但是其工艺复杂，对生产设备要求较高，生产过程中使用的有机溶剂由于回收困难而造成环境污染。近几年，锂离子电池隔膜的制备工艺呈现多样化趋势，除制备传统商品化微孔聚烯烃隔膜的干法工艺和湿法工艺外，静电纺丝工艺、相转化工艺、熔喷纺丝工艺和湿法抄造工艺等新兴制备工艺也在蓬勃发展。

静电纺丝工艺是近年来发展出的一种制备纳米纤维及非纺织隔膜的重要方法之一。它直接从聚合物溶液中制备聚合物纤维，直径从 $40\sim2000nm$ 不等，其原理是先将聚合物溶液或熔体在强点场中，在电场力与表面张力的作用下，针头上的液滴会由球形变为泰勒锥，克服表面张力之后在圆锥尖端延展形成纤维束，随后纤维束被不断拉伸，并伴随溶剂挥发，最后形成多层纳米纤维叠加的网状膜。静电纺丝法制备的隔膜以纳米纤维隔膜为主，同样具有非纺织隔膜机械性能较差的问题，另外，用静电纺丝技术造膜产量较低。

我国锂离子电池隔膜行业处于高速发展的阶段，2019 年，中国锂电隔膜出货量为 27.4 亿 m^2，同比增长 35.6%。截至 2020 年中国锂电隔膜出货量达到 37.2 亿 m^2，同比增长 36%。从隔膜产品结构看，占主要比重的为湿法隔膜，2020 年，中国湿法隔膜出货量达到 26 亿 m^2，同比增长 30%，占隔膜总出货量的 70%。干法隔膜出货量达到 11 亿 m^2，同比增长超过 40%，增速大于湿法，占隔膜市场总量的 30%。湿法隔膜逐渐成为主流的技术路线，但同时国产隔膜整体技术水平与国际一线公司技术水平还有较大差距。在技术发展领域，传统的聚烯烃隔膜已无法满足当前锂离子电池的需求，高孔隙率、高热阻、高熔点、高强度、对电解液具有良好浸润性是今后锂离子电池的发展方向。为实现这些技术指标，可以从三个方面入手：①研发新材料体系，并发展相应的生产制备技术，使其尽快工业化；②隔膜涂层具有成本低、技术简单、效果显著等优点，是解决现有问题的有效手段；③原位复合制备工艺较复杂，可以作为未来隔膜的研究方向。

1.5　锂离子电池的输运动力学

锂离子电池本身是一个复杂的电化学体系，其充放电过程涉及多尺度非均相介质中的混合电子离子输运，而且输运过程中还伴随着表面的电化学与化学的副反应及离子与电子的储存过程，蕴含着一系列复杂的物理化学过程。这些过程伴随着电池中材料的物理化学的性质变化，包括晶体结构相变、阴极过渡金属元素的价态变化、电荷转移、金属锂负极的沉积、锂离子在固液界面处的扩散和枝晶生长以及电极—电解液界面钝化层形成过程等，对这些过程的深入理解有利于更好地设计和改良电池的性能，对锂离子电池的发展均具有重要的科学意义。在电池的输运动力学过程中，本章节侧重对锂离子电池中的电极过程、法拉第过程及双电层、物质传递动力学过程及电极表面钝化膜的相关知识做简要汇总。

1.5.1　电极过程

锂离子电池充放电过程中，电极过程是指发生在电极与溶液界面上的电极反应、化学转化和电极附近的液层中传质作用等一系列变化的总和。通常而言，电极反应的基本历程由以下步骤组成（图1.5.1）：①反应物向电极表面传递过程，即电解质传质步骤；②反应物在电极表面或表面附近的液层中发生的前置表面转化过程，如反应物在电极表面吸附或发生化学反应；③反应物在电极表面发生电化学反应过程，该过程电子转移引起的氧化或还原反应遵守法拉第定律，也称为法拉第过程；④反应产物在电极表面或表面附近的液层中发生的随后的表面

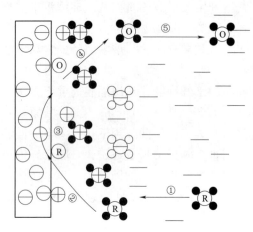

图 1.5.1　电极过程中的五个基本步骤

转化步骤，例如产物的脱附或发生其他化学变化，该步骤与第②步过程中的脱附与吸附过程等均属于非法拉第过程，虽然无电荷通过界面，然而电极/溶液界面的结构可以随电势或溶液组成的变化而改变，外部电流可以流动；⑤产生如气体或固体等新相产物过程，以及产物在电解质中传质步骤，产物从电极表面向溶液主体中传递过程。因此，组成电极反应的主要步骤为传质过程、电化学过程以及表面转化过程。换言之，也有研究者认为锂离子电池的反应过程中有三个步骤涉及电极的动力学：①部分去溶剂化的锂离子吸附在活性材料表面，同时电子从外电路进入到活性材料的价带；②活性材料表面部分去溶剂化的锂离子扩散并迁移至嵌锂位，完全去溶剂化的吸附锂离子则进入活性材料的晶格中；③锂离子和电子在活性物质内部扩散。

1.5.2　法拉第过程及双电层

事实上，锂离子电池在充放电过程中，电极与电解液的界面会发生两个过程。

一个过程是电荷（电子）在金属—溶液界面上转移，电子转移引起氧化或还原反应的发生，这些反应遵守法拉第定律，即是法拉第过程。该过程的电极化学反应的量正比于反应所通过的电荷量，遵循如下公式：

$$x = \frac{Q}{nF} \tag{1.5.1}$$

式中：x 为化学反应的量；Q 为通过的电荷量；n 为电子数；F 为法拉第常数。对式（1.5.1）两边同时对时间取微分，可得出反应速率与法拉第电流的关系式为

$$\frac{dx}{dt} = \frac{i}{nF} \tag{1.5.2}$$

另一个过程就是非法拉第过程，在充放电时，对于一个给定的电极-溶液界面，在一定的电势范围内，受到热力学或动力学的不良动力因素影响，电荷并没有发生转移，过量的电荷会积累在电极与电解液的交界面上，为了维持电荷平衡，电极上的电荷将通过吸附电解液中的反极性物质，形成类似电容器结构的两个平形层，这种界面层被称为双电层。如图 1.5.2 所示，双电层的厚度大约在几埃左右，最靠近电极表面的区域称为内海姆荷茨面，该范围内的离子被紧紧地吸附在电极表面；远离电极界面的区域是外海姆荷茨面，这里的溶剂化离子只是通过长程静电力被吸附，属于非特性吸附。双电层结构在特定的情况下，对电极的反应速率有一定的影响，对它的

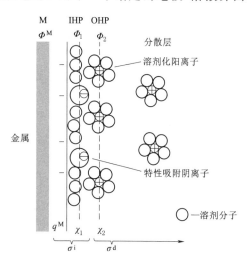

图 1.5.2　双电层示意图
○—溶剂分子

研究是很有必要。但在动力电池里头，由于双电层对能量的贡献不是很明显，常常可以被忽略。

双电层的结构能够影响电极过程的速率。在讨论电极反应动力学时，有时可以忽略双电层的影响，而在有些情况下，双电层的作用就必须加以考虑。在电化学实验中，通常不能忽略双电层的电容或充电电流的存在。实际上，在电活性物质浓度很低的电极反应中，充电电流要比还原或氧化反应的法拉第电流大得多。

1.5.3　物质传递动力学过程

物质传递，即物质在溶液中从一个地方迁移到另一个地方，是由两处电化学势或化学势的不同，或者一定体积的溶液扩散所引起的。

电极附近的物质传递可由 Nernst-Planck 公式来描述，沿着 x 方向的一维物质传递可表示为：

$$J_i(x) = -D_i \frac{\partial C_i(x)}{\partial x} - \frac{z_i F}{RT} D_i C_i \frac{\partial \phi(x)}{\partial x} + C_i v(x) \tag{1.5.3}$$

式中：$J_i(x)$ 为在距电极表面 x 处的物质 i 的流量；D_i 为扩散系数；$\frac{\partial C_i(x)}{\partial x}$ 为距离 x 处的浓度梯度；$\frac{\partial \phi(x)}{\partial x}$ 为电势梯度；z_i 和 C_i 分别为物质的电荷和浓度；$v(x)$ 为溶液中一定体积单元在 x 方向移动的流速；公式右边的三项分别为扩散、迁移和对流对流量的贡献。

电极在发生反应时，界面附近的某一些活性组分会被消耗掉，此时为了维持电极的反应，电解液远处的活性组分要被传输到电极表面附近。相似的情况，电极反

应的产物要传输到远离电极的地方。在电极发生氧化还原反应时，必然伴随着传质的过程。溶液的传质过程有三种，分别是对流、迁移和扩散。对流是由于局部浓度、温度的不同导致该区域物质密度的差异所形成的自然对流。迁移是外界施加一定的电压，溶液中的带电离子在静电力的牵引下做定向移动。某物质的浓度梯度驱使物质从浓度高的向浓度低的区域移动的传质过程，称为扩散过程。在电极的表面附近，传质的过程主要依靠扩散传质。电极表面在发生化学反应时，先是经历非稳态过程，即溶液中的物质浓度是随着时间进行变化的，之后状态逐渐稳态，即电极反应进入稳态过程，溶液中各点的浓度不再随时间而变化。在稳态扩散中，单位时间内通过单位面积的物质量，满足 Fick 第一定律：

$$J = \frac{Dc}{x} \tag{1.5.4}$$

式中：J 为单位时间通过单位面积的物质量；D 为扩散系数，即物质通量与浓度梯度之间的比例因子，其数值的大小取决于扩散颗粒的大小、溶液的黏度，还有环境的温度；c 为物质的浓度；x 为坐标。

在非稳态过程中，溶液中物质的浓度是随着时间而变化的，这就是 Fick 第二定律：

$$\frac{\partial c}{\partial t} = \frac{D\partial^2 c}{\partial x^2} \tag{1.5.5}$$

式中：$\partial c/\partial t$ 为浓度随时间变化的偏微分；$\partial^2 c/\partial x^2$ 为浓度随位置变化的二阶偏微分表达式。在给定初始条件和相应的边界条件，就可以求解上述方程。通过对传质过程的分析求解，可以获取电化学反应过程中有关电极表面的详细信息，这将有助于深刻理解锂离子电池内在的机理。

为了精确地描述电极表面的电荷转移动力学，就要在理论上建立起电极反应速率与电势之间的联系。假设在电极表面的两个物质之间有 n 个电子转移：

$$O + ne^- \underset{K_{反}}{\overset{K_{正}}{\rightleftharpoons}} R \tag{1.5.6}$$

式中：$K_{正}$、$K_{反}$ 为正向与反向的速率常数，是物质浓度和反应速率的比例因子。根据法拉第定律，物质的浓度与反应速率常数存在以下的关系：

$$K_{正} c_O(0,t) = \frac{i_{正}}{nFA} \tag{1.5.7}$$

$$K_{反} c_R(0,t) = \frac{i_{反}}{nFA} \tag{1.5.8}$$

式中：$c_O(0, t)$、$c_R(0, t)$ 分别为初始的氧化物与还原物浓度；$i_{正}$、$i_{反}$ 分别为正向流动和反向流动的电流；n 为电子数；A 为电极反应面积。实验事实证明，$\ln K$ 与温度的倒数 $1/T$ 存在线性关系，即 Arrhenius 关系，其关系式如下：

$$K_{正} = K^o e^{nF/RT(-a)(E-E_o)} \tag{1.5.9}$$

$$K_{反} = K^o e^{nF/RT(1-a)(E-E_o)} \tag{1.5.10}$$

式中：K^o 为标准速率常数；n 为电子数；R 为气体常数；T 为温度；a 为传递系

数；E 为过电势；E_o 为标准电动势。将式（1.5.9）、式（1.5.10）分别代入式（1.5.7）、式（1.5.8），电极的净电流可根据下式获得

$$i = i_正 - i_反 = nFAK^o \left[c_o(0,t)e^{nF/RT(-a)(E-E_o)} - c_R(0,t)e^{nF/RT(1-a)(E-E_o)} \right]$$

$$(1.5.11)$$

这就是 Butler-Volmer 公式，详细地给出电极反应中电流与过电势之间的关系，它深刻揭示了电极反应过程中电荷转移的动力学行为。

1.5.4 电极表面钝化膜

1-8 电极表面钝化膜

此外，表面钝化膜是锂离子电池研究中一个永恒的热点问题，不仅是因为其对电池循环稳定性、倍率性能和首次库仑效率等关键参数具有决定性作用，更是因为其研究对象的多样性，使得其科学意义经久不衰。简单来说，电池技术依赖于新材料的发现，而每当发现一种新的电极材料并将其应用于电池当中，将不同的电极材料匹配组合不同的电解液，即形成了一类全新的具有特殊结构和物理化学性质的固—液界面。同时，对于新型电解液和添加剂的开发，使得电解液的可选成分也变得丰富多彩。在固相与液相成分可选的研究对象增多时，可选的固-液相界面的组合模式自然也就进一步倍增。

当前主流观点认为表面钝化层的形成可分为两个阶段，首先是在电化学反应之前发生的物理化学吸附过程；其次是电解液中的特定成分吸附于电极表面后发生的电化学氧化还原形成分解产物的过程。当正极表面的充电电压过高（或者负极表面的放电电压足够低），电极表面的化学势处于电解液稳定窗口之外，则将导致电解液中溶剂分子，或者锂盐的分解。因此，许多理论计算研究对电解液中成分的氧化和分解电位进行了大量的理论计算以验证实验对分解产物的表征和对溶剂分子分解路径的理解。值得一提的是，近年来，科研人员们通过各种表征技术对正极和负极表面形成钝化膜进行深入解析，表征后出乎意料地发现，正极和负极两侧表面的钝化膜成分惊人地相似。然而，在正极表面发生的是电解液的氧化分解，而负极表面发生的是还原分解，不同的反应过程如何产生相似的钝化膜成分？有的研究者给出的解释认为：正极表面的钝化膜实际是起源于负极表面的 SEI 膜，负极表面的 SEI 膜在充电过程中部分溶解，随着电解液的传质过程输运、吸附到正极表面，且与正极表面的金属原子共同诱发正极表面的钝化膜形成，但是此观点还需更多的实验表征进行佐证，需要更多原位表征技术对负极 SEI 膜部分分解产物从负极迁移至正极的动态追踪。

1.6 锂离子电池的先进电芯集成技术

近年来，锂离子电池新材料的开发层出不穷，其内在工作机理机制的洞悉更加深入到位，电芯的装配集成工艺日臻至善，有力推动锂离子电池的技术迭代和产业发展。特别是，2020 年 11 月，国务院办公厅颁布《新能源汽车产业发展规划（2021—2035 年）》指出，突破关键核心技术，提升产业技术能力，将深入实施新能

源汽车国家战略，推动我国新能源汽车产业高质量发展。那么，动力锂离子电池在新能源汽车中的应用，还涉及一个关键环节——电芯集成技术的发展和支撑。因此，本章节仅从公开报道的资料上进行收集整理，就主要包含传统电芯集成技术、三明治电芯集成技术、蜂巢电芯集成技术、无模组电芯集成技术以及刀片电芯集成技术等。

1.6.1　传统电芯集成技术

当前，国内外电池企业和车企的电池包基本上都采用从"单体—模组—电池包"的传统成组方式，通过多层级的成组方式保障电池安全，但会牺牲电池包的空间利率和能量密度。传统车辆的前端是散热器模块，电子行业也将有功能集成的模块叫做模组。在电池包这一领域，将若干电芯、导电排、采样单元及一些必要的结构支撑部件集成在一起构成一个模块，也叫模组。从图 1.6.1 不难看出，不论是基于方形还是软包电芯的模组，都包括了许多结构件，比如模组结构件、高压连接、线束、支撑件及端侧板等，因此电芯到模组的质量集成效率常常有 90% 左右，而体积集成效率大约为 80%，可以通过计算"电芯总体积/模组总体积"进行简单估算。因此，对于乘用车有限空间而言，提高其电芯模组的体积空间集成率是尤为重要的。

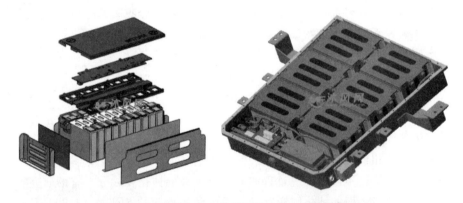

图 1.6.1　传统方形电芯模组及电池包模型示意图

例如，特斯拉采用 7000 多个电芯，直接组装到电池箱体内部，其装配复杂程度会大大增加，降低生产效率，因此将部分电芯进行预先集成模组（图 1.6.2）就变得十分重要。其优势在于：模块化设计后便于售后维修，可以实现单个模块或模组的更换。模组的应用需增加部分额外的零部件，会导致电池包的成本、重量上升。特斯拉最初采用 10 多个模组，新近在 Model 3 上面仅用了 4 个大尺寸模组，大大减少了冗余部件。在传

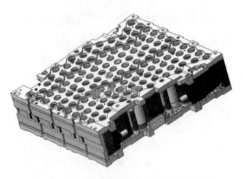

图 1.6.2　传统圆柱电芯模组示意图

统技术中，电芯通过一定框架结构构成模组，模组要进行下线检测，然后进行存储，转运；如果电芯与模组不在同一厂区，还需要进行额外的存储、进货检验、上线检验等流程，都需要投入额外的人力、设备、场地等资源。

1.6.2 三明治电芯集成技术

在新能源汽车发展初期，动力电池的选择主要包括磷酸铁锂离子电池和三元锂离子电池两种。通过对比两种材料的特性发现，磷酸铁锂离子电池安全性高，但是能量密度偏低；而三元锂离子电池则正好相反，能量密度更高，但安全性略逊一筹。正是由于市场对续航里程的要求高，三元锂离子电池逐渐占据上风，成为更多车企的选择。在这两种特性下，各大车企都致力于打造更安全、更高效的动力系统，例如，比亚迪通过提高空间利用率而增加电池能量密度，而爱驰则通过特殊的三明治结构规避安全隐患。2020 年，爱驰汽车公布了三明治结构专利电池包。如图1.6.3 所示，爱驰汽车巧妙地在电池模组和冷却板中间增加了一层隔离板，把电池模组与冷却板各自密封、相互独立分开，实现干湿分离，避免冷却液泄漏进入电池包内部，同时冷却层与箱体留有 15mm 安全防撞间隙，防止碎石或磕碰冲击底壳，可以有效隔断火烧等情况下的热传递，在车辆自然老化、恶劣天气或突发碰撞情况下，爱驰汽车的三明治结构电池包都可以降低电池短路、漏电以及自燃的风险。爱驰汽车从设计源头彻底隔绝了行驶过程中由于冷却液渗入电池模组而引起短路的安全隐患。除此之外，爱驰汽车将三明治结构电池包，与领先的 BMS 电池管理系统、高效的热管理系统、双独立液冷系统结合，共同打造一个严密的电池安全体系，确保行车全程用电安全。

图 1.6.3 爱驰汽车三明治结构电池包示意图

1.6.3 蜂巢电芯集成技术

众所周知，给电动车提供动力来源的动力电池包是个整体，内部是由成千上万个单体电芯构成，单体电芯是电池组内最小的成员，一颗电芯发生短路会引发周围电芯失效失控，最终导致整个电池包发生全面热失控事故。因此，电池包不但需要出色的加速和续航能力，高效的"热管理"也是极为重要的技术环节。2020 年，江淮新能源就电池包安全管理技术方案上，推出了最新的"蜂窝电池"技术。有别于其他车型，江淮新能源没有选择软包、方形电池，而是选择了 NCA 圆柱锂离子电池，使得电池包的设计需要更严格的工艺。图 1.6.4（a）中，相较于一般的动力锂离子电池，"蜂窝电池"充分借鉴了蜂巢结构的仿生设计，以外延包覆的 UE 技术进行单元化封装，锂离子电池包内所有电芯 360°包覆轻量化自流平导热胶，为每一颗电芯营造一个安全舒适的家。"蜂窝电池"的电芯按照六边形排列［图1.6.4（b）］，电芯之间注满导热胶，保证电芯的散热。导热胶与电芯 100％接触将加快电芯的散热速度。电芯的电化学反应不可避免地带来热量散发，导热胶快速把热量传递出来，确保电池包内部的温差不高于 3℃。

（a）蜂巢结构　　　　　　　　　　　　　　　（b）电芯

图 1.6.4 "蜂窝电池"示意图

"蜂窝电池"的设计使得电芯尺寸小，模组结构灵活，可以充分利用电池包的不规则空间，获得最大电池包能量。另外，蜂窝仿生结构在建筑领域得到广泛应用和科学证实，原因在于蜂窝结构具有很好的坚固性特点，即便受到外力碰撞挤压也不易出现大面积的坍塌现象，其特殊结构能起到吸收碰撞和挤压产生力量作用。江淮新能源研发的蜂窝电池正是利用这个原理，让圆柱电芯在模组中间隙空间更大，在遇到外力挤压和碰撞时有更好的迂回空间，即便是个别电芯出现变形或短路，蜂巢结构的设计可以隔离问题电芯并延缓热扩散速度，保证电池/模组依然能继续工作。整体而言，根据公开资料显示，"蜂窝电池"技术具备以下几方面优势：

（1）"蜂窝电池"采用多个独立电芯的设计，通过蜂巢的结构进行组合，即使某个电芯出现热失控情况，也会因为这种结构而避免整个电池包起火，呈现优异的安全性能。

（2）"蜂窝电池"的能量密度要比一般的动力电池要高，因为整体电芯的尺寸较小，模组结构也更加的灵活，蜂窝结构的组合极大地提升了电池包的最大能量，电芯热交换面积远超其他产品，续航能力在众多动力电池性能中处于领先地位。

（3）"蜂窝电池"可以说是全天候可用，类似于蜂巢的结构，极大地减少了电芯因为温度的影响而出现的能量衰减的情况，有效延长了电池的使用寿命。

1.6.4 无模组电芯集成技术

众所周知，电池模组结构在电池包过程中起到电芯集成、支撑、固定和保护等作用，同时还要满足完好固定电芯位置并保护其不发生有损性能的形变、载流性能要求、对电芯温度的控制、遇到严重异常时及时断电、避免热失控的传播等功能。当前电池包基本上都采用多模组并联模式，在传统电池包中一旦有电芯出现问题将会对整个电池包产生影响，从而有可能降低电池包的可靠性。对此，宁德时代于2019年首先在德国法兰克福国际车展上推出了CTP（Cell to Pack，无模组集成技术）动力电池集成技术，即直接将电芯集成到电池包内，省去了模组组装的环节。如图1.6.5所示，电芯和电池管理系统（BMS）通过固定结构固定在电池包壳体中，BMS壳体内部和电芯与电芯之间都填充导热胶，用于散热和减震；电芯内置在上下壳体中，壳体里面填充导热胶，电芯侧壁和电芯壳体间内置压力或者温度传感器，压力传感器用于检测电芯外形的变化，温度传感器用于检测电芯温度的变化，两个传感器主要作用是能够排查不良电芯，并且提前探测到电芯发生热失控等安全事故。较传统电池包，CTP电池包体积利用率提高了15%～20%，零部件数量减少40%，生产效率提升了50%，能量密度提升了10%～15%，可达200Wh/kg以上，动力电池的制造成本大幅度降低。具体而言，宁德时代的CTP技术具有如下优点：①易于散热；②可降低电池包外壳防护等级；③不采用模组，电芯单独装配，降低装配难度，提高了生产效率；④便于电芯单体的更换。但同时也存在一些缺点：①无模组方案中电芯热失控管理难度，传统模组结构可起到热失控时的隔离作用；②电芯粘胶到托盘上的工艺要求高，单个电池包装配时间长；③由于电芯胶

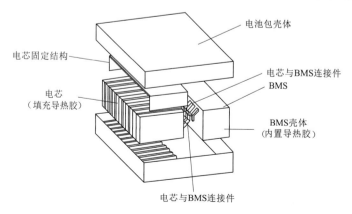

图1.6.5　CTP封装技术拆解示意图及电芯结构图

粘到底板，电芯损坏时返修难度大，可能需要整包更换；④梯次利用：模组可方便地用于梯次利用，对于坏的模组可进行筛选和剔除，但无模组电芯梯次利用难度大。

另外，CTP电池包因为没有标准模组限制，可以广泛应用在不同车型上，且散热性能更加优异。据报道，目前宁德时代CTP三元电池包已配套戴姆勒股份公司、上海蔚来汽车有限公司等乘用车企，而CTP铁锂离子电池则将进入欧洲商用车市场。在2020年8月，宁德时代又公布了一项在研新技术——CTC（Cell to Chassis，集成化底盘）技术，此项技术可以看作CTP技术的延伸，进一步抛弃了电池系统笨重的外壳，直接将电池整合到底盘框架中。CTC的目标不仅限于电池重新排布，还将纳入包含电驱、电控的三电系统，通过智能化动力域控制器，优化动力分配、降低能耗。据称，特斯拉的CTC可以节省370个零件，为车身减重10%，使每度电的电池成本降低7%，续航里程提高14%。因此，CTC技术将使新能源汽车成本可以直接和燃油车竞争，乘坐空间更大，底盘通过性变好，续航里程可达800km以上，宁德时代目标在2030年前完成此技术开发。

1.6.5　刀片电芯CTP集成技术

2020年3月29日，比亚迪正式推出刀片磷酸铁锂离子电池，公布其续航里程达到了三元锂离子电池的同等水平。如图1.6.6所示，规格为长96cm、宽9cm、高1.35cm的单体刀片电池，通过阵列的方式排布在一起，就像"刀片"一样插入到电池包里面，在成组时跳过模组和梁，减少了冗余零部件后，形成类似蜂窝铝板的结构。刀片电池通过一系列的结构创新，实现了电池的超级强度的同时，电池包的安全性能大幅度提升，体积利用率也提升了50%以上。在电池包结构的机械强度上，比亚迪的刀片电池电芯就是一个结构件，100个刀片电池就是100个梁，实现结构强度提升；100个刀片电池组成的电池堆的上下两面各加一块高强度蜂窝铝板，再实现结构强度的进一步提升。据测试称，刀片电池具有超级强度、超级续航、超级低温、超级寿命、超级功率的超级性能及先进技术理念。

此外，"刀片电池"还通过了针刺、炉温、挤压、过充四大测试。针刺穿透测试是行业内公认的对电池电芯安全性最为严苛的检测手段，号称针刺安全测试的难度堪比登顶珠穆朗玛峰。这一测试要求用钢针把电池电芯刺穿，造成电芯内部的大面积短路：①传统块状磷酸铁锂离子电池被刺穿后，没有产生明火，但是有烟冒出，同时电池表面温度达到了200～400℃；②刀片电池被刺穿后的表面温度仍维持在30～60℃的稳定水平，没有冒烟没有起火。这就算为通过了针刺测试。注意，这与铁锂离子电池自身的稳定性质分不开。据公开资料显示，首款搭载刀片电池的车型——比亚迪汉EV，综合工况下的续航里程已经达到了605km；刀片电池33min可将电量从10%充到80%、支持汉EV实现3.9秒百公里加速、循环充放电3000次以上可行驶120万km，以及超出业内想象的低温性能等数据表现，也奠定了其全方位的行业优势。

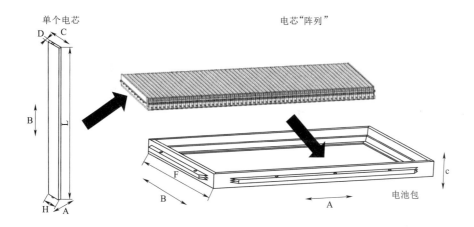

单个电芯　　　　　　　　　　　　　电芯"阵列"

电池包

图 1.6.6　比亚迪刀片电池示意图

习　题

一、不定项选择题

1.（　　）决定了锂离子电池的电化学性能和基本特性。

A. 外壳　　　　　B. 电解质　　　　　C. 隔膜　　　　　D. 活性物质

2. 正极材料性能对电池性能影响叙述不正确的是（　　）。

A. 粒度分布和颗粒形状影响了电极浆料涂覆的效果

B. 材料比表面积决定了固体扩散路径长度

C. 低振实密度可以获得较高的比能量

D. 颗粒表面积影响了正极材料与电解质在较高温度下的反应活性

3. 额定容量是指设计时规定在一定的放电条件下可以释放出来的（　　）容量。

A. 最高　　　　　B. 最低　　　　　C. 平均　　　　　D. 任意

4. 关于锂离子电池型号表示说法正确的是（　　）。

A. 其型号用 5 位数表示，前两位表示高度，后两位表示直径

B. 圆柱 18650 型电池，表示这种电池的直径为 18mm，高度为 65.0mm

　　C. 方形电池的型号用 6 位数表示，前两位数表示电池的厚度

　　D. 方形电池用 6 位数表示，中间两位表示电池的宽度，最后两位表示电池的长度

　　5. 以下关于活性物质利用率的表述正确的是 （　　　）。

　　A. 电化学活性越高，利用率越高

　　B. 电解液浓度对活性物质利用率没影响

　　C. 正负极极片间距越小，活性物质的利用率越高

　　D. 电解液的数量过少，将导致活性物质的利用率降低

　　6. 体相掺杂可以改善尖晶石的循环性能，选择掺杂离子时一般不要考虑的是 （　　　）。

　　A. 掺杂离子的稳定性　　　　　B. M—O 键的强度

　　C. 掺杂离子的半径　　　　　　D. 掺杂离子的延展性

　　7. 以下属于锂离子电池对负极材料的要求是 （　　　）。

　　A. 具有较高的电极电势

　　B. 具有较高电子导电性

　　C. 在脱出/嵌入锂过程中，材料结构保持良好的可逆性

　　D. 锂离子扩散速率小

　　8. 以下关于锂离子电池对隔膜的特性要求正确的是 （　　　）。

　　A. 能够耐电解液的腐蚀

　　B. 较高的电子导电性

　　C. 较高的保液性及较高的离子通过性

　　D. 可以承受一定压力的挤压而不破裂

　　9. 了解界面的物理性质及电化学过程动力学、扩散行为和交换电流大小可用（　　　）。

　　A. 循环性能测试　　　　　　　B. 倍率性能测试

　　C. 循环伏安法　　　　　　　　D. 交流阻抗法

二、简答题

　　1. 2019 年，诺贝尔化学奖分别授予哪三名科学家？并简述他们各自的主要贡献。

　　2. 简析全球锂离子电池出货量的分布态势，以及列举 6 家以上国内外知名企业。

　　3. 以钴酸锂‖石墨全电池为例，简述锂离子电池的工作原理。

　　4. 简述锂离子电池的四个基本组成部分及其主要作用。

　　5. 简述锂离子电池正极材料的主要类型，并分析正极材料在开发过程中主要的衍生和发展情况。

　　6. 锂离子电池的电解质需要满足哪些特性？

　　7. 简述锂离子电池的隔膜需要具备哪些要求。

　　8. 简析无模组电芯集成技术的特点。

三、分析题

1. 简要分析影响锂离子电池循环寿命的因素。

2. 负极材料对电化学性能有着重要影响，优异的负极材料应该满足哪些条件？

3. 简述负极材料的主要脱出/嵌入锂机制。

4. 锂离子电池充放电过程中，电极反应的基本历程主要步骤有哪些？

参 考 文 献

［1］ 智研咨询集团《2021—2027 年中国锂离子电池行业市场发展潜力及前景战略分析报告》https：//www. chyxx. com/research/202010/905085. html.

［2］ 全国能源信息网《中国锂离子电池行业发展白皮书（2021 年）》https：//baijiahao. baidu. com/s? id＝1690837068997058666＆wfr＝spider＆for＝pc.

［3］ 恒大研究院《2019 全球动力电池行业报告》https：//www. fxbaogao. com/pdf? id＝2358816＆query＝％7B" keywords"％3A" 2019 全球动力电池行业报告"％7D＆index＝0＆pid＝.

［4］ 前瞻产业研究院《中国锂电池正极材料行业发展前景与投资预测分析报告》https：//bg. qianzhan. com/report/detail/7ddc6248ad9a4e06. html.

［5］ 黄志高. 储能原理与技术［M］. 北京：中国水利水电出版社，2020.

［6］ 林志雅. 碳修饰半导体负极材料的储锂性能研究［D］. 福州：福建师范大学，2019.

［7］ 邹明忠. 碳基材料及纳米金属合金对改性锂离子电极材料电化学性能的作用及其机理研究［D］. 福州：福建师范大学，2017.

［8］ 刘国镇. 钴基氧化物负极材料的制备与改性［D］. 福州：福建师范大学，2019.

［9］ 杨文宇. 表面修饰对锂离子电池性能的改善及其老化抑制的研究［D］. 福州：福建师范大学，2018.

［10］ 陈龙传. 锂离子电池正极材料的制备与改性研究［D］. 福州：福建师范大学，2017.

［11］ Wang M Y，Huang Y，Zhang N，et al. A Facile Synthesis of Controlled Mn_3O_4 Hollow Polyhedron for High－Performance Lithium－Ion Battery Anodes［J］. Chemical Engineering Journal，2018，334（15）：2383－2391.

［12］ Zhang D，Li G S，Fan J M，et al. In Situ Synthesis of Mn_3O_4 Nanoparticles on Hollow Carbon Nanofiber as High－Performance Lithium Ion Battery Anode［J］. Chemistry－A European Journal，2018，24（38）：9632－9638.

［13］ Jiao Y C，Alolika M，Ma Y，et al. Ion Transport Nanotube Assembled with Vertically Aligned Metallic MoS_2 for High Rate Lithium－Ion Batteries［J］. Advanced Energy Materials，2018，8（15）：1702779.

［14］ Yin B，Cao X，Pan A Q，et al. Encapsulation of CoS_x Nanocrystals into N/S Co－Doped Honeycomb－like 3D Porous Carbon for High－Performance Lithium Storage［J］. Science Advances，2018，5（9）：1800829.

［15］ Ma K，Jiang H，Hu Y J，et al. 2D Nanospace Confined Synthesis of Pseudocapacitance Dominated MoS_2－in－Ti_3C_2 Superstructure for Ultrafast and Stable Li/Na－Ion Batteries［J］. Advanced Functional Materials，2018，28（40）：1804306.

［16］ Luo F，Ma D T，Li Y L，et al. Hollow Co_3S_4/C Anchored on Nitrogen－Doped Carbon Nanofibers as a Free－Standing Anode for High－Performance Li－Ion Batteries［J］. Electrochimica Acta，2019，299：173－181.

［17］ Liu Q，Chen Z Z，Qin R，et al. Hierarchical Mulberry－Like Fe_3S_4/Co_9S_8 Nanoparticles as

Highly Reversible Anode for Lithium‐Ion Batteries [J]. Electrochimica Acta，2019，299：405－414.

[18] Yin B，Cao X，Pan A Q，et al. Encapsulation of CoSx Nanocrystals into N/S Co‐Doped Honeycomb‐like 3D Porous Carbon for High‐Performance Lithium Storage [J]. Science Advances，2018，5（9）：1800829.

[19] 品玩. "刀片电池"究竟是什么黑科技？[OL]. https：//baijiahao. baidu. com/s? id＝1677135816488424106&wfr＝spider&for＝pc.

[20] 电动汽车观察家. CTP技术是什么？未来这一技术能否成为新趋势？[OL]. https：//www. baidu. com/link? url＝fMbLogaav7ExiCwjtFgGZw0bl23VR562QVYqmOmeueyhcg－DZw5c－qqYo6rursd87SxZB9xcA6omcWyWIt1i7lq&wd＝&eqid＝d7900d2b000007ff00000000 3622af0bd.

[21] 人工智能学家. 特斯拉 Maxwell 干电极技术深度解析 [OL]. http：//www. elecfans. com/d/1077593. html.

[22] 严防死守电池安全，江淮新能源蜂窝电池技术探秘 [OL]. https：//www. sohu. com/a/382772926_526279.

[23] 闫金定. 锂离子电池发展现状及其前景分析 [J]. 航空学报，2014，35（10）：2767－2775.

[24] K. Mizushima，P. C. Jones，P. J. Wiseman，J. B. Goodenough，LixCoO2（0＜x～1）：A New Cathode Material For Batteries of High Energy Density [J]. Materials Research Bulletin，1980（15）：783－789.

[25] 黄可龙，王兆翔，刘素琴. 锂离子电池原理与关键技术 [M]. 北京：化学工业出版社，2008.

[26] 雷圣辉，陈海清，刘军，汤志军. 锂电池正极材料钴酸锂的改性研究进展 [J]. 湖南有色金属，2009，25（5）：37－42.

[27] 起文斌，张华，金周，季洪祥，田孟羽，武怿达，詹元杰，田丰，闫勇，贾留斌，俞海龙，刘燕燕，黄学杰. 锂电池百篇论文点评（2019.04.01—2019.05.31）[J]. 储能科学与技术，2020，9（4）：1015－1029.

[28] 崔永丽. 锂离子电池正极材料 LiMn2O4 的制备及其电极界面特性研究 [D]. 徐州：中国矿业大学，2011.

[29] 闫琦，兰元其，姚文娇，唐永炳. 聚阴离子型二次离子电池正极材料研究进展 [J]. 储能科学与技术，2021，10（3）：872－886.

[30] 唐仲丰. 锂离子电池高镍三元正极材料的合成、表征与改性研究 [D]. 合肥：中国科学技术大学，2018.

[31] 罗飞，褚赓，黄杰，孙洋，李泓. 锂离子电池基础科学问题（Ⅷ）——负极材料 [J]. 储能科学与技术，2014，3（2）：146－163.

[32] 李丹，杨建文，石阳，杨正晓，李蕾. 锂离子电池负极材料钛系嵌入化合物的研究进展 [J]. 化工新型材料，2013，41（2）：138－140.

[33] 颜剑，苏玉长，苏继桃，卢普涛. 锂离子电池负极材料的研究进展 [J]. 电池工业，2006（4）：277－281.

[34] 李欢欢. 转换类负极材料的界面调控及其电化学性能研究 [D]. 长春：东北师范大学，2017.

[35] 刘亚利，吴娇杨，李泓. 锂离子电池基础科学问题（Ⅸ）——非水液体电解质材料 [J]. 储能科学与技术，2014，3（3）：262－282.

[36] 阮丁山，李斌，毛林林，吴星宇. 钴酸锂作为锂离子正极材料研究进展 [J]. 电源技术，2020，44（9）：1387－1390.

第2章　锂离子电池电极材料的合成技术及表征技术

本章主要介绍锂离子电池电极材料的合成技术、常规表征技术以及原位表征技术。

2.1　电极材料的合成技术

电极材料合成与制备技术在电极材料研发、性能优化和应用的过程中发挥着重要的作用，电极材料的发展和应用离不开材料合成与加工技术的进步，每当一种新的合成制备技术或加工技术的出现，都很可能伴随着材料发展中的一次飞跃，都是推动材料创新的动力。本节重点介绍球磨法、微波合成法、高温固相反应法、水热法、共沉淀法、溶胶—凝胶法、化学气相沉积法、超声化学法和静电纺丝法等合成方法的主要原理。

2.1.1　球磨法

2.1.1.1　球磨法概述

球磨法是储能纳米材料的常用方法，又称高能机械球磨法或机械球磨法。球磨法工艺简单、成本低、效率高，适合工业化生产。目前，球磨法已经被广泛应用于制备纳米粒子、复合材料、高温化合物、弥散强化结构材料、金属精炼、矿物和废物处理等。

2.1.1.2　球磨法原理

球磨法是利用球磨机中磨球与磨球、磨球与球磨罐壁之间的相互作用力来粉碎物料，从而实现改变微粒的形状，减小粒子的尺寸，以及固态合金化、混合或融合。球磨过程就是将一定比例的物料放入球磨罐中进行长时间的球磨，球磨过程中物料与磨球和球磨罐之间不断地相互碰撞、挤压、摩擦，发生强烈的塑性形变，经过反复的压合、碾碎、再压合，其组织不断细化，使大晶粒变为小晶粒。因此，利用球磨法制备纳米材料时需要重点关注：①正确选用磨球的材质（如不锈钢球、玛瑙球、硬质合金球等）；②控制球磨温度和时间，物料一般选用微米级粉末或者小尺寸条形碎片。基本的球磨过程如图2.1.1所示。

球磨作用过程的具体机理比较复杂，归结起来有以下几种：

（1）局部升温模型。球磨过程中局部碰撞点可能产生很高的温度，并可能引起

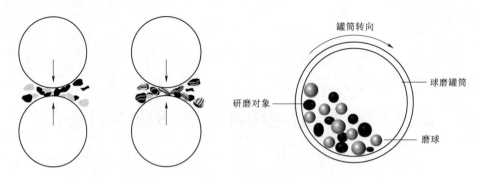

图 2.1.1　球磨过程示意图

纳米尺度范围内的热化学反应，且在碰撞处因为高的碰撞力会导致晶体缺陷的扩散和原子的局部重排。

（2）缺陷和位错模型。一般地，活性固体处于热力学和结构上均不稳定的状态，其自由能和熵值较稳定物质都高。缺陷和位错影响到固体的反应活性。在受到机械力作用时，物体接触点处或裂纹顶端就会产生应力集中，这一应力场的衰减取决于物质的性质、机械作用的状态及其他条件。局部应力的释放往往伴随着结构缺陷的产生以及热能的转变。

（3）摩擦等离子区模型。物质在受到高速冲击时，在一个极短的时间和极小的空间里，对固体结构造成破坏，导致晶格松弛和结构裂解，释放出电子、离子，形成等离子区。

（4）新生表面和共价键开裂理论。固体受到机械力作用时，材料破坏并产生新生表面，这些新生表面具有非常高的活性。

（5）综合作用模型。上述机械力化学作用有可能是一种，也有可能是几种机理共同作用的结果。

2.1.2　微波合成法

2.1.2.1　微波合成法特点

微波是一种电磁波，是无线电波中分米波、厘米波、毫米波和亚毫米波的统称，其频率范围为 300MHz～300GHz，波长范围为 0.001～1m（不含 1m）。微波是包含电场和磁场的电磁波，具有以下特性：

（1）选择性加热：物质的介质损耗因数决定了其对微波的吸收能力；介质损耗因数大的物质吸收微波的能力就强，反之，介质损耗因数小的物质对微波的吸收能力就弱。由于各个物质的损耗因数存在差异，微波加热就表现出选择性加热的特点。对于不同的物质产生的热效果也不同。

（2）穿透性：微波相比红外线、远红外线等具有更好的穿透性，这是由于微波的波长更长。微波透入介质时，由于介质损耗引起的介质温度的升高，使介质材料内部和外部同时加热升温，形成体热源状态，相比常规加热过程，热传导的时间被大幅度缩短。

（3）热惯性小：一方面，微波对介质材料是瞬时加热升温，能耗也很低。另一方面，可通过调节微波的输出功率来改变介质升温，整个过程中无惰性，不存在"余热"现象，充分满足自动控制和连续化生产的需要。

（4）利用率高：能量利用效率很高，物质升温非常迅速，运用得当可加快处理物料速度，但若控制不好也会造成不利影响。

微波自身的特性使其具有加热迅速、均匀，无热传导过程以及安全卫生、节能高效等优势。如今，微波技术在有机合成化学、无机材料的制备、分析化学以及环境化学中应用相当广泛。许多研究将微波辐射应用于纳米颗粒的合成，其中以碳基质和聚合物作为微波吸收剂，使微波能在固态条件下合成纳米材料。

2.1.2.2 微波加热原理

微波是非电离辐射能，是基于电磁振荡来加热，加热可在瞬间发生或停止。微波的能量不足以破坏化学键，但却足以引发分子转动或离子移动，能够透射到材料内部使偶极分子以极高的频率振荡，引起分子的电磁振荡等作用，增加分子的运动，导致热量的产生。目前认为其加热机理有以下两种：

（1）离子传导机理：离子传导是指以正、负离子在电磁场中的定向运动构成的导电过程，离子移动形成电流，由于介质对离子流的阻碍而产生热效应。溶液中所有的离子都对导电作用有所贡献，但作用大小与介质中离子的浓度和迁移率有关。因此，离子迁移产生的微波能量损失依赖于离子的大小、电荷量和导电性，并受离子与溶剂分子之间的相互作用的影响。

（2）偶极子转动机理：介质是由许多分子（或偶极子）组成的，这些分子（或偶极子）一端带正电，另一端带负电。在 2450MHz 的电场中，偶极子以 4.9×10^9 次/s 的速度快速摆动。由于分子的热运动和相邻分子的相互作用，偶极子随外加电场方向的改变而做规则摆动时受到干扰和阻碍，就产生了类似摩擦的作用，使杂乱无章运动的分子获得能量，以热的形式表现出来，介质的温度也随之升高。

在过去的几十年当中，微波技术在研究碳基电极材料中发展很快。由于许多碳材料具有很好的导电性，合成碳管的催化剂一般具有铁磁性，在微波照射下会发生强烈的相互作用。这些相互作用在微波与其他材料的普通反应当中很少出现或甚至没有发生。所以，微波法是合成及修饰碳纳米电极材料的一种有效方法。

2.1.3 高温固相反应法

2.1.3.1 高温固相反应法概述

固相法指通过固体之间的反应生成新相的方法。固相法制备储能材料，主要是以机械手段对原材料进行混合与细化，然后将混合物经过后续高温烧结得到目标产物，在烧结过程中，往往伴随着脱水、热分解、相变、共熔、熔解、析晶和晶体长大等多种物理、化学和物理化学变化。其工艺简单，可操作性强，成本低廉，易于大规模生产应用，是许多功能、储能材料制备中最常用的合成方法，特别适合于只含有一种过渡金属离子材料的合成。而对于多元材料，由于原料成分含有多种金属元素，用简单的机械手段得到的混合物混匀程度有限，易导致原料微观分布不均匀，在后续处理过程中扩散难以顺利进行，造成产品在组成、结构、粒度分布等方面存在较大差异。这就要求采用固相法制备多元正极材料时保证原料充分混匀，并在烧结过程中保证原料中的多元离子充分扩散。

2.1.3.2 高温固相反应法基本原理

高温固相反应法在储能材料的合成过程中，工艺相当成熟，在反应条件控制（尤其是焙烧过程中温度制度的设定和反应气氛的选择等）、还原剂的使用、助熔剂的选择、原料配制与混合等方面都已日趋优化。

将满足纯度要求的原料按一定配比称量，加入一定量的助熔剂混合至充分均匀。将混合均匀的生料装入坩锅（按焙烧温度高低来选择普通陶瓷、刚玉或石英等材质的坩锅），送入焙烧炉，在一定的条件下（温度、还原或保护气氛、反应时间等）进行焙烧得到产品。固相反应通常取决于材料的晶体结构及其缺陷结构，而不仅是成分的固有反应性。在固态材料中发生的每一种传质现象和反应过程均与晶格的各种缺陷有关。通常固相中的各类缺陷越多，其相应的传质能力就越强，因而与传质能力有关的固相反应速率也就越大。固相反应的充要条件是反应物必须相互接触，即反应是通过颗粒界面进行的。反应物颗粒越细，其比表面积越大，反应物颗粒之间的接触面积也就越大，越有利于固相反应的进行。因此，将反应物研磨并充分混合均匀，可增大反应物之间的接触面积，比较容易进行原子或离子的扩散输运，以增大反应速率。另外，一些外部因素，如温度、压力、添加剂、射线的辐照等也是影响固相反应的重要因素。固相反应的步骤通常包括：①固体界面如原子或离子的跨过界面的扩散；②原子规模的化学反应；③新相成核；④通过固体的输运及新相的长大。决定固相反应性的两个重要因素是成核和扩散速度。如果产物和反应物之间存在结构类似性，则成核容易进行。扩散与固相内部的缺陷、界面形貌、原子或离子的大小及其扩散系数有关。

此外，某些添加剂的存在可能影响固相反应的速率。在高温固相反应中往往还需要控制一定的反应气氛，有些反应物在不同的反应气氛中会生成不同的产物，因此要想获得理想的某种产物，就一定要控制好反应气氛。

高温固相反应法也是比较适合于商业化生产磷酸铁锂及三元材料等，该方法的工艺比较简单，不需要耗费高精度的设备。具体方法是：首先按照所需的比例称取原材料进行混合、研磨均匀，然后经过高温烧结后就可以获得所要的产物。但是，该方法无法保证混合过程在分子水平上的均匀程度，因此比较难得到粒径比较均匀的材料，这也导致了材料在各方面的性能不如共沉淀法所获得的三元材料。

2.1.4 水热法

2.1.4.1 水热法概述

2-1 水热法

水热法属液相化学的范畴，是指在特制的密闭的水热釜中（图 2.1.2），采用水溶液作为反应体系，通过对反应体系加热、加压而进行无机合成与材料处理的一种有效方法。水热法在合成无机纳米功能材料方面具有如下优势：①明显降低反应温度（$100\sim240℃$）；②不需进行高温热处理，能够以单一步骤完成产物的合成与晶化，流程简单；③能够控制产物配比；
④制备单一相材料；⑤成本相对较低；
⑥容易得到取向好、完整的晶体；
⑦在生长的晶体中，能均匀地进行掺
杂；⑧可调节晶体生长的环境气氛。

2.1.4.2 水热反应中水溶液的性质与作用

在高温高压水热体系中，水的性
质将产生下列变化：①蒸气压变高；
②密度变低；③表面张力变小；④黏
度变低；⑤离子积变高；⑥热扩散系
数变高等。一般化学反应主要分为离

图 2.1.2 实验室水热釜实物图

子反应和自由基反应两大类。以无机化合物复分解反应为代表的离子反应和以有机
化合物爆炸反应为代表的自由基反应为两个极端。水是离子反应的主要介质，水的
电离常数随水热反应温度的上升而增加，并使水热反应加剧。因此，以水为介质，
在密闭加压条件下加热到沸点以上时，离子反应的速率自然会增大，即按
Arrhenius 方程式（$\mathrm{d}\ln k/\mathrm{d}T = E/RT^2$）反应。反应速率常数 k 随温度的增加呈指
数变化。因此，在加压高温水热反应条件下，即使是在常温下不溶于水的矿物或其
他有机物的反应，也能诱发离子反应或促进反应。

在高温高压下水的作用可归纳为：①作为化学组分起化学反应；②反应和重排
的促进剂；③起压力传递介质的作用；④起溶剂作用；⑤起低熔点物质的作用；
⑥提高物质的溶解度。

2.1.4.3 水热反应的分类

根据水热技术的物理化学特点，水热条件下粉体的制备可分为：水热氧化法、
水热沉淀法、水热晶化法、水热还原法、水热分解法、水热合成法等。例如，水热
氧化法是以金属单质、合金或金属-金属化合物为前驱物，在水热条件下氧化形成
金属氧化物的过程；水热沉淀法是指在高压反应器中的化合物和可溶性盐与加入的
各种沉淀剂反应，或沉淀剂在水热条件下产生，形成金属氧化物的过程；水热晶化
法是指在水热条件下以非晶态氢氧化物、氧化物为前驱物，经溶解再结晶，转变为
新的晶核并长大的过程；水热还原法是在水热条件下，在还原剂的作用下，高价态
的金属氧化物被还原到低价态氧化物的过程；水热分解法是将氢氧化物或含氧盐在
酸或碱的水热溶液中分解形成氧化物材料的过程；水热合成法是将氧化物、含氧
盐、氢氧化物或其他化合物在水热条件下进行处理，重新生成一种或多种氧化物的
过程。

2.1.4.4 水热反应动力学及晶体生长机理

水热条件下，晶体生长主要有以下步骤：①反应物在水热介质里溶解，以离子
或分子团的形式进入溶液；②利用强烈对流（釜内上下部分的温度差而在釜内溶液
产生）将这些离子、分子或高子团输运到放有籽晶的生长区（即低温区）形成过饱

和溶液；③离子、分子或离子团在生长界面上的吸附、分解与脱附；④吸附物质在界面上的运动；⑤溶解物质的结晶。

水热条件下晶体的结晶形貌与生长条件密切相关，在不同的水热条件下同种晶体可能得到不同的结晶形貌。经典的生长理论不能很好地解释许多水热实验现象，因此在大量实验的基础上产生了"生长基元"理论模型。"生长基元"理论认为：在运输阶段（利用对流将离子、分子或离子团运输到生长区），溶解进入溶液的离子、分子或离子团之间发生反应，形成具有一定几何构型的聚合体—生长基元。生长基元的大小和结构与水热反应条件有关，在一个水热反应体系里，同时存在多种形式的生长基元，它们之间建立起动态平衡。如一种生长基元越稳定，它在体系里出现的几率越大。从结晶学观点看，生长基元的正离子与满足一定配位要求的负离子相联结，因此，又进一步被称为"负离子配位多面体生长基元"。

2.1.5　共沉淀法

2.1.5.1　共沉淀法概述

沉淀法是目前应用最广泛的粉体制备方法之一。沉淀法的原理是在包含一种或多种离子的可溶性盐溶液中加入沉淀剂，在一定温度下发生水解，形成不溶性的氢氧化物、水合氧化物或盐类从溶液中析出，然后将溶剂和溶液中原有的阴离子洗去，经热分解或脱水即可得到所需的氧化物纳米粉体。沉淀法又可分为共沉淀法、均相沉淀法和金属醇盐水解法，其中共沉淀法最为常用。

2.1.5.2　共沉淀法基本原理

共沉淀法就是在含有多种阴离子的溶液中加入沉淀剂后，所有离子完全沉淀的方法；它又可分为单相共沉淀和混合物共沉淀。

如果沉淀物为单一化合物或单相固溶体时，称为单相共沉淀法，亦称化合物沉淀法。溶液中的金属离子是以具有与配比组成相等的化学计量化合物形式沉淀，因此，当沉淀颗粒的金属元素之比就是产物的金属元素之比时，沉淀物具有在原子尺度上的组成均匀性。但是对于由两种以上金属元素组成的化合物，当金属元素之比按倍比法则是简单的整数比时，保证组成均匀性是可以的；而当要定量地加入微量成分时，保证组成均匀性常常很困难，靠化合物沉淀法来分散微量成分，难以达到原子尺度上的均匀性。

如果沉淀产物为混合物时，称为混合物共沉淀法。混合物共沉淀过程是非常复杂的，溶液中不同种类的阳离子不能同时沉淀，各种离子沉淀的先后与溶液的 pH 值密切相关。例如，各种金属离子发生沉淀的 pH 值范围不同。为了获得沉淀的均匀性，通常是将含有多种阳离子的盐溶液慢慢加到过量的沉淀剂中并进行搅拌，使所有沉淀离子的浓度大大超过沉淀的平衡浓度，尽量使各组分按比例同时沉淀出来，从而得到较均匀的沉淀物。但由于组分之间的沉淀产生的浓度及沉淀速度存在差异，所以可能会降低溶液的原始原子水平的均匀性。沉淀物通常是氢氧化物、水合氧化物或草酸盐及碳酸盐等。

2.1.5.3　共沉淀的影响因素

共沉淀法中有不少因素对样品的形貌及性能都有影响。例如，pH 值的高低对沉淀物的产生起着非常重要的作用；用去离子水冲洗后的粉料如不采用其他方法处理则有明显团聚现象；烧成温度的高低将直接影响到最后生成物的主晶相的产生。在共沉淀法中，纳米粉体电极材料制备的关键就是如何防止粒子间的絮凝和团聚。利用表面活性剂在反应体系中的作用机理，有效地选择不同的表面活性剂进行控制和防止，现在较为理想的是利用高聚物作为分散剂在共沉淀法中制备纳米粉体材料。其机理为：无机微粒表面与聚合物之间的作用力，除静电作用、范德华力之外，还能形成氢键或配位键。纳米微粒表面通过这些作用力，吸附了一层高分子，即形成一层保护膜，对粒子之间由于高表面活性引起的缔合力起到减弱或屏蔽作用，阻止粒子间絮凝；由于聚合物的吸附还会产生一种新的斥力，使粒子再团聚十分困难；聚合物大多具有很长的分子链，这些分子链会在刚生成的晶粒表面发生缠绕，阻止了晶粒的进一步增长。利用聚合物的这种分散作用，现已经合成了一些大小均匀、分散性好的纳米微粒。实验表明，利用高分子可以控制纳米微粒的大小，并能改变纳米微粒的表面状态，而且原材料价格低，工艺简单。

一般的共沉淀法中制备得到的都是前驱体，还需要经过煅烧才能得到目标产物。尽管制备得到的前驱体粒径可以达到很小，但是在煅烧过程中却很有可能产生团聚现象，严重地将会影响粉末的各项性能。因此，不少学者都在共沉淀法的基础上进行改进，通过蒸馏法能充分地脱去凝胶中残余的水分，防止因胶体含水而引起的粉末硬团聚，从而显著地提高了粉末的性能。

2.1.6 溶胶—凝胶法

2.1.6.1 溶胶—凝胶法概述

溶胶—凝胶法（Sol‑Gel 法）就是将金属有机物和无机物在溶液中混合均匀，通过水解、聚合等一系列的化学反应，生成稳定透明无沉淀的溶胶体系，然后放置一段时间后，溶胶颗粒之间缓慢聚合，就形成了失去流动性的凝胶，凝胶再经过干燥、烧制等热处理最终形成无机材料的方法。由于溶胶—凝胶法制成的材料具有纯度高、稳定性强、气孔分布均匀的优势，而且整个制备过程操作容易、设备简单，近几年被广泛应用于纳米材料、薄膜、传感器以及制备涂层等领域。

溶胶—凝胶法使金属有机或无机化合物在低温下经"溶液→溶胶→凝胶→固化"的过程，再经过热处理而形成氧化物。溶胶—凝胶法的基本原理是易于水解的金属化合物（无机盐或金属醇盐）在相应溶剂中与水发生反应，经过水解与缩聚过程逐渐凝胶化，再经干燥或烧结等处理得到所需的纳米材料，涉及的基本反应有水解反应和聚合反应。溶胶—凝胶法可在低温下制备高纯度、粒径分布均匀、高化学活性的多组分混合物（分子级混合），可制备传统方法不能或难以制备的产物，特别适用于制备非晶态材料，颗粒尺寸可达到亚微米级、纳米级甚至分子级水平。

2.1.6.2 溶胶—凝胶法的基本反应步骤

（1）溶剂化：金属阳离子 M^{z+} 吸引水分子形成溶剂单元 $M(H_2O)_n^{z+}$，为保持其配位数，具有强烈释放 H^+ 的趋势，即

$$M(H_2O)_n^{z+} \longrightarrow M(H_2O)_{n-1}(OH)_{(z-1)} + H^+ \tag{2.1.1}$$

(2) 水解反应：非电离式分子前驱物，如金属醇盐 $M(OR)_n$ 与水反应为

$$M(OR)_n + xH_2O \Longrightarrow M(OH)_x(OR)_{n-x} + xROH \text{—} M(OH)_n \quad (2.1.2)$$

(3) 缩聚反应：按其所脱去分子种类，可分为失水缩聚和失醇缩聚两类。

1）失水缩聚：

$$-M-OH + HO-M \longrightarrow -M-O-M- + H_2O \quad (2.1.3)$$

2）失醇缩聚：

$$-M-OR + HO-M \longrightarrow -M-O-M- + ROH \quad (2.1.4)$$

2.1.6.3　溶胶—凝胶法的主要参量

溶胶的制备是溶胶-凝胶法技术的关键环节，溶胶的质量直接影响到最终所得材料的性能，如何制备满足要求的溶胶成为人们研究的重点。近年来，主要从以下方面对它进行了研究。

(1) 调节加水量可以制备不同性质的材料。水量一般用物质的量之比 $R = n_1(H_2O) : n_2[M(OR)_n]$ 表示。加水量很少，一般 $R = 0.5 \sim 1.0$，此时水解产物与未水解的醇盐分子之间继续聚合，形成大分子溶液，颗粒不大于 1nm，体系内无固液界面，属于热力学稳定系统；而加水过多（$R \geqslant 100$），则醇盐充分水解，形成存在固液界面的热力学不稳定系统。

(2) 催化剂的优选。酸碱作为催化剂，其催化机理不同，因而对同一体系的水解缩聚，往往产生结构、形态不同的缩聚物。研究表明，酸催化体系的缩聚反应速率远大于水解反应，水解由 H_3O^+ 的亲电机理引起，缩聚反应在完全水解前已开始，因而缩聚物的交联度低，所得的干凝胶透明，结构致密；碱催化体系的水解反应是由 OH^- 的亲核取代引起的，水解速度大于亲核速度，水解比较完全，形成的凝胶主要由缩聚反应控制，形成大分子聚合物，有较高的交联度，所得的干凝胶结构疏松，半透明或不透明。

(3) 溶胶浓度控制。溶胶浓度主要影响胶凝时间和凝胶的均匀性。在同等条件下，随着溶胶浓度的降低，胶凝时间延长、凝胶的均匀性降低，且在外界条件干扰下很容易发生新的胶溶现象。所以，为减少胶凝时间，提高凝胶的均匀性，应尽量提高溶胶的浓度。

(4) 水解温度控制。提高温度对醇盐的水解有利，对水解活性低的醇盐，常在加热下进行水解，以缩短溶胶制备及凝胶所需的时间；但水解温度太高，将发生有多种产物的水解聚合反应，生成不易挥发的有机物，影响凝胶性质。另外，水解温度还会影响水解产物的相变化，影响溶胶的稳定性。因此，在保证能生成溶胶的情况下，尽可能采取较低温度。

(5) 络合剂的使用。添加络合剂可以解决金属醇盐在醇中的溶解度小、反应活性大、水解速度过快等问题，是控制水解反应的有效手段之一。

(6) 电解质的含量控制。电解质的含量可以影响溶胶的稳定性。与胶粒带同种电荷的电解质离子可以增加胶粒双电层的厚度，从而增加溶胶的稳定性；反之，则会降低胶粒双电层的厚度，降低溶胶的稳定性。电解质离子所带电荷的数量也会影响溶胶的稳定性，所带电荷越多，对溶胶的影响越大。

(7) 高分子化合物的使用。高分子化合物可以吸附在胶粒表面，从而产生位阻效应，避免胶粒的团聚，增加溶胶的稳定性。

2.1.6.4 溶胶—凝胶法的特点

溶胶—凝胶法不仅可用于制备纳米微粉，也可用于制备薄膜、纤维、块体材料和复合材料，其优点如下：①即便是多组分原料在制备过程中也无须机械混合，不易引进杂质，故产品的纯度高；②由于溶胶—凝胶过程中的溶胶由溶液制得，化合物在分子级水平混合，胶粒内及胶粒间化学成分完全一致，化学均匀性好；③颗粒细，其胶粒尺寸小于 100nm；④可包容不溶性组分或不沉淀组分，不溶性颗粒可均匀分散在含不产生沉淀组分的溶液中，经溶胶—凝胶过程，不溶性组分可自然固定在凝胶体系中，不溶性组分颗粒越细，体系化学均匀性越好；⑤掺杂分布均匀，可溶性微量掺杂组分分布均匀，不会分离、偏析；⑥合成温度低，成分容易控制；⑦产物的活性高；⑧工艺、设备简单。主要缺点是：原材料价格昂贵，干燥时收缩大，成形性能差，凝胶颗粒之间烧结性差。

2.1.7 化学气相沉积法

2.1.7.1 化学气相沉积法概述

化学气相沉积法（简称 CVD）不仅可以制备金属粉末，也可以制备氧化物、碳化物、氮化物等化合物粉体材料。CVD 技术具有设备简单、容易控制、制备的粉体材料纯度高、粒径分布窄、能连续稳定生产，而且能量消耗少等优点，已逐渐成为一种重要的粉体制备技术。该技术是以挥发性的金属卤化物、氢化物或有机金属化合物等物质的蒸气为原料，通过化学气相反应合成所需粉末。

CVD 技术既涉及无机化学、物理化学、结晶化学、固体表面化学等一系列基础学科，又具有高度的工艺性，任何一个沉积反应均需要通过适当的装置和操作去完成。沉积的均匀性依赖于反应系统的设计，既涉及流体动力学理论，又关乎传热和传质等工程问题，也离不开机械、真空、电路和自动化控制等系统集成。由于化学气相沉积具有优异的可控性、重复性和高产量等优势，受到大规模工业化生产的青睐，在先进材料制备与性能调控中一直扮演着举足轻重的角色。

2.1.7.2 化学气相沉积法原理

CVD 是利用气态物质在固体表面进行反应生成固态沉积物的过程，是一种在高温下利用热能进行热分解和热化合的沉积技术。它一般包括三个步骤：①产生挥发性物质；②将挥发性物质输运到沉淀区；③在基底上发生化学反应而生成固态物质。然而，实际上反应室中发生的反应很复杂，有很多必须考虑的因素。比如，反应室内的压力、反应体系中气体的组成、流动速率、基底组成、沉积温度等。通常利用 CVD 制备纳米颗粒是利用挥发性的金属化合物的蒸汽，在远高于临界反应温度的条件下通过化学反应，使反应产物形成很高的过饱和蒸汽，再经自动凝聚形成大量的临界核，临界核不断长大，聚集成微粒并随着气流进入低温区而快速冷凝，最终在收集室内得到纳米颗粒。

CVD 工艺一般可分为若干连续的过程，如气相源的输运、固体表面吸附、发生化学反应、生成特定结构及组成的材料。要得到高质量的材料，CVD 工艺必须严格控制好几个主要参量：①反应室的温度；②进入反应室的气体或蒸气的量及成分；③保温时间及气体流速；④低压 CVD 必须控制好压强。

2.1.7.3　化学气相沉积法中的化学反应

化学反应是化学气相沉积工艺的基础，CVD 工艺中涉及的化学反应主要有三类，即热解反应、化学合成反应和化学输运反应。

（1）热解反应是最简单的沉积反应——吸热反应，一般是在真空或惰性气氛下加热衬底至所需温度后，导入反应气体使之发生热分解，最后在衬底上淀积出固体材料层。常见的几种热解反应类型有：烃热解反应、氢化物热解反应、卤化物热解反应、羧化物热解反应、单氨络合物热解反应、金属有机化合物热解反应、有机金属化合物和氢化物热解反应。

（2）化学合成反应涉及两种或两种以上的气态反应物在加热衬底上相互反应。最常用的是氢气还原卤化物来制备各种金属或半导体薄膜，或选用合适的氢化物、卤化物或金属有机化合物来制备各种介质薄膜。化学合成反应比热解反应的应用范围更加广泛，可制备单晶、多晶和非晶薄膜，也容易进行掺杂。

（3）化学输运反应则是源物质在源区（反应温度 T_2）借助适当气体介质与之反应形成一种气态化合物，输运到淀积区（反应温度 T_1）后发生逆向反应，使源物质重新沉积出来，其公式为

$$A(s) + xB(g) \longrightarrow AB_x(g)$$

式中：A 为源物质；B 为输运剂；AB_x 为输运形式。输运剂一般为各种卤素、卤化物、水蒸气，最常用的是碘。

2.1.7.4　化学气相沉积法的特点与分类

化学气相沉积是不少工业领域中优选的制备技术，具有以下独特的优点：

（1）工艺相对简单、灵活性高，可沉积各种各样的薄膜，包括金属、非金属、多元化合物、有机聚合物、复合材料等，与半导体工艺兼容。

（2）沉积薄膜质量高，具有纯度高、致密性好、残余应力小、结晶良好、表面平滑均匀、辐射损伤小等特点。

（3）沉积速率高，适合规模化生产，通常不需要高真空，组成调控简单，易于掺杂，可大面积成膜，成本上极具竞争力。

（4）沉积材料形式多样，除了薄膜外，还可制备纤维、单晶、粉末、泡沫以及多种纳米结构。也可沉积在任意形状、任意尺寸的基体上，具有相对较好的三维贴合性。

当然化学气相沉积也有其局限。首先，尽管 CVD 生长温度低于材料的熔点，但反应温度还是很高，应用中受到一定限制。等离子体增强的 CVD 和金属有机化学气相沉积（MOCVD）技术的出现，部分解决了这个问题。其次，不少参与沉积的反应源、反应气体和反应副产物易燃、易爆或有毒、有腐蚀性，需要采取有效的环保与安全措施。另外，一些生长材料所需的元素，缺乏具有较高饱和蒸汽压的合适前驱体，或是合成与提纯工艺过于复杂，也影响了该技术的充分发挥。

比较重要的化学气相沉积方式如下：

（1）低压化学气相沉积（简称 LPCVD）。化学气相沉积在低压下进行，通常生长压力在 0.001～1.0Torr 之间。低压下气体扩散系数增大，使气态反应物和副产物的质量传输速率加快，薄膜的生长速率增加。LPCVD 设备需配置压力控制和真空系统，增加了整个设备的复杂性，但也表现出如下优点：①低气压下气态分子的平均自由程增大，反应室内可以快速达到浓度均一，消除了由气相浓度梯度带来的薄膜不均匀性；②可以使用较低蒸气压的前驱体，在较低的生长温度下成膜；③残余气体和副产物可快速被抽走，抑制有害的寄生反应和气相成核，界面成分锐变；④薄膜质量好，具有良好的台阶覆盖率和致密度；⑤沉积速率高。沉积过程大多由表面反应速率控制，对温度变化较为敏感；LPCVD 技术主要控制温度变量，工艺重复性优于常压 CVD。回卧式 LPCVD 装片密度高，生产效率高，成本低。

（2）金属有机化学气相沉积（简称 MOCVD）。MOCVD 是利用金属有机化合物前驱体的热分解反应进行外延生长的方法，是一种特殊类型的 CVD 技术。常用的金属有机源主要包括金属的烷基或芳基衍生物、金属有机环戊二烯化合物、金属羰基化合物等。

MOCVD 在化合物半导体制备上的成功应用得益于其独特的优点：①沉积温度低，减少了自污染，提高了薄膜纯度，有利于降低空位密度和解决自补偿问题；②沉积过程不存在刻蚀反应，沉积速率易于控制；③可通过精确控制各种气体的流量来控制外延层组分、导电类型、载流子浓度、厚度等特性；④气体流速快，切换迅速，从而可以使掺杂浓度分布陡峭，有利于生长异质结构和多层结构；⑤薄膜生长速度与 MO 源的供给量成正比，改变流量就可以较大幅度地调整生长速率；⑥可同时生长多片衬底，适合大批量生产；⑦在合适的衬底上几乎可以外延生长所有化合物半导体和合金半导体。

MOCVD 的不足之处是不少 MO 源价格昂贵，且有毒、易燃、易爆，给 MO 源的制备、储存、运输和使用带来了困难，必须采取严格的防护措施。另外，沉积氧化物材料所需的、具有足够高饱和蒸气压的金属有机化合物前驱体，例如稀土材料的 MO 源，目前还很缺乏，影响了该技术应用。

（3）等离子体增强化学气相沉积（PECVD）。PECVD 是指利用辉光放电产生的等离子体来激活化学气相沉积反应的 CVD 技术。如图 2.1.3 所示，它既包括了化学气相沉积过程，又有辉光放电的物理增强作用，既有热化学反应，又有等离子体化学反应，广泛应用于微电子、光电子、光伏等领域。按照产生辉光放电等离子体的方式，可以分为：直流辉光放电 PECVD、射频辉光放电 PECVD、微波 PECVD 和电子回旋共振 PECVD 等类型。

等离子体在 CVD 中的作用包括：将反应物气体分子激活成活性离子，降低反应温度；加速反应物在表面的扩散作用，提高成膜速率，对基片和薄膜具有溅射清洗作用，溅射掉结合不牢的粒子，提高了薄膜和基片的附着力，由于原子、分子、离子和电子之间的相互碰撞，从而改进薄膜的均匀性。

1）PECVD 具有如下优点：①低温成膜（300～350℃），避免了高温带来的薄

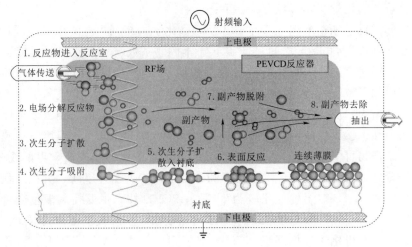

图 2.1.3　等离子体增强化学气相沉积示意图

膜微结构和界面的恶化；②低压下成膜，膜厚及成分较均匀、膜致密、内成力小，不易产生裂纹；③扩大了 CVD 应用范围，特别是在特殊基片（如聚合物柔性衬底）上沉积金属薄膜、非晶态无机薄膜、聚合物、复合物薄膜的能力；④薄膜的附着力大于普通 CVD。

　　2）PECVD 具有以下缺点：①化学反应过程十分复杂，影响薄膜质量的因素较多；②工作频率、功率、压力、基板温度、反应气体分压、反应器的几何形状、电极空间、电极材料和抽速等相互影响；③参数难以控制；④反应机理、反应动力学、反应过程等还不十分清楚。

　　（4）光辅助化学气相沉积（PACVD）。PACVD 利用光能使气体分解，增加反应气体的化学活性，促进气体之间的化学反应，从而实现低温下生长的化学气相沉积技术，具有较强的选择性。典型例子有紫外诱导和激光诱导的 CVD，前者为有一定光谱分布的紫外线，后者为单一波长的激光。两者都是利用激光、紫外线照射来激活气相前驱体的分解和反应。激光用于 CVD 沉积可以显著降低生长温度，提高生长速率，并有利于单层生长。激光光源种类非常多，如二氧化碳激光器、Nd - YAG 激光器、准分子激光器和氩离子激光器等。通过选择合适的波长和能量，利用低的激活能（<5eV），还可以避免膜损伤。

2.1.8　超声化学法

2.1.8.1　超声化学法基本概述

　　超声化学是利用超声能量加速和控制化学反应，提高反应产率和引发新的化学反应的一门边缘学科。超声波的波长范围在 0.001～10cm 之间，比分子尺度大得多，因此，超声化学作用不是直接作用于物质，而是通过液体的超声空化作用来完成。所谓超声空化是指液体在高强度超声的作用下形成气泡，并迅速生长和爆炸性地溃灭等一系列物理化学过程的总称，超声空化示意如图 2.1.4 所示。在超声空化过程中，气泡的溃灭产生瞬间的高压和高强度局部加热，其能量密度比声场的能量

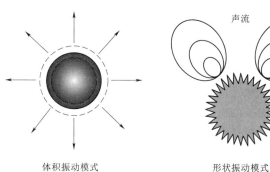

图 2.1.4 超声空化示意图

密度大 10^{11} 个数量级，从而能诱发高能化学反应。

超声波在介质中传播时，由于超声波与介质的相互作用，使介质发生物理和化学变化，从而产生一系列力学的、热学的、电磁学的和化学的超声效应，物理作用主要表现在可促成液体的乳化、凝胶的液化和固体的分散，对粉体的团聚可以起到剪切作用，从而控制颗粒的尺寸和分布。化学作用主要表现在可促使或加速某些化学反应进行，可以降低反应活化能和加快速率。

当超声波作用于液体时，强大的拉应力把液体"撕开"成一空洞，称为空化。空洞内充满了蒸汽或者其他气体，甚至可能是真空。因空化作用形成的小气泡会随周围介质的振动而不断运动、长大或突然破灭。破灭时周围液体突然冲入气泡而产生高温、高压，同时产生激波。这一极限环境足以使有机物、无机物在空化气泡内发生化学键断裂、水相燃烧和热分解反应，促进非均相界面之间的搅动和相界面的更新，加速了界面间的传质和传热过程，使很多采用传统方法难以实现的反应得以顺利进行。

2.1.8.2 超声化学法的应用分类

超声化学法主要包括超声共沉淀法、超声电化学法、超声雾化热分解法，其内容主要包括以下方面：

（1）超声共沉淀法是利用超声空化作用产生的高温高压，为微小颗粒的形成提供所需的能量，使得沉淀晶核的生成速率可以提高几个数量级。沉淀晶核生成速率的提高，有利于沉淀颗粒粒径的减小。同时，空化作用产生的高温和在固体颗粒表面的大量气泡，大大降低晶核比表面能，从而抑制了晶核的聚结和长大。另外，空化作用产生的冲击波和微射流的粉碎作用使得沉淀以均匀的微小颗粒存在。

（2）超声电化学法是将超声波与电化学相结合的一种方法，超声波对电化学过程起促进和物理强化作用。超声电化学法是一种通用的氧化还原法，它不仅能提供最强的氧化还原能力，而且这种能力可以通过电压方便地进行调整。

（3）超声雾化热分解法。超声雾化热分解法制备纳米材料是利用超声波的高能分散作用，将反应物的前体溶液超声雾化成微米级的雾滴，然后由载气带入高温反应器中发生热分解，这样就可以得到分布均匀、粒径较小的纳米材料。超声雾化热分法利用的是超声波的高能分散机制，根据所分散物质的不同形式，可将超声雾化热分法分为声雾化法和水雾化法。声雾化法是通过快速冷凝金属或合金粉末制备纳米材料的一种技术。水雾化法的应用比声雾化法普遍，它是将超细粉末目标的前驱体溶解于特定的溶剂中，并配成一定浓度的母液，然后经过超声雾化器产生微米级的雾滴，该雾滴被载气带入高温反应器中发生分解反应，从而得到均匀粒径的超细粉体。通过调整控制母液浓度，可得到所需大小的颗粒。

除了上述超声化学法以外，用于纳米材料的合成与制备的超声技术还有超声微乳液法、超声溶胶—凝胶法、超声模板法、超声还原法、超声金属有机物热分解法等。

2.1.8.3　超声化学法制备纳米材料的优点

超声波可以有效地促进固体新相的生成，控制颗粒的尺寸和分布，产物粒径小且分布均匀，不产生团聚，可以方便地制备各种纳米材料。与制备纳米材料的常规方法相比，超声化学法具有以下独特优点：

（1）利用超声波在反应体系中产生的局部极端条件，可制备常规方法难以制备的材料；

（2）对于反应条件要求较高的某些反应，利用超声波可降低反应条件的要求，使之在室温或接近室温的条件下反应；

（3）采用液相法制备纳米材料时，为防止晶粒的团聚，常需采用多种方法（如加入稀释剂等）来控制反应速率，可能造成杂质的引入。采用超声化学法，由于超声波的强烈分散作用，降低了反应速度控制方面的要求，可简化实验方法，降低生产成本，同时提高产品纯度；

（4）反应速度快，产率高；

（5）制备过程安全可靠，所需仪器简单，操作方便，经济高效。

2.1.9　静电纺丝法

2-2　静电纺丝法

2.1.9.1　静电纺丝技术概述

如图 2.1.5 所示，静电纺丝装置一般由高压直流电源、注射泵、收集装置组成，静电纺丝时高分子溶液或者熔体装在注射泵中，高压直流电源正极连接注射针头，负极连接收集装置，收集装置一般直接接地，施加电压后在注射针头和收集装置间形成一个静电场，聚合物前驱体溶液以一定流速从纺丝针头流出，当针头处液滴所受电荷的排斥力可以克服表面张力时，液滴在静电力作用下被拉伸形成泰勒锥，当电压达到临界电压时，在泰勒锥尖端产生喷射液体流（简称射流），射流表面电荷之间作用力和电场力的合力形成切向应力，抵抗掉射流的黏性应力后，使射流加速经过一个稳定的拉伸阶段，在稳定运动一段时间后，电场力对射流的作用开始减弱，电荷间的相互作用力成为射流运动的主要推动力，射流中每一点电荷都受到相邻电荷的作用，形成沿法向向外的力和沿轴向的斥力，法向向外的力使射流偏离轴向，沿轴向的斥力使射流拉伸变细，引起射流不稳定运动，在电场中形成螺旋运动，在运动过程中射流的溶剂挥发，高分子固化，形成纤维，收集在收集装置上。

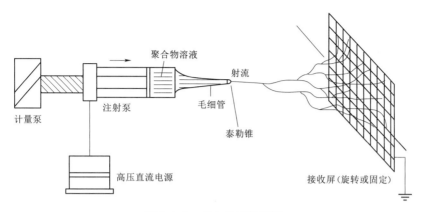

图 2.1.5 静电纺丝装置图

静电纺丝收集方式对纤维的最终形态有很大的影响。采用平板收集时，静电纺丝制备的纤维杂乱地堆积在一起，形成纤维膜。很多研究致力于改进收集装置，以便获得平行的纤维束、纱线或其他形状，如采用滚筒收集法，使用一个圆筒以一定速度转动可以收集到一定排列形式的连续纤维；采用尖端收集法，制备排列度很高的纤维集合体；采用平行磁场法，使在收集装置区域形成一个磁场，可以制备出有序的纳米纤维。改变注射装置，采用两种溶液和两个注射泵可以进行同轴纺丝，制备核壳结构的纤维，应用在储能材料、生物医学、电子元件等方面。采用多组针头电纺，可以提高聚合物纳米纤维的产率，采用 1 个注射针头和两种不相溶聚合物溶液可以电纺出双组分纤维。

2.1.9.2 静电纺丝的影响因素

静电纺丝的前驱体有聚合物溶液和高温熔融聚合物。聚合物溶液是将聚合物溶于一种合适的溶剂，形成具有一定浓度、黏度、电导率的溶液，然后进行静电纺丝制备纳米纤维。静电纺丝过程中聚合物溶液的性质、电纺参数以及环境因素都会对纺丝过程和产物形貌产生影响，调整合适的参数，才能得到均匀、连续的碳纤维。聚合物溶液性质包括表面张力、电导率和黏度，聚合物的相对分子质量、溶液浓度和溶剂种类以及添加剂对影响溶液的电导率、黏度等有很大影响，浓度越高，黏度越大，一般浓度要在一定的范围内纺丝才能顺利，过低时纤维有串珠，或者只是液滴，过高时也不能形成纤维。静电纺丝参数包括溶液流速、施加电压、接收距离，每个聚合物溶液体系都有合适的接收距离、电压及流速范围。环境因素包括温度和湿度，静电纺丝过程很容易受其影响，温度和湿度影响溶剂挥发速度，湿度会对纤维形貌和孔结构产生影响。

2.1.9.3 纺丝纤维的特性

静电纺丝制备的碳纳米纤维具有高导电性、高比表面积等特点，使其在电极材料、吸附材料、催化剂载体等方面得到广泛应用。静电纺丝制备的纳米纤维要经过高温碳化过程转化成碳纳米纤维，碳化过程通常在惰性气氛保护下进行，使纤维发生氧化、交联等反应，纤维内部结构向碳碳结构转换。聚丙烯腈、沥青和酚醛纤维在碳化之前还要进行预氧化或稳定化过程，使纤维中分子环化和脱氢，转化为耐热结构。如聚丙烯腈通常在空气气氛中（240～280℃）进行预氧化处理，然后在惰性气氛中（600～1100℃）碳化处理。经过稳定化和碳化处理，纤维重量减轻，直径变小，有所收缩。

碳纳米纤维在碳化后可以制得多孔纳米纤维和高电导纳米纤维。其一，碳纳米纤维的孔结构在纤维碳化过程中由于纤维中前驱体的裂解和易挥发组分的挥发，纤维中形成一些微孔（孔径小于 2nm）甚至中孔（2～50nm），使碳化后的碳纳米纤维比表面积变大，尤其是以酚醛树脂为原料，所得到的碳纳米纤维具有丰富孔结构。其二，碳纳米纤维的导电性碳化温度较低时碳纳米纤维大多是无序结构，还包含很多非碳原子，高温处理可以使碳纳米纤维中非碳原子大大减少，同时提高碳纳米纤维中的石墨化结构，从而提高碳纳米纤维的导电性；但会使碳纳米纤维中的微孔、中孔减少。聚丙烯腈基碳纳米纤维由于需要预氧化处理以保持碳化后的纤维形貌，而不容易获得高度石墨化的碳纳米纤维。

静电纺丝技术是一种可以连续稳定制备纳米纤维基复合材料的方法。主要通过对静电纺丝胶体浓度、黏度的调配，以及在静电纺丝过程中周围环境温度、湿度的控制，再加上选择合适材料胶体纺丝的电压、注射速度、纤维接收距离、收集器的旋转速度等，可以制备出粗细均匀的纳米纤维薄膜材料。通过对上述的纺丝参数进行调控，可制备不同管径的纳米纤维，且所得纳米薄膜具有一定的弹性，可直接用于锂离子电池的电极研究，不需要外加导电剂和黏结剂。

2.2　电极材料的常规表征技术

锂电池电极材料的表征技术主要包括对电极材料的成分、结构、粒径、比表面、微观形貌、缺陷及其性能等的分析测试技术。通过对所表征的电极材料的物理或物理化学性质参数及其变化（测量信号或特征信息）的检测来实现，即采用各种不同的测量信号（相应具有材料的不同特征关系）形成各种不同的材料分析方法。分析的对象不同，所用的分析方法也不同。

本节内容分别从原子吸收光谱（AAS）、X 射线光电子能谱（XPS）、X 射线荧光光谱（XRF）等成分分析表征技术；从扫描电子显微镜（SEM）、透射电子显微镜（TEM）、原子力显微镜（AFM）等形貌分析技术；从 X 射线衍射（XRD）、傅里叶变换红外光谱（FTIR）、拉曼光谱（Raman spectra）等结构分析表征技术；从热重分析（TGA）、差热分析法（DTA）、差示扫描量热分析法（DSC）等热学分析表征技术；以及从比表面分析、材料粒度分析表征技术的基本原理和基本知识等介绍锂电池电极材料的常规表征技术。

2.2.1　原子吸收光谱分析

2.2.1.1　原子吸收光谱概述

原子吸收光谱（AAS）是基于蒸汽中被测元素基态原子对其原子共振辐射的吸收强度来测定样品中被测元素含量的一种方法。原子吸收光谱的测量采用原子吸收光谱仪,由光源、原子化器、单色器和检测器四部分组成。原子吸收光谱仪基本构造示意图如图 2.2.1 所示,其中,原子化器的功能是提供能量,使试样干燥、蒸发和原子化;入射光束在这里被基态原子吸收,因此也可把它视为"吸收池"。

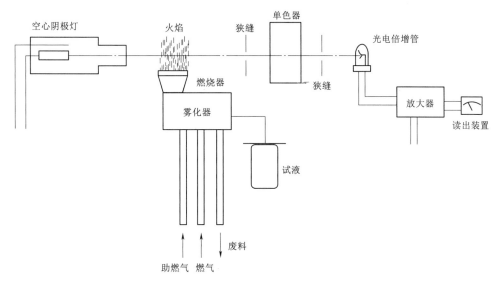

图 2.2.1 原子吸收光谱仪基本构造示意图

原子化器又分为火焰原子化器和非火焰原子化器。

(1) 火焰原子化器常用的火焰有乙炔—空气火焰、氢—空气火焰、乙炔—一氧化二氮火焰。乙炔—空气火焰是原子吸收测定中最常用的火焰,该火焰燃烧稳定,重现性好,噪声低,温度高,对大多数元素有足够高的灵敏度,但它在短波紫外区有较大的吸收。氢—空气火焰是氧化性火焰,燃烧速度较乙炔—空气火焰快,但温度较低,优点是背景发射较弱,透射性能好。乙炔—一氧化二氮火焰的优点是火焰温度高,而燃烧速度并不快,适用于难原子化元素的测定,用它可测定 70 多种元素。

(2) 非火焰原子化器又分为石墨炉原子化器、低温原子化器。石墨炉原子化器是将试样注入石墨管的中间位置,用大电流通过石墨管以产生高达 $2000\sim3000℃$ 的高温使试样经过干燥、蒸发和原子化。其优点是绝对灵敏度高,检出限达 $10^{-12}\sim10^{-14}$ g;原子化效率高,样品量少。缺点是产生基体效应,背景大,化学干扰多,重现性比火焰差。低温原子化器又称化学原子化器,其原子化温度为室温至数百摄氏度,常用的有汞低温原子化法及氢化法。

利用原子吸收测定未知样品中金属离子的含量,一般采用标准曲线法和标准加入法。标准曲线法是指在标准溶液与试样测定完全相同的条件下,按浓度由低到高的顺序测定吸光度值,并绘制吸光度对浓度的校准曲线,根据试样的吸光度直接求出被测元素的含量;而标准加入法是指在测量时分别加入不同浓度的标准溶液,绘制吸光度对浓度的校准曲线,再将该曲线外推至与浓度轴相交,交点至坐标原点的距离为 c,即是被测元素经稀释后的浓度,采用该方法的目的是为了消除物理干扰。

具体定量分析如下：当频率为 ν、强度为 I 的单色光通过均匀的原子蒸汽时，原子蒸汽对辐射产生的吸收符合朗伯定律，即

$$I = I_0 e^{-K_0 L} \qquad (2.2.1)$$

式中：I_0 为入射光强度；I 为透过原子蒸汽吸收层的光强度；L 为原子蒸汽吸收层的厚度；K_0 为吸收系数（与待测物的浓度 c 成正比）。

则吸光度 A 为

$$A = \lg(I_0/I) = kc \qquad (2.2.2)$$

因此，测量原子吸收程度即可计算出待测元素的浓度 c。

2.2.1.2　原子吸收光谱的分析

（1）原子光谱的产生基态原子吸收其共振辐射，外层电子由基态跃迁至激发态而产生原子吸收光谱。原子吸收光谱位于光谱的紫外区和可见区，且原子光谱是一种线状光谱，吸收过程符合朗伯-比耳定律。

（2）对原子吸收光谱的分析方法是基于试样蒸汽相中被测元素的基态原子对由光源发出的该原子的特征性窄频辐射产生共振吸收，其吸光度在一定范围内与蒸汽相中被测元素的基态原子浓度成正比，以此测定试样中该元素含量的一种仪器分析方法。

该原子吸收光谱法具有特效性好、准确度高和灵敏度高的特点，具体优点包括以下几个方面：

1）检出限低，灵敏度高。火焰原子吸收法的检出限可达 10^{-9} g，石墨炉原子吸收法的检出限可达 $10^{-10} \sim 10^{-12}$ g。

2）测量精度好。火焰原子吸收法测定中等和高含量元素的相对标准偏差可小于 1%，测量精度已接近于经典化学方法。石墨炉原子吸收法的测量精度一般为 $3\% \sim 5\%$。

3）选择性强，方法简便，分析速度快。由于采用锐线光源，样品不需要经过烦琐的分离，可在同一溶液中直接测定多种元素，测定一个元素只需数分钟，分析操作简便、迅速。

4）应用范围广。既能用于微量分析又能用于超微量分析。目前用原子吸收法可以测定几乎所有金属元素和 B、Si 等一些半金属元素，共 70 多种。

2.2.2　X 射线光电子能谱分析

2-3　X 射线光电子能谱分析

X 射线光电子能谱仪（XPS）是一种探测材料表面元素成分、化学状态、化学计量比及电子态的定量分析光谱技术。其探测原理是基于光电效应，在高真空的条件下，将具有一定能量的 X 射线照射在样品表面，并与其中原子发生相互作用，样品表面及其以下约 10nm 范围内的原子中的电子会被激发而逃逸出样品表面。通过能量分析器可探测到逃逸电子的动能和数目，获取受激逃离电子的结合能分布谱。由于特定元素某一壳层中的电子结合能具有唯一特征，可利用结合能分析确定化学元素以及化学价态。

当 X 射线与物质相互作用时，物质中原子某壳层的电子被激发，脱离原子而成为

光电子。如果这电子是 K 层的，就称它为 1s 电子；如是 L 层的，则有 2s、2p 电子，依此类推。根据爱因斯坦的光电效应定律，X 射线被自由原子或分子吸收后，X 射线的能量 $h\nu$ 将转变为光电子的动能 E_k，以及激发态原子能量的变化，可以表示为

$$h\nu = E_b + E_k + E_r$$

式中：E_r 为原子的反冲能；E_b 为电子的结合能；E_k 为光电过程中发射光电子的动能。

XPS 的原理比较简单，但其仪器的结构却很复杂，如图 2.2.2 所示，由 X 射线从样品中激发出的光电子，经电子能量分析器，按电子的能量展谱，再进入电子探测器，最后用记录系统获得光电子能谱。

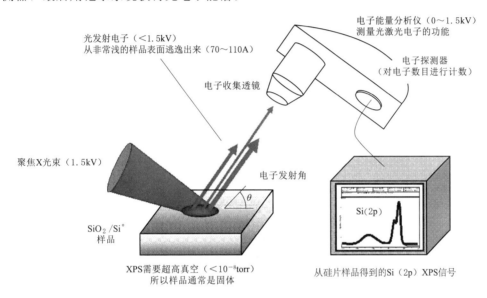

图 2.2.2　XPS 仪器结构原理示意图

用能量分析仪分析光电子的动能，得到的就是 X 射线光电子能谱。根据测得的光电子的动能，可以确定表面存在什么元素以及该元素原子所处的化学状态即定性分析；根据具有某种能量的光电子的数量，便可知道该元素在表面的含量即定量分析，故 X 射线光电子能谱又称为化学分析用的电子能谱（ESCA）。XPS 是一种超微量分析（样品量少）和痕量分析（绝对灵敏度高）的方法，但其分析相对灵敏度不高只能检测出样品中含量在 0.1% 以上的组分，此外，XPS 分析时表面采样深度只有几纳米，因此，它提供的是表面元素成分，表面元素成分可能与体相成分会有较大的差别。

XPS 另一个重要应用是它的元素化学价态分析。由于原子周围化学环境的变化所引起的分子中某原子谱线的结合能的变化称为化学位移，其表达式为

$$\Delta E = E(M) - E(A)$$

式中：ΔE 为化学位移；$E(M)$ 和 $E(A)$ 分别为原子在分子及自由原子中的结合能。一般情况下，元素获得额外电子时，化学价态为负，该元素的结合能降低，ΔE 为负；反之，当该元素失去电子时，化学价态为正，结合能增加，ΔE 为正。

利用这种化学位移可以分析元素的化学价态及存在形式。

2.2.3 X 射线荧光光谱分析

X 射线荧光光谱分析技术（XRF）是利用 X 射线与物质产生的 X 射线荧光而进行的元素分析方法。如图 2.2.3 所示，X 射线荧光光谱仪主要由激发系统、分光系统、探测系统、仪器控制和数据处理系统组成。其中：①激发系统主要部件为 X 射线管，可以发出原级 X 射线（一次 X 射线），用于照射样品激发荧光 X 射线；②分光系统对来自样品待测元素发出的特征荧光 X 射线进行分辨（主要为分光晶体）；③探测系统对样品待测元素的特征荧光 X 射线进行强度探测；④仪器控制和数据处理系统处理探测器信号，并给出分析结果。XRF 适用于固体、液

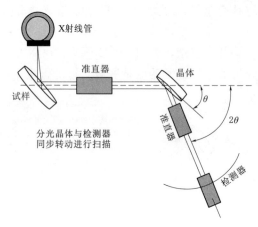

图 2.2.3　X 射线荧光光谱仪结构示意图

体和粉末，在大多数情况下是无损的。在实际工作中，被照射样品内含有的元素与照射的 X 射线发生光电效应关系，待测元素对这种关系具有决定性作用。然后，采用适合的探测器检测被照射样品内含有元素的具有一定特征 X 射线荧光的能量和强度，从而实现定性和定量的分析。

常规 X 射线荧光光谱分析法是因为 X 射线光管发出的初级 X 射线激发待测物质中的原子，使之产生荧光，从而进行物质成分分析的方法。根据谱线的能量来确定样品中所具有的元素，根据谱线的强度来确定该元素的含量。该方法具有分析速度快、制样简单、准确度高、非破坏性和绿色环保的特点。

X 射线荧光光谱定性分析是利用 X 射线光管产生入射 X 射线，然后照射样品，与样品表面产生作用，其中的分析元素受激发产生特征 X 荧光，射出的特征 X 射线荧光经过探测系统测量，将依次出现的谱线自动记录在光谱图上，再利用相应的算法解析谱图，确定样品中所含的元素种类。

X 射线荧光光谱定量分析的前提是试样必须均匀、具有代表性，这样才有科学价值和实际意义。定量分析分三个步骤，首先，根据待测样品的性质以及准确度的要求，选用适合样品的前处理方法，以便保证样品的均匀与合适的粒度；其次，选择调试仪器的最佳状态，并选择合适的测量条件，检测样品中的元素进行有效激发和实验测量；最后，借助数学方法计算所获取的净谱峰强度，定量计算出样品的某种元素的浓度。

2.2.4 扫描电子显微镜分析

扫描电子显微镜（SEM）是对样品表面形貌进行表征的一种大型仪器。当具有

一定能量的入射电子束轰击样品表面时，电子与元素的原子核及外层电子发生单次或多次弹性与非弹性碰撞，一些电子被反射出样品表面，而其余的电子则渗入样品中，逐渐失去其动能，最后停止运动，并被样品吸收。在此过程中有99%以上的入射电子能量转变成样品热能，而其余约1%的入射电子能量从样品中激发出各种信号。如图2.2.4所示，这些信号主要包括二次电子、背散射电子、吸收电子、透射电子、俄歇电子、电子电

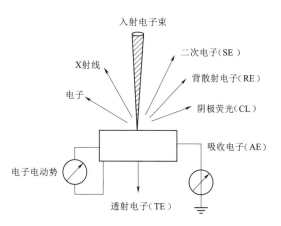

图 2.2.4　入射电子束轰击样品产生的信息示意图

动势、X射线，此外，样品中还会产生如阴极荧光等信号。扫描电子显微镜就是通过这些信号得到信息，从而对样品进行分析的。

扫描电子显微镜具体工作过程是由三极电子枪所发射出来的电子束（一般为$50\mu m$），在加速电压的作用下（2～30kV），经过三个电磁透镜（或两个电磁透镜），汇聚成一个细小到5nm的电子探针，在末级透镜上部扫描线圈的作用下，使电子探针在试样表面做光栅状扫描（光栅线条数目取决于行扫描和帧扫描速度）。由于高能电子与物质的相互作用，结果在试样上产生各种信息，如二次电子、背散射电子、俄歇电子、X射线、阴极发光、吸收电子和透射电子等。因为从试样中所得到各种信息的强度和分布各自同试样表面形貌、成分、晶体取向以及表面状态的一些物理性质（如电性质、磁性质等）等因素有关，因此，通过接收和处理这些信息，就可以获得表征试样形貌的扫描电子像，或进行晶体学或成分分析。为了获得扫描电子像，通常是用探测器把来自试样表面的信息接收，再经过信号处理系统和放大系统变成信号电压，最后输送到显像管的栅极，用来调制显像管的亮度。因为在显像管中的电子束和镜筒中的电子束是同步扫描的，其亮度是由试样所发回的信息的强度来调制，因而可以得到一个反映试样表面状况的扫描电子像，其放大系数定义为显像管中电子束在荧光屏上扫描振幅和镜筒电子束在试样上扫描振幅的比值，即

$$M = L/l = L/2D\gamma \tag{2.2.3}$$

式中：M 为放大系数；L 为显像管的荧光屏尺寸；l 为电子束在试样上扫描距离，$l = 2D\gamma$，其中 D 为 SEM 的工作距离；2γ 为镜筒中电子束的扫描角。

2.2.5　透射电子显微镜分析

透射电子显微镜（TEM）是一种把经过加速和聚集的电子束透射到非常薄的样品上，电子与样品中的原子碰撞而改变方向，从而产生立体角散射，散射角的大小与样品的密度、厚度等相关，因此可以形成明暗不同的影像，影像在放大、聚焦后通过成像器件（如荧光屏，胶片以及感光耦合组件）显示出来。TEM是一种高分

辨力、高放大倍数的显微镜，它用聚焦电子束作为照明源，使用对电子束透明的薄膜试样（几十到几百纳米）以透射电子为成像信号。透射电子显微镜基本构造如图2.2.5所示，透射电子显微镜的重要部件（作用）包括：电子枪（发射高能电子束，提供光源）、聚光镜（将发散的电子束会聚得到平行光源）、样品杆（装载需观察的样品）、物镜（电镜最关键的部分，起到聚焦成像一次放大的作用）、中间镜（二次放大，并控制成像模式）、投影镜（三次放大）、荧光屏（将电子信号转化为可见光，供操作者观察）、底片盒（传统的底片照相）、CCD相机（先进的电子相机，拍照效率比传统底片高很多）。

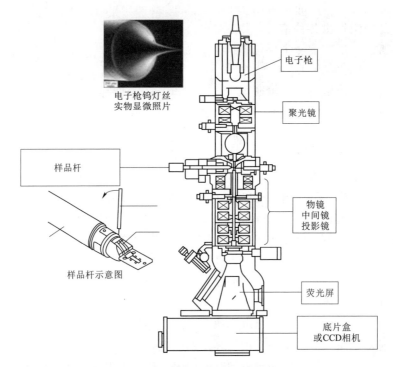

图 2.2.5　透射电子显微镜基本构造示意图

TEM是观察和分析材料的形貌组织及结构的有效工具。通常透射电子显微镜主要有电子光学系统、真空系统和电气控制系统。

（1）电子光学系统。又称镜筒，是透射电子显微镜的核心，是由一个直立的圆柱体组成，其中包括照明系统、成像系统和图像观察记录系统。透射电子显微镜和光学显微镜的各透镜位置及光路图基本一致，都是光源经过聚光镜会聚之后照到样品，光束透过样品后进入物镜，由物镜会聚成像，之后物镜所成的一次放大像在光镜中再由物镜二次放大后进入观察者的眼睛，而在电子显微镜中则是由中间镜和投影镜再进行两次接力放大后最终在荧光屏上形成投影供观察者观察。电子显微镜物镜成像光路图也和光学凸透镜放大光路图一致。入射电子束照射并透过样品后，样品上的每一个点由于对电子的散射变成一个个新的点光源，并向不同方向散射电子。透过样品的电子束由物镜会聚，方向相同的光束在物镜后焦平面上会聚与一点，这些点就是电子衍射花样，而在物镜像平面上样品中同一物点发出的光被重新汇聚到一起，呈一次放大像。

（2）真空系统。电子显微镜镜筒必须具有很高的真空度，这是因为，若电子枪中存在气体，会产生气体电离和放电，炽热的阴极灯丝受到氧化或腐蚀而烧断，高速电子受到气体分子的随机散射而降低成像衬度以及污染样品。一般电子显微镜镜筒的真空要求在 $10^{-4} \sim 10^{-6}$ Torr 之间。真空系统就是用来把镜筒中的气体抽掉，它由二级真空泵组成，前级为机械泵，将镜筒预抽至 10^{-3} Torr，第二级为油扩散系统，将镜筒从 10^{-4} Torr 进一步抽至 $10^{-6} \sim 10^{-4}$ Torr。当镜筒内达到 $10^{-6} \sim 10^{-4}$ Torr 的真空度后，电子显微镜才可以开始工作。

（3）电气控制系统主要包括三部分：①灯丝电源和高压电源，使电子枪产生稳定的高能照明电子束；②各磁透镜的稳压稳流电源，使各磁透镜具有高的稳定度；③电气控制电路，用来控制真空系统、电气合轴、自动聚焦、自动照相等。

透射电子显微镜是一种利用电子束透过样品进行微观结构成像的电子显微镜技术。根据电子束的扫描方式，可分为透射电子显微镜（TEM）和原位扫描透射电子显微镜（STEM）两种成像模式。以 TEM 明场相为例，通常要求观测样品厚度非常薄，低于 100nm，在高真空的环境中，高压电子枪发射的电子束经过磁聚光镜聚焦照射在样品上，其中透过样品的电子信号经过物镜的调焦和初级的放大后，分别进入中间透镜和投影镜等进行综合的放大并最终被投影到荧光屏板或相机屏上，将 CCD 上的电子影像转化为光学影像即可得到材料内部的结构信息。值得一提的是，TEM 利用透射电子束成像易受到样品厚度衬度的影响，STEM 高角环形暗场像主要收集非相干散射电子信号，信号衬度仅与样品中的原子序数有关，对于原子成像、缺陷观测具有无可比拟的优势。

2.2.6 原子力显微镜分析

原子力显微镜（AFM）作为扫描探针显微镜家族的一员，具有纳米级的分辨能力，其操作容易简便，是研究纳米科技和材料分析最重要的工具之一。AFM 是利用探针和样品间原子作用力的关系来得知样品的表面形貌。至今，AFM 已发展出许多分析功能，原子力显微技术已经是当今科学研究中不可缺少的重要分析仪器。AFM 的组成部分一般包括仪器探测系统、电子控制系统、高分辨图像显示处理系统和计算机等，它需要精密机械、电子、计算机软硬件、图像处理技术等多学科知识。AFM 的核心部件是力的传感器件，包括微悬臂和固定于其末端由氮化硅制成的针尖，AFM 采用压电陶瓷控制针尖在样品表面移动，探针被固定在一根弹性悬臂末端（图 2.2.6），悬臂长度为 $100 \sim 200 \mu m$，厚度小于 $1 \mu m$，弹性常数约为 $0.1 N/m$（不同的探针具有不同的弹性常数），金字塔状的氮化硅针尖位于悬臂的末端，针尖的曲率半径为 $1 \sim 10nm$，AFM 的横向分辨率可达到 0.1nm，纵向分辨率可达 0.01nm，并能测量 $10 \sim 50pN$ 的相互作用力。当对样品扫描时，针尖与水平放置的样品表面的距离可用压电陶瓷控制，若保持针尖原子与样品表面之间作用力的大小不变，针尖在垂直于样品表面方向起伏运动会引起悬臂的偏转，利用悬臂反射

2-4 原子力显微镜分析

激光光点位移的方法，可使照射在悬臂末端激光束的反射光路发生变化，经反射进入光电检测系统（PSPD），PSPD 将反射的激光束转化成电信号，经过计算机处理后，就可得到样品表面的二维与三维形貌像及各种物理数据。由于 AFM 是通过探测针尖与样品间的微小作用力而得到样品的表面形貌图像及与样品表面各部位相关的重要数据，如高度、宽度、粗糙度、截面曲线等，因此不受样品是否具有导电性的限制，并可同时获得其他诸如力学、弹性和黏度等样品表面结构的信息。

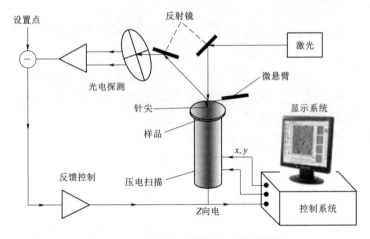

图 2.2.6　原子力显微镜的工作原理图

目前，AFM 主要有接触、非接触和轻敲 3 种成像模式，通过对样品表面进行扫描可以获得材料表面的二维图像、三维图像以及颗粒的三维尺寸等表面形貌，还可以测量表面粗糙度、沟痕深度、凸起高度、台阶高度等定量数据，分辨率达到纳米级别，真正实现了对材料表面形貌的完美观测。

（1）接触模式又包括恒力模式和恒高模式。在恒力模式中，通过反馈线圈调节微悬臂的偏转程度不变，从而保证样品与针尖之间的作用力恒定，即相对距离不变，当沿方向扫描时，记录方向上扫描器的移动情况来得到样品的表面形貌图像。在恒高模式中，保持针尖的相对高度不变，直接测量出微悬臂的受力偏转情况，这种模式对样品高度的变化较为敏感，可实现样品的快速扫描，适用于观察分子和原子。接触模式通常是靠接触原子间的排斥力来获得稳定、高分辨的样品表面形貌图像，但由于样品表面与针尖存在着黏附力，易使样品变形甚至发生损伤从而导致扫描图像失真，故不适于检测易变形的柔软或弹性样品，如未固定的细胞等。接触模式适宜于液体环境成像。

（2）非接触模式是针尖始终不与样品表面接触，与样品表面相距 5~20nm，这是通过保持微悬臂共振频率或振幅恒定来控制的。在这种模式中，样品与针尖之间的相互作用力是吸引力——范德华力。由于吸引力小于排斥力，故与接触模式相比，灵敏度高，但分辨率略低。非接触模式不适于在液体中成像。

（3）在轻敲模式中，通过调制压电陶瓷驱动器使微悬臂以某一较高频率和大于 20nm 的振幅在 Z 方向上共振，而微悬臂的共振频率可通过氟化橡胶减振器来改变。

反馈系统通过调整样品与针尖间距来控制微悬臂的振幅与相位，记录样品的上下移动情况即在方向上扫描器的移动情况来获得图像。由于微悬臂的高频振动，使得针尖与样品之间接触的时间相当短，针尖与样品可以接触，也可以不接触，且有足够的振幅来克服样品与针尖之间的黏附力。因此，适用于柔软、易脆和黏附性较强的样品，且无损伤。

2.2.7　X 射线衍射分析

X 射线衍射（XRD）分析是 X 射线通过晶体时形成衍射，对物质进行原子尺度上空间分布状况的结构分析方法。X 射线衍射是一种非常有效的晶体分析方法，现已经应用到物理、化学、地球科学、生命科学、材料科学以及各种工程技术科学中。

如图 2.2.7 所示，X 射线衍射的基本原理是 X 射线遇到晶体中规则排列的原子或离子时，受到原子核外电子的散射而发生的衍射现象。X 射线衍射条件必须满足布拉格方程：

$$2d\sin\theta = n\lambda$$

式中：λ 为 X 射线的波长；d 为晶面间距；θ 为衍射角；n 为衍射级数。

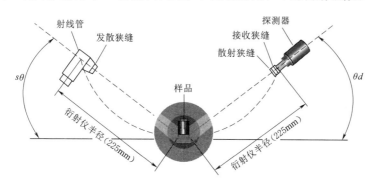

图 2.2.7　测量仪的几何光学图

任何一种结晶物质都是具有独特的化学组成和独一无二的晶体排列结构，通过 X 射线衍射技术之后，转化成晶体的 X 射线衍射谱图。X 射线衍射谱图中两个重要的参数，即衍射强度（I）和晶面间距（d）。d 是晶体的晶胞参数中重要的一项，可以表征晶胞的大小及形状，I 则与参与衍射的质点种类、多少以及位置有关。总之，X 射线衍射谱图可以直观地反应晶体的晶面间距和衍射强度，并且任意一种物质的 X 射线衍射谱图与其他物质的混合没有关系，这也是 X 射线鉴定物质的基本依据。目前，粉末衍射标准联合会（JCPDS）已经制定并出版 PDF 卡片，这些卡片都是由一些纯物质或者标准物质进行粉末衍射得到的标准谱图。我们将待测样品的 X 射线衍射谱图与标准 PDF 卡片进行对比，就可以确定物相组成。

此外，依据某相物质参与衍射的体积或者重量与其所产生的衍射强度成正比，可利用衍射强度的大小计算出物质参与衍射的体积分数或者质量分数，就可以确定某相物质的含量，这就是 X 射线衍射物相定量分析的理论基础。X 射线衍射物相定量分析方法有很多种：内标法、外标法、绝热法、无标样法、基体冲洗法和全谱拟合法等分析方法。各种方法都有其适用范围，内标法、绝热法不适用含物相多，谱线复杂的样品。因为这两种方法需要加入参考物质并绘制工作曲线，加入参考物质后会进一步增加谱线的重叠机会，那么定量分析难度就会大大增大；外标法必须用纯的待测物相做工作曲线，现实中在某些领域纯物质是很难获得的；全谱拟合法分析方法不需要内标标准物质可直接测试，但对测试要求较高，扫描越精细越好，而且需要复杂的数学计算，各项因子拟合等，现阶段全谱拟合分析法越来越受到重视。

2.2.8　傅里叶变换红外光谱分析

傅里叶变换红外（FTIR）光谱仪是基于光相干性原理而设计的干涉型红外光

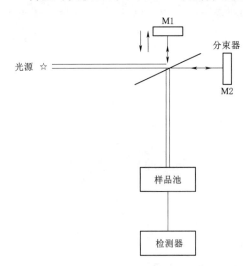

图 2.2.8　傅里叶变换红外光谱仪原理图

谱仪。如图 2.2.8 所示，主要由迈克耳逊干涉仪、光源、检测器、计算机和记录仪等组成。干涉仪将光源传来的信号以干涉图的形式送往计算机进行傅里叶变换的数学处理，最后将干涉图还原成光谱图。傅里叶变换红外光谱仪的核心是迈克尔逊干涉仪，决定红外光谱仪的分辨率和主要性能指标。傅里叶变换红外光谱仪具有灵敏度高、分辨率高、信噪比高等优点，已成为最为常见的红外光谱仪。

光源发出一束光，通过分束器、定镜、动镜后形成干涉光透过样品池进入检测器。由于动镜不断运动，使两束光线光程差随动镜移动距离不同，呈周期性变化。样品放在检测器前，由于某种样品被某些频率的红外光吸收，使检测器接收到的干涉光强度发生变化，从而得到各种样品的干涉图。借助傅里叶变换函数，将光强随动镜移动距离变化的干涉图转换为光强随频率变化的频域图，这一变化过程通过计算机完成，最后得到红外吸收光谱图。

傅里叶红外光谱仪可以同时测定样品所有频率的信息，扫描速度快，分辨率和灵敏度高，也可和多种仪器联用，主要应用于跟踪化学反应过程，分析和鉴别各种化合物和化学键，高聚物的聚集态取向以及表面研究等。

2.2.9　拉曼光谱分析

拉曼光谱（Raman spectra）是散射光谱，通过与入射光频率不同的散射光谱进行分析得到分子振动、转动方面信息。以横坐标表示拉曼频率，纵坐标表示拉曼光强，与红外光谱互补，可用来分析分子间键能的相关信息。频率为 ν_0 的入射光可以

看成是具有能量 $h\nu_0$ 的光子，当光子与物质分子相碰撞时，可能产生的能量不变，故产生的散射光频率与入射光频率相同。只是光子的运动方向发生改变，这种弹性散射称为瑞利散射。在非弹性碰撞时，光子与分子能量交换，光子把一部分能量给予分子或从分子获得一部分能量，光子的能量就会减少或增加。在瑞利散射线两侧就可以看到一系列低于或高于入射光频率的散射线，这就是拉曼散射。如果分子原来处于低能级 E_1 状态，碰撞结果使分子跃迁至高能级 E_2 状态，则分子将获得能量 E_2-E_1，光子则损失这部分能量，这时光子的频率变为

$$\nu_- = \nu_0 - (E_2 - E_1)/h = \nu_0 - \Delta E/h \tag{2.2.4}$$

即斯托克斯线。如果分子处于高能级 E_2 状态，碰撞结果使分子跃迁到低能级 E_1 状态，则分子就要损失能量 E_2-E_1；光子获得这部分能量，这时光子频率变为

$$\nu_+ = \nu_0 + (E_2 - E_1)/h = \nu_0 + \Delta E/h \tag{2.2.5}$$

即为反斯托克斯线。

斯托克斯线的频率或反斯托克斯线的频率与入射光的频率之差，以 $\Delta\nu$ 表示，称为拉曼位移。拉曼位移与入射光频率无关，它只与散射分子本身的结构有关，相对应的斯托克斯线-反斯托克斯线的拉曼位移相等，即

$$\Delta\nu = \nu_0 - \nu_- = \nu_+ - \nu_0 = (E_2 - E_1)/h \tag{2.2.6}$$

拉曼散射是由于分子极化率的改变而产生的，拉曼位移取决于分子振动能级的变化，不同化学键或基团有特征的分子振动，ΔE 反映了指定能级的变化，这是拉曼光谱可以作为分子结构定性分析的依据。

2.2.10 热分析

热分析技术是在温度程序控制下研究物质的物理状态和化学状态发生变化（如脱水、结晶-熔融、蒸发、相变等）时材料热力学性质（热熔、比热容、热导等）或化学变化动力学过程的一种十分重要的分析测试方法。通过测定变温过程中材料热力学性能的变化，来确定状态的变化。传统的热分析技术有热重分析方法（TGA）、差热分析法（DTA）和差示扫描量热分析法（DSC）等。

2.2.10.1 热重分析法（TGA）

热重分析仪是一种利用热重法检测物质温度-质量变化关系的仪器。热重法是在测量物质的质量随温度（或时间）的变化关系。当被测物质在加热过程中有升华、汽化、分解出气体或失去结晶水时，被测的物质质量就会发生变化。这时热重曲线就不是直线而是有所下降。通过分析热重曲线，就可以知道被测物质在多少度时产生变化，并且根据失重量，可以计算失去了多少物质。

通过 TGA 实验有助于研究晶体性质的变化，如熔化、蒸发、升华和吸附等物质的物理现象；也有助于研究物质的脱水、解离、氧化、还原等物质的化学现象。热重分析通常可分为两类：动态（升温）和静态（恒温）。热重法试验得到的曲线称为热重曲线（TG 曲线），TG 曲线以质量做纵坐标，从上向下表示质量减少；以温度（或时间）做横坐标，自左至右表示温度（或时间）增加。

最常用的测量原理有两种，即变位法和零位法。变位法是根据天平梁倾斜度与

质量变化成比例的关系，用差动变压器等检知倾斜度，并自动记录。零位法是采用差动变压器法、光学法测定天平梁的倾斜度，然后去调整安装在天平系统和磁场中线圈的电流，使线圈转动恢复天平梁的倾斜。由于线圈转动所施加的力与质量变化成比例，这个力又与线圈中的电流成比例，因此只需测量并记录电流的变化，便可得到质量变化的曲线。

2.2.10.2　差热分析法（DTA）

差热分析法是以某种在一定实验温度下不发生任何化学反应和物理变化的稳定物质（参比物）与等量的未知物在相同环境中等速变温的情况下相比较，未知物的任何化学和物理上的变化，与和它处于同一环境中的标准物的温度相比较，都要出现暂时的增高或降低。降低表现为吸热反应，增高表现为放热反应。

2.2.10.3　差示扫描量热分析法（DSC）

差示扫描量热分析法（DSC）是在程序控制温度下，测量输给物质和参比物的功率差与温度关系的一种技术。差示扫描量热分析法有补偿式和热流式两种。

（1）功率补偿型差示扫描量热计。功率补偿型差示扫描量热计的主要特点是试样和参比物具有独立加热器和传感装置，即在试样和参比物容器下各装有一组补偿加热丝。当试样在加热过程中由于热反应而出现温度差 T 时，通过功率补偿放大电路使流入补偿热丝的电流发生变化，这样就可以从补偿功率直接求算出热流率，即

$$\Delta W = \frac{\mathrm{d}Q_S}{\mathrm{d}t} - \frac{\mathrm{d}Q_R}{\mathrm{d}t} = \frac{\mathrm{d}H}{\mathrm{d}t} \tag{2.2.7}$$

式中：ΔW 为所补偿的功率；Q_S 为样品的热量；Q_R 为参比物的热量；$\mathrm{d}H/\mathrm{d}t$ 为单位时间的焓变，即热流率，单位为 $\mathrm{mJ/s}$。

仪器试样和参比物的加热器电阻相等，即 $R_S = R_R$，当试样没有热效应时

$$I_S^2 R_S = I_R^2 R_R \tag{2.2.8}$$

如果试样产生热效应，功率补偿电路立即进行功率补偿，所补偿的功率为

$$\Delta W = I_S^2 R_S - I_R^2 R_R \tag{2.2.9}$$

令 $R_S = R_R = R$，即得

$$\Delta W = R(I_S + I_R)(I_S - I_R) \tag{2.2.10}$$

因为

$$I_S + I_R = I_T$$

所以

$$\Delta W = I_T(I_S R - I_R R)$$
$$\Delta W = I_T(V_S - V_R) I_T \Delta V \tag{2.2.11}$$

式中：I_T 为总电流；ΔV 为电压差。

如果 I_T 为常数，则 ΔW 与 ΔV 成正比。因此，ΔV 可直接表示为 $\mathrm{d}H/\mathrm{d}t$。

（2）热流型差示扫描量热计。热流型差示扫描量热计用康铜片作为热量传递到样品和从样品传递出热量的通道，并作为测温热电偶结点的一部分，其测试原理与差热计类似。热流型差示扫描量热计的加热炉结构如图 2.2.9 所示，其特点是利用导热性能好的康铜盘把热量传输到样品和参比物，使它们受热均匀。样品和参比物的热流差是通过试样和参比物平台下的热电偶进行测量。样品温度由镍铬板下的镍

铬–镍铝热电偶进行测量。这种热流型DSC仍属DTA测量原理，它可定量的测定热效应，主要是该仪器在等速升温的同时还可自动改变差热放大器的放大倍数，以补偿仪器常数 K 值随温度升高而减小的峰面积。

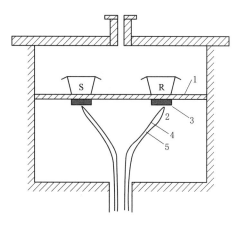

图2.2.9　热流型差示扫描量热计的加热炉结构示意图
1—康铜盘；2—热电偶热点；3—镍铬板；
4—镍铝丝；5—镍铬丝

2.2.11　比表面积分析

比表面积分析测试方法（BET）有很多种，其中气体吸附法因其测试原理的科学性、测试过程的可靠性和测试结果的一致性，成为公认的最权威测试方法。许多国际标准组织都已将气体吸附法列为比表面积测试标准。

2.2.11.1　基本原理

气体吸附法测定比表面积原理，是依据气体在固体表面的吸附特性，在一定的压力下，被测样品颗粒（吸附剂）表面在超低温下对气体分子（吸附质）具有可逆物理吸附作用，并对应一定压力存在确定的平衡吸附量。通过测定出该平衡吸附量，利用理论模型来等效求出被测样品的比表面积。由于实际颗粒外表面的不规则性，该方法测定的是吸附质分子所能到达的颗粒外表面和内部通孔总表面积之和。

BET测定比表面是以氮气为吸附质，以氦气或氢气作载气，两种气体按一定比例混合，达到指定的相对压力，然后流过固体物质。当样品管放入液氮保温时，样品即对混合气体中的氮气发生物理吸附，而载气则不被吸附。这时屏幕上即出现吸附峰。当液氮被取走时，样品管重新处于室温，吸附氮气就脱附出来，在屏幕上出现脱附峰。最后在混合气中注入已知体积的纯氮，得到一个校正峰。根据校正峰和脱附峰的峰面积，即可算出在该相对压力下样品的吸附量。改变氮气和载气的混合比，可以测出几个氮的相对压力下的吸附量，从而可根据BET公式计算比表面的公式为

$$\frac{p}{V(p_0-p)}=\frac{1}{V_mC}+\frac{(C-1)}{V_mC}\frac{p}{p_0} \tag{2.2.12}$$

式中：p 为氮气分压，Pa；p_0 为吸附温度下液氮的饱和蒸汽压，Pa；V_m 为样品上形成单分子层需要的气体量，mL；V 为被吸附气体的总体积，mL；C 为与吸附有关的常数。

以 $\frac{p}{V(p_0-p)}$ 对 $\frac{p}{p_0}$ 作图可得一直线，其斜率为 $\frac{C-1}{V_mC}$，截距为 $\frac{1}{V_mC}$，由此可得

$$V_m=\frac{1}{斜率+截距} \tag{2.2.13}$$

若已知每个被吸附分子的截面积，可求出被测样品的比表面，即

$$S_g = \frac{V_m N_A A_m}{2240W} \times 10^{-18} \tag{2.2.14}$$

式中：S_g 为被测样品的比表面，m^2/g；N_A 为阿伏伽德罗常数；A_m 为被吸附气体分子的截面积，nm^2；W 为被测样品质量，g。

2.2.11.2　气体吸附法测定固体中细孔的孔径分布

蒸汽凝聚（或蒸发）时的压力取决于孔中凝聚液体弯月面的曲率。一端封闭的毛细管中蒸汽压随表面曲率的变化可以由 Kelvin 方程表示：

$$\ln \frac{P}{P_o} = \frac{-2\sigma V_m}{r_k RT} \tag{2.2.15}$$

式中：P 为曲面上液体的饱和蒸汽压；P_o 为平面上的液体蒸汽压；σ 为液体吸附质的表面张力；V_m 为液体吸附质的摩尔体积；r_k 为毛细管的曲率半径；R、T 分别为气体常数和绝对温度。

在氮气吸附的条件下，根据式（2.2.15），孔的半径 r_c 可表示为

$$r_c = \frac{-2\sigma V_m \cos\theta}{RT \ln \dfrac{P}{P_o}} \tag{2.2.16}$$

式中：θ 为接触角。

用氮气吸附法测定的最小孔径为 1.5～2nm，最大为 300nm。对于更小或更大的孔其测定误差偏大。

2.2.12　材料粒度分析

锂离子电池材料的粒度一般使用激光粒度仪测量，激光粒度仪是根据颗粒能使激光产生散射这一物理现象来测试粒度分布的。由于激光具有很好的单色性和极强的方向性，所以一束平行的激光在没有阻碍的无限空间中将会照射到无限远的地方，并且在传播过程中很少有发散的现象。当光束在行进过程中遇到颗粒（障碍物）阻挡时，一部分光将偏离原来的传播方向，发生散射现象。散射光的传播方向将与主光束的传播方向形成一个夹角 θ。散射理论和结果证明，散射角 θ 的大小与颗粒的大小有关，颗粒越大，产生的散射光的 θ 角就越小；颗粒越小，产生的散射光的 θ 角就越大。

如图 2.2.10 所示，从激光器发出的激光束经聚焦、针孔滤波和准直镜准直后，变成直径约 10mm 的平行光束，该光束照射到待测的颗粒上，一部分光被散射，散射光经傅里叶透镜后，照射到光电探测器阵列上。由于光电探测器处在傅里叶透镜的焦平面上，因此探测器上的任一点都对应于某一确定的散射角。光电探测器阵列由一系列同心环带组成，每个环带是一个独立的探测器，能将投射到上面的散射光能线性地转换成电压，然后送给数据采集卡，该卡将电信号放大，在进行 A/D 转后送入计算机。

进一步研究表明，散射光的强度代表该粒径颗粒的数量。为了有效地测量不同角度上的散射光的光强，需要运用光学手段对散射光进行处理。在所示的光束中适当的位置上放置一个富氏透镜，在该富氏透镜的后焦平面上放置一组多元光电探测

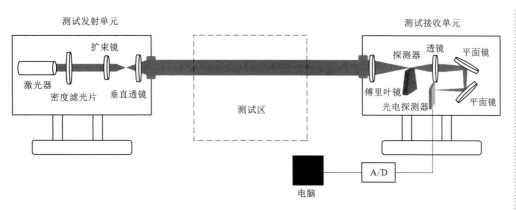

图 2.2.10 激光粒度仪结构示意图

器，这样不同角度的散射光通过富氏棱镜就会照射到多元光电探测器上，将这些包含粒度分布信息的光信号转换成电信号并传输到电脑中，通过专用软件用米氏散射理论对这些信号进行处理，就会准确地得到所测试样品的粒度分布。

锂离子电池材料必须测试粉体的颗粒粒度分布，即不同粒径的颗粒分别占粉体总量的百分比。由于颗粒形状很复杂，通常有筛分粒度、沉降粒度、等效体积粒度、等效表面积粒度等几种表示方法。筛分粒度就是颗粒可以通过筛网的筛孔尺寸，以 1in（25.4mm）宽度的筛网内的筛孔数表示，因而称之为"目数"。除了表示筛网的孔眼外，它同时用于表示能够通过筛网的粒子的粒径，目数越高，粒径越小。筛网目数的大小决定了筛网孔径的大小，而筛网孔径的大小决定了所过筛粉体的最大颗粒。

2.3 电极材料的原位表征技术

原位表征技术在锂离子电池的发展和研究中一直扮演着重要的角色。现阶段及将来对锂离子电池更高能量密度、功率密度或新型储能机制的研究，将使得当下的研究更依赖于各种原位表征技术的实验观测。只有从材料的本征物理和化学性质出发，理解最本质的电化学储能机制，才能更好地设计和优化电池的性能。

直接探测电池设备中与特定能量转换过程相关的复杂的电化学反应、材料结构相变和电荷转移等过程，对于深入了解这些过程和高性能储能设备的优化设计至关重要。为此，本节内容对 X 射线衍射谱（XRD）、X 射线吸收光谱（XAS）和透射 X 射线显微镜（TXM）等原位 X 光光谱技术，对扫描电子显微镜（SEM）和透射电子显微镜（TEM）等原位电镜技术，基于 AFM 的扫描探针技术和其他扫描探针技术等原位扫描探针技术，以及原位中子射线技术、原位磁共振技术、原位拉曼光谱和傅里叶红外光谱对表征技术，从原位电池装置的实现和应用实例两个角度进行介绍。

2.3.1 原位 X 光光谱技术

X 射线衍射谱（XRD）、X 射线吸收光谱（XAS）和透射 X 射线显微镜

（TXM）等是目前广泛应用于电池研究的 X 光光谱技术。其中，原位 XRD 技术可用于监测原位电池中电极材料的晶体结构随电化学过程的演变。对运行中的电池进行 XRD 测量需要使 X 射线能够"照射"在电极材料上并与之发生相互作用，这便要求在原位电池的结构设计中加入一个对 X 光线"透明"窗口。如图 2.3.1 所示，早期的设计是通过使用非常薄（～10μm）的"铝箔集流体"来充当这个窗口，无需额外的电池窗口外壳，简化了工作电极的制备流程。这种设计确实能够实现入射和衍射 X 射线束在窗口间来回穿透且电池组装简单。但需要指出的是，基于此设计结构的原位电池装置气密性较差，相对容易受到空气和湿气的污染。而且对于锂离子电池而言，若研究对象为负极材料，集流体采用铜箔时，由于铜对 X 光的散射较强，X 射线来回穿透集流体将导致 X 光信号强度大大衰减，这种方法对于衍射强度较弱的材料甚至无法采集到样品信号。因此，在有些衍射信号较弱的材料的原位研究中，集流体窗口逐渐被 X 射线更为"透明"的窗口材料代替，例如 Kapton 膜或铍。其中铍的氧化物有剧毒，因此导电 Kapton 膜逐渐用来代替金属铍 X 射线窗口和集流体。值得一提的是，基于同步加速器的高能 X 光光强大，能够完全穿透这些测量窗口，因此其测量模式为透射模式的原位 XRD，而且在透射模式下进行的 X 射线晶体衍射还可获得 2D 衍射图样，可实现同时对正极和负极进行监测研究。原位 XRD 对电池材料在电化学诱导相变过程中的亚稳态晶体结构的捕捉是其相对于非原位 XRD 的一大表征优势。

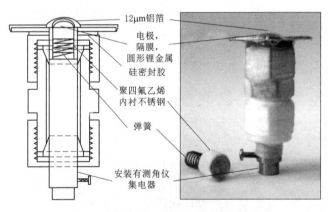

（a）早期原位电池结构中的"集流体窗口"　　　　　　　　（b）原位XRD电解池

图 2.3.1　实物图

X 射线吸收光谱（XAS）可用于确定电池材料中发生的氧化还原反应与局部几何结构和电子结构之间的关联。吸收光谱具有两个关键区域：X 射线近边吸收光谱区域可以提供材料的氧化态的信息，而扩展的 X 射线吸收光谱区域能够提供有关分子结构的局域几何结构信息。用于原位测量的 XAS 电池与用于 XRD 研究的电池结构非常相似，但是 XAS 的工作模式大多为透射模式，因此在原位电池的顶部和底部的对称位置均需设置一个对 X 射线窗口。

透射 X 射线显微镜（TXM）使用单色 X 射线直接照射样品，穿过样品后投射到 CCD 相机上进行成像，这种测量方式可以渲染内部电极颗粒的 2D 形貌图像。用于 TXM 测量的原位电池可以在纽扣电池的外壳两侧均打上孔并用 Kapton 胶带密封的方法来实现。而 X 射线断层扫描显微镜是 TXM 的另一种高级形式，其在 TXM 测试过程可以将原位电池旋转 180°以获得一系列的 2D 图像，然后基于这些 2D 图像使用断层扫描算法对电极颗粒进行三维重构，实现充放电过程对电极颗粒形貌，粒径的可视化和定量化分析。Ebner 等最早将原位 X 射线断层扫描技术用于研究锂离子电池，他们观测了单个 SnO 颗粒的锂化和去锂化过程中的形态和化学成分的演变。随着放电（还原）过程的进行，单颗粒的反应前端不断由外而内进行扩散，同时扩散过程伴随着 Li - Sn 合金的形成。当放电截止时核壳结构消失，初始的 SnO 相全部转化为 Li_xSn 相并伴随着颗粒体积的膨胀；而在随后的充电过程（氧化）中，膨胀导致的颗粒结构破损及化学成分的不可逆现象直接证实了其容量衰减的根本原因是由于结构的破坏和不均匀的去锂化过程。该研究实现了将原位测量结果与电池的容量损失的因素直接关联分析，从材料微观结构变化角度理解了电池容量衰减的机制。

2 - 6　原位电镜技术

2.3.2　原位电镜技术

原位电镜技术主要分为原位扫描电子显微镜（SEM）和原位透射电子显微镜（TEM）。扫描电子显微镜使用能量为 $500\sim30keV$ 的聚焦电子束扫描样品表面并收集背散射电子或二次电子用于成像。SEM 中的测量需要很高的真空度，以保持电子源探测束的稳定性，并尽量减少背景散射产生的噪声信号。所以对锂离子电池而言，原位 SEM 表征对真空度的依赖主要需要解决的是液态电解质的挥发问题，这可以通过使用固态电解质、聚合物电解质、具有低蒸汽压的离子液体电解质或使用其他具有高沸点和低蒸汽压的特殊碳酸盐溶剂来代替常规的液态电解质。此外，原位电镜测试过程在某些实验条件下需要对样品的测试温度进行控制，例如：通过加热样品以达到聚合物电解质的工作温度，或者通过冷冻样品以防止电子束对样品造成辐照损伤。

Chen 等报道了使用原位 SEM 对离子液体电解质电化学体系中 SnO_2 材料的锂化和脱锂诱导的形态变化。如图 2.3.2 所示，这种方法可以对电极形态演变进行纳米级的高空间分辨率成像，观测发现：经过首次锂化之后的 SnO_2 单颗粒不仅出现

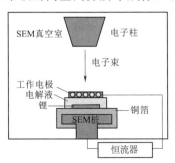

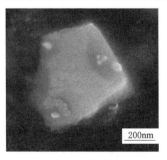

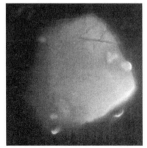

（a）基于离子液体的SEM测试装置　　（b）初始的SnO_2单颗粒SEM图　　（c）首次锂化之后的SnO_2单颗粒SEM图

图 2.3.2　测试装置与 SEM 图

了明显的体积膨胀，而且在颗粒的右上角出现了明显的纳米裂痕，这些裂纹的存在将导致颗粒的粉化以及电解液进一步渗透进入电极材料形成不可逆的钝化膜分解产物，最终导致电池材料的容量衰减。米勒等进一步开发了一种使用聚焦离子束（FIB）切割制备的 SEM 微型电池，单个正极颗粒可以通过 FIB-SEM 双电子束仪器中的钨操纵尖端来拾取。这个设备能够将正极颗粒转移到并浸没在低蒸汽压离子液体电解质中，进一步将该电解质与负极材料接触即可构建成能在 SEM 样品腔内进行观测原位的电池。这种方法能够实现在充电/放电循环过程中观察单个微粒内部的微裂纹萌生和扩展，实验结果也证明了初级颗粒的裂纹边界可以导致电解质渗透进入颗粒内部并导致电池阻抗的增加。近年来，对于锂金属负极的应用和基础研究成为了电池研究领域的热门话题，而原位 SEM 的真空环境对于活泼的锂枝晶观测实验来说无疑是一大优势。经特殊结构设计的原位 SEM 观测设备无需拆卸电池即可实现材料的结构表征，这避免了电极材料在拆解转移过程暴露于空气中，较好地保留了电池材料在电化学过程中形成的结构和成分信息。例如：Rong 等开发了一种由两个上下基底组成的芯片液体 EC-SEM 原位电池。此电池由 Li 电极、SiNx 顶部观察窗、石英制成的底部芯片和两个电解液注入孔组成，可用于醚基电解质体系的原位研究。Yulaev 等使用原位高真空 UHV-SEM 和俄歇光谱研究"碳负极/磷酸锂/LiCoO$_2$ 正极"体系全固态电池中 Li 金属的沉积和剥离，研究了 Li 团簇的成核密度与充电率之间的线性关系。

　　TEM 依靠可以透过薄样品的电子束实现具有超高空间分辨率的材料结构成像。除材料的形貌外，TEM 还可以与电子衍射、电子能量损失谱（EELS）和能量色散 X 射线等表征技术相结合，从而在纳米尺度甚至原子尺度观测电极材料的结构和化学信息。应用于电池研究中的原位 TEM 测试的最大化分辨率和传输信号实现的关键是其测试腔体的环境真空度，因此科研人员设计了一系列具有开孔结构或密封孔结构的 TEM 原位电解池以实现电化学反应和高真空度需求的兼容。总体而言，用于电池研究的原位 TEM 微电池多使用开孔设计结构，该结构通常需要避免采用挥发性的电解质来满足 TEM 测试中的高真空要求。与 SEM 类似，目前已经开发的三种使用不同电解质的原微电池包括：常规的液态电解质、固体电解质和非挥发性液态电解质，这些类型的电池可以实现具有原子尺度分辨率的材料结构演变的原位研究。

　　然而如图 2.3.3（a）所示，在开孔构造的原位电解池中，仅部分被电子束探测的纳米电极触碰到电解质，参与了电化学反应。此类基于电极材料反应前端（观察区域）获得的材料结构信息的有效性还值得商榷。而且被测样品材料的几何形状等因素也可能会使实验观察到的现象存在失真，因而无法完全反映锂电池中电极材料在电化学过程中的真实情况。图 2.3.3（b）中展示了此类表征方法的一个典型示例：在该原位电池结构中，FeF$_2$ 纳米颗粒被负载在 TEM 网格的非晶碳膜上，该碳膜充当电子和离子传输的载体和介质，形成 Fe$_2$F-C 负极，测试过程利用电子束照射于 FeF$_2$ 纳米颗粒的前端以实现对锂离子在电化学过程中的输运过程进行空间高分辨成像。总体而言，开孔电池能够实现材料在电化学过程中的原子级实时结构成

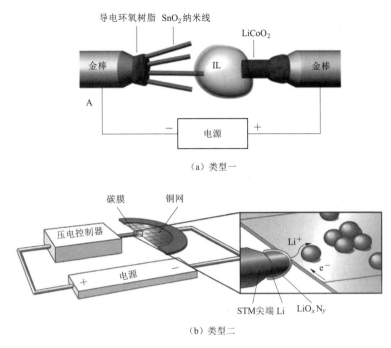

（a）类型一

（b）类型二

图 2.3.3　两种开放式原位 TEM 微电池

像且同步进行材料的成分分析，这种技术已广泛应用于研究电极材料的锂化机理。然而，开孔结构的原位 TEM 电解池确实存在以下缺点：由于被观测的电极材料与电解质之间的接触区域有限，采集所得的信息仅为局域的结构演变信息；其次这些电池中使用的电解质与商业化电池中所使用的常规电解质差异较大，实验结果对常规电解液体系的电池借鉴意义大打折扣；此外，电子束辐射和电池较大的极化内阻也会对测量结果的准确性造成较大的影响。

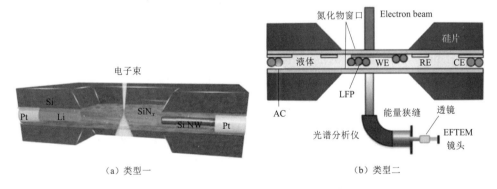

（a）类型一

（b）类型二

图 2.3.4　两种封闭式原位 TEM 电池

为解决开放式电池的上述缺点，Wang 等开发了一类适用于常规液体电解质的封闭式原位 TEM 电化学液体电池，用以研究单硅纳米线（NW）的锂化/脱锂行为。如图 2.3.4（a）所示，该原位电池更接近常规锂电池的"三明治"结构。他们使用 SiN_x 窗口膜作为 TEM 成像的窗口，Si 纳米线作为工作电极，并使用 Li 金属箔作为对电极，电解质密封在硅芯片电池中。Muller 等进一步开发了一种电化学液流电解池可显著改善电极的结构。如图 2.3.4（b）所示，在此结构中，他们放弃先前使用的高原子序数的金属集流体材料，而使用玻璃碳作为工作电极的集流体基底。碳基底的应用极大地降低了电子的散射，因此增强了图像的分辨率和对比度。近年来，基于此类型的封闭式原位电池的 TEM 研究报道为理解电极材料微观结构和电化学性能差异的起源提供了更为直接的证据和许多全新的观点。虽然这些封闭的芯片式原位电解池与大多数相关的液体电解质兼容，但也存在部分缺点。例如：该电解池的高精度纳米加工成本较高；分析 TEM 技术的灵活性较低以及活性材料处理的难度更大；较厚的电解液液体层会导致图像对比度和分辨率变差；而且该封闭式电池也存在电解液泄漏至 TEM 高真空腔体的风险。

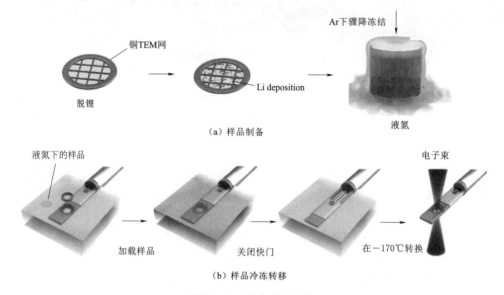

（a）样品制备

（b）样品冷冻转移

图 2.3.5　原位冷冻电镜

除液体电池外，Meng 等还开发了用于固态电池中的界面原位表征的实验装置。但与开孔和液基电池配置相比，全固态微电池仍处于起步阶段，还面临许多问题，比如当前小尺寸的微型电池的表征分辨率较低、固态电解质的不稳定性以及电子束辐照引起的全固态微电池的结构损坏等。Gong 等在纳米芯片设备上结合 FIB 切割设计了全固态微电池样品，其电池结构包含金负极，LLZO 电解质和 LiCoO$_2$ 正极。与以往针对近表面结构分析的 TEM 研究相比，FIB 制备样品的优势是可以对正极的近表面（反应前端）和体内结构同时进行观察，特别适用于使用球差校正扫描透射电子显微镜对电化学过程进行原位的原子尺度结构变化的观测。另外值得一提的是，近年来最新开发的用于生物样品结构表征的冷冻电镜（Cryo - EM）已逐步用于储能材料研究。通过冷冻样品可使材料的内在结构特征保留下来，并在低温环境下实现样品的高分辨率观测。Cryo - TEM 在对射线敏感的电池电极材料的微结构可视化研究方面具有巨大的潜力，例如：电极材料的 SEI 膜和锂金属负极枝晶的微观结构观测。如图 2.3.5 所示，Li 等开发了一种用于锂枝晶研究的低温样品转移方法。该方法首先将 Li 通过电化学沉积生长在铜网样品格上并用电解质对沉积样品进行洗涤后，立即将生长有锂枝晶的样品放入液氮中迅速冷冻。这可以保持树枝状晶体的电化学状态，并保留金属锂沉积后的结构和化学信息。

在应用方面，原位 TEM 已经广泛应用于研究电池材料在充放电过程中的形态演变、结构和化学锂化有关的材料性质变化。在过去的几年中，原位 TEM 研究方法越来越引起人们的关注，特别是对于负极材料（如 SnO_2、Si 和 Ge）的锂化/脱锂过程中的体积膨胀，锂离子扩散及晶格演化等动力学过程的观测。Dong 等开发了一种新型的碳基阳极材料，该材料具有由管状 N 掺杂石墨网络构成的 3D 结构。他们使用原位 TEM 实时观测锂化/去锂化过程发现，锂化的部分晶体结构表现为长程无序，但具有短程有序，且由于晶格间距的扩大，局域可以存储更多的 Li^+ 并有利于 Li^+ 的快速扩散。相比于负极材料的巨大体积变化，大部分金属氧化物正极材料在锂化/去锂化反应时的体积变化可忽略不计，因此直接利用原位 TEM 对其可视化观测较为困难。对于正极材料，近年来有研究小组使用应变敏感的原位扫描透射电子显微镜（STEM）实现金属氧化物电极材料锂化过程中纳米尺度下的相变动力学过程的观测研究。

原位 TEM 对于锂金属负极的研究应用也展示出了巨大的潜力。在传统的 TEM 测试条件下，电子束会对样品造成严重的光束损伤，这对 Li 金属和 SEI 的详细纳米结构和晶体学的研究受到限制。Li 等将 Cryo - EM 技术应用于锂金属及其 SEI 的表征。图 2.3.6（a）～（c）展示的是采用冷冻电镜和标准 TEM 的原子分辨成像。从图中可见，标准的 TEM 测试条件会导致样品的分解和结构损伤，而使用冷冻电镜

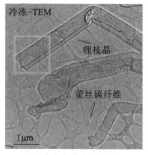
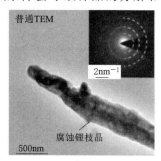
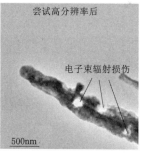

（a）冷冻电镜高分辨图　　　　（b）普通电镜高分辨图　　　（c）电子束辐射损伤电镜高分辨图

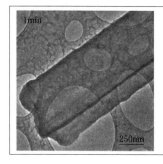
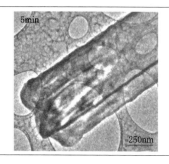
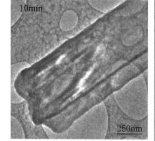

（d）冷冻电镜低能电子束辐照下样品保持完整

图 2.3.6　样品 TEM 图

观测的锂枝晶树突和 SEI 即使在电子束长时间照射时间下也能保持高的图像分辨率。并且作者进一步利用 TEM 的原子级分辨率分析了 Li 枝晶的生长结构发现：锂枝晶主要沿〈111〉、〈110〉和〈211〉晶向生长。研究还讨论了碳酸酯基电解质碳酸亚乙酯-碳酸二乙酯（EC‑DEC）和含氟碳酸亚乙酯（FEC）添加剂的电解质对 SEI 结构和组成的影响，他们发现在标准碳酸酯基电解质中的 SEI 具有随机分布的有机和无机成分，而在含有 FEC 的电解质中形成的 SEI 内层为非晶态聚合物基体，外层为晶粒尺寸较大的氧化锂。

2.3.3　原位扫描探针技术

原位扫描探针显微镜可分为基于 AFM 的扫描探针技术和其他扫描探针技术。基于 AFM 的扫描探针技术是通过激光放大器检测样品与探针相互作用所导致的探针悬臂梁的弯曲、扭转及振动行为的变化作为成像信号。例如，原位电化学原子力显微镜（EC‑AFM）测量系统通过扫描电极和液体电解质之间的界面获得高度分布随电化学反应过程的变化，实现 SEI 膜的形成过程的可视化成像。而且充放电过程中电极材料等表面双电层厚度、裂纹萌生和拓展以及钝化层的机械性能等可进一步通过 AFM 纳米压痕、Force volume 或其他探针-样品作用力调制模式进行测量。在先前大多数原位液下 EC‑AFM 研究中是没有给探针施加电化学信号（即没有电流或电压信号），但近年来发展的一类施加偏置电压信号的原位 AFM 使用探针充当电极，可以进一步研究表面电势和形貌随着充放电过程的变化。不仅如此，这些原位表征技术往往还配合许多非原位的扫描探针显微镜技术用于氩气氛保护的惰性环境中进行锂电池电极的拆解老化机制分析。

从结构上来讲，液下原位 AFM 设计的关键特征是如何将探针置于电池内部。因此，AFM 原位电解池通常设计为开口原位电化学池结构，开口处用于探针植入电池内部的探测位置，测量过程通常在充满惰性气氛的手套箱内进行。由于电解液易挥发，开口应保持较小并适当密封。测量过程中随着时间的推移，电解液中有机溶剂会挥发导致电解质中的盐浓度会不断增加，这也将影响测量结果，且测试时还需注意将对电极和参比电极环绕在工作电极的侧面和周围以减小电池的内阻，更准确地标定工作电极的电位。原位 EC‑AFM 是目前唯一一种可以对固液界面钝化膜的多重性质进行直接接触成像的液下表征技术。特别是对 SEI 膜形成过程的观测和形成机制的研究具有无可比拟的优势。

2019 年，潘锋课题组报道一个应用 EC‑AFM 研究锂离子嵌入石墨负极层间及其伴随的 SEI 膜形成机理的研究。该研究充分体现了原位 EC‑AFM 在 SEI 膜形成机制表征方面的独特优势。研究通过对原位电池放电过程中不同电位下的 EC‑AFM 扫描成像发现：在石墨层间的台阶处可以观测到明显的层间膨胀，如图 2.3.7（a）、（b）所示。作者通过测量层间的膨胀高度，并结合其他电化学分析技术，研究认为层间的膨胀首先是由于溶剂化的溶剂分子的共嵌入导致，然后在低电位处的溶剂分子（EC 和 DMC）的分解产物累积在石墨层间使得层间的台阶处进一步膨胀，并在此处形成了 SEI 膜阻止了溶剂化分子进一步的共嵌入。同年，万立骏

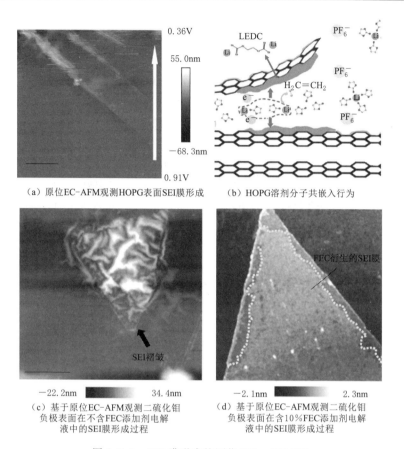

（a）原位EC-AFM观测HOPG表面SEI膜形成　　　（b）HOPG溶剂分子共嵌入行为

（c）基于原位EC-AFM观测二硫化钼
负极表面在不含FEC添加剂电解
液中的SEI膜形成过程

（d）基于原位EC-AFM观测二硫化钼
负极表面在含10%FEC添加剂电解
液中的SEI膜形成过程

图 2.3.7　SEI 膜形成的原位 EC-AFM 图

课题组也使用 EC-AFM 观测了 CVD 生长的二硫化钼负极在不同电解液中的 SEI 形成行为和机制。如图 2.3.7（c）、（d）所示，研究发现了二硫化钼负极在含有 FEC 添加剂的电解液中形成超薄的 SEI 膜，相比于常规电解液中的纳米颗粒状的 SEI 能够更有效地阻止电极材料表面副反应的发生，并且揭示了二硫化钼层的褶皱是由于锂化过程的相变导致的，认为这种不可逆的褶皱生成可能是二硫化钼负极容量衰减的一个重要原因。

　　除了在液相中的形貌观测，电池材料在固液相界面上的许多性质的原位表征目前还是一个实验技术上的难题，先前大多数报道的"多重性质 SPM 原位表征"均是在全固态薄膜电池体系上实现的。在国外方面，美国国家橡树岭国家实验室 Nina 近年提出的电化学应变显微镜（ESM）是一种改进的 AFM 测量模式，可用于研究纳米级的锂离子扩散行为。这种测量模式尤其适用于薄膜全固态电池的锂离子扩散动力学研究。测量过程中在正极和负极之间施加周期变化的高频偏压激励，产生振荡表面位移，同时利用置于薄膜电池顶部表面的探针捕捉表面的位移信号，监测锂离子在电池材料内的扩散动力学行为。由于原位表征技术对于电池内部机制揭示的独特优势，Nina 小组近年的工作也逐渐注重在电解液下的 AFM 表征技术。同样，新加坡国立大学 Zeng 课题组也完成了许多用于实时表征薄膜全固态电池中锂离子扩散及其扩散诱导的材料性质变化的原位和非原位 AFM 技术的发展和研究，但将所有这些纳米性质的表征转移到液相中，实验难度将大幅增加，所以目前对固液相界面上的多功能 AFM 原位研究还鲜有报道。由此可见，发展原位液体环境下的多功能扫描探针显微镜技术是研究锂离子电池固液相界面行为必不可少的一项技术，也将是 SPM 实验设备技术研究和材料性能表征的一个重要发展方向。

其他扫描探针技术还包括扫描电化学显微镜（SECM）和扫描离子电导显微镜（SICM）等。这些技术通常需要使用特殊制备的探针，SECM 通过与恒电位仪联用，将探针用作第二工作电极，利用电解液中的氧化还原电对在基底与探针之间通过扩散和氧化还原反应来实现区域的电荷转移，可用于识别被测样品表面的电化学活性微区域分布。这类测量方法的分辨率取决于探测的尖端几何半径和抬起高度等因素。而 SICM 则利用特殊设计的探针作为纳米级移液器探针，通过移动此类探针对电极/电解液界面进行扫描，能够提供样品的表面形貌信息以及离子电流的直接测量。这种测量方法的空间分辨率也取决于移液器探针吸头的几何形状，因此实际上限制在几十纳米至几微米的范围，而电流灵敏度可以达到低于 pA 的水平。

2.3.4　原位中子射线技术

中子衍射技术与 XRD 技术十分相似，但是除了具有与 XRD 相似的结构表征功能外，中子衍射还可以用于对质子数较轻的元素（例如锂元素）的探测研究。中子和 X 射线与材料中原子的相互作用有所差别，X 射线仅与原子周围的电子相互作用，而中子能够与原子核相互作用。另一个区别是中子与物质的相互作用的信号衰减较弱，能实现样品内部更大的穿透深度。因此，为了得到准确的测量结果需使用大量的电极材料，这对于实验室制备规模的电池材料而言可能是测量时需要考虑的问题。但是正是由于中子具有较大的穿透深度，原位中子衍射可以直接对商用电池内部的材料进行测量，并且可以同时获得正极和负极的衍射图。为了得到最佳的测量效果，实验上往往还需要针对不同的原位中子衍射实验对这些原位电池进行结构设计上的优化。例如：中子衍射对商业电池隔膜和液体电解液中的氢元素非常敏感，而这些氢元素的存在往往会引起大量的非相干散射背景信号。为解决这个问题，实验时通常使用具有低 H 含量成分材料制作的原位电池以提高信噪比。

除了中子衍射，还有其他利用中子源进行原位表征的方法，例如：原位中子反射法（NR）和原位中子深度剖析（NDP）。原位中子反射法（NR）是将高度准直的中子束指向样品表面，并测量反射辐射的强度与角度或中子波长的关系，用于确定散射深度与穿透深度的关系。为了防止强度损失，可以使用 ^{7}Li 同位素电极，且为了研究薄膜电极还可进一步改造电化学电池的结构。原位中子深度剖析（NDP）是使用中子束进行深度剖析，可探测 ^{6}Li 同位素随样品深度的变化。测试过程中，样品受到低能中子轰击，该中子可被 ^{6}Li 吸收从而发射出 α 和 Triton 粒子。其中 α 和 Triton 粒子具有十分确定的能量，通过测量粒子到达探测器时的能量的损失，即可以推断出这些粒子最初形成的深度。由于从样品中发射出两种不同的颗粒，因此可以获得两种深度分布。虽然中子具有高穿透功率，但所产生的 α 和氚核粒子会被金属大量吸收。因此原位 NDP 电池的集流体厚度必须保持尽可能小，且电池必须在真空条件下或施加惰性气体保护下测量。Liu 等应用该技术对液体电解质电池进行定量测量，他们在纽扣电池顶部外壳中设计了一个可让 ^{3}H 粒子抵达探测器的 Kapton 窗口，以用于研究电池充放电过程中锡阳极中的锂浓度。近年来，对于全固态电池中锂枝晶生长的研究十分火热，由于全固态电池结构和封装更为简单，避免了上述背景信号噪声等许多问题，而且 NDP 对锂元素等的敏感特征成为全固态电池锂枝晶生长方面研究的有效表征手段。

2.3.5 原位磁共振技术

核磁共振波谱（NMR）基于核同位素的核磁共振特性（核自旋和四极矩），当样品置于强静态磁场中时，它们会在特征频率处发生共振。通过在共振频率上另外施加适当的射频（RF）磁场脉冲即可探测核磁共振信号谱，测量所得共振频率信号谱的轻微变化能够提供有关原子核周围局部电子环境的详细信息。NMR 可以探测 ^{7}Li（和 ^{6}Li）的局部电子环境，因此，可以得出有关锂电池材料中 Li 元素的化学环境以及循环过程中或循环后电化学诱导的电极结构变化的信息。电池中存在金属部件可能屏蔽施加的脉冲射频场，所以用于原位测量的电池必须尽可能减少其中的金属部件。为此，科研人员专门开发了塑料封装电池用于核磁共振研究。此外，如图 2.3.8（a）所示，在核磁共振原位电池中进一步使用金属集流体网代金属箔集流体可降低集流体金属的射频屏蔽效果。但是这种塑料电池的一个常见问题是电池内部电极两端压力不足，导致极片无法紧密接触。而且在这种类型的电池封装中需要在施加压力的条件下加热，并使用黏合剂将各组分层压在一起，但与带有金属外壳的电池相比，此类塑料电池易渗透空气且封装层相对容易破碎。因此，Poli 等设计了另一种更坚固的电池，如图 2.3.8（b）所示，能承受更大内部压力的圆柱形原位电池。

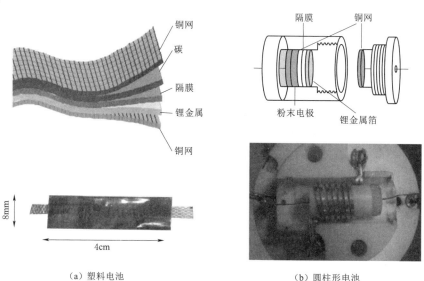

（a）塑料电池　　　　　　　　　　（b）圆柱形电池

图 2.3.8　用于原位 NMR 研究的两种电池

大量实验已证明了 Li NMR 可以应用于负极材料的锂化/去锂化机制研究，Blanc 等对此进行了详尽的概述，但是近年来的原位 NMR 研究热点转移到了正极材料上。值得一提的是，对大多数正极材料而言，其顺磁特性而导致的信号峰宽化和峰移使得原位 NMR 的测量变得十分困难。虽然 NMR 是一种定量方法，但要获得具有空间分辨的测量结果仍然是一个具有挑战性的课题。近年报道的几项原位 NMR 研究已实现了锂离子浓度梯度的测量，并探测到了锂枝晶的形成。克莱特等使用一个 10mm 的圆柱形原位电池来研究在电流流经电池内部时，$LiPF_6$ 电解液中的浓度梯度的逐步建立过程，实验中一维锂分布的标称分辨率约 $19\mu m$。Krachkovskiy 等将 $1D\ ^7Li$ NMR 成像与切片技术、NMR 结合使用，测量了液体电解质中 Li 离子的自扩散系数；Chandrashekar 等也通过上述方法应用 NMR 测量了对称锂电池在电化学循环过程中沉积的锂沉积物微结构的数量。而且，为了确定锂沉积物的位置，他们进一步采用磁共振成像（MRI）以获得三维分辨成像，所获得的空间分辨率约为几百微米的量级。Tang 等应用了比 NMR 具有更高的磁场梯度的杂散场成像技术来监测 Li/石墨和 Li/LiFePO$_4$ 半电池中电极之间的锂离子转移，实验测量所得的一维分布图的分辨率约为 $39\mu m$。

2.3.6　原位拉曼光谱和傅里叶红外光谱对表征技术

　　拉曼光谱是通过检测单色光与样品非弹性散射相互作用时发出的散射光在波长或光子能量上的变化，分析得到对应于材料内不同化学键的振动模式。因此原位拉曼光谱可以用于确定电池循环过程中的电极材料内部化学键等具有拉曼振动活性的结构变化。由于拉曼光谱的表征需要搭建光路使激光到达电极材料的表面，研究人员通常在原位电池的外壳上设计一个开口，并在其后方放置一块薄玻璃作为激光穿过的观察窗口。此类窗口通常分两种：第一种使用顶部集流体或选用网格集流体并在电池顶部开口附近打孔；第二种将工作电极置于电池底部，光束穿过开孔锂箔和开孔隔膜中照射进电解池，激光抵达工作电极表面再经过开孔反射抵达信号接收器。这两类结构分别配置有孔结构用以暴露工作电极。第一种配置要求玻璃窗口要尽可能靠近要被测电极，以保证液体电解质在光通路中的量应控制在最少，否则电解液对激光的散射将使信号强度大大降低；第二种原位电池结构存在贯穿电极内部整体的孔结构，测量激光需要来回穿越孔内部的电解液，而且这种孔结构可能造成被检测工作电极的内部区域与对电极之间没有最佳的离子传输，使电池内部阻抗增大，造成材料反应不充分等问题。针对拉曼信号弱的问题，近年来还有不少研究结合拉曼信号的增强和电池表面修饰开展了一些研究，例如：结合常规拉曼光谱学分析的表面增强拉曼光谱经常被用于研究电池材料表面贵金属纳米颗粒修饰后的表面钝化膜的形成和演化。值得一提的是，将拉曼光谱与傅里叶逆变换红外光谱结合使用可获得更丰富的局域成分信息，该技术兼容两种探测技术在相同位置上进行互补测量。例如，Novak 等在电池设计时选择了对拉曼和红外光均透明的窗口材料（CaF$_2$），利用两种光谱的互补表征，在此装置上实现了碳电极表面成分信息、界面反应过程以及电化学诱导的结构变化的测量。Long 等研究了硼和磷掺杂剂对晶体硅锂化的影响。实验测量了晶体硅的特征声子振动模式强度随锂离子锂化电位的变化。振动信号强度的降低表明 Si 从结晶态到非晶态的转变，即对应于单晶硅的锂化过程。

  FTIR 与拉曼光谱法测试结构十分相似，但是它的检测信号是基于红外光的吸收而非激光的非弹性散射。FTIR 是一种表面灵敏的检测技术，通常用于探测工作电极和电解液中的电解质之间界面反应过程，还可以识别由于电解液中电解质的还原或氧化形成的气体产物。如今已有大量关于用于 FTIR 测试的原位电池的装置及其研究，且研究报道了许多对红外光透明窗口材料，如 KBr、CaF_2 和钻石等。大部分实验装置均与传统半电池的三明治式结构不同，而采用开放式对电极结构，将对电极和参比电极置于工作电极旁边。

  如图 2.3.9（a）所示的原位 FTIR 电解池示意图，此配置结构保证了光束能尽可能无损地抵达待测电极表面，且红外光束能以一定角度入射，获得最大的反射强度。此结构中的待测电极也需要尽可能靠近工作电极的红外窗口，以削减窗口和电极之间的电解质的对光的吸收。此外，运用这种结构进行实验时也应该考虑到随着反应过程电极表面电解液量的变少，在化学反应过程中扩散到电极表面的电解质浓度降低将成为限制该电池性能的因素。美国麻省理工学院邵阳教授的研究小组在 2020 年初发表了一个基于原位 FTIR 表征技术研究正极材料 NMC 表面的钝化膜形成机制，如图 2.3.9（b）所示，通过测量电极表面钝化膜形成过程的红外信号，比

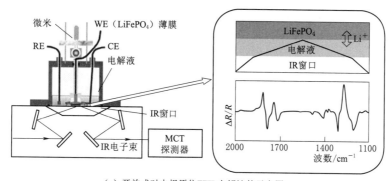

（a）开放式对电极原位FTIR电解池的示意图

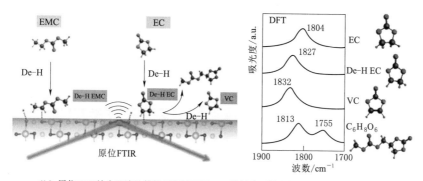

（b）原位FTIR结合理论计算揭示高压正极NMC材料表面的电解液溶剂分子分解机制

图 2.3.9　原位 FTIR 电解池示意图

对溶剂分子 DFT 计算的红外活性信号，研究首次发现了溶剂分子（EMC 和 EC）的脱氢过程是电解液分解和钝化膜形成的主要原因，这项研究充分体现了原位光谱技术对于锂离子电池正极表面钝化膜形成机制的表征优势。

习　题

一、不定项选择题

1. 当磨矿产品要求较粗时，而被磨物料较脆，粒度要求均匀时采用（　　）为宜。

A. 长棒　　　　　　　B. 棒球　　　　　　　C. 铁球　　　　　　　D. 钢球

2. 溅射粒子入射角为（　　）时溅射率最大。

A. $20°\sim30°$　　　　B. $40°\sim50°$　　　　C. $60°\sim80°$　　　　D. $80°\sim100°$

3. 下列关于高温固相反应说法不正确的是（　　）。

A. 两种或多种反应物固-固相间的反应

B. 反应物晶粒，尺寸约 $100\mu m$

C. 提高温度可加快扩散速度

D. 添加少许助熔剂，在反应物之间形成微熔区以有利于扩散

4. 各种化学气相沉积包括（　　）。

A. 快速加热化学气相沉积　　　　　　B. 催化化学气相沉积

C. 热丝化学气相沉积　　　　　　　　D. 等离子增强化学气相沉积

5. 原子吸收光谱法中的背景干扰主要表现为（　　）。

A. 火焰中待测元素发射的谱线　　　　B. 火焰中干扰元素发射的谱线

C. 火焰中产生的分子吸收　　　　　　D. 光源产生的非共振线

6. 热重分析分为（　　）。

A. 静态法与动态法　　　　　　　　　B. 静态法与等温热重法

C. 非等温热重法与静态法　　　　　　D. 等温热重法与非等温热重法

7. 热重分析法是测量（　　）。

A. 物质的质量与温度关系的方法

B. 物质的熔点与温度关系的方法

C. 物质的旋光度与温度关系的方法

D. 物质的质量与时间关系的方法

E. 物质的熔点与时间关系的方法

8. 下列选项中，符合热分析法特点的是（　　）。

A. 包括热重分析、差示热分析、差示扫描热量法

B. 可用来鉴别药物、估测药物纯度

C. 测定物质理化性质与温度关系的一类分析方法

D. 可测定药物的立体构型

E. 用于干燥失重、熔点测定和热稳定性考察

9. 实验室在比表面分析测试仪测试粉末样品比表面及孔径时，液氮起到的作用

是（　　　）。

  A. 提供低温环境，保证 N_2 在低温下的等温吸附

  B. 冷却样品，防止样品温度过高

  C. 冷却设备，设备的使用温度不能过高

  D. 分析气体，用来直接测量样品的比表面积

 10. 原子吸收光谱法测定的是（　　　）。

  A. 原子吸收的不同单色光   B. 基态原子吸收的不同单色光

  C. 基态原子吸收的特征单色光   D. 原子吸收的特征单色光

  E. 金属离子变成原子时吸收的特征单色光

 11. 原子吸收光谱法中，原子化的方法有（　　　）。

  A. 火焰原子化法   B. 石墨炉原子化法

  C. 氢化物原子化法   D. 电火花原子化法

 12. X 射线光电子能谱谱图中可能存在的谱峰有（　　　）。

  A. 光电子谱峰   B. 俄歇电子谱峰

  C. 特征能量损失峰   D. X 射线卫星峰

二、简答题

 1. 球磨法制备粉体材料，哪些因素会影响产物的粒径分布？

 2. 微波有哪些特征？微波加热与常规加热方式相比，具有哪些优点？哪些缺点？

 3. 直流磁控溅射镀膜有哪些特点？有利于哪些薄膜材料的制备？而哪些材料不适合直流磁控溅射制备？

 4. 激光制备纳米材料与其他方法相比具有什么优点？

 5. 激光诱导气相沉积法制备纳米粉体与脉冲激光气相沉积制备薄膜有什么区别和联系？

 6. 高温固相反应法中，为什么要充分研磨反应混合物？

 7. 试阐述水热合成法的原理以及溶剂所起的作用。

 8. 溶液法制备纳米粒子与气相法相比有什么优缺点？影响沉淀法制备纳米粒子粒度的因素有哪些？

 9. 简述溶胶-凝胶法制备纳米薄膜的过程、途径及特点。

 10. 何为化学气相沉积法？简述其应用及分类。

 11. 超声化学法制备多孔金属氧化物的过程中，超声波的作用有哪些？

 12. 简述硬模板法和软模板法合成粉体的共性及其主要区别。

 13. 静电纺丝法制备纳米纤维材料具有哪些优点？纺丝过程的影响因素有哪些？

 14. X 射线光电子能谱适用于哪些的分析？对样品有什么特殊要求？

 15. X 射线光电子能谱分析能得到哪些信息？元素化学态如何鉴别？

 16. X 射线的强度和硬度通常用什么表达？有什么物理含义？

 17. 试比较扫描电镜与透射电镜成像原理？为什么透射电镜的样品要求非常薄

而扫描电镜没有此要求？

18. X 射线衍射与透射电子衍射产生的衍射条件有什么不同？适用范围有什么不同？

19. 简述从 X 射线衍射图谱中可以知道被检测样品的哪些结构信息。

20. XRD 分析时，样品表面不平整有很多凹坑，对结果有什么影响？

21. 红外光谱和拉曼光谱有何区别？在分析样品时如何选择测试方法？

22. 热重分析可以看出什么？TG、DTA、DSC 分别代表什么意义？

23. 在用比表面及孔径分析仪进行样品分析前，为什么必须进行脱气处理？

24. 常用的粒度分析方法有哪几种？各方法的用途和适用的粒度范围如何？

25. X 射线光电子能谱分析和 X 射线荧光光谱分析的基本原里有哪些不同？分别有怎样的适用性？

参 考 文 献

[1]　吴贤文，向延鸿. 储能材料：基础与应用 [M]. 北京：化学工业出版社，2019.

[2]　蔡艳华. 中低热固相反应研究进展 [J]. 化工技术与开发，2009，38 (6)：22 - 28.

[3]　林志雅. 碳修饰半导体负极材料的储锂性能研究 [D]. 福州：福建师范大学，2019.

[4]　池毓彬. 铁基锂离子电池电极材料的表面改性与电化学性能研究 [D]. 福州：福建师范大学，2019.

[5]　洪礼训. 三元正极材料的制备及全电池研究 [D]. 福州：福建师范大学，2019.

[6]　陶涛. 球磨法用于制备纳米功能材料 [D]. 长沙：中南大学，2011.

[7]　唐元洪. 纳米材料导论 [M]. 长沙：湖南大学出版社，2011.

[8]　毕玉红. 微波法制备金属氧化物/石墨纳米复合材料及其在超级电容器中的应用 [D]. 太原：太原理工大学，2018.

[9]　海韵. 硫化物矿物/石墨烯复合电极材料的微波法制备 [D]. 北京：中国地质大学，2020.

[10]　张会. 微波法合成碳材料及其性能研究 [D]. 上海：上海师范大学，2016.

[11]　关英勋，房大维，陈林，等. 微波法制备无机纳米材料的研究进展 [J]. 化工时刊，2004，18 (6)：8 - 11.

[12]　褚宪薇. NiO 基薄膜的磁控溅射法制备及其光电器件的研究 [D]. 长春：吉林大学，2017.

[13]　王俊，郝赛. 磁控溅射技术的原理与发展 [J]. 科技创新与应用，2015 (2)：35.

[14]　李芬，朱颖，李刘合，卢求元，朱剑豪. 磁控溅射技术及其发展 [J]. 真空电子技术，2011 (3)：49 - 54.

[15]　刘辉. 高能激光调控微观化学反应及材料合成 [D]. 天津：天津大学，2012.

[16]　王丽. 激光法制备金属/碳复合物及薄膜摩擦性能研究 [D]. 济南：济南大学，2020.

[17]　戴峰泽，蔡兰. 激光法制备纳米材料的进展 [J]. 电加工与模具，2001 (3)：10 - 13.

[18]　刘博林. 稀土发光材料的研究进展 [D]. 长春：东北师范大学，2008.

[19]　贾丽萍，张大凤，蒲锡鹏. 稀土氧化物纳米材料的制备方法综述 [J]. 稀土，2008 (1)：44 - 49.

[20]　冉献强. 水热法研究进展 [J]. 硅谷，2010 (4)：5.

[21]　查湘义. 水热法制备纳米氧化物研究进展 [J]. 科技创新与应用，2014 (1)：17.

[22]　郑兴芳. 水热法制备纳米氧化物的研究进展 [J]. 无机盐工业，2009，41 (8)：9 - 11.

[23]　王娟，李晨，徐博. 溶胶-凝胶法的基本原理、发展及应用现状 [J]. 化学工业与工程，

2009，26（3）：273－277.

[24] 朱妍洁. 溶胶-凝胶法的原理与应用分析 [J]. 河南科技，2015（21）：221.

[25] 王小丹. 纳米粉体的化学沉淀法及溶胶凝胶法制备研究进展 [J]. 广州化工，2004，32（4）：5－8.

[26] 刘志宏，张淑英，刘智勇，等. 化学气相沉积制备粉体材料的原理及研究进展 [J]. 粉末冶金材料科学与工程，2009，14（6）：359－364.

[27] 赵峰，杨艳丽. CVD技术的应用与进展 [J]. 热处理，2009（4）：7－10.

[28] 杨强，黄剑锋. 超声化学法在纳米材料制备中的应用及其进展 [J]. 化工进展，2010（6）：1091－1095.

[29] 殷海荣，章春香，刘立营. 超声化学制备纳米材料研究进展 [J]. 陶瓷，2007（11）：52－55.

[30] 白俊敬. PEO/PAA星形聚合物刷的合成及模板法制备无机纳米材料 [D]. 郑州：郑州大学，2017.

[31] 陈彰旭，郑炳云，李先学，等. 模板法制备纳米材料研究进展 [J]. 化工进展，2010（1）：94－99.

[32] 余志超. 静电纺丝制备介孔氧化物纤维及其吸附性研究 [D]. 济南：山东大学，2018.

[33] 岳孟斌，陈颖芝，白宇，等. 静电纺丝法制备碳纳米纤维及其应用 [J]. 化学工业与工程，2014，31（3）：13－19.

[34] 李山山，何素文，胡祖明，等. 静电纺丝的研究进展 [J]. 合成纤维工业，2009，32（4）：44－47.

[35] 舒绪刚，何湘柱，黄慧民，等. 纳米复合电沉积技术研究进展 [J]. 材料保护，2007（7）：52－55＋90.

[36] 陈越. 锂电池薄膜电极结构与物理化学性质动态演化的原位研究 [D]. 福州：福建师范大学，2017.

[37] 黄志高. 储能原理技术 [M]. 北京：中国水利水电出版社，2020.

[38] 邹明忠. 碳基材料及纳米金属合金对改性锂离子电极材料电化学性能的作用及其机理研究 [D]. 福州：福建师范大学，2017.

[39] 兰凤凤. 原子吸收光谱在生物和水样品分析中的应用 [D]. 兰州：兰州大学，2009.

[40] 孙海珍. 电子能谱仪样品分析前处理装置的研制及XPS的应用 [D]. 厦门：厦门大学，2007.

[41] 马静艳. 硫化矿样品的X射线荧光光谱分析 [D]. 北京：中国地质科学院，2018.

[42] 马金元. 铁电薄膜畴结构及畴动力学的透射电子显微学研究 [D]. 合肥：中国科学技术大学，2020.

[43] 王云起. 基于原子力显微术的抗菌肽杀菌机理和细胞表面受体识别的研究 [D]. 广州：暨南大学，2006.

[44] 吴兆杰，方建华，彭宏业，李铮. 原子力显微镜在摩擦学研究中的应用 [J]. 合成润滑材料，2020，47（2）：41－45.

[45] 江云水. 山东半岛局部海岸带粘土矿物组合特征的X射线衍射分析 [D]. 青岛：青岛科技大学，2018.

[46] 赵瑶，方国川，魏珍，吴婷婷，田野. X射线衍射原理及掺杂石墨烯的物相分析 [J]. 河北北方学院学报（自然科学版），2018，34（11）：10－14.

[47] 魏周君. 基于傅里叶变换红外光谱分析的火灾气态产物定量监测技术研究 [D]. 合肥：中国科学技术大学，2009.

[48] 朱蕾，苏艳. 傅里叶红外光谱分析在环境试验中的应用 [J]. 环境技术，2002（3）：6－10.

[49] 孙凤霞. 仪器分析 [M]. 北京：化学工业出版社，2011.

［50］　吴雪梅. 材料物理性能与检测［M］. 北京：科学出版社，2012.

［51］　2018 全新静电纺丝设备装置图解［OL］. https：//m. sohu. com/a/275334932 _ 120013664.

［52］　江苏天瑞仪器股份有限公司. X 射线荧光光谱仪（XRF）应用知识［OL］. http：//www. app17. com/c131381/article/d248086. html.

第 3 章　锂离子电池的性能测试及分析技术

锂离子电池的性能是衡量锂离子电池的核心指标，包括首次充放电效率、不同电流密度下的放电容量、充放电电压平台差和放电平台电压等参数，这些参数可以在不同的设备上进行测试。此外，锂离子电池电极过程一般经历复杂的多步骤电化学反应，理解锂离子电池的运行机理以及各部分之间的相互作用都是至关重要的。本章主要介绍锂离子电池的性能测试技术以及电池充放电过程的常见动力学参数的分析技术。

3.1　锂离子电池的性能测试

锂离子电池的性能测试包括全电池的特性测试以及面向材料的扣式半电池的性能测试，两者需要的测试方法基本相同，但测试条件并不一致。

半电池的电化学性能测试包括容量、库仑效率、倍率性能、循环性能、高低温性能、电压曲线特征等。一般正极材料/锂片半电池电压范围设置为 $3.0\sim4.8\mathrm{V}$，负极材料/锂片半电池电压范围设置为 $0.005\sim3.0\mathrm{V}$。对于全电池，除了常规的电化学性能测试外还需检测其安全性能。另外，全电池的活性物质负载量远远高于半电池，因此测试所需要的条件与半电池有所差别。针对不同电极材料的锂离子电池，其电池特性并不相同，这就要求电池测试设备在测试方式上灵活多变。

3.1.1　性能测试的常用仪器

当前所使用的电化学测试仪器都具备多种测试功能，可以做到多通道共同充放电测试。电池的充放电模式包括恒流充电法、恒压充电法、恒流放电法、恒阻放电法、混合式充放电以及阶跃式等不同模式充放电。对锂离子电池充放电选择不同的方法，直接决定锂电池的使用寿命，选择好的充放电方法不仅可以延长锂离子电池的生命周期，还能提高电池的利用率。

实验室常采用恒流充电、恒流-恒压充电、恒压充电、恒流放电对电池充放电行为进行测试分析，而阶跃式充放电模式则多用于直流内阻、极化和扩散阻抗性能的测试。考虑到活性材料的含量以及极片尺寸对测试电流的影响，恒流充电中常以电流密度形式出现，如 $\mathrm{mA/g}$（单位活性物质质量的电流）、$\mathrm{mA/cm^2}$（单位极片面积的电流）。充放电电流的大小常采用充放电倍率来表示，即充放电倍率（C）＝充

3-1　性能
测试的常
用仪器

放电电流（mA）/额定容量（mA·h），如额定容量为 1000mA·h 的电池以 500mA 的电流充放电，则充放电倍率为 0.5C。目前，电动汽车用锂离子电池已发布使用的行业标准《电动汽车用锂离子蓄电池》（QCT/T 743—2006）中指出，锂离子通用的充放电电流为 C/3，因此含 C/3 的充放电测试也常出现在实验室锂离子电池充放电测试中。

倍率性能测试有三种形式，包括：①采用相同倍率恒流恒压充电，并以不同倍率恒流放电测试，表征和评估锂离子电池在不同放电倍率时的性能；②采用相同的倍率进行恒流放电，并以不同倍率恒流充电测试，表征电池在不同倍率下的充电性能；③采用相同倍率进行充放电测试。常采用的充放电倍率有 0.02C、0.05C、0.1C、C/3、0.5C、1C、2C、3C、5C 和 10C 等。对电池的循环性能进行测试时，主要需确定电池的充放电模式，周期性循环至电池容量下降到某一规定值时（通常为额定容量的 80%），电池所经历的充放电次数，或者对比循环相同周次后电池剩余容量，以此表征测试电池循环性能。此外，电池的测试环境对其充放电性能有一定的影响。

现阶段，国内外相关单位使用的电池测试系统包括 ARBIN 仪器公司、新威尔电子有限公司、武汉蓝电电子股份有限公司以及 MACCOR 公司的电池测试系统等。此外，拜特电池测试系统和 Bitrode 电池测试系统则多用于大容量电池、电池组等装置的测试分析。一些电化学工作站也具有扣式锂电池电化学性能测试功能，但由于通道设计、功能设计等原因，多用于电池的循环伏安法测试分析、阻抗测试及短时间的充放电测试。电化学工作站仪器厂家包括 Autolab、Solartron、VMP3、Princeton、Zahner（IM6）、上海辰华等。

在锂离子电池的测试过程中，还经常要用到防爆箱和恒温箱如图 3.1.1 所示。实验室用电池防爆箱多用于大容量电池的测试，在研究扣式电池一些特殊性能测试的时候也会用到，如高倍率、高温性能测试等。实验室用恒温箱温控多为 25℃，且实际温度与设定温度间的温差精度不超过 1℃。在电池的高低温性能测试中，最低温度可到到 −70℃，最高温度可达 150℃。考虑到宽温度范围的恒温箱价格较贵，且应用较为集中，因此建议多台恒温箱设定不同温度集中测试使用，即同一种验证材料组装多支扣式电池分别测试常温及高低温性能，实验室测试常用温度为 25℃、55℃ 和 80℃ 等。

在选择恒温箱时，尽量采用专门用于电池测试的恒温箱，此类恒温箱含有专业的绝缘绝热口用于连接电池测试导线。电池在连接测试夹具时，需使用绝缘镊子，且测试电池需整齐置于防爆箱或恒温箱内，设定测试温度，待温度达到设定温度后开启电池测试程序，测试过程中建议贴标签注释测试信息。图 3.1.2 所示为实验室

图 3.1.1　实验室用电池防爆箱和恒温箱

中扣式电池测试使用的恒温箱。操作人员在测试仪器上装卸扣式电池时，需佩戴绝缘手套、口罩和防护眼镜；由于测试通道较多，需对测试电池、测试通道进行特殊标记，并在相关仪器前贴醒目标签注释以防他人误操作。

图 3.1.2　恒温箱中扣式电池安装示意图

3.1.2　扣式电池性能测试的参数分析

在锂离子电池的发展过程中，需要通过多种不同的测试方法来获取大量的有效信息，以帮助更好地了解新材料和新电池体系各方面的性能。锂离子扣式电池的电化学测试是最为基础、同时也是最重要的分析测试技术，包括充放电测试、循环伏安法测试以及阻抗测试等多种电化学测试方法以及原位的测试方法。其中，充放电测试则是最为直接和普遍的测试分析方法，包括材料的容量、库仑效率、过电位、倍率特性、循环特性、高低温特性、电压曲线特征等。在锂离子电池中，大量的研究结果和对材料性能、应用前景的判断以及辅助全电池设计是基于扣式电池测试的结果，所以标准化和规范操作要求，尽可能减小测量误差，规范测量条件十分重要。

3.1.2.1　电池容量分析

电池容量是锂离子电池性能的重要性能指标之一，它表示在一定条件下锂离子电池储存的电量，通常以 Ah 或 mAh 为单位（1Ah＝1000mAh）。锂离子电池容量参数的获取主要采用的方法是在电池由 100% 荷电状态放电至 0 时（即在测试电压范围内），电流对时间积分，即：

$$Q = \int_0^t I\,\mathrm{d}t$$

式中：Q 为电池容量，Ah；I 为电流，A；t 为测试时间，h。

一般情况下，容量数据可在测试系统软件中直接读取，1mAh 相当于 3.6C。对于测试的电池材料来说，容量分析一般需要确定首次充电容量、首次放电容量和可逆容量 3 个数据。首次充电容量即为锂离子电池首次充电结束时的充电容量；首次放电容量即为锂离子电池首次放电结束时的放电容量；可逆容量则为电池循环稳定后的容量值（常温下测试值又称额定容量），一般选取第 3～5 周的放电容量，有时可能需要选取 10 周以后的放电容量。

在实际应用中，对测试材料或极片的克容量、面容量及体积容量的分析更具有参考价值。如克容量，即单位活性物质质量的放电容量，$C = Q/m$；面容量，即单位测试极片面积的放电容量，$C = Q/S$；体积容量，即单位极片体积的放电容量，$C = Q/V$。式中，C 为放电比容量，mAh/g、mAh/cm^2 或 mAh/cm^3，Q 为放电容量，mAh，m 为活性材料的质量，g，S 为测试极片面积，cm^2，V 为测试极片的体积，m^3。克容量参数用于对比测试材料的性能更加直观，而面容量和体积容量对于测试材料的实际应用，正负极容量匹配时则更具有参考价值。

纽扣电池数据也可以评价正极活性材料的能量密度（W），指的是单位质量的正极活性材料所能够存储和释放的能量，$W = EQ/m$，即放电平均电压与克容量的乘积，常用单位为 Wh/kg（常称为比能量），也包括体积能量密度。一般电芯中正极活性物质占的质量比为 30%～50%，具体比例取决于正极材料的压实密度和振实密度。因此，根据正极活性物质的能量密度，也可以粗略估算相应的全电池的能量密度，这对于没有条件研制全电池，但又希望评价正极材料和预测电芯能量密度具有参考意义。

3.1.2.2 电池充放电测试及曲线分析

一般而言，正极材料/金属锂扣式电池的电压范围为 3.0～4.8V，负极材料/金属锂扣式电池的电压范围为 0.005～3.0V，高电压钴酸锂、尖晶石镍锰酸锂、富锂锰基层状氧化物等特殊高电压正极材料或其他磷酸铁锂正极材料可依据电极材料特性和电解液、固态电解质耐受氧化电压进行电压范围调整，其他参数不变。另一方面，负极材料/金属锂扣式电池以及 MnO$_2$ 等无锂正极材料/金属锂扣式电池在测试时，首先放电至最低电压窗口，然后进行充电。需要注意的是，当前文献报道的负极材料测试范围常为 0.005～3.0V，而在全电池测试过程中，一般能够采用的电压范围对应于负极半电池测试实际上不超过 1.0V；例如，对于石墨或者硅基负极材料，可用的电压范围为 0.005～0.8V，对于钛酸锂这种负极材料，可用的电压范围为 1.2～1.9V。因此，对于部分文献中在宽电压范围内获得的高容量和高首次库仑效率，其在全电池中并不能发挥出来，实际意义并不大。针对软碳或硬碳负极材料，或者目前正在开发的复合金属锂负极材料，放电截止电压可以更低，如 0mV，具体情况需要具体分析。此外，测试电池材料实际容量的时候，尽量使用小倍率进行充放电，以减小极化产生的容量误差，得到电池的真实容量，一般选择 0.1C 的倍率进行测试。因此，建议多数负极材料的半电池测试控制电压设置在 0.005～3.000V，超过这个电压范围，在结果的陈述及应用前景的描述上需要特别声明，以免夸大结果。

在对电池充放电曲线进行分析的过程中，为了深入研究充放电过程，对曲线一般会进行微分处理，得到微分差容（dQ/dV）曲线和微分电压（dV/dQ）曲线。对于微分差容（dQ/dV）曲线，曲线中的氧化峰和还原峰对应充放电曲线中的充电平台和放电平台。根据该曲线中峰位可以判断氧化还原反应。此外，峰位的移动与衰减也具有一定的对比价值。如峰位的移动则表明该电位附近的充放电平台电位出现移动，与材料的结构变化引起锂的脱出/嵌入难易有关；某峰的强度变化可表征该电位的充放电平台长短变化。dV/dQ的峰移和峰容量的变化是了解电池内电极容量衰减的有用指标。以微分差容（dQ/dV）曲线为例，介绍一下常见的 dQ/dV 曲线制作和分析方法。一般是通过小电流对锂离子电池进行充放电，并记录充放电参数，特别是电量、电压数据，获得这些数据后对这些数据进行处理，以第 $n+1$ 个数据点的电压和电量数据减去第 n 个数据点电压和电量数据，得到一个 dV 和 dQ 数据，依次对所有数据进行处理，得到一系列的 dV 和 dQ 数据，以 dQ 除以 dV 就得到了另外一个数据 dQ/dV，然后以 dQ/dV 作为纵坐标，以电压、容量或者 SOC 等作为横坐标，获得一个标准的 dQ/dV 曲线，同理可获得标准的 dV/dQ 曲线。

以 EuF_3 材料表面改性的 $Li_{1.2}Ni_{0.13}Co_{0.13}Mn_{0.54}O_2$ 正极为例，首次充电过程中，两个样品在约 4.5V 处都显示了一个长的电压平台（图 3.1.3）。4.5V 电压平台的反应机理是复杂的，且大多数研究人员推测这与氧的移除并伴随着进一步脱锂和过渡金属离子从表面到晶体内的迁移有关。EuF_3 包覆样品的首次充电曲线相比纯样品显示了一个更短的电压平台，导致了更低的初始充电容量（纯样品为 323.7mAh/g，EuF_3 包覆样品为 287.8mAh/g）。这可以归因于 F—O 强键，抑制了氧空位的迁移且减少了氧价态变化，导致了首次充电过程中更少的氧迁移和更少的电解液氧化。两个样品的第一次放电容量 EuF_3 包覆样品稍微低一点（纯样品为 259.7mAh/g，EuF_3 包覆样品为 249.5mAh/g）但纯样品和 EuF_3 包覆样品的库仑效率分别为 76.0% 和 86.9%。EuF_3 包覆样品更高的库仑效率可以由如下解释：EuF_3 包覆层可以被看作一个缓冲层以促进不活跃 O_2 分子的形成，阻止由于活性氧物种引起的电解质氧化产生的副反应。

图 3.1.4 为 $Li_{1.2}Ni_{0.13}Co_{0.13}Mn_{0.54}O_2$ 和 EuF_3 包覆的 $Li_{1.2}Ni_{0.13}Co_{0.13}Mn_{0.54}O_2$ 的首次 dQ/dV 曲线，从图中可以观察到在 4.5V 处有一个尖锐的氧化峰，该峰主要对应于 Li_2MnO_3 组分中 Li^+ 和 O^{2-} 以 Li_2O 的形式脱出。而 Li_2MnO_3 组分则转化成

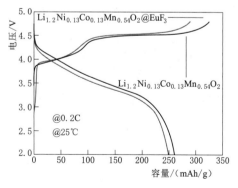

图 3.1.3　$Li_{1.2}Ni_{0.13}Co_{0.13}Mn_{0.54}O_2$ 和
$Li_{1.2}Ni_{0.13}Co_{0.13}Mn_{0.54}O_2@EuF_3$
首次充放电曲线图

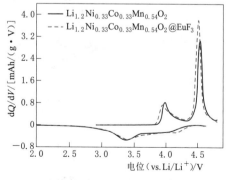

图 3.1.4　$Li_{1.2}Ni_{0.13}Co_{0.13}Mn_{0.54}O_2$ 和
$Li_{1.2}Ni_{0.13}Co_{0.13}Mn_{0.54}O_2@EuF_3$
首次充放电曲线对应的 dQ/dV 曲线图

结构相对稳定的 MnO_2 参与后续的循环，因此该尖锐的氧化峰会在后续的循环中消失。EuF_3 包覆样品的 dQ/dV 曲线基本与纯的样品相似，说明 EuF_3 的包覆并没有引起 $Li_{1.2}Ni_{0.13}Co_{0.13}Mn_{0.54}O_2$ 正极材料结构的相变只是起到保护层的作用。

3.1.2.3　电池循环性能的测试

对充放电循环测试曲线的展现可以是充放电行为随时间的变化图、性能参数（如充放电容量、库仑效率等）随循环周次的变化图以及某些周次充放电行为的叠加图。其中，充放电行为随时间的变化图是基础输出信息，充放电容量、库仑效率图则是测试软件处理的数据。根据性能参数循环图，可对电池充放电容量、库仑效率变化进行直观判断，对电池循环性能以及可能存在容量"跳水"、电池析锂等情况进行分析判断。组装后的扣式电池在循环过程中会存在一定的衰减情况，对电池容量衰减率随循环周次变化的分析、对材料性能分析、全电池设计、电池失效预判有着十分重要的意义。

在对电池的循环性进行测试时，可在上述充放电测试的基础上，增加循环次数，对比相同循环次数后的容量保持率。或重复充放电循环，当放电容量连续两次低于初始放电容量的 80% 时，确定此时的循环周数。循环测试又包括高低温性能测试，高温性能测试一般设置为 45℃、55℃、80℃ 或更高温度，低温性能测试一般设置为 0℃、−10℃、−20℃、−30℃ 或 −40℃ 等，测试流程同室温测试。测试数据需要与室温的数据进行对比，因此在高低温测试之前需进行常温的充放电测试。

图 3.1.5（a）和（b）分别展示了 Si/G@C 和 Si/G@C/TiN 电极在 25℃ 和 55℃ 下，2A/g 的电流密度下的循环稳定性。如预期所料，Si/G@C/TiN 电极呈现出更稳定的电化学性能，尤其当工作温度提升至 55℃ 时更是尤为显著。在高温条件下，Si/G@C/TiN 电极的放电比容量经过 200 次循环后仅从 1589.1mAh/g 降到 996mAh/g，容量保持率高达 62.7%。而 Si/G@C 电极在仅不到 70 次循环后保持着 750mAh/g 的放电比容量，容量保持率不到 40%。

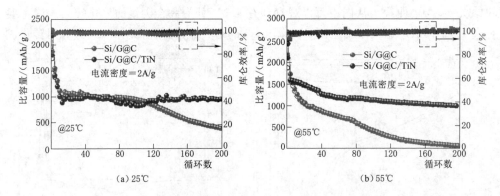

图 3.1.5　Si/G@C 和 Si/G@C/TiN 电极在 2A/g 的电流密度下循环性能图

3.1.2.4　电池倍率性能的测试

在上文中提及的三种倍率充放电测试，相同倍率充电和不同倍率放电的测试应用较多，用于测试材料的放电功率特性；不同倍率充电和相同倍率放电的测试多用于"快充"材料和技术；不同的倍率充放电测试多用于功率型电池材料的性能测试。

以相同倍率充电和不同倍率放电的测试为例，对倍率充放电测试数据分析进行介绍。如以 0.2C 电流放电至 3.0V 并计算放电容量 $C_{0.2C}$；以 0.5C 电流放电至 3.0V 并计算放电容量 $C_{0.5C}$；以 1.0C 电流放电至 3.0V 并计算放电容量 C_{1C}；以 2.0C 电流放电至 3.0V 并计算放电容量 C_{2C}。容量比率计算如下：设定 0.2C 放电容量比率为 100%；0.5C 下的容量比率为 $R_{0.5C}=C_{0.5C}/C_{0.2C}\times100\%$；1C 下的容量比率为 $R_{1C}=C_{1C}/C_{0.2C}\times100\%$；2C 下的容量比率为 $R_{2C}=C_{2C}/C_{0.2C}\times100\%$。

根据容量比率值对电池的倍率性能做出一定判断，例如设定容量比率为 80% 为合格，而低于 80% 的放电倍率则不符合测试电池或材料的放电要求。可定义最接近且高于 80% 容量比率的倍率为该电池或材料的最大放电倍率，注意这一定义和全电池测试时的脉冲功率不一样。在许多公开报道中，经常可以看到作者测试了很高的倍率，而高倍率充放电时，容量保持率低于低倍率（0.2C）循环容量的 80%，此时讨论电池的倍率性能意义不大。特别需要指出，目前的高功率锂离子电池可以实现 15～20C 的放电，2000～4000Wh/kg 的脉冲放电能力。在对比说明材料倍率性能优异时，需要说清楚室温下容量保持率在 80% 的最高倍率是多少，这样便于比较。此外，扣式电池测试的倍率特性和全电池测试的倍比，有时各有优势，取决于具体的设计，根据扣式电池的倍率测量结果下结论需要特别慎重，最好是从本征动力学参数上解释清楚实现高功率的缘由，并计算出理论上的倍率特性。不同材料之间，不同团队测试结果的倍率特性的比较需要在同一或接近的材料、电极、电芯的测试条件下比较。

图 3.1.6 给出了 $Fe_3O_4@C$ 和 $Fe_3C/Fe_3O_4@C$ 电极的不同电流密度下的倍率性能。当电流密度小于 600mA/g 时，$Fe_3C/Fe_3O_4@C$ 电极的可逆比容量略低于 $Fe_3O_4@C$ 电极。但当电流密度大于 600mA/g 后，$Fe_3C/Fe_3O_4@C$ 电极表现出明显高于 $Fe_3O_4@C$ 电极的可逆比容量。在 1200mA/g 时，$Fe_3C/Fe_3O_4@C$ 复合材料的可逆比容量维持在 720mAh/g。上述结果说明，$Fe_3O_4@C$ 电极可通过添加 Fe_3C 催化剂来改善电池的电化学性能。同时，在电流从 200mA/g 逐渐增加到 1200mA/g，$Fe_3C/Fe_3O_4@C$ 电极的可逆比容量并未产生较大的变化，只是从 840mAh/g 降为 710mAh/g，说明 $Fe_3C/Fe_3O_4@C$ 复合材料在循环过程中具有良好的导电性。

3.1.3 锂离子电池性能测试的参数分析

3.1.3.1 概述

锂离子电池性能测试一般有电池充放电特性测试、容量特性测试、倍

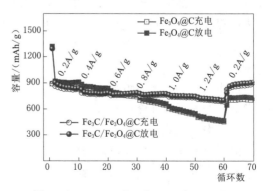

图 3.1.6 $Fe_3O_4@C$ 和 $Fe_3C/Fe_3O_4@C$ 电极的倍率性能图

3-2 锂离子电池性能测试的参数分析

率特性测试、循环寿命特性、温度特性测试和自放电率测试等。电池在检测之前一般要经过化成和分容过程。化成是指电池制作完成后，必须经过至少一个精确控制的充放电循环，使得电池电极表面生成有效的纯化膜，并使电池内部活性物质转化为具有正常电化学作用的物质。分容是指电池按容量梯度分类，将性能相近的电池分组，以容量为标准进行电池配组，降低电池组内各个电池的单体差异性，提高电池组的整体性能。化成和分容主要应用于大规模工业生产，测试电池数量大，测试设备专注于节能和电池测试大批量控制，对于测试精度和测量范围要求相对较低。电池质量评估是指成品电池需要按照相关的测试标准进行必要的性能测试，确保电池性能正常无故障并达到相关的商用标准，对测试精度要求相对较高。

3.1.3.2　充放电特性测试

电池充电特性测试的基本原理如图 3.1.7（a）所示，外部电源分别与电池的正负极相连，组成一个闭合回路，外部电源通过一定的方式对电池进行充电，使外电路中的电能转化为化学能存储到电池中。电池充电过程中，电池电压不断升高，当达到设定的充电截止条件时，充电性能测试完成。充电性能测试过程中，需要同时记录电池充电电压和充电电流随时间的变化规律。充电性能测试主要研究充电电压变化、充电终止电压、充电效率等参数。

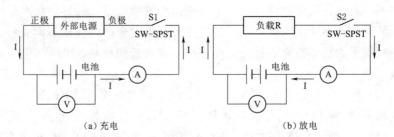

（a）充电　　　　　　　　　　　　　（b）放电

图 3.1.7　充放电特性测试基本原理图

电池放电特性测试的基本原理如图 3.1.7（b）所示，电池的正负极和外电路负载相连，组成一个闭合回路，电池以一定的方式通过负载放电。电池放电过程中，电池电压不断降低，当达到设定的放电截止条件时，放电性能测试完成。放电性能测试过程中，需要同时记录电池放电电压和放电电流随时间的变化规律。放电性能测试主要研究在一定放电电流情况下，放电电压变化量、放电终止电压、放电时间等参数。

常用的充电方法有恒流充电、恒压充电、恒流恒压充电、脉冲充电、变电流脉冲充电、变电压脉冲充电和分级定流充电等。常用的放电方式有恒流放电、恒阻放电、恒功率放电等。

恒流充电是指电池充电过程中始终保持充电电流恒定不变，充电电流不受电源电压波动和电池电压变化的影响。恒流充电通过在电池两端连接一个电压受限的恒流源实现，充电电压被限制在电池允许的安全充电电压范围内。恒流充电过程中，充电初期电压升高较快，容量随时间呈现近似线性的增长，内阻也不断增加，但是进入充电后期后，电池能接纳的最大充电电流变小，由于充电电流不变，电池中仍然会有大量锂离子从电池的正极脱出向电池负极移动，这就要求对电池的充终止电压有精确的控制，防止电池发生过充而遭到损坏。

恒压充电是指保持电池两端充电电压恒定，充电电压不受充电电流变化的影响。恒压充电通过在电池两端连接一个电流受限的恒压源实现，而充电电流被限制在电池允许的安全充电电流范围内。恒压充电过程中，随着电池容量的不断增加，充电电流将逐渐减小。由于电压两端充电电压恒定，电池电压不会超过设置的充电电压，从而避免了电池发生过充。充电初期，如果电池开路电压和设置的充电电压相差较大，恒压充电产生的充电电流将较大，这对充电设备的大电流承受能力和功率要求较高，而且容易损坏电池。充电后期，充电电流很小，充电效率很低。因此，锂离子电池很少直接使用恒压充电的方法。

恒流恒压充电是充电电路以恒定电流对电池进行充电，电池两端的电压随充电进程不断升高，当电池两端电压上升到预先设置的充电截止电压时，充电电路将切换到恒压充电模式，电压恒定为预先设置的恒流充电截止电压值，随着电池容量不断增加，充电电流逐渐减小，直至电池的充电电流减小至电池充电完成。恒流恒压充电电路实际就是由恒流电路和恒压电路组合而成，两者分时工作，恒流状态按照预设条件可自动跳转到恒压状态。先恒流后恒压的方式可以避免充电初期出现大电流损坏电池；在恒流充电模式下，电池充电电流能接近但不超过其最大可承受电流并且可以避免发生过充；在恒压模式下，可以通过监视充电电流的变化，判断充电是否完成，用以提高电池充电效率。恒流恒压充电是锂离子电池研究和检测中最重要的充电方法。

恒阻放电是电池放电过程中始终保持电压与电流的比值不变，相当于对一个固定线性负载放电，电压与电流的比值就是这个虚拟的固定线性负载的值。电池通过固定负载放电，在放电过程中虽然负载电阻不变，但是电池本身的内阻会发生变化。随着放电过程的进行，电池电压会逐渐下降，因此简单地通过对固定负载放电并不能使电池达到恒阻放电的效果，而需要在放电过程中实时调整放电电流使得电压与电流的比值不变，恒阻放电常用于一次电池的测试中。

恒流放电是指电池放电过程中始终保持放电电流恒定不变，放电电流不受负载和电池电压变化的影响。恒流放电实际上就是恒流充电的一个逆向过程，在恒流放电中，需要对电池的放电终止电压有精确的控制，防止电池发生过放而被损坏。

3.1.3.3 电池容量特性测试

锂离子电池放电容量测试是伴随着放电特性测试来完成的，通过记录电池整个放电过程中放电电流和时间的积分来得出电池的放电容量。在实际测试过程中，一般通过恒电流放电或者恒电阻放电来计算电池的放电容量。恒电流状态下：

$$C = \int_0^T I(t)\mathrm{d}t = IT \tag{3.1.1}$$

恒电阻状态下：

$$C = \int_0^T I(t)\,\mathrm{d}t = \frac{1}{R}\int_0^T V(t)\,\mathrm{d}t = \frac{V_R}{R}T \qquad (3.1.2)$$

式中：R 为放电电阻；T 为一次完整放电所需时间；V_R 为放电平均电压。

（1）温度特性测试。锂离子电池的温度特性是指用电设备的使用条件和工作环境往往需要电池在较宽的温度范围内具有较好的性能。电池在不同的温度范围内所展现出的电池性能并不相同，环境温度对于电池的充放电电压、充电效率、放电容量和内阻都有明显的影响。电池的温度特性测试和电池的充放电性能测试方法基本一致，一般需要借助于恒温箱在特定温度环境下完成。测试温度范围一般为 $-20\sim80\,^{\circ}\mathrm{C}$。

（2）循环寿命特性测试。电池的循环寿命测试指通过对电池进行循环充电和放电，直到电池的容量衰减到特定值，循环寿命测试对电池本身是具有破坏性的。电池在不同的环境或者不同的充放电条件下所展示的循环寿命是不同的，因此，为了更好地展现电池循环寿命，测试应在不同的环境和不同的充放电条件下进行。

3.1.3.4　动力电池安全性能测试

锂离子电池安全问题的解决是锂离子电池得以广泛应用的重要保障，虽然在小容量锂离子电池安全性方面已经取得了很大的成功，但未来电动汽车上的锂离子电池的安全性仍然是一个重要课题。锂离子电池的安全性已经成为制约其进一步发展的关键因素。为了确保消费者的人身安全和财产安全，需要对锂离子电池进行安全性测试。

现在普遍使用的安全性能测试的测试项目可以分为四类，见表 3.1.1。具体测试项目的测试情景均有可能发生，如钉刺模拟的就是内部短路；过充测试模拟的是保护电路板失效的情况；而环境测试中的减压测试和纬度测试对应的是空运时可能出现的情况。

表 3.1.1　　　　　　　　　　锂离子电池主要的安全性能测试项目

测试方向	测试项目
电学方面	过充电、过放电、室温/高温外电路短路等
力学方面	跌落、挤压、针刺、震动、撞击等
热学方面	燃烧喷射、热冲击等
环境测试	高空实验、热循环、浸水实验、湿度实验等

锂离子电池安全测试项目的难度是不同的。环境测试通常被认为是容易通过的，小电池的外短路也是比较容易通过的。较难通过的测试项目主要是测试时会使电池的温度升高，更高的温度会引发或加速电池内的化学反应，放出更多的热，温度继续升高，反应继续加速，最终导致电池热失控，出现爆炸、燃烧等情况。

除安全测试项目有难易之分外，锂离子电池的容量对能否通过安全测试也有很大的影响。电池容量越高，同一测试项目产生的热应该越多，越容易出现安全问题。目前，商品化的锂离子电池都是小容量电池，比较容易通过安全测试，即使出现安全问题，也不会造成很大的直接伤害；而对于应用在电动汽车领域的高容量电池，其通过安全测试的难度远远高于现在商品化的电池，此外，一旦出现安全问题，所造成的后果将是十分可怕的。

（1）针刺测试。电池穿钉引发安全性问题，原因是穿钉过程中钉子引起的电池内部短路，局部温度剧烈上升到超过活性物质的反应温度，活性物质的反应同样释放出大量热能，这样的连锁反应不断进行下去，最终引起整个电池的燃烧。燃烧程度非常剧烈时甚至会出现爆炸。

以满充状态的 383450 为例，在绝热状态下，储存的全部电能转化成热量来提高电池本身的温度，则有

$$Q = Uq = 3.6 \times 720 \times 3600 / 1000 = 9331.2 \mathrm{J}$$

式中：Q 为电池储存平均电能；U 为电池平均工作电压；q 为电池的电量。

那么电池温升为

$$\Delta T = Q / (C_\mathrm{p} m) = 9331.2 / (830 \times 0.014) = 803 ℃$$

式中：ΔT 为电池温升；C_p 为电池的平均热容；m 为电池质量。在绝热状态下电池能够达到非常高的温度。实际上电池在穿钉或者短路时能够释放出来的能量只有大概 25%～30%。

具体测试要求是将测试电芯满充到 4.2V，测量电芯 OCV、IMP。将直径通常为 3～8mm 的钢针以 10～40mm/s 的速度刺入电池内部并停留一段时间，测量整个过程的温度以及观察现象。需要达到的标准是电芯不着火、不爆炸。

（2）挤压测试。将电池放在两平板间进行挤压，挤压力通过具有直径 32mm 活塞的液力压头施加，挤压一直持续到液力压头上的压力读数达到 17.2MPa，作用力大约为 13kN，一旦达到最大压力即可卸压。其中，圆柱形电池要使其纵轴平行于挤压装置的平面承受挤压；棱形电池还要绕其纵轴旋转 90° 放置，以便使其宽侧面和窄侧面都能承受到挤压力，每个样品电池只要在一个方向上承受压力。每次试验要使用不同的样品；硬币式或扣式电池，要使电池平面平行于挤压装置的平面承受挤压力。

挤压测试与针刺有相同的实验原理，都是导致电池局部内短路从而引发热失控。但挤压不一定造成电池外部壳体的损坏，电解液并不一定因电池受到挤压而泄漏。

（3）过充电测试。将接有引出片的电池置于安全测试桶内，连接正负极于检测仪。在无保护电压与保护电流的条件下，以 0.2C、0.5C、1C 恒流充电到 5.00V，并以 5.00V 恒压充电到电流变为 40mA，静置 5min，检测电压。需达到电池外观无损伤、无漏液、无冒烟、无起火、无爆炸现象的标准。

锂离子电池过充属于电滥用导致的热失控，也是储能用锂离子电池最常见的故障情况。当电池发生过充时，随着电压的升高，正极脱锂越发严重，电池内阻增大，尤其在高倍率过充时其危险性大幅度增加。其次，负极石墨嵌锂容量有限，过度充电将导致锂枝晶的产生，隔膜受到穿刺或高温熔融而造成内短路的发生。一系列副反应的放热速率大于电池的散热速率时，电池就会趋于热失控。

（4）过放电测试。将接有引出片的电池置于安全测试桶内，连接正负极于检测仪。设置检测仪工步：在无保护电压与保护电流的条件下，以 0.2C、0.5C、1C 进行放电恒流放电，电压限制为 50mV，并静置 5 分钟，检测电压。需达到电池外观无损伤、无漏液、无冒烟、无起火、无爆炸现象的标准。

过放电指的是电池电压下降到截止电压之下。电池长期闲置或与电路负载长时间连接，以及电池本身或与之相连的电子元件处于潮湿的环境，都能导致锂离子电池发生过放电。此外，当电池以串联的方式成组后，其中低容量的电池容易发生过放电。过放电发生时，由于不可逆化学反应，电池内阻增大，电池容量下降。过放电还会导致电池集流体溶解并在隔膜间沉淀，最终引发电池内短路，甚至引发电池爆炸。

（5）短路测试。将测试电池置于安全保护桶内，用电压内阻测试仪测试。将电池充电至 4.20V，静置 10min；将接有热电偶的电池（热电偶的触点固定在电池大表面的中心部位）分别置于通风橱和高温箱中（进行 55℃±5℃的短路试验的电池应先在高温箱中保持 1.5～2h），短路其正负极，线路总电阻不大于 30mΩ；直到电池负载电压小于 0.1V，并且电池表面温度恢复至不高于环境温度 10℃时，结束试验。需要达到电池不发生变形，且无漏液、无冒烟、无起火、无爆炸现象的标准，电池电压内阻无明显变化。

（6）跌落测试。电池跌落测试需要直尺、跌落平台、电压内阻测试仪等。将电池置于环境温度 15～25℃的条件下，以 1C 和 5A 充电，电压达到 4.20V 时，恒压充电 10 分钟；使用电压内阻测试仪测试电压内阻；电池从 1m 高度，3 个不同的方向以及正、反各跌落 1 次，重新测试电压内阻。须达到电池电压内阻无明显变化、电池外观无损伤、无漏液、无冒烟、无起火、无爆炸现象的标准。

（7）耐振动测试。电池耐振动测试需要多频振动台、电压内阻检测仪。将单个电池充满电后，紧固至振动台上，按下述条件进行试验：环境温度 15～25℃的条件下，以 1C 电流充电，电压达到 4.20V 时，恒压充电 10min；用电压内阻检测仪检测电池电压内阻；将电池直接安装或通过夹具安装在振动台上，调节振幅为 2.5mm，振动 1h，然后把电池反向固定，重复振动 1h，重新测试电压内阻。必须达到电池电压内阻无明显变化，电池外观无损伤、无漏液、无冒烟、无起火、无爆炸现象的标准。

（8）温度循环测试。电池组充满电后，放入恒温箱，从−40～80℃进行 5 次温度循环，观察 1h。试验过程中，电池应不爆炸、不起火、不漏液。

（9）低气压测试。电池组充满电后，放入低气压环境中，调节气压为 11.6kPa，保持 6h，观察 1h。试验过程中，电池应不爆炸、不起火、不漏液。

（10）加热测试。电池组充满电后，放入温箱，按照 5℃/min 的速率上升到 130℃并保持该温度 20min，停止加热，观察 1h。试验过程中，电池应不爆炸、不起火。

（11）海水浸泡测试。电池组满充，完全浸入 3.5%NaCl 溶液 2h，观察 1h。试验过程中，电池应不爆炸、不起火。

3.2 锂离子电池的输运动力学参量的测试与分析技术

3-3 锂离子电池的输运动力学参量的测试

3.2.1 锂离子电池的输运动力学参量的测试

3.2.1.1 概述

锂离子电池电极过程一般经历复杂的多步骤电化学反应，电极是非均相多孔粉末电极。为了获得可重现的、能反映材料与电池热力学及动力学特征的信息，需要对锂离子电池电极过程本身有清楚的认识。

电池中电极过程一般包括溶液相中离子的传输，电极中离子的传输，电极中电子的传导，电荷转移，双电层或空间电荷层充放电，溶剂、电解质中阴阳离子，气相反应物或产物的吸附脱附，新相成核长大，与电化学反应耦合的化学反应，体积变化，吸放热等过程。电极过程的驱动力包括电化学势、化学势、浓度梯度、电场梯度、温度梯度。影响电极过程热力学的因素包括理想电极材料的电化学势，受电极材料形貌、结晶度、结晶取向、表面官能团影响的缺陷能、温度等因素。影响电极过程动力学的因素包括电化学与化学反应活化能，极化电流与电势，电极与电解质相电位匹配性，电极材料离子、电子输运特性，参与电化学反应的活性位密度、真实面积，离子扩散距离，电极与电解质浸润程度与接触面积，界面结构与界面副反应，温度等。

为了理解复杂的电极过程，一般电化学测量要结合稳态和暂态方法，通常包括3个基本步骤，如图 3.2.1 所示。

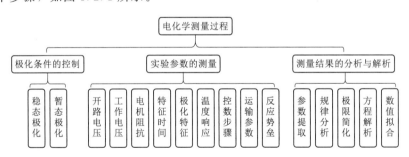

图 3.2.1　电化学测量的基本步骤

电化学测量一般采用两电极电池或三电极电池，较少使用四电极电池。两电极电池如图 3.2.2 所示，其中 W 表示研究电极，亦称为工作电极，C 是辅助电极，亦称为对电极。锂离子电池的研究中多数为两电极电池，两电极电池测量的电压是正极电势与负极电势之差，无法单独获得其中正极或负极的电势及其电极过程动力学信息。

图 3.2.3 为一个三电极电池示意图，W 和

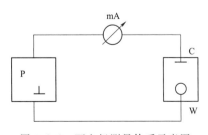

图 3.2.2　两电极测量体系示意图

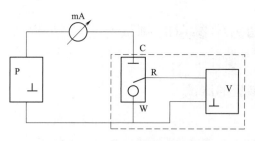

图 3.2.3 三电极测量体系示意图

C 分别是工作电极和对电极（同上），R 是参比电极，P 代表极化电源，V 为测量或控制电极电势的仪器，mA 代表电流表。W 和 C 之间通过极化电流，实现电极的极化。W 和 R 之间通过极小的电流，用于测量工作电极的电势。通过三电极电池，可以专门研究工作电极的电极过程动力学。由于在锂离子电池中，正极和负极的电化学响应存在较大差异，近年来通过测量两电极电池电压电流曲线，对曲线进行 dQ/dV 处理，结合熵的原位测量，也能大致判断电池的电流或电压响应主要是与负极还是与正极反应有关。

参比电极的性能直接影响电极电势的准确测量，通常参比电极应具备以下基本特征：①参比电极应为可逆电极；②不易被极化，以保证电极电势比较标准和恒定；③具有较好的恢复特性，不发生严重的滞后现象；④具有较好的稳定性和重现性；⑤快速暂态测量时，要求参比电极具有较低的电阻，以减少干扰，提高测量系统的稳定性；⑥不同的溶液体系，采用相同的参比电极，其测量结果可能存在差异，误差主要来源于溶液体系间的相互污染和液接界电势的差异。

电化学测量中常用的研究电极主要有固体电极、超微电极和单晶电极。一般电化学研究所指的固体电极主要有 Pt 电极和碳电极。其中碳电极包括热解石墨、高定向热解石墨、多晶石墨、玻璃化碳、碳纤维等。固体电极在使用时需要对其表面进行特殊处理，以期达到较好的重复性。常规的处理步骤为：①浸泡有机溶剂，除去表面吸附有机物；②机械抛光，初步获取较高的表面光洁度；③电化学抛光，除去电极表面氧化层及残留吸附物质；④溶液净化，保证溶液的纯度，消除溶液中的杂质对测量结果的影响。

在锂离子电池的研究中，固体电极包括含有活性物质的多孔粉末电极、多晶薄膜电极、外延膜薄膜电极、单颗粒微电极以及单晶电极等，多数测量时采用多孔粉末电极。

针对不同的电极材料及电极体系，电极基本过程可简化为锂离子电池中离子和电子的传输及存储过程。所涉及的电化学过程有电子、离子在材料的体相、两相界面和固态电解质（Solid Electrolyte Interphase，SEI）膜层的形成等过程。典型的电极过程及动力学参量有：①离子在电解质中的迁移电阻；②离子在电极表面的吸附电阻和电容；③电化学双电层电容；④空间电荷层电容；⑤离子在电极电解质界面的传输电阻；⑥离子在表面膜中的输运电阻和电容；⑦电荷转移；⑧电解质中离子的扩散电阻；⑨电极中离子的扩散，包括体相扩散和晶粒晶界中的扩散；⑩宿主晶格中外来原子/离子的存储电容；⑪相转变反应电容；⑫电子的输运。

3.2.1.2 电极过程的稳态极化曲线和暂态过程

一个电化学系统，如果在某一时间段内，描述电化学系统的参量，如电极电势、电流密度、界面层中的粒子浓度及界面状态等不发生变化或者变化非常微小，则称这种状态为电化学稳态。稳态不等同于平衡态，平衡态是稳态的一个特例。同时，绝对的稳态是不存在的，稳态和暂态也是相对的。稳态和暂态的分界线在于某一时间段内电化学系统中各参量的变化是否显著。

稳态极化曲线的测量按照控制的自变量可分为控制电流法和控制电势法。控制电流法亦称之为恒电流法，恒定施加电流测量相应电势。控制电势法亦称之为恒电位法，控制研究电极的电势测量响应电流。稳态极化曲线是研究电极过程动力学最基本的方法，在电化学基础研究方面有着广泛的应用。可根据极化曲线判断反应的机理和控制步骤；可以测量体系可能发生的电极反应的最大反应速率；可以测量电化学过程中的动力学参数，如交换电流密度、传递系数、标准速率常数和扩散系数等；可以测定 Tafel 斜率，推算反应级数，进而获取反应进程信息；此外，还可以利用极化曲线研究多步骤的复杂反应，研究吸附和表面覆盖等过程。

暂态是相对稳态而言的，随着电极极化条件的改变，电极会从一个稳态向另一个稳态转变，在此期间所经历的不稳定的、电化学参量显著变化的过程称之为暂态过程。暂态过程具有如下基本特征：①存在暂态电流，由双电层充电电流和电化学反应电流组成，前者又称之为非法拉第电流或电容电流，后者常常称之为法拉第电流；②界面处存在反应物与产物粒子的浓度梯度，即电极/溶液界面处反应物与产物的粒子浓度，如前所述，不仅是空间位置的函数，同时也是时间的函数。

暂态过程测量方法按照自变量的控制方式可分为控制电流法和控制电势法；按照自变量的给定方式可分为阶跃法、方波法、线性扫描法和交流阻抗法。用暂态测量能比稳态测量给出更多的电化学参量信息。一般来说，暂态测量法具有如下特点：

（1）暂态法可以同时测量双电层电容 C_d 和溶液电阻 R_u。

（2）暂态法能够测量电荷传递电阻 R_{ct}。因此，能够间接测量电化学过程中标准速率常数和交换电流的大小。

（3）暂态法可研究快速电化学反应，通过缩短极化时间，如以旋转圆盘电极代替普通电极，并加快旋转速度，可以降低浓差极化的影响，当测量时间小于 $10^{-5}\,s$ 时，暂态电流密度可高达 $10A/cm^2$。

（4）暂态法可用于研究表面快速变化的体系，而在稳态过程中，由于反应产物会不断积累，电极表面在反应时不断受到破坏，因而类似于电沉积和阳极溶解过程，很难用稳态法进行测量。

（5）暂态法有利于研究电极表面的吸脱附结构和电极的界面结构，由于暂态测量的时间非常短，液相中的杂质粒子来不及扩散到电极表面，因而暂态法可用于研究电极反应的中间产物和复杂的电极过程。

锂离子电池与传统电化学测量体系显著不同之处是氧化还原反应发生在电极内部而非电极表面，离子的扩散、电荷转移，相变可以发生在电极表面。锂离子电池的电极一般是非均相多孔粉末电极，孔隙之中存在着电解液，电解液中离子的浓度达到 1mol/L 甚至更高，这些不同导致获得可靠的锂离子电池电极过程动力学参数非常困难。

3.2.1.3　电极过程的等效电路

由于暂态过程中的各参量是随时间变化的，与稳态过程比较，更为复杂。为便于分析和讨论，将各电极过程以电路元件组成的等效电路的形式来描述电极过程，等效电路施加电流后的电压响应，应与电极过程的电流电压响应一致。典型的两电极测量体系等效电路如图 3.2.4 所示。

图 3.2.4 中，A 和 B 分别代表研究电极和辅助电极（两电极体系），R_A 和 R_B 分别表示研究电极和辅助电极的欧姆电阻，C_{AB} 表示两电极之间的电容，R_u 表示两电极之间的溶液电阻，C_d 和 C_d' 分别表示研究电极和辅助电极的界面双电层电容，Z_f 和 Z_f' 分别表示研究电极和辅助电极的法拉第阻抗。若 A、B 均为金属电极，则 R_A 和 R_B 很小，可忽略；由于两电极之间的距离远大于界面双电层的厚度，故 C_{AB} 比双电层电容 C_d 和 C_d' 小得多，当溶液电阻 R_u 不是很大时，由 C_{AB} 带来的容抗远大于 R_u，故 C_{AB} 支路相当于断路，可忽略；此外，若辅助电极面积远大于研究电极面积，则 C_d' 远大于 C_d，此时，C_d' 容抗很小，相当于短路，故等效电路最终可简化为如图 3.2.5 所示。这相当于在电池中一个电极的电阻很小时的情况，如采用金属锂负极的两电极电池。

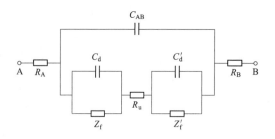
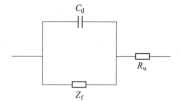

图 3.2.4　两电极测量体系电解池的等效电路图　　图 3.2.5　两电极体系电解池的简化电路图

由于电极过程的多步骤和复杂性，不同速率控制步骤下，电极体系的等效电路不尽相同，有时可以进一步简化，常见的有以下情形：

（1）传荷过程控制下的等效电路。暂态过程中由于暂态电流的作用使得电极溶液界面处存在双电层充电电流，该双电层类似于平行板电容器，可用 C_d 表示，相应的充电电流的大小用 i_c 来表示。此外，界面处还存在着电荷的传递过程，电荷的传递过程可用法拉第电流来描述，由于电荷传递过程的迟缓性，导致法拉第电流引起了电化学极化过电势，该电流-电势的关系类似于纯电阻上的电流-电势关系，因而电荷传递过程可以等效为一个纯电阻响应，用 R_{ct} 表示。由于传荷电阻两端的电压是通过双电层荷电状态的改变而建立起来的，因而，一般认为 R_{ct} 与 C_d 在电路中应属于并联关系，传荷过程控制下的简化等效电路如图 3.2.6 所示。需要指出的是，这一简化模型基于传统电化学

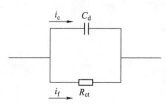

图 3.2.6　传荷过程控制下的简化等效电路图

体系，锂离子电池中的电极在多数状态下存在大量的电荷存储，造成电容效应，可以称之为化学电容 C_{chem}，与 C_{dl} 应该是串联关系。在实验上与 R_{ct} 并联显示在阻抗谱半圆上的到底应该是电双层电容还是化学电容还是两种电容之和取决于哪一个电容值更低。

（2）浓差极化不可忽略时的等效电路。暂态过程中，对于惰性电极，由于电极/溶液界面处存在暂态电流，因此开始有电化学反应的发生，界面处不断发生反应物消耗和产物积累，开始出现反应物产物浓度差。随着反应的进行，浓度差不断增大，扩散传质过程进入对流区，电极进入稳态扩散过程，建立起稳定的浓差极化过电势，由于浓差极化过电势滞后于电流，因此电流—电势之间的关系类似于一个电容响应。可以用一个纯电阻 R_{w} 串联电容 C_{w} 表示。该串联电路可用半无限扩散模型来模拟，如图 3.2.7 所示，这种情况在电池中也会经常出现。

上述 R_{w} 和 C_{w} 的串联结构可用一个复数阻抗 Z_{w} 来表示，Z_{w} 可理解为半无限扩散阻抗。由于扩散传质过程和电荷传递过程同时进行，因而两者具有相同的电化学速率，在电路中应属于串联关系。一般在阻抗谱上表现为 45℃ 的斜线。在锂离子电池中，取决于电极材料颗粒尺寸的大小和孔隙率的大小，锂离子在电极材料内部的扩散或者在电极层颗粒之间的孔隙或者含孔颗粒内电解质相的扩散成为控制步骤。

（3）溶液电阻不可忽略时的界面等效电路。当溶液电阻不可忽略时，由于极化电流同时流经界面和溶液，因而溶液电阻与界面电阻应属于串联关系，典型的浓差极化不可忽略、溶液电阻不可忽略时的等效电路如图 3.2.8 所示。在锂离子电池中，由于是多孔粉末电极，有时电极的欧姆电阻也不可忽略，与电解质电阻是串联关系，一般合并在一项中。

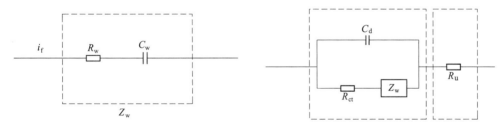

图 3.2.7　半无限扩散阻抗等效电路图　　　图 3.2.8　包含四个电极基本过程的
　　　　　　　　　　　　　　　　　　　　　　　　　　等效电路图

通常，锂离子电池中的电子输运过程比离子扩散迁移过程快很多，锂离子在电解液相中的扩散迁移速度远大于锂离子在固体相中的扩散迁移速度；由于锂离子在固相中的扩散系数很小，一般在 $10^{-14}\sim10^{-9}\,\text{cm}^2/\text{s}$ 数量级，而颗粒尺寸一般在微米量级，因此，锂离子在固体活性材料颗粒中的扩散过程往往成为二次锂电池充放电过程的速率控制步骤。由于电极过程动力学直接关系到电池的充放电倍率、功率密度、内阻、循环性和安全性等性质。对电池与电极过程动力学反应特性的理解以及动力学参数随着充放电过程的演化的定量掌握，对于理解电池中的电化学反应，监控电池的状态，设计电源管理系统具有重要的意义。

3.2.2　锂离子电池的输运动力学参量的分析技术

3-4　锂离子
电池的输运
动力学参量
的分析技术

锂离子电池电极材料在充放电过程中一般经历以下步骤：①溶剂化的锂离子从电解液内迁移到电解液/固体电极的两相界面；②溶剂化的锂离子吸附在电解液/固体电极的两相界面；③去溶剂化；④电荷转移，电子注入电极材料的导带，吸附态的锂离子从电解液相迁移至活性材料表面晶格；⑤锂离子从活性材料表面晶格向内部扩散或迁移；⑥电子从集流体向活性材料的迁移。

目前，已有多种方法被开发并相继用于锂离子电池电极过程动力学信息的测量，如循环伏安法（CV）、交流阻抗法（EIS）、恒电流间歇滴定技术（GITT）、恒电位间歇滴定技术（PITT）、电流脉冲弛豫（CPR）、电位阶跃计时电流（PSCA）、电位弛豫技术（PRT）等。

3.2.2.1　循环伏安法（CV）

1. 基本原理

循环伏安法使用的仪器简单，操作方便，可得到许多有关电极表面氧化还原反应的电荷转移、离子传递等信息，是最常用、最重要的电化学分析方法之一。电化学实验中，如果将施与电极上的电位随时间按一定比例变化，即以一定速度进行电位扫描，电极上将有电流产生。此电流与所施电位有一定的对应关系，将此关系进行记录，从而进行分析研究的方法称为电位扫描法。将此过程加以循环重复，从而测量电位-电流关系的方法，则称为循环伏安法。通常，测定开始的初始电位设定在无法拉第电流产生处，即双电层区内。根据电位循环次数多少，循环伏安法又可分为单循环和多重循环。

循环伏安法常用于电极反应的可逆性、电极反应机理（如中间体、相界吸/脱附、新相生成、偶联化学反应的性质等）及电极反应动力学参数（如扩散系数、电极反应速率常数等）的探究。典型的循环伏安过程为：电势向阴极方向扫描时，电活性物质在电极上还原，产生还原峰；向阳极方向扫描，还原产物重新在电极上氧化，产生氧化峰。因而一次扫描，完成一个还原和氧化过程的循环，其电流—电压曲线称为循环伏安曲线。通过循环伏安曲线的氧化峰和还原峰的峰高、对称性、氧化峰与还原峰的距离，中点位置，可判断电活性物质在电极表面反应的可逆程度和极化程度。电极过程是包括多个步骤的复杂过程。如将以图 3.2.9 所示的等腰三角形的脉冲电压（三角波）施加在工作电极上，得到的电流—电压曲线（图 3.2.10）称为循环伏安曲线。

循环伏安曲线包括两部分，如果前半部分电位向阴极方向扫描，电活性物种在电极上发生还原反应，产生还原波，那么后半部分电位反转向阳极方向扫描时，还原产物又会重新在电极上被氧化，产生氧化波。因此一次三角波扫描，完成一个还原和氧化过程的循环。

假设溶液中有电活性物质，则电极上发生如下电极反应：正向扫描时，电极上将发生还原反应：

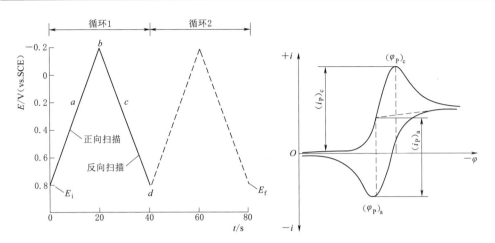

图 3.2.9　循环伏安法中电位与时间的关系图　　图 3.2.10　典型的循环伏安曲线图

$$O + ne^- \Longrightarrow R \qquad (3.2.1)$$

反向回扫时，电极上生成的还原态 R 将发生氧化反应：

$$R \Longrightarrow O + ne^- \qquad (3.2.2)$$

设电极反应：

$$O + ne \Longleftrightarrow R$$

式中：O 为氧化态物质；R 为还原态物质。

如果实验测定有困难可以用计算法确定阳极峰电流。即

$$\frac{I_{pa}}{I_{pc}} = \frac{(I_{pa})_0}{I_{pc}} + \frac{0.485\,(I_{sp})_0}{I_{pc}} + 0.086 \qquad (3.2.3)$$

式中：$(I_{pa})_0$ 为相对于零电流线为基线的阳极峰电流；$(I_{sp})_0$ 为电位为 φ_λ 时所对应的阴极电流。

从循环伏安图中可得到阳极峰电流（i_{pa}）、阳极峰电位（E_{pa}）、阴极峰电流（i_{pc}）、阴极峰电位（E_{pc}）等重要的参数，从而提供电活性物质电极反应过程的可逆性、化学反应历程、电极表面吸附等许多信息。

峰电流可表示为

$$i_p = 2.69 \times 10^5 \times n^{3/2} v^{1/2} D^{1/2} Ac \qquad (3.2.4)$$

式中：i_p 为峰电流，A；n 为电子转移数；D 为扩散系数，cm^2/s；v 为电压扫描速度，V/s；A 为电极面积，cm^2；c 为被测物质浓度，mol/L。

对于可逆体系，曲线上下对称，氧化峰电流 i_{pa} 与还原峰电流 i_{pc} 绝对值的比值等于 1，即

$$\frac{i_{pa}}{i_{pc}} = 1 \qquad (3.2.5)$$

氧化峰电位 E_{pa} 与还原峰电位 E_{pc} 电位差：

$$\Delta E_{pa} E_{pc} 2.2 \frac{RT}{nF} \frac{0.056}{n} V \quad T = 298K \qquad (3.2.6)$$

条件电位 $$E^{o'}:E^{o'}=\frac{E_{pa}+E_{pc}}{2} \tag{3.2.7}$$

根据峰电位、峰电流以及 i_p—$v^{1/2}$、i_p—c 的关系，可判别电极反应是否可逆。如果电活性物质可逆性差，则氧化波与还原波的高度就不同，对称性也较差；如果电活性物质可逆性好，则氧化波与还原波的高度相同，对称性较好。若只有一个氧化或还原峰，电极过程即为不可逆。

2. 主要特征

循环伏安曲线在扩散传质步骤控制的可逆体系和电化学步骤控制的完全不可逆体系中的特征分析如下：

对于扩散传质步骤控制的可逆体系 "$O+ne\Longleftrightarrow R$"，对于平面电极，存在大量支持电解质时，可以推导出 25℃时反应的峰电流表达式为

$$I_p=2.69\times10^5 n^{3/2}SD_0^{1/2}V^{1/2}C_0^0 \tag{3.2.8}$$

式中：I_p 为阴极峰电流，A；S 为电极面积，cm^2；D_0 为反应物 O 的扩散系数，cm^2/s；V 为电位扫描速度，V/s；C_0^0 为反应物初始浓度，即为溶液的本体浓度，$\mathrm{mol/cm}^3$。

由式（3.2.8）看出，当 C_0^0 一定时，I_p 与 $V^{1/2}$ 成正比，当 V 一定时，I_p 与 C_0^0 成正比。对于反应产物 R 稳定的可逆体系，其循环伏安图的重要特征，即

$$|\varphi_{pc}-\varphi_{pa}|=56/n(\mathrm{mv}) \tag{3.2.9}$$

$$I_{pc}=I_{pa} \tag{3.2.10}$$

$$\varphi_p-\varphi_{1/2}=-28.5/n(\mathrm{mv}) \tag{3.2.11}$$

$$\varphi_{p/2}-\varphi_{1/2}=28/n \tag{3.2.12}$$

$$\varphi_p-\varphi_{p/2}=-56.5/n(\mathrm{mv}) \tag{3.2.13}$$

式中：$\varphi_{p/2}$ 为半峰电位；$\varphi_{1/2}$ 为极谱的半波电位。

以 I_p-$V^{1/2}$ 作图，为通过坐标原点的直线，从直线的斜率可求出反应粒子的扩散系数 D_0。

对于完全不可逆反应 $O+ne\Longleftrightarrow R$，反应的峰电流可以表示为

$$I_p=2.99\times10^5 n^{3/2}D_0^{1/2}SC_0^0\alpha^{1/2}V^{1/2} \tag{3.2.14}$$

式中：α 为传递系数，其他参数与式（3.2.4）相同，与可逆过程相同。当 C_0^0 一定时，I_p 与 $V^{1/2}$ 成正比，当 V 一定时，I_p 与 C_0^0 成正比。对于不可逆过程，由于逆反应不能进行，反向扫描时不会出现峰电流。不可逆过程其峰电位 φ_p 可表示为

$$\varphi_p=\varphi_c^0-\frac{RT}{\alpha nF}\left[0.783+\ln\frac{D_0^{1/2}}{K}+\ln\left(\frac{\alpha nFV}{RT}\right)^{1/2}\right] \tag{3.2.15}$$

式中：φ_c^0 为标准平衡电极电位，V；K 为标准速度常数，cm/s；V 为扫描速度。

从式（3.2.15）可以看出 φ_p 是扫描速度的函数，且扫描速度 V 每增加 10 倍，φ_p 向负方向移动 $\frac{30}{\alpha n}\mathrm{mv}$（25℃时）。

当 $n=1$，$\alpha=0.5$ 时，I_p(不可逆)$=0.785I_p$(可逆)。

将两个峰电位的表达式联立，可得出峰电流与峰电位的关系为

$$\ln I_{\mathrm{p}} = \ln(0.227nFC_0^0 AK) - \frac{\alpha nF}{RT}(\varphi_{\mathrm{p}} - \varphi_{\mathrm{c}}^0) \tag{3.2.16}$$

在不同的扫描速度下，以 $\ln I_{\mathrm{p}}$ 与 $\varphi_{\mathrm{p}} - \varphi_{\mathrm{c}}^0$ 作图，由直线的斜率和截距求出 αn 和 K。

需要指出的是，上述介绍的循环伏安用于测量化学扩散系数的方法，需要该反应受扩散控制，传统电化学中多用于液相参与反应的物质的扩散。锂离子电池中多数氧化还原反应涉及固体电极内部的电荷转移，伴随着锂离子脱出/嵌入电极，而这是速率控制步骤，因此多数情况下确实峰电流与扫速的平方根在较宽的扫速范围内满足线性关系，测量的实际是电极内部锂离子与电子的扩散，但也包含了液相锂离子的扩散。此外，对于脱出/嵌入锂引起的连续固溶体反应，化学扩散系数应该是随脱出/嵌入锂量变化的数值，而循环伏安方法计算化学扩散系数时取峰电流值，只能得到表观意义上，在峰值电流对应的反应电位下的平均化学扩散系数。对于两相反应，固体内部不存在连续的浓度梯度，测到的化学扩散系数也是与相转变反应耦合的扩散过程的表观化学扩散系数。可以说循环伏安测到的化学扩散系数并非电极材料内部本征的离子扩散系数。

除了以上影响测量的本征因素，计算化学扩散系数需要知道电极面积。如果是多孔粉末电极，其真实反应面积远大于电极几何面积，且难以精确测量，这给循环伏安方法测量固态电极中化学扩散系数带来了很大的不确定因素，导致数据难以重复。

3. 应用实例测试及数据分析

对于组装的扣式或软包锂离子电池，一般使用电化学工作站可以直接测试其 CV 曲线。首先，以 CHI 电化学工作站为例，将电化学工作站的绿色夹头夹在组装好的电池的工作电极一侧，红色夹头（对电极）和白色夹头（参比电极）夹在电池的另一极，然后选择 CV 测试功能进入参数设置。需要设置的参数包括初始电位、上限电位、下限电位、终点电位、初始扫描方向、扫描速度、扫描段数、采样间隔、静置时间、灵敏度仪器、工作模式等。电压从起始电位到上限电位再到下限电位的方向进行扫描，电压对时间的斜率即为扫描速度，最后形成一条封闭的曲线，即为电化学体系中电极所发生的氧化还原反应。

循环伏安测试对研究锂离子电池在充放电循环中电极反应过程和可逆性至关重要。图 3.2.11（a）和（b）给出了 $MoS_2@C$ 的前三次循环伏安曲线。在第一次阴极扫描过程中，可以观察到在 1.0V 和 0.5V 左右的两个明显的还原峰。位于 1.0V 附近的还原峰对应于 Li^+ 嵌入到层间形成中间相 Li_xMoS_2 的过程，该过程伴随着 MoS_2 由三棱柱状结构向八面体结构转变。在约 0.5V 处的第二个还原峰对应于随后的转化反应，MoS_2 转变为金属 Mo 单质和 Li_2S 的形成。在随后的氧化过程中，出现在 1.6V 左右的第一个氧化峰是由于缺陷位点的不均匀嵌锂导致金属 Mo 部分被氧化形成 MoS_2，另一个明显的峰在约 2.2V，可以归因于 Li_2S 脱锂形成 S 单质。在接下来的两次扫描中，在 0.51V 处的还原峰急剧消失。同时，在约 1.1V 和 1.9V 出现一对氧化还原峰，这可以归因于锂离子在 S 中的嵌入和脱出，类似于锂硫电池。因此，可以认为 MoS_2 在第一循环后的电化学机理主要由硫与硫化锂的可逆转化反应所主导。此外，$MoS_2@C$ 在后续扫描中的曲线几乎重合，而原始的 MoS_2 曲线随着扫描次数的增加出现了明显的极化现象。

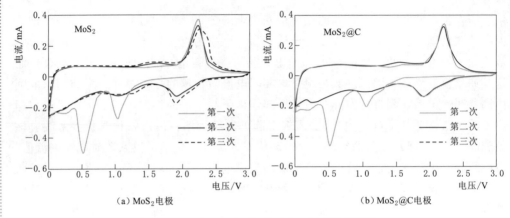

（a）MoS_2 电极　　　　　　　　　　　　　　（b）$MoS_2@C$ 电极

图 3.2.11　MoS_2 和 $MoS_2@C$ 电极 CV 曲线图

循环伏安测试除了对电极氧化还原反应进行分析以外，还可以进一步研究锂离子扩散系数和赝电容效应。锂离子扩散系数可通过以下关系式求出：

$$i_p = (2.69 \times 10^5) n^{3/2} A D_{Li}^{1/2} C_{Li}^* v^{1/2} \tag{3.2.17}$$

式中：i_p 为峰电流的大小；n 为参与反应的电子数；A 为浸入溶液中的电极面积；F 为法拉第常数；D_{Li} 为锂离子在电极中的扩散系数；v 为扫描速率。

基本测量过程如下：①测量电极材料在不同扫描速率下的循环伏安曲线；②将不同扫描速率下的峰值电流对扫描速率的平方根作图；③对峰值电流进行积分，测量样品中锂的浓度变化；④将相关参数代入式（3.2.12），即可求得扩散系数。图 3.2.12（a）和（b）为氧化还原反应过程中 $Li_4Ti_5O_{12}$ 和 $Li_4Ti_5O_{12}@C$ 的峰值电流（i_p）与扫描速率（$v^{1/2}$）平方根的线性关系。图中拟合直线的斜率与扩散系数有关，由式（3.2.17）中峰值电流和扫描速率可得到。根据图 3.2.12（c）中的斜率，计算出 $Li_4Ti_5O_{12}$ 和 $Li_4Ti_5O_{12}@C$ 的锂离子扩散系数（D_{Li}）分别为：$7.434 \times 10^{-10}\,cm^2/s$ 和 $4.293 \times 10^{-9}\,cm^2/s$。对于 $Li_4Ti_5O_{12}@C$ 锂离子扩散系数的提高，可归因于碳的引入增大了比表面积，在电化学反应过程中可以提供更多与电解液接触的面积，同时缩短了锂离子的扩散路径。

通过 CV 测试图，还可以计算出赝电容效应对锂离子电池容量的贡献值：

$$i_d = nFACD^{1/2} v^{1/2} \frac{\alpha n F^{1/2}}{RT} \pi^{1/2} x(bt) \tag{3.2.18}$$

$$i_c = v C_d A \tag{3.2.19}$$

式中：i_d 为扩散控制电流；i_c 为电容电流。

扩散控制电流与扫描速度的平方根成正比，电容电流与扫描速度成正比，总的

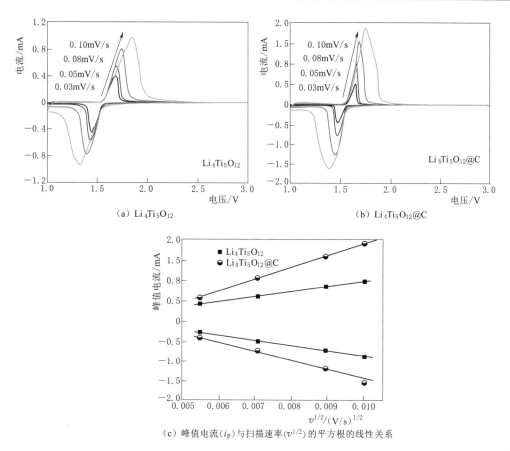

（a）$Li_4Ti_5O_{12}$

（b）$Li_4Ti_5O_{12}$@C

（c）峰值电流（i_p）与扫描速率（$v^{1/2}$）的平方根的线性关系

图 3.2.12　不同扫描速度的 $Li_4Ti_5O_{12}$ 和 $Li_4Ti_5O_{12}$@C 循环伏安曲线与峰值电流（i_p）与扫描速率（$v^{1/2}$）的平方根的线性关系图

测量电流分为两部分：表面电容效应和扩散插入过程，可以通过以下关系计算求出：

$$i = k_1 v + k_2 v^{1/2} \tag{3.2.20}$$

$$\frac{i}{v^{1/2}} = k_1 v^{1/2} + k_2 \tag{3.2.21}$$

然后即可计算出各个电压值的电容电流 $k_1 v$，可以得到总的电容贡献，如图 3.2.13（a）所示。随着扫描速率的增加，赝电容效应（$k_1 v$）对电流贡献不断增加。在 1mV/s、2mV/s、5mV/s、8mV/s 和 10mV/s 时，MoO_2@NC 纳米带的赝电容贡献分别为 36％、48％、55％、60％ 和 64％。在极高的电流密度下，这有助于锂离子电池在高电流密度下实现快速的电荷存储，从而呈现出快速的锂储存和高容量。

从循环伏安法实验中可以得到很多信息，它在电化学和电分析化学研究中，是应用最广泛的方法之一。它可用于测定电极电位，检测电极反应的前行和后行化学反应以及估算电极反应的动力学参数等。

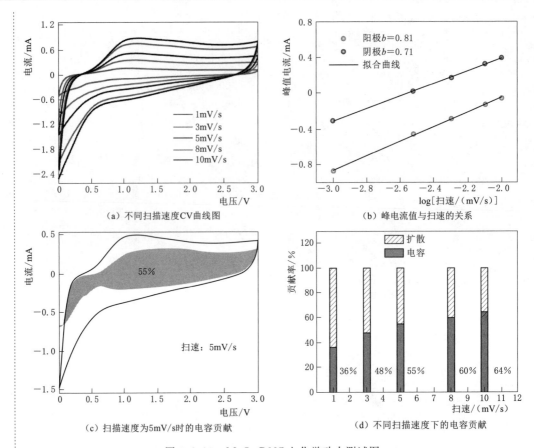

（a）不同扫描速度CV曲线图

（b）峰电流值与扫速的关系

（c）扫描速度为5mV/s时的电容贡献

（d）不同扫描速度下的电容贡献

图3.2.13 MoO_2@NC电化学动力测试图

3.2.2.2 交流阻抗法（EIS）

1. 基本原理

交流阻抗谱是研究材料微观结构、性能以及化学反应机理的重要手段。它的基本原理是对被测量 M 系统施加某一频率范围的小振幅正弦电压（或电流）扰动信号 X，待测系统产生的响应输出电流（或电压）信号为 Y，若待测系统内部是线性稳定结构，则输出信号 Y 便是输入信号 X 的线性函数，即 $Y = G(\omega) \cdot X$，其中 $G(\omega)$ 为传递函数，用于描述输入与输出之间的函数关系。观察已知输入信号经过未知系统后产生的响应，推测系统中的结构，如图 3.2.14 所示，可以用输出信号和输入信号的比值来描述系统的性质。当输入的微小信号为电压，得到的输出信号为响应电流，此时输出信号与输入信号的比值便是导纳，其倒数就是阻抗。为了获得所测系统的更多信息，可以采用一个随时间变化的输入信号，如给系统施加频率为 ω 的正弦交流电压，使 ω 随时间而改变，此时所得到的输出信号与输入信号的比值便是交流阻抗谱。通过交流阻抗谱便可以解释材料中一些微观结构等信息。

图3.2.14 交流阻抗基本测试原理图

如果 X 是角频率为 $\omega(\omega = 2\pi f)$ 的正弦电流信号，则 Y 是角频率为 ω 的正

弦电压信号，$G(\omega)$ 也是角频率 ω 的函数，$G(\omega)$ 即为系统 M 的阻抗，一般可用 Z 表示。如果 X 是角频率为 ω 的正弦电压信号，则 Y 是角频率为 ω 的正弦电流信号，$G(\omega)$ 也是角频率 ω 的函数，$G(\omega)$ 即为系统 M 的导纳，一般可用 A 表示。阻抗和导纳统称为阻纳，两者互为倒数，即 $Z=1/A$，质子导体电化学测试中常用阻抗描述，因此以阻抗为基础进行阐述。阻抗 Z 是随信号频率变化的矢量，通常用与频率相关的复变函数表示，即 $Z=Z'+jZ''$，其中 $j^2=-1$。阻抗具有复数的性质，阻抗的模 $|Z|=[(Z')^2+(Z'')^2]^{-1/2}$，阻抗的相位角 $\tan\varphi=-Z''/Z'$。

进行交流阻抗测试时，通过测定不同频率 $\omega(f)$ 的扰动信号 X 和响应信号 Y 的比值，得到不同频率下阻抗的实部 Z'、虚部 Z''、模值 $|Z|$ 及相位角 φ，然后将这些量绘制成各种形式的曲线图，即为交流阻抗图谱，通过分析阻抗图谱便可获得系统 M 的电化学信息。

2. 分类与特征

交流阻抗图谱有 Nyquist 图、Bode 图、Warburg 图、导纳图、电容图、3D 图等多种基本表示方式。

（1）Nyquist 图是以阻抗实部 Z' 为横轴，虚部 $-Z''$ 为纵轴所构成的图谱，Nyquist 图是最常用的阻抗数据的表示形式。可以直观表示体系的电阻参数，一定程度上可以反映出待测体系的时间常数，但对电容等参数的表示不够直观，Nyquist 图也可用于大致推断电极过程的机理和估算电极过程的部分动力学参数。

（2）Bode 图是以输入信号频率 f 或 $\lg f$ 为横轴，分别以阻抗模 $|Z|$ 和相位角 φ 为纵轴构成的图谱。Bode 图可直观表示出与时间及频率相关的阻抗信息，还可以用于分析体系中的不同弛豫过程。

（3）Warburg 图是以角频率 $(\omega)^{-1/2}$ 为横坐标，以阻抗实部 Z' 或阻抗虚部 $-Z''$ 为纵坐标构成的图谱，主要用于确定体系中是否有扩散环节存在。

利用电化学阻抗谱研究一个电化学系统时，首先测试得到该系统的交流阻抗谱，然后将系统看作一个电路，该电路由基本电路元件按串联及并联等方式组合而成。按照该电路对交流阻抗谱进行拟合，可以获得各电路元件的参数，然后利用这些元件的电化学含义和参数分析电化学系统的结构和性质。电化学阻抗谱技术中涉及的基本元件有电阻、电容、电感、恒相位元件等。

1）电阻元件：通常用 R 表示电阻元件，单位 Ω，纯电阻电路中电压 U 与电流 I 的关系为 $R=U/I$，即电压与电流同相，二者之比为电阻，电阻的阻抗只有实部没有虚部，即 $Z'=R$，$Z''=0$，$|Z|=R$，电阻的阻抗总为正值且与频率无关，相位角也总是为 0，与频率无关，在 Nyquist 图上，电阻的阻抗谱可表示为横轴上的一个点，该点到原点之间的距离即为电阻 R。

2）电容元件：通常用 C 表示电容元件，单位 F，纯电容电路中电压与电流的关系为 $U/I=1/(\omega C)$，其电流比电压超前 $\pi/2$，二者之比为 $1/(\omega C)$，电容的阻抗只有虚部而没有实部，$Z'=0$，$Z''=-1/(\omega C)$，$|Z|=1/(\omega C)$，总阻抗为正值，在 Nyquist 图上，电容的阻抗谱可表示为与第一象限的纵轴重合的一条直线。

3）电感元件：通常用 L 表示电感元件，单位 H，纯电感电路中电压与电流的

关系为 $U/I=\omega L$，其电流比电压滞后 $\pi/2$，二者之比为 ωL，电感的阻抗也是只有虚部而没有实部，$Z'=0$，$Z''=\omega L$，$|Z|=\omega L$，阻抗总为正值，在 Nyquist 图上，电感的阻抗谱可表示为与第四象限的纵轴重合的一条直线。

4）恒相位元件：通常用 Q 表示恒相位元件，其阻抗可表示为 $Z=(Y_0)^{-1}\omega-n$ $[\cos(n\pi/2)-\mathrm{j}\sin(n\pi/2)]$，$R$、$L$、$C$ 元件可以看作是 CPE 的 3 种特殊情况：当 $n=0$ 时，Y_0 相当于 $1/R$，$Z=R$；当 $n=1$ 时，Y_0 相当于 C，$Z=-\mathrm{j}/(\omega C)$；当 $n=-1$ 时，Y_0 相当于 $1/L$，$Z=-\mathrm{j}\omega L$。

将上述基本元件经串联及并联组合在一起，即可构成复合元件，认识基本元件和复合元件的阻抗谱是分析复杂系统阻抗谱的基础，下面概括介绍典型的复合元件。

1）RC 并联：RC 组成的并联电路，其阻抗 $Z=R/[1+(\omega RC)^2]-\mathrm{j}\omega R^2C/[1+(\omega RC)^2]$，阻抗模 $|Z|=R/[1+(\omega RC)^2]^{1/2}$，在 Nyquist 图上，其阻抗谱可表示为位于第一象限的半圆，圆心为 $(R/2, 0)$，半径为 $R/2$。

2）RC 串联：RC 组成的串联电路，其阻抗 $Z=R-\mathrm{j}/(\omega C)$，阻抗模 $|Z|=[R^2+[1/(\omega C)]^2]^{1/2}$，在 Nyquist 图上，其阻抗谱可表示为垂直于横轴的一条直线。

3）RL 串联：RL 组成的串联电路，其阻抗 $Z=R+\mathrm{j}\omega L$，阻抗模 $|Z|=[R^2+(\omega L)^2]^{1/2}$，在 Nyquist 图上，其阻抗谱可表示为位于第四象限垂直于横轴的一条直线。

4）RL 并联：RL 组成的并联电路，其阻抗 $Z=R/\{1+[R/(\omega L)]^2\}+\mathrm{j}R^2/\{\omega L[1+(R/(\omega L))^2]\}$，阻抗模 $|Z|=R/\{1+[R/(\omega L)]^2\}^{1/2}$，在 Nyquist 图上，其阻抗谱可表示为位于第四象限的半圆（与 RC 并联电路中的半圆不同，应注意区分），圆心为 $(R/2, 0)$，半径为 $R/2$。

综上所述，凡是电阻 R 与电容 C 或电感 L 串联组成的复合元件，在 Nyquist 图上均表现为一条与纵轴平行的直线。

一般在系统中相继发生的过程可用基本元件串联表示，而平行发生的过程可用基本元件的并联表示，在选择系统等效电路图时，应尽可能从系统所发生的过程出发进行估计，然后根据实测的交流阻抗图谱和已掌握的各种基本元件及复合元件的阻抗图谱特征进行核对，以合理选择等效电路。

目前，描述电化学嵌入反应机制的模型主要有吸附模型（Adsorption Model）和表面层模型（Surface Layer Model）。一般采用表面层模型来描述锂离子在嵌合物电极中的脱出和嵌入过程。表面层模型最初由 Thomas 等提出，分为高频、中频、低频区域，并逐步完善。Barsoukov 基于锂离子在单个活性材料颗粒中嵌入和脱出过程的分析，给出了锂离子在嵌合物电极中嵌入和脱出过程的微观模型示意图，见图 3.2.15，认为锂离子在嵌合物电极中的脱出和嵌入过程包括以下步骤：①电子通过活性材料颗粒间的输运、锂离子在活性材料颗粒空隙间的电解液中的输运；②锂离子通过活性材料颗粒表面绝缘层（SEI 膜）的扩散迁移；③电子/离子导电结合处的电荷传输过程；④锂离子在活性材料颗粒内部的固体扩散过程；⑤锂离子在活性材料中的累积和消耗以及由此导致活性材料颗粒晶体结构的改变或新相的生成。

充分考虑了导电剂对锂离子嵌入和脱出过程的影响，即电子传输过程对嵌锂过程的影响，研究者对表面层模型进行了完善。锂离子在嵌合物电极中脱出和嵌入过程的典型电化学阻抗谱共分为五部分，如图 3.2.16 所示。但由于受实验条件的限制，极低频区域（<0.01Hz）与活性材料颗粒晶体结构的改变或新相生成相关的半圆以及与锂离子在活性材料中的积累和消耗相关的垂线很难观察到。

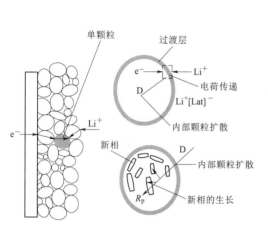

图 3.2.15　嵌合物电极中嵌锂物理机制
模型示意图

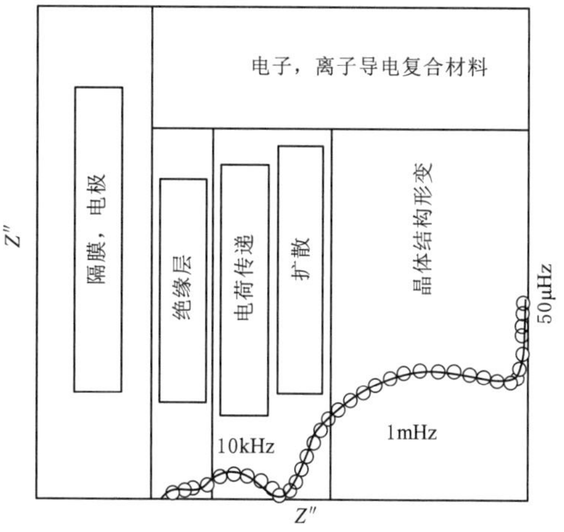

图 3.2.16　锂离子在嵌合物电极中脱出和
嵌入过程的典型电化学阻抗图谱

典型的电化学阻抗谱（EIS）主要由以下部分组成：

（1）高频区域：与锂离子通过活性材料颗粒表面 SEI 膜扩散迁移相关的半圆。

（2）中高频区域：与电子在活性材料颗粒内部输运有关的半圆。

（3）中频区域：与电荷传递过程有关的半圆。

（4）低频区域：与锂离子在活性材料颗粒内部的固体扩散过程相关的一条斜线。

电极 EIS 谱的高频区域是与锂离子通过活性材料颗粒表面 SEI 膜的扩散迁移相关的半圆（高频区域半圆），可用一个并联电路 R_{SEI}/C_{SEI} 表示，R_{SEI} 和 C_{SEI} 是表征锂离子活性材料颗粒表面 SEI 膜扩散迁移过程的基本参数。如何理解 R_{SEI} 和 C_{SEI} 与 SEI 膜的厚度、时间、温度的关系，是应用 EIS 研究锂离子通过活性材料颗粒表面 SEI 膜扩散过程的基础。根据 R_{SEI} 和 C_{SEI} 的变化，可以预测 SEI 膜的形成和增长情况。中高频区域是与电子在活性材料颗粒内部的输运过程相关的半圆，可用一个 R_e/C_e 并联电路表示，R_e 是活性材料的电子电阻，是表征电子在活性材料颗粒内部的输运过程的基本参数。R_e 随电极极化电位或温度的变化反映了材料电导率随电极电位或者温度的变化。从本质上来说，嵌合物电极 EIS 谱的中高频区域的半圆是与活性材料电子电导率相关的。

实用嵌合物电极 EIS 谱的中频区域是与电荷传递过程相关的一个半圆，可用一个 R_{ct}/C_{dl} 并联电路表示，R_{ct} 和 C_{dl} 是表征电荷传递过程相关的基本参数。

低频区是与扩散过程相关的一条直线，此过程可用一个 Warburg 阻抗 Z_w 来表示。Z_w 表征了锂离子在活性材料颗粒内部的固体扩散过程，相应的锂离子在嵌合物电极活性材料颗粒内部的扩散系数是表征扩散过程的主要动力学参数。

极低频区（$<0.01\mathrm{Hz}$）为与活性材料晶体结构的改变或新相形成相关的一个半圆，以及与锂离子在活性材料中的积累和消耗相关的一条垂线组成。此过程可用一个 R_b/C_b 并联电路和 C_{int} 组成的串联电路表示，其中 R_b 和 C_b 为表征活性材料颗粒本体结构改变的电阻和电容。

由于 EIS 的频率范围一般为 $10^{-2}\sim10^5\mathrm{Hz}$，另外锂离子电池的正极材料或负极材料在锂离子嵌入、脱出过程中体积变化较小，体相内部物理化学性质变化不大，且一般不存在剧烈的相变过程，新生成相和原始相之间的物理化学性质差别也往往不大，因此在 EIS 谱中很难观察到极低频率区域，即与活性材料颗粒晶体结构的改变或者与新相生成相关的半圆。对石墨负极和其他碳电极而言，活性材料为电子的良导体，R_e 很小，因而其 EIS 谱中不存在与 R_e/C_e 并联电路相关的半圆，此时 EIS 谱由与 R_{SEI}/C_{SEI} 并联电路、R_{ct}/C_{dl} 并联相关的两个半圆和反映锂离子固态扩散过程的斜线 3 部分组成。对过渡金属氧化物或过渡金属磷酸盐正极而言，理论上其 EIS 谱应当由上述 4 部分组成，但由于锂离子通过活性材料颗粒表面 SEI 膜的扩散迁移和电子在活性材料颗粒内部的输运是一对相互耦合的过程，因此与 R_e/C_e、R_{SEI}/C_{SEI} 并联电路相关的两个半圆较易相互重叠，因而在 EIS 谱上表现为一个半圆。在文献报道中，它们的 EIS 谱基本上由两个半圆或 3 个半圆与一条斜线组成，且由两个半圆与一条斜线组成最为常见。

3. 应用实例测试及数据分析

对锂离子电池进行电化学阻抗测试一般采用电化学工作站，目前常用的工作站有 CHI 电化学工作站、Zahner 电化学工作站等，本文以 Zahner 为例介绍 EIS 测试过程。图 3.2.17 为 NCM333 和 NCM333@Al_2O_3 样品的交流阻抗图谱，测试前样品处于荷电态。可以看出，两者的 EIS 阻抗谱都由横轴的一小节中断带、高频区的一小段半圆弧、中高频区的一段半圆弧和低频区的一小段直线组成。其中，高频位置中断带在横轴上的截距对应的是溶液阻抗 R_s；高频区的一小段半圆弧是 Li^+ 在 SEI 膜之间所存在的阻抗 R_{SEI}；中高频区的半圆弧与电荷转移阻抗 R_{ct} 对应；而低频区直线为瓦尔堡阻抗，主要受 Li^+ 扩散速率的影响。所用的拟合电路为图 3.2.17 的插图，由此拟合后可得，循环后 NCM333 样品的阻抗 R_s、R_{SEI} 和 R_{ct} 值分别为 4.90Ω、76.6Ω 和 457.3Ω，而 NCM333@Al_2O_3 样品的阻抗 R_s、R_{SEI} 和 R_{ct} 值分别为 5.13Ω、59.3Ω 和 78.8Ω，两者的 R_s 基本保持不变，而包覆后的样品在 R_{SEI} 和 R_{ct} 明显小于纯的样品。包覆后的样品材料具

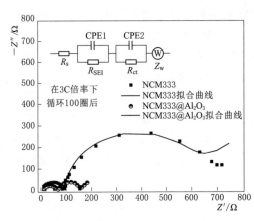

图 3.2.17　NCM333 和 NCM333@Al_2O_3
样品的交流阻抗图谱

有更小的 R_{SEI}，有利于 Li^+ 在 SEI 膜之间的扩散，这是因为包覆后抑制了高电位下 NCM333 材料与电解液之间发生副反应，减缓了 SEI 膜的生长速度。而更小的 R_{ct} 说明包覆后的样品具有更高的电子电导率，在循环充放电过程中材料的结构稳定性更好。

锂离子电池的正负极材料大多选用能够脱嵌锂离子的层状化合物，充放电过程主要步骤是锂离子在正负极材料中的脱出和嵌入，因此测定锂离子在正负极材料中的扩散系数具有非常重要的意义。EIS 除了测试阻抗之外还可以用于锂离子扩散系数的计算，其中 EIS 计算锂离子扩散系数主要有两种方法：

一种方法为基于 Goodenough 等建立的理论模型，Myung 等计算扩散系数的方法：

$$D = \frac{\pi f_T r^2}{1.94} \tag{3.2.22}$$

式中：f_T 为半无限扩散到有限扩散的转折频率，可以通过分析对交流阻抗谱图得到；r 为样品的平均粒径。

另一种方法是根据半无限扩散阻抗的定义，通过 EIS 可以计算扩散系数：

$$\sigma = \frac{RT}{n^2 F^2 A \sqrt{2D} C} \tag{3.2.23}$$

$$D = \frac{R^2 T^2}{2A^2 n^4 F^4 C^2 \sigma^2} \tag{3.2.24}$$

$$Z_{re} = R_s + R_{ct} + \sigma \omega^{-1/2} \tag{3.2.25}$$

式中：R 为气体常数；T 为绝对温度；n 为每摩尔参与电极反应的转移电子数；A 为电极表面积；σ 为 Warburg 系数。由于扩散系数的本身性质，对其计算一般只着重于数量级范围的变化，并不苛求精确值，所以用 EIS 计算锂离子扩散系数是十分适用的，计算得到的锂离子扩散系数的变化范围一般为 $10^{-12} \sim 10^{-9} cm^2/s$。

图 3.2.18 为 $LiNi_{1/3}Co_{1/3}Mn_{1/3}O_2$ 和 $LiNi_{1/3}Co_{1/3}Mn_{1/3}O_2@YF_3$ 样品在不同充放电状态下的交流阻抗图谱。从中可以看出，3.47V 和 3.67V 为充电的初始点，而 3.75、3.83 和 3.94V 则对应的是锂离子从正极材料脱出来的充电平台，在 3.67V 之后，阻抗曲线由一节小中断和一个在高频区的小半圆弧、中高频区的小半圆弧及低频区的直线构成。高频区的小中断对应于溶液电阻 R_s；高频区的小半圆弧对应于 Li^+ 在 SEI 膜扩散的阻抗 R_f；中高频区的小半圆弧则对应于电荷传递电阻 R_{ct}；低频区的直线则与 Li^+ 的扩散输运有关。

不同充放电状态下的锂离子扩散系数可以由方程（3.2.24）和式（3.2.25）计算得出。

图 3.2.19 为 $LiNi_{1/3}Co_{1/3}Mn_{1/3}O_2$ 和 $LiNi_{1/3}Co_{1/3}Mn_{1/3}O_2@YF_3$ 样品在充放电过程中不同状态下的锂离子扩散系数图。从图中看出在充电过程中，$LiNi_{1/3}Co_{1/3}Mn_{1/3}O_2$ 在 3.8V 锂离子扩散系数达到最大值为 $3.32 \times 10^{-11} cm^2/S$，$LiNi_{1/3}Co_{1/3}Mn_{1/3}O_2@YF_3$ 样品在 3.77V 锂离子扩散系数达到最大值为 $1.18 \times 10^{-10} cm^2/S$，这意味着包覆样品在电极材料脱嵌锂的过程中电子和锂离子的传导速率更快。随着充

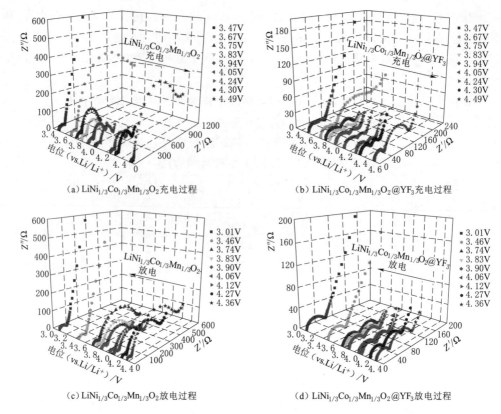

（a）LiNi$_{1/3}$Co$_{1/3}$Mn$_{1/3}$O$_2$充电过程 （b）LiNi$_{1/3}$Co$_{1/3}$Mn$_{1/3}$O$_2$@YF$_3$充电过程

（c）LiNi$_{1/3}$Co$_{1/3}$Mn$_{1/3}$O$_2$放电过程 （d）LiNi$_{1/3}$Co$_{1/3}$Mn$_{1/3}$O$_2$@YF$_3$放电过程

图 3.2.18 不同电压状态下充放电交流阻抗图谱

放电过程的进行，电极极化增加，正极材料与电解液反应产生的沉积物会附着在正极表面上，而 YF$_3$ 包覆层的存在不仅可以有效增强材料结构的稳定性，而且提升了 Li$^+$ 的动力学行为并改善了电极高倍率性能和循环性能。

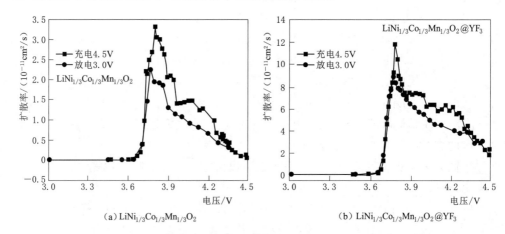

（a）LiNi$_{1/3}$Co$_{1/3}$Mn$_{1/3}$O$_2$ （b）LiNi$_{1/3}$Co$_{1/3}$Mn$_{1/3}$O$_2$@YF$_3$

图 3.2.19 充放电过程中不同状态下的锂离子扩散系数图

实用嵌合物电极 EIS 谱的中频区域是与电荷传递过程相关的一个半圆，可用一个 R_{ct}/C_{dl} 并联电路表示，R_{ct} 和 C_{dl} 是表征电荷传递过程相关的基本参数。下面以

$LiCoO_2$ 为例来讲解 EIS 的另一个重要功能——活化能的计算。锂离子在 $LiCoO_2$ 中的嵌入和脱出过程可表示为

$$(1-x)Li^+ + (1-x)e^- + Li_xCoO_2^- \Longleftrightarrow LiCoO_2 \tag{3.2.26}$$

假定正向反应（锂离子嵌入反应）的速率正比于 $C_T(1-x)$ 和电极表面溶液中的锂离子浓度 $[M^+]$，这里 $C_T(1-x)$ 表示 Li_xCoO_2 内待嵌入的自由位置，x 为嵌锂度，C_T 为在 $LiCoO_2$ 中锂离子的最大嵌入浓度（mol/cm^3）。反向反应（锂离子脱出反应）的速率正比于 C_Tx，C_Tx 为已经被锂离子占有的位置，因此正向反应速率 r_f 和反向反应速率 r_b 可分别表示为

$$r_f = k_f C_T(1-x)[M^+] \tag{3.2.27}$$

$$r_b = k_b C_T x \tag{3.2.28}$$

按照 Butler – Volmer 方程，外电流密度：

$$i = r_f - r_b = nFC_T\{k_f(1-x)[M^+] - k_b x\} \tag{3.2.29}$$

式中：n 为反应中转移的电子数。

进一步假设 Li_xCoO_2 中不存在锂离子之间或者锂离子与嵌锂空穴之间的相互作用，锂离子的嵌入过程可用 Langmuir 嵌入等温式（Langmuir Insertion Isotherm）来描述：

$$\frac{x}{1-x} = \exp[f(E-E_0)] \tag{3.2.30}$$

式中：$f = F/RT$（F 为法拉第常数）；E 和 E_0 分别为平衡状态下电极的实际和标准电极电位。

锂离子嵌入引起的 $LiCoO_2$ 的摩尔嵌入自由能 ΔG_{int} 的变化可表示为

$$\Delta G_{int} = a + gx \tag{3.2.31}$$

式中：a 和 g 分别为每个嵌入位置周围嵌基的相互作用、两个相邻的嵌入锂离子之间相互作用有关的常数。

按照活化络合物理论，并考虑到锂离子嵌入引起的 $LiCoO_2$ 的摩尔嵌入自由能 ΔG_{int} 的变化，则 r_f 和 r_b 与电位的关系是：

$$k_f = k_f^0 \exp\left[\frac{-\alpha(nFE + \Delta G_{int})}{RT}\right] \tag{3.2.32}$$

$$k_b = k_b^0 \exp\left[\frac{(1-\alpha)(nFE + \Delta G_{int})}{RT}\right] \tag{3.2.33}$$

式中：α 为电化学反应的对称因子，k_f、k_b 分别为由化学因素决定的正向和反向反应的反应速率常数。

k_f、k_b 还可以由化学因素决定的反应活化能的关系可由 Arrhenius 公式给出：

$$k_f = A_f \exp\left(\frac{-\Delta G_{0c}}{RT}\right) \tag{3.2.34}$$

$$k_b = A_b \exp\left(\frac{-\Delta G_{0a}}{RT}\right) \tag{3.2.35}$$

将式（3.2.29）与式（3.2.32）、式（3.2.33）联立后得到

$$i = nFc_Tk_f^0(1-x)[M^+]\exp\left[\frac{-\alpha(nFE+\Delta G_{int})}{RT}\right]$$

$$-nFc_Tk_b^0x\exp\left[\frac{(1-\alpha)(nFE+\Delta G_{int})}{RT}\right] \quad (3.2.36)$$

在平衡条件下，$E=E_e$，外电流密度 $i=0$，因此交换电流密度 i_0 可表示为

$$i_0 = nFc_Tk_f^0(1-x)[M^+]\exp\left[\frac{-\alpha(nFE+\Delta G_{int})}{RT}\right]$$

$$= nFc_Tk_b^0x\exp\left[\frac{(1-\alpha)(nFE+\Delta G_{int})}{RT}\right] \quad (3.2.37)$$

令 k_0 为标准反应速率常数，根据交换电流密度 i_0 与 k_0 之间的关系式：

$$i_0 = nFc_Tk_0[M^+]^{(1-\alpha)}(1-x)^{(1-\alpha)}x^\alpha \quad (3.2.38)$$

式中

$$k_0 = k_f^0\exp\left[\frac{-\alpha(nFE_0+\Delta G_{int})}{RT}\right] = k_b^0\exp\left[\frac{(1-\alpha)(nFE_0+\Delta G_{int})}{RT}\right] \quad (3.2.39)$$

在可逆状态下，反应的电荷传递电阻定义为

$$R_{ct} = RT/nFi_0 \quad (3.2.40)$$

将式 (3.2.38)、式 (3.2.40) 联立，得到

$$R_{ct} = \frac{RT}{n^2F^2c_Tk_0[M^+]^{(1-\alpha)}(1-x)^{(1-\alpha)}x^\alpha} \quad (3.2.41)$$

假定锂离子在嵌合物中的嵌入和脱出过程是可逆的，则 $\alpha=0.5$，式 (3.2.41) 可转换为

$$R_{ct} = \frac{RT}{n^2F^2c_Tk_0[M^+]^{0.5}(1-x)^{0.5}x^{0.5}} \quad (3.2.42)$$

根据函数极值定理，当 $x=0.5$ 时，R_{ct} 有极小值；当 $x<0.5$ 时，R_{ct} 随 x 的减小而增大；当 $x>0.5$ 时，R_{ct} 随 x 的增大而增大，即 R_{ct} 随电极极化电位的增大出现先减小而后增大的趋势。

在偏离平衡电位的条件下，特别是锂离子在嵌合物的脱出末期或嵌入初期，此时嵌合物活性材料中锂离子的含量非常少，也亦 $x\to0$，此时式 (3.2.25) 可简化为

$$x = \exp[f(E-E_0)] \quad (3.2.43)$$

将式 (3.2.43) 代入式 (3.2.41) 可得

$$R_{ct} = \frac{RT}{n^2F^2c_Tk_0[M^+]^{(1-\alpha)}}\exp[-\alpha f(E-E_0)] \quad (3.2.44)$$

将式 (3.2.44) 变成对数形式，则

$$\ln R_{ct} = \ln\left\{\frac{RT}{n^2F^2c_Tk_0[M^+]^{(1-\alpha)}}\right\} - \alpha f(E-E_0) \quad (3.2.45)$$

由式 (3.2.45) 可知，当 $x\to0$，$\ln R_{ct}-E$ 呈线性关系，从直线的斜率可求得电化学反应的对称因子 α。

下面推导 R_{ct} 与温度之间的关系：

以锂离子嵌入反应为例，从式（3.2.34）、式（3.2.39）、式（3.2.41）可得

$$R_{ct}=\frac{RT}{n^2F^2c_TA_f[M^+]^{(1-\alpha)}(1-x)^{(1-\alpha)}x^{\alpha}}\exp\left[\frac{\Delta G_{0c}+\alpha(nFE_0+\Delta G_{int})}{RT}\right]$$

$$(3.2.46)$$

定义嵌入反应的活化能 ΔG 为

$$\Delta G=\Delta G_{0c}+\alpha(nFE_0+\Delta G_{int})=\Delta G_{0c}+\alpha(nFE_0+a+gx) \quad (3.2.47)$$

将式（3.2.47）代入式（3.2.46）得到

$$R_{ct}=\frac{RT}{n^2F^2c_TA_f[M^+]^{(1-\alpha)}(1-x)^{(1-\alpha)}x^{\alpha}}\exp\frac{\Delta G}{RT} \quad (3.2.48)$$

将式（3.2.48）变成对数形式，可得

$$\ln R_{ct}=\ln\left\{\frac{R}{n^2F^2c_TA_f[M^+]^{(1-\alpha)}(1-x)^{(1-\alpha)}x^{\alpha}}\right\}+\frac{\Delta G}{RT}-\ln\frac{1}{T} \quad (3.2.49)$$

$$\ln R_{ct}=\ln\frac{R}{n^2F^2c_TA_f[M^+]^{(1-\alpha)}(1-x)^{(1-\alpha)}x^{\alpha}}+\frac{\Delta G-R}{RT}+1 \quad (3.2.50)$$

从式（3.2.50）看出，在恒定电极电位和相对较高的温度下，即 x 保持不变和 $1/T$ 很小时，$\ln R_{ct}-T^{-1}$ 同样也呈线性关系，从直线的斜率可求出嵌入反应的活化能 ΔG。再利用换底公式对式（3.2.50）进行化简可得到更为简便的活化能计算式为

$$\lg R_{ct}=\lg A+\frac{\Delta G-R}{2.303RT} \quad (3.2.51)$$

式中：A 为与温度无关的常数；R 为气体常数；T 为绝对温度。

图 3.2.20 为不同温度（$0\sim-30℃$）相同放电状态下，$Li_4Ti_5O_{12}$ 和 $Li_4Ti_5O_{12}$ @C 复合材料的交流阻抗谱。如图 3.2.20（a）和（b）所示，发现随着温度的降低，$Li_4Ti_5O_{12}$ 和 $Li_4Ti_5O_{12}$ @C 复合材料的电荷转移电阻迅速增加，这是电极与电解液界面发生电荷转移反应的阻碍增加导致的。在相应的测试温度下，$Li_4Ti_5O_{12}$ @C 的 R_{ct} 值均小于 $Li_4Ti_5O_{12}$ 的 R_{ct} 值，说明复合材料的导电性较高和更好的电池反应动力学。低温下 R_{ct} 的增加会导致明显的容量和能量损失，这与电极反应的活化能（ΔG）有关。通过计算活化能（ΔG），可以定量表征 R_{ct} 与温度（T）的依赖关系，根据式（3.2.51）计算结果如图 3.2.20（c）所示，由图中 $\lg R_{ct}$ 与 T^{-1} 的线性关系，可以计算出 $Li_4Ti_5O_{12}$ 和 $Li_4Ti_5O_{12}$ @C 复合材料的活化能分别为 10.07kJ/mol 和 8.127kJ/mol，显然的，$Li_4Ti_5O_{12}$ @C 复合材料的活化能低于纯相 $Li_4Ti_5O_{12}$。较高的表面活化能更不利于锂离子的脱嵌。

3.2.2.3 恒电流间歇滴定技术（GITT）

1. 基本原理与特性

恒电流间歇滴定技术由德国科学家 W. Weppner 提出，基本原理是在某一特定环境下对测量体系施加一恒定电流并持续一段时间后切断该电流，观察施加电流段体系电位随时间的变化以及弛豫后达到平衡的电压，通过分析电位随时间的变化可以得出电极过程过电位的弛豫信息，进而推测和计算反应动力学信息。利用恒电流间歇滴定技术的电极体系需满足以下条件：①电极体系为等温绝热体系；②电极体系在施加电流时无体积变化与相变；③电极响应完全由离子在电极内部的扩散控

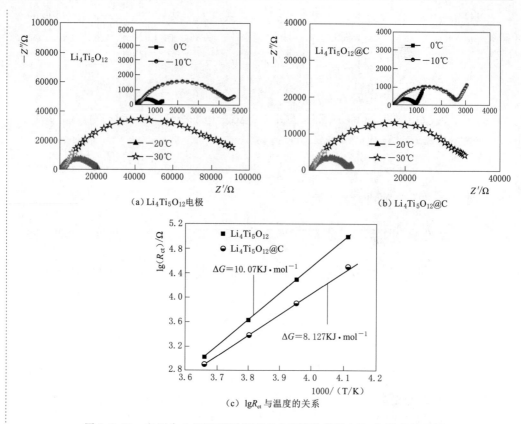

（a）Li$_4$Ti$_5$O$_{12}$电极

（b）Li$_4$Ti$_5$O$_{12}$@C

（c）lgR_{ct} 与温度的关系

图 3.2.20　电压为 1.55V 不同温度下交流阻抗谱及 lgR_{ct} 与温度关系图

制；④需要满足 $t \ll L^2/D$，其中 L 为材料的特征长度，D 为材料的扩散系数；⑤电极材料的电子电导远大于离子电导。

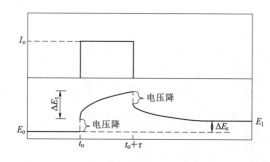

图 3.2.21　GITT 技术中一个电流阶跃示意图

如图 3.2.21 所示，其测试基本原理是在电极上施加一定时间的恒电流，记录并分析在该电流脉冲后的电位响应曲线。在时间 τ 内总的暂态电位变化，ΔE_s 是由于 I 的施加而引起的电池稳态电压变化。

电流脉冲在时间 τ 内通过电极时，锂在电极中的浓度变化可以根据 Fick 第二定律得到

$$\frac{\partial C_{Li}(x,t)}{\partial t} = D_{Li}\frac{\partial^2 C_{Li}(x,t)}{\partial x^2} \tag{3.2.52}$$

初始条件和边界条件均已知：

$$\partial C_{Li}(x,t=0) = C_0 \quad (0 \leqslant x \leqslant l) \tag{3.2.53}$$

$$-D\left.\frac{\partial C_{Li}}{\partial x}\right|_{x=0} = \frac{I_0}{sZ_iq} \quad (t \geqslant 0) \tag{3.2.54}$$

$$-D\left.\frac{\partial C_{Li}}{\partial x}\right|_{x=1}=0(t\geqslant0) \tag{3.2.55}$$

考虑到 $t\ll\dfrac{L^2}{D}$，则有

$$\frac{dC_{Li}(x=0,t)}{d\sqrt{t}}=\frac{2I_0}{SZ_{Li}F\sqrt{D\pi}} \tag{3.2.56}$$

如果忽略激励过程中体相体积变化，则有

$$dC_{Li}=\frac{d\delta}{V_m} \tag{3.2.57}$$

将式（3.2.57）代入式（3.2.56），引入 dE 有

$$\frac{dE}{d\sqrt{t}}=\frac{2V_mI_0}{SZ_{Li}F\sqrt{D\pi}}\cdot\frac{dE}{d\delta}\left(t\ll\frac{L^2}{D}\right) \tag{3.2.58}$$

所以

$$D=\frac{4}{\pi}\left(\frac{I_0V_m}{SFZ_{Li}}\right)^2\left[\frac{dE}{d\delta}\bigg/\frac{dE}{d\sqrt{t}}\right]^2\left(t\ll\frac{L^2}{D}\right) \tag{3.2.59}$$

式中：D 为锂离子在电极中的化学扩散系数；V_m 为活性物质的体积；S 为浸入溶液中的真实电极面积；F 为法拉第常数（96487C/mol）；$dE/d\delta$ 为开路电位对电极中锂离子浓度曲线上某浓度处的斜率（即库仑滴定曲线）；$dE/d\sqrt{t}$ 为极化电压对时间平方根曲线的斜率。

为了简化求解，当外加的电流 i 很小时，且弛豫时间 τ 很短，$dE/d\sqrt{t}$ 呈线性关系，式（3.2.59）可以简化为

$$D=\frac{4}{\pi\tau}\frac{n_mV_m}{S}^2\frac{\Delta E_s^2}{\Delta E_t} \tag{3.2.60}$$

式中：τ 为弛豫时间；n_m 为摩尔数；V_m 为电极材料的摩尔体积；S 为电极/电解液接触面积；ΔE_s 为脉冲引起的电压变化；ΔE_t 为恒电流充（放）电的电压变化。

恒电流间歇滴定技术是一种暂态测量技术。GITT 方法假设扩散过程主要发生在固相材料的表层，GITT 方法主要有两个部分组成，其中第一部分为小电流恒流脉冲放电，为了满足扩散过程仅发生在表层的假设，恒流脉冲放电的时间 t 要比较短，需要满足 $t\ll L^2/D$；第二部分为长时间的静置，以让锂离子在活性物质内部充分扩散达到平衡状态。GITT 测试由一系列"脉冲＋恒电流＋弛豫"组成。

图 3.2.22 是一次典型的 GITT 测试，对象是商用锂离子电池。对图 3.2.22（a）中的方框区域进行放大，显示出一次"脉冲＋恒电流＋弛豫"过程。GITT 首先施加正电流脉冲，电池电势快速升高，与电压降成正比［图 3.2.22（b）中箭头标注］。其中，R 是整个体系的内阻，包括未补偿电阻 R 和电荷转移电阻 R_{ct} 等。随后，维持充电电流恒定，使电势缓慢上升。这也是 GITT 名字中"恒电流"的来源。此时，电势 E 与时间 t 的关系需要使用菲克第二定律进行描述。菲克第一定律只适应于稳态扩散，即各处的扩散组元的浓度只随距离变化，而不随时间变化。实际上，大多数扩散过程都是在非稳态条件下进行的。对于非稳态扩散，就要应用菲克第二定律了。接着，中断充电电流，电势迅速下降，下降的值与电压降成

正比。最后，进入弛豫过程。在此豫期间，通过锂离子扩散，电极中的组分趋向于均匀，电势缓慢下降，直到再次平衡。重复以上过程：脉冲、恒电流、弛豫、脉冲、恒电流、弛豫……，直到电池完全充电；放电过程与充电过程相反。

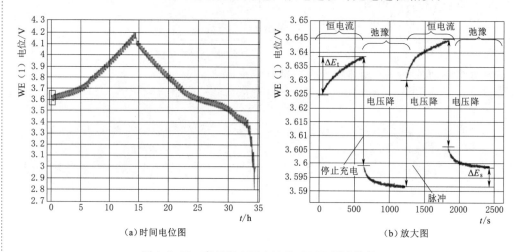

(a) 时间电位图　　　　　　　　　(b) 放大图

图 3.2.22　商用锂离子电池的 GITT 测试结果

2. 应用实例测试及分析

对待测电池在一定温度环境中施加绝对恒定的电流，进行一段时间的充放电，然后关闭电流，记录施加电流过程及弛豫过程中的电位变化是恒流间歇滴定技术的关键，并以此为原始数据分析电极反应的极化信息，进而推测和计算反应的动力学信息。通常情况下 GITT 可以用来测量离子化学扩散系数。弛豫过程就是指在这段时间内没有电流通过电池。GITT 主要设置的参数有两个：脉冲电流 i 与弛豫时间 τ。

图 3.2.23 为 3C 倍率下循环 100 圈后 NCM333 和 NCM333@Al$_2$O$_3$ 样品的 GITT 曲线及对应的锂离子扩散系数。测试过程中的每一步充放电的电流倍率为 0.1C，每次的脉冲充放电时间为 $\tau=10\text{min}$，随后搁置 40min，根据式 (3.2.60) 可以分别得到两种样品的扩散系数。其中，活性电极和电解液之间的接触面积 S 为 1.169cm^2，活性材料的摩尔体积为 70.46cm^3/mol，活性材料的摩尔质量为 94.91mol/g，脉冲时间 $\tau=600$s，ΔE_t 和 ΔE_s 分别是暂态下和稳态下的电位变化值。如图 3.2.23 (a) 是 3C 循环 100 圈后 NCM333 和 NCM333@Al$_2$O$_3$ 样品的 GITT 曲线，通过上述公式计算，可得经过循环后的 NCM333 和 NCM333@Al$_2$O$_3$ 样品在充电和放电时不同电压下的锂离子扩散系数曲线 [图 3.2.23 (a) 和 (b)]。两个样品在充放电过程中的锂离子扩散系数具有相同的变化趋势，且 Al$_2$O$_3$ 包覆后的样品具有更高的锂离子扩散系数，放电过程中锂离子扩散系数最大值达到 $6.09\times10^{-9}\text{cm}^2/\text{s}$，而纯的样品仅为 $3.59\times10^{-9}\text{cm}^2/\text{s}$，说明在锂离子的脱嵌过程中，包覆后的样品锂离子和电子的传输速率更快，材料的电化学性能得到一定的提高。

除了测定离子的扩散系数，GITT 常用于对电极反应中的微观动力学信息进行测定，在电化学方法与原理的基础上侧重分析电极和样品的化学反应与极化，以此

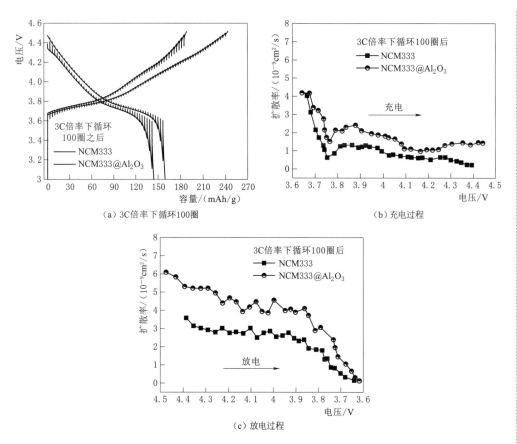

图 3.2.23　NCM333 和 NCM333@Al₂O₃ 样品的恒电流间歇滴定（GITT）曲线
及对应的锂离子扩散系数

为依据对不同充放电深度的极化及其可能发生的化学反应分段研究，逐步分析各阶段的差异，从而找到各阶段影响极化的关键因素。GITT 最大的优势在于测量样品的真实度较高，而其他检测手段则经常只能测试表观参数信息。

习　　题

一、判断题

1. 额定容量为 100mAh 的电池以 50mA 的电流充放电，则充放电倍率为 2C。（　　）

2. 电池容量是锂离子电池性能的重要性能指标之一，它表示在一定条件下锂离子电池储存的电量。（　　）

3. 锂离子在电解液相中的扩散迁移速度远小于锂离子在固体相中的扩散迁移速度。（　　）

4. 微分差容（dQ/dV）曲线的氧化峰和还原峰对应充放电曲线中的充电平台和放电平台。（　　）

5. 锂离子电池主要的安全性测试项目包括电学、热学、力学和环境测试四大

类。（　　）

6. 电化学测量只能采用三电极体系。（　　）

7. 锂离子电池与传统电化学测量体系显著不同之处是氧化还原反应发生在电极内部而非电极表面。（　　）

8. 浓差极化是由于电极/溶液界面存在暂态电流，导致界面处不断发生反应物消耗和产物积累。（　　）

9. 循环伏安法是指在电极上施加一个扫描速度恒定的线性扫描电压，当达到所设定的回扫电位时，再反向回归至设定的终止电位。（　　）

10. 典型的交流阻抗谱由高频区域、中高频区域、中频区域和低频区域四个部分组成。（　　）

11. 表面活化能越高更有利于锂离子的脱嵌。（　　）

12. 恒电流间歇滴定技术是一种暂态测量技术。（　　）

二、不定项选择题

1. 以下不属于动力电池电化学性能测试的是（　　）。

A. 跌落测试　　　　B. 容量测试　　　　C. 倍率测试　　　　D. 循环寿命测试

2. 锂离子电池的电化学过程一般包括（　　）。

A. 溶液相中离子的传输

B. 电极中离子及电子的传输

C. 气相反应物或产物的吸附脱附

D. 双电层或空间电荷层充放电

3. 下面不属于动力电池安全测试的是（　　）。

A. 针刺实验　　　　B. 过充放电测试　　C. 耐振动实验　　　　D. 大电流循环测试

4. 下面属于电极过程驱动力的是（　　）。

A. 化学势　　　　　B. 浓度梯度　　　　C. 电场梯度　　　　D. 温度梯度

5. 关于暂态法说法正确的是（　　）。

A. 暂态法不可以同时测量双电层电容 C_d 和溶液电阻 R_u

B. 暂态法不能测量电荷传递电阻 R_{ct}

C. 暂态法可研究快速电化学反应

D. 暂态法可用于研究表面快速变化的体系

6. 在锂离子电池的研究中，固体电极包括含有活性物质的（　　）。

A. 多孔粉末电极　　B. 多晶薄膜电极　　C. 外延膜薄膜电极　　D. 单颗粒微电极

7. 电极过程的等效电路包括（　　）。

A. 传荷过程控制下的等效电路

B. 半无限扩散阻抗的等效电路

C. 浓差极化不可忽略时的界面等效电路

D. 四个电极基本过程的等效电路

8. 关于循环伏安法说法正确的是（　　）。

A. 利用循环伏安法可以得到材料的锂离子扩散系数

B. 利用循环伏安法可以得到材料的脱嵌锂电位

C. 利用循环伏安法可以得到材料的电荷迁移电阻

D. 利用循环伏安法可以得到材料的赝电容贡献

9. 下列属于电化学阻抗谱技术中基本元件的是（　　　）。

A. 电阻　　　　　　　B. 电容　　　　　C. 瓦伯格元件　　　D. 恒相位元件

10. 下列哪些测量技术可以计算锂离子扩散系数。（　　　）

A. 交流阻抗技术　　　　　　　　　　B. 恒电流间歇滴定技术

C. 恒电位间歇滴定技术　　　　　　　D. 循环伏安法

三、简答题

1. 什么是恒压充电？

2. 锂离子电池主要的安全性测试项目有哪些？

3. 暂态过程测量方法有哪些特点？

4. 参比电极的性能直接影响电极电势的准确测量，通常参比电极应具备哪些基本特征？

5. 典型的电极过程及动力学参量有哪些？

6. 简述锂离子电池电极材料在电池充放电过程中经历的步骤。

7. 采用恒电流间歇滴定技术需满足哪些条件？

8. 进行电化学阻抗测试需满足哪些基本条件？

参 考 文 献

［1］ 邹明忠. 碳基材料及纳米金属合金对改性锂离子电极材料电化学性能的作用及其机理研究［D］. 福州：福建师范大学，2017.

［2］ 林志雅. 碳修饰半导体负极材料的储锂性能研究［D］. 福州：福建师范大学，2020.

［3］ 陈龙传. 锂离子电池正极材料的制备与改性研究［D］. 福州：福建师范大学，2017.

［4］ 洪礼训. 三元正极材料的制备及全电池研究［D］. 福州：福建师范大学，2019.

［5］ 刘国镇. 钴基氧化物负极材料的制备与改性［D］. 福州：福建师范大学，2019.

［6］ 陈越. 锂电池薄膜电极结构与物理化学性质动态演化的原位研究［D］. 福州：福建师范大学，2021.

［7］ Tao J M, Lu L, Wu B Q, et al. Dramatic improvement enabled by incorporating thermal conductive TiN into Si – based anodes for lithium ion batteries［J］. Energy Storage Materials，2020（29）：367 – 376.

［8］ 凌仕刚，吴娇杨，张舒，高健，王少飞，李泓. 锂离子电池基础科学问题（ⅩⅢ）——电化学测量方法［J］. 储能科学与技术，2015，4（1）：84 – 103.

［9］ Zhu Y, Wang C. . Galvanostaticintermittent titration technique for phase – transformation e-lectrodes［J］. Journal of Physical Chemistry C，2010，114（6）：2830 – 2841.

［10］ 电化学干货：GITT 与 PITT 测试原理与实例［OL］.［2018 – 07 – 21］. http：//www. cailiaoniu. com/146528. html.

［11］ 周天培. 锂离子扩散系数的电化学测量方法［R］. 合肥：中国科学技术大学，2016（43）.

［12］ 曲涛，田彦文，翟玉春. 采用 PITT 与 EIS 技术测定锂离子电池正极材料 $LiFePO_4$ 中锂离子扩散系数［J］. 中国有色金属学报，2007，17（8）：1255 – 1259.

［13］ 王其钰，褚赓，张杰男，王怡，周格，聂凯会，郑杰允，禹习谦，李泓. 锂离子扣式电池

的组装、充放电测量和数据分析 [J]. 储能科学与技术，2018，7 (2)：327 - 344.

[14]　郑志坤. 磷酸铁锂储能电池过充热失控及气体探测安全预警研究 [D]. 郑州：郑州大学，2020.

[15]　曹铭. 电池管理系统关键技术研究及测试系统构建 [D]. 南昌：南昌大学，2020.

[16]　蔡勇. 锂离子电池电化学性能测试系统及其应用研究 [D]. 长沙：湖南大学，2015.

[17]　周景豪. 动力锂离子电池电池检测标准和方法 [R]. 珠海：银隆新能源，2018.

[18]　牛凯，李静如，李旭晨，马晶，刘燊，李浩，张文堤，彭鹏，陈杰威，刘乐浩，姜冰，褚立华，李美成. 电化学测试技术在锂离子电池中的应用研究 [J]. 中国测试，2020，46 (7)：90 - 101.

[19]　张嘉恒. 微胶囊自修复水泥基材料的电化学阻抗谱研究 [D]. 深圳：深圳大学，2019.

[20]　阮飞，田震，包金小. 电化学阻抗谱技术在质子导体中的应用 [J]. 内蒙古科技大学学报，2018，37 (4)：321 - 325.

[21]　庄全超，徐守冬，邱祥云，崔永丽，方亮，孙世刚. 锂离子电池的电化学阻抗谱分析 [J]. 化学进展，2010，22 (6)：1044 - 1057.

[22]　周仲柏，陈永言. 电极过程动力学基础教程 [M]. 武汉：武汉大学出版社，1989.

第 4 章　锂离子电池正极材料的制备及电化学性能研究

实验 4.1　磷酸铁锂正极材料的制备及电化学性能

一、实验目的

1. 了解磷酸铁锂正极材料的组成和结构特点。
2. 理解磷酸铁锂正极材料的充放电工作原理。
3. 掌握磷酸铁锂正极材料的球磨及固相烧结制备方法。
4. 理解非晶硅颗粒修饰对提升磷酸铁电池性能的作用机制。

二、实验原理

磷酸铁锂材料具有性能优良、价格低廉及高安全性等优点，成为现今动力锂离子电池领域研究和开发的重点。磷酸铁锂材料充放电机理：充电时，锂离子从 $LiFePO_4$ 中脱出，通过电解液到达负极，同时，电子通过外电路也到达负极；放电与之相反。

充电：$LiFePO_4 - Li^+ - e^- \longrightarrow FePO_4$

放电：$FePO_4 + Li^+ + e^- \longrightarrow LiFePO_4$

如表 4.1.1 所示，锂离子从磷酸铁锂中脱出生成磷酸铁（$FePO_4$）、$LiFePO_4$ 相与 $FePO_4$ 相的结构。由表 4.1.1 可知，$FePO_4$ 相和 $LiFePO_4$ 相的各个晶格参数很接近，锂离子脱嵌过程不会引起晶体结构的坍塌和体积的剧烈收缩和膨胀，因而磷酸铁锂材料具有优异的循环稳定性。

表 4.1.1　　　　　　　$FePO_4$ 相和 $LiFePO_4$ 相的晶体结构参数

材　　料	空间群	晶　胞　参　数			
		a/nm	b/nm	c/nm	C/nm^3
$LiFePO_4$	Pnma	1.03344	0.60083	0.64931	0.29139
$FePO_4$	Pnmb	0.98211	0.57921	0.47881	0.27236

近年来，橄榄石型 $LiFePO_4$ 作为一种极具发展前景的大功率锂离子电池正极材料引起了人们的广泛关注。与其他正极材料相比，$LiFePO_4$ 具有热安全性好、成本

低、环境友好等优点。然而，$LiFePO_4$ 基锂离子二次电池的高温电化学性能对其在电动汽车的应用具有挑战性。高温环境下，在传统有机电解质溶剂中，由于 Fe 从阴极侧溶解，导致电极/电解液界面严重降解、锂离子电池的储能和循环性能较差。为了提高 $LiFePO_4$ 的高温性能，人们采用金属氧化物涂层、改性电解液以及改进集流体等策略。例如，Chang 等发现在 55℃ 高温环境下，二氧化钛涂层有助于减小 $LiFePO_4/Li$ 电池的容量衰减。Wu 等发现高温环境下，金或铜层修饰阳极同样可以减少电池容量损失。相比之下，非晶硅（$\alpha-Si$）不仅在电解质中起到 $LiFePO_4$ 的保护层的作用，而且还具有一些悬空键，这构成了连续的随机网络和缺陷可能引起异常电行为。因此，非晶硅（$\alpha-Si$）是一种很有前途的新型电极修饰材料。据报道，硅在锂离子电池电极表面沉积的报道较少，其对 $LiFePO_4$ 的电化学性能的影响尚不清楚。

因此，本实验将通过球磨处理及固相烧结法实现非晶硅（$\alpha-Si$）薄膜沉积磷酸铁锂复合正极材料的制备，并研究复合材料对电池电化学性能的影响。

三、实验原材料、试剂及仪器设备

本实验所涉及的主要化学试剂有乙酸锂、草酸铁、磷酸二氢铵、蔗糖、乙醇、晶态硅、聚偏氟乙烯、super-P、N-甲基吡咯烷酮、电解液、金属锂片。

本实验所使用的主要材料制备仪器有电子天平、超声波振荡清洗器、高能球磨仪、多头磁力加热搅拌器、电热恒温鼓风干燥箱、真空干燥箱、循环水式多用真空泵、管式炉、蒸发沉积真空设备、手套箱。

本实验所使用的材料表征和测试仪器有电化学工作站、充放电测试仪、场发射扫描电子显微镜、透射电子显微镜、X 射线衍射、拉曼光谱仪、电池测试仪。

四、实验步骤

1. 材料制备

将 $CH_3COOLi \cdot 2H_2O$、$FeC_2O_4 \cdot 2H_2O$、$NH_4H_2PO_4$ 和 $C_{12}H_{22}O_{11}$ 按化学计量比（$nLi:nFe:nP=1:1:1$）和 7.0wt.% 碳含量混合。首先，将混合物在酒精溶液中用湿法球磨行星研磨 24h，以减小反应物的粒度，并保证均匀混合，然后在 60℃ 下干燥。获得的前驱体在管式炉中在 350℃ 下烧结 3h，然后在 700℃ 下在流动的 Ar 气氛中烧结 12h，得到包覆有碳的 $LiFePO_4$（记为 $LiFePO_4@C$）。

2. 电极制备及扣式电池封装

（1）将要进行测试的活性物质、导电炭黑、聚偏氟乙烯（PVDF）等预先在真空干燥箱中 100℃ 条件下烘干 12h；然后，按照质量比 8:1:1 将三者混合均匀，分散于适量 N-甲基吡咯烷酮（NMP）有机溶剂中研磨成泥浆状，均匀涂敷于铝箔上，并置于真空干燥箱中 120℃ 干燥 12h 备用。

（2）将涂布极片取出，并在 $3×10^{-3}Pa$ 的基压下，以晶态硅为蒸发源，采用真空热蒸发沉积技术在电极上沉积非晶硅颗粒，完成硅颗粒修饰的磷酸铁锂复合正极极片的制备。

（3）获得的所有极片在 8.0MPa 下压实后，裁剪成直径 12.5mm 的圆形极片，称量计算并记录活性物质的质量；将电极片、负极壳、金属锂片、隔膜、泡沫镍、正极壳、移液器和绝缘镊子等，置入充满高纯 Ar 且氧量和含水量均小于 1ppm 的手套箱中，静置后待扣式电池组装。

（4）扣式电池的组装过程主要有：将极片置于正电极壳中间、放置隔膜、滴加适量电解液、放置金属锂片、放置泡沫镍、盖上负极壳、封口。在这一过程中，要注意极片与锂片的位置对叠准确，特别要保护好隔膜，切忌不要弄折隔膜或刺破，滴加电解液以刚好完全润湿隔膜为宜。组装成 CR2025 扣式电池，静置 12h 后进行电化学性能测试。

五、材料表征及性能测试分析

1. 复合材料物相结构的分析和表征

采用 X 射线衍射仪对所得复合材料进行晶相结构的分析，并通过拉曼光谱仪对非晶硅薄膜修饰的 $LiFePO_4@C$ 电极材料进一步验证。

采用扫描电子显微镜和透射电子显微镜观察样品的微观形貌和微结构。

2. 锂离子电池性能的测试

（1）扣式电池的充放电性能测试采用电池测试仪（武汉 LAND CT—2001A 系统）进行测试，根据各电池极片上活性物质的实际负载量计算得出实际测试电流大小，60℃ 高温环境下，测试 $LiFePO_4@C$ 和 $LiFePO_4@C/\alpha$-Si film 电极的充放电曲线、循环性能和倍率性能。

（2）采用上海华辰 CHI660C 型电化学工作站进行循环伏安曲线的测试；电压范围设置为 2.5~4.5V，扫描速率为 0.1mV/s。

（3）交流阻抗图谱（EIS）采用上海华辰 CHI660C 型电化学工作站，频率范围为 0.01Hz~100kHz，振幅为 5mV；并在电池循环前和 60℃ 环境下循环 40 次后进行交流阻抗图谱的测试。

（4）使用 Origin 软件等处理和分析获得的实验数据。

4-1 锂离子电池正极材料扣电电池制备

六、习题

1. 计算 $LiFePO_4@C$ 和 $LiFePO_4@C/\alpha$-Si 复合电极的理论容量。

2. 在样品制备过程中，烧结温度和时间的不同对材料的制备有什么影响？

3. 分析对比不同电流密度对 $LiFePO_4@C/\alpha$-Si 复合电极电化学性能的影响。

4. 分析碳包覆和 α-Si 修饰对提升 $LiFePO_4$ 电池性能的作用机制。

七、实验参考数据及资料扩展导读

（一）数据的处理与分析参考

如图 4.1.1 所示，包碳的 $LiFePO_4@C$ 复合材料的 X 射线衍射图显示，所有观测到的衍射峰在磷酸铁锂正交晶系的晶相上都有很好的重合性，表明所得样品未存在其他杂相，同时清晰的衍射峰表明材料具备良好的相纯度和结晶度。

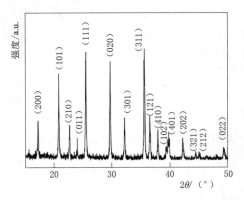

图 4.1.1 LiFePO$_4$@C 复合材料的 XRD 图谱

通过图 4.1.2 给出了 LiFePO$_4$@C 和 LiFePO$_4$@C/α—Si 复合电极的表面形貌对比，可以看出，在 LiFePO$_4$@C/α-Si 复合电极表面观察到纳米级球状硅颗粒，说明硅颗粒已经良好的修饰在 LiFePO$_4$@C 电极表面。采用拉曼光谱对 LiFePO$_4$@C/α-Si 复合电极进行了表征，其中拉曼测试的激光辐射波长为 785nm。如图 4.1.3 所示，得到的拉曼光谱的主峰主要由 PO$_4^{3+}$ 离子和 FeO$_x$ 基团的拉伸和弯曲振动模式支配；以 165cm^{-1} 和 490cm^{-1} 为中心的峰是非晶硅振动模式的典型特征，在 630cm^{-1} 附近的波段与二级声子拉曼散射相关，表明在 LiFePO$_4$@C 电极上修饰的硅具有非晶结构。

（a）LiFePO$_4$@C

（b）LiFePO$_4$@C/α-Si薄膜

图 4.1.2 薄膜电极的 SEM 图像

图 4.1.4 为 LiFePO$_4$@C 和 LiFePO$_4$@C/α-Si 复合电极在 60℃高温环境中，电流密度 0.2C、电压范围 2.5～3.9V 的充放电循环性能。与 LiFePO$_4$@C/α-Si 复合电极相比，LiFePO$_4$@C 的充放电容量随循环次数的增加衰减更为明显。在传统的 LiPF$_6$ 电解质中，阴极活性物质中铁离子的溶解被认为是导致 LiFePO$_4$ 材料在高温下电化学性能衰减的主要原因之一。在 LiFePO$_4$ 表面发生的不可逆结构变化不利于 Li$^+$ 的插入和析出，

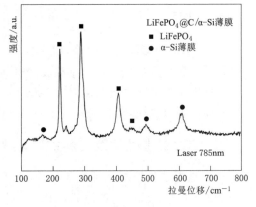

图 4.1.3 碳包覆的 LiFePO$_4$@C 复合材料的拉曼图谱

而在电极表面沉积非晶硅（α–Si）颗粒可以有效地阻止阴极材料与电解液的直接接触，提高结构稳定性等，这与其他正极材料体系也有类似的结果。$LiPF_6$基电解液在高温下生成的 HF 是导致铁溶解的重要原因，被认为是活性物质表面可能带电荷的重要诱因；在循环过程中，通过将氢键与非晶硅颗粒中的硅悬键结合，可以抑制 H^+ 的含量，从而提高了复合正极材料的电化学性能。

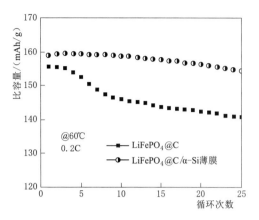

图 4.1.4　$LiFePO_4$@C 和 $LiFePO_4$@C/α–Si 复合电极在 60℃ 高温环境中，电流密度 0.2C、电压范围 2.5～3.9V 的充放电循环性能图

图 4.1.5 为 $LiFePO_4$@C 和 $LiFePO_4$@C/α–Si 复合正极在 0.1mV/s 扫描速率下的循环伏安曲线。从图中可以看出，在 3.4V 左右均出现一对氧化还原峰，对应于 Fe^{3+}/Fe^{2+} 氧化还原的充放电反应；而 $LiFePO_4$@C/α–Si 复合正极的峰形则更加对称，表明电极的极化更小；此外，$LiFePO_4$@C 的氧化还原电压差为 0.17V，$LiFePO_4$@C/α–Si 正极的氧化还原电压差仅为 0.14V，也表明了 $LiFePO_4$@C/α–Si 复合材料具有较低的极化率和较高的锂离子扩散率。

为了深入了解沉积非晶硅颗粒修饰提高其复合电极的电化学性能具体的原因，研究了 $LiFePO_4$@C 和 $LiFePO_4$@C/α–Si 电极在高温条件下的存储和循环稳定性。$LiFePO_4$@C 半电池和 $LiFePO_4$@C/α–Si 半电池分别在 60℃ 下静置 2 天，分别记为样品 A 和样品 B。测试 A、B 样品的循环性能，分别在 0.5～3.0C 下各进行 10 次循环充放电性能。如图 4.1.6 所示，可看出非晶硅颗粒修饰对 $LiFePO_4$@C 电池可逆容量的衰减有显著的减缓作用。从图中可以看出，样品 A 在 0.5C、1.0C、2.0C 和 3.0C 时的放电容量分别为 113mAh/g、95mAh/g、70mAh/g 和 41mAh/g，而样品 B 的相应容量分别为 135mAh/g、122mAh/g、109mAh/g 和 98mAh/g，上述

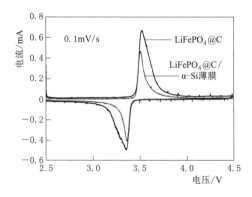

图 4.1.5　$LiFePO_4$@C 和 $LiFePO_4$@C/α–Si 复合正极在 0.1mV/s 扫描速率下的循环伏安曲线图

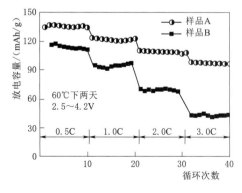

图 4.1.6　$LiFePO_4$@C 和 $LiFePO_4$@C/α–Si 薄膜电极 60℃ 下的倍率性能图

可逆容量的对比明显看出性能的提升，与材料的设计预期是吻合的。

图 4.1.7 为 $LiFePO_4@C$ 和 $LiFePO_4@C/\alpha$ - Si 电极在 0.5～3C 之间的充放电曲线。在 0.5C 充放电时，两类样品在 3.4V 左右表现出平坦的充放电平台，对应于 Fe^{2+}/Fe^{3+} 氧化还原反应；而试样 B 充放电的平台差值为 135mV，明显低于试样 A 对应的 282mV 的平台差值，说明试样 A 的电化学极化较低，电导率下降较快。而且，当放电速率为 3.0C 时，$LiFePO_4@C/\alpha$ - Si 电极相对于 Li^+/Li 的稳定放电平台电压为 3.15～3.23V；而 $LiFePO_4@C$ 的放电电压只有 2.5V 左右，这些测试结果表明，电极上的非晶硅颗粒修饰的磷酸铁锂复合正极大大降低了电极极化和改善材料的界面兼容性，有助于电池实现良好的循环性能。

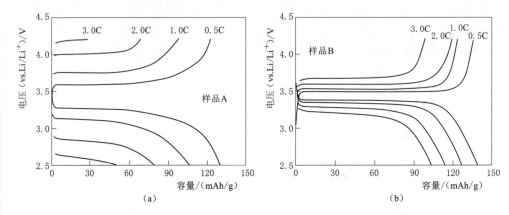

图 4.1.7　$LiFePO_4@C$ 和 $LiFePO_4@C/\alpha$ - Si 电极分别在 0.5～3.0C 下的充放电曲线图

利用电化学阻抗谱测试研究非晶硅颗粒修饰对高温热稳定性的影响机制。图 4.1.8 为试样 A 和 B 在完全放电状态下循环 40 次后的室温交流阻抗。交流阻抗图的整体曲线是由高频区域的半圆和低频区域的斜直线组成，半圆的阻抗可以看作是由固态界面电荷转移的电阻和锂离子通过固态电解质界面膜层（SEI 膜）时迁移的阻抗组成的总阻抗。结果表明，修饰后的磷酸铁锂正极整体阻抗显著低于未修饰样品的阻抗，非晶硅颗粒修饰显著抑制了表面膜电阻和电荷转移电阻的上升，而且固体电解质界面层的形成消耗了锂离子，最终形成了高的阻抗值。此外，也应该考虑

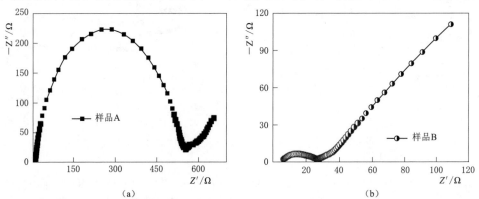

图 4.1.8　试样 A 和 B 在完全放电状态下循环 40 次后的室温交流阻抗图谱

到非晶硅颗粒沉积对电化学性能增强时，氧化膜在硅/电解液界面的形成及其影响；由于正极材料的降解导致 O_2 的存在，在硅/电解液界面上形成若干氧化膜，可实现作为阻止 $LiFePO_4$ 与电解液相互作用的屏障；同时，部分硅原子进入氧化相，在硅/氧化界面附近处被部分氧化，部分氧化的硅原子具有相对较高的能级，能够将电子注入导带并在 HF 诱导的氧化物溶解末端产生电流。

总之，采用真空蒸发法在 $LiFePO_4$@C 电极上沉积了非晶硅颗粒，实现磷酸铁锂复合正极的制备，可具有更好的电池循环倍率性能和热稳定性。

（二）背景资料扩展导读

目前，磷酸铁锂材料的制备方法主要有：高温固相法、碳热还原法、溶胶—凝胶法、微波合成法、水热法及溶剂热法等。

（1）高温固相法。高温固相法流程简洁、成本低廉，是目前合成 $LiFePO_4$ 的成熟工艺之一。其典型的工艺流程为：选取碳酸锂、一水合氢氧化锂等作为锂源；遴选草酸亚铁等作为铁源，磷酸二氢铵或者磷酸氢二铵等作为磷源；将原料进行配比后，球磨混合，再通过低温预加热得到 $LiFePO_4$ 前驱体，进而在惰性气氛下烧结制备，获得 $LiFePO_4$ 材料。该方法具有设备需求简单，工艺流程较短，适合工业化等优点，然而该工艺也存在产品晶粒尺寸较大、产品批次均一性差、生产过程会产生污染性气体等缺点。

（2）碳热还原法。该方法是采用成本低的三价铁源取代二价铁源，通过碳在高温情况下将 Fe^{3+} 还原为 Fe^{2+}，并且可以有效地防止 Fe^{2+} 再被氧化，继而再合成 $LiFePO_4$。与固相法相比，碳热还原法没有采用价格相对较贵的草酸亚铁从而降低了成本，且不会产生污染性气体，更加环保。但是该方法合成时间比较长，得到的 $LiFePO_4$ 均一性较差；同时，碳源的种类和碳源的添加量对 $LiFePO_4$ 电化学性能的影响很大。

（3）溶胶—凝胶法。溶胶-凝胶法是指用无机盐或者金属醇盐作为反应物，经过溶解、缩聚和水解等过程形成溶胶，然后再经过陈化制备为凝胶，最后经过热处理得到粉体材料。与传统方法相比，溶胶—凝胶法中反应物的混合可以达到分子及原子级别，从而可以更好地从微观角度对产物进行调控。溶胶-凝胶法制备出来的 $LiFePO_4$ 材料颗粒小，粒径分布均匀，实验条件可控性高，易原位包碳或掺杂；但该方法工艺繁杂、制备周期长、产率低，因此工业生产一般都不采用该方法。

（4）微波合成法。微波合成法是指利用特殊波段和材料物质内部原子的共振，原子振动摩擦产生热量，从而使得材料自发加热来实现烧结的一种方法。微波合成法可以让被加热材料在短时间内获得很高的温度，避免了材料在长时间加热保温的条件下杂相的产生和颗粒的长大。微波合成法易于控制、设备简单，合成的 $LiFePO_4$ 颗粒的尺寸均匀而细小。

（5）水热法及溶剂热法。水热法是以水作为反应的溶剂，在反应釜中，高温高压环境下，制造出亚临界和超临界状态，使反应物处于分子水平，提高反应物活性，进而获得超细粉体材料的一种合成手段。通过水热法也可以制备各种形貌的纳米颗粒，得到的产物颗粒粒径小、分布好、纯度高，并且可通过操作控制形貌，方法相对简单。但是该方法需要在高温高压下进行，反应器成本高，生产率低，存在一定的安全隐患。

　　溶剂热法采用有机溶剂或混合溶剂替代水，与水热法相比，溶剂热法可以制备粒径尺寸更小、微观形貌更规则、结晶度更高的 LiFePO$_4$。由于所选溶剂本身的物理性质，对于最终制备的磷酸铁锂的晶体结构、晶粒大小和微观形貌会有较大的影响，故溶剂的选择，对制备性能优良的磷酸铁锂正极材料非常重要。

参 考 文 献

［1］ Lin Y，Yang Y，Lin Y，et al. Improvement of electrochemical and thermal stability of LiFe-PO$_4$@C batteries by depositing amorphous silicon film ［J］. Electrochimica Acta，2011，56 (14)：4937 - 4941.

［2］ 高超，磷酸铁锂正极材料的微波水热/等离子体合成、改性及性能研究 ［D］. 武汉：武汉理工大学，2018.

［3］ Yuan L X，Wang Z H，Zhang W X，et al. Development and challenges of Li FePO$_4$ cathode material for lithium－ion batteries ［J］. Energy Environ. Sci.，2011 (4)：269 - 284.

［4］ Kumar J，Neiber RR，Park J，et al. Recent progress in sustainable recycling of LiFePO$_4$－type lithium － ion batteries：Strategies for highly selective lithium recovery ［J］. Chem. Eng. J.，2022 (431).

［5］ Mao B，Liu C，Yang K，et al. Thermal runaway and fire behaviors of a 300 Ah lithium－ion battery with LiFePO$_4$ as cathode ［J］. Renewable and Sustainable Energy Reviews，2021 (139).

［6］ Zhang J，Hu J，Liu Y，et al. Sustainable and Facile Method for the Selective Recovery of Lithium from Xathode Scrap of Spent LiFePO$_4$ Batteries ［J］. ACS Sustainable Chem. Eng.，2019 (7)：5626 - 5631.

4-2　钴酸锂
正极材料的
制备及电化
学性能

实验 4.2　钴酸锂正极材料的制备及电化学性能

一、实验目的

1. 了解锂离子电池的结构和工作原理，学习钴酸锂的制备方法。
2. 掌握正极极片的制备技术，掌握基本的扣式电池组装过程。
3. 能够分析钴酸锂正极材料充放电的相变过程。

二、实验原理

到目前为止，$LiCoO_2$（LCO）正极材料仍以其超高的振实密度和体积能量密度在消费电子市场占有重要地位。以钴酸锂的嵌脱锂反应式为例，当锂离子全部脱出正极材料时，其放电比容量高达 270mAh/g 及以上，可见该材料从最初的成功制备到如今，其仍然具有极其出色的应用前景。

钴酸锂的充放电过程中发生的反应：

充电时的反应：

$$正极：LiCoO_2 == Li_{1-x}CoO_2 + xLi^+ + xe^-$$
$$负极：6C + xLi^+ + xe^- == Li_xC6$$

放电时的反应：

$$正极：Li_{1-x}CoO_2 + xLi^+ + xe^- == LiCoO_2$$
$$负极：Li_xC6 == 6C + xLi^+ + xe^-$$

当增加充电截止电压时（通常大于 4.4V 对应 $LiCoO_2$ 中 $0.6Li^+$ 的脱出量）可以有效提高 LCO 电池的能量密度。然而，高压 $LiCoO_2$（H-LCO）的一系列相变也会导致循环性能的急剧下降。通常，在低电压区域，LCO 会经历从绝缘体到金属的相变，六方结构的 H-1 相会逐渐转变为六方结构的 H-2 相。而当充电电压达到 4.2V 时，LCO 材料发生可逆转变，由 Rm 空间群中的 O3 相向单斜晶结构转变，然后返回到 O3 相，这涉及 LCO 晶体相的"有序⇆无序"转变。在这一过程中，由于锂离子与锂空位的空间配位缺失而引起的晶体参数的变化，将导致 LCO 颗粒体积的变化。随着充电电压达到 4.5V 以上时，$LiCoO_2$ 发生另一相变，即由 O3 相向 H1-3 相转变。在 LCO 发生的可逆相变过程中，"O3 阶段⇆单斜结构"转变将大大减少 Li^+ 扩散动力学，并在进一步发生"O3 阶段→H1-3 阶段"转变，伴随着活性块体颗粒将出现剧烈的机械应力和内部裂缝，造成 Li^+ 扩散率的减少，这导致了最后一个快速的性能衰降。因此，克服这些瓶颈对 H-LCO 材料的发展具有重要意义。

目前，已经有许多策略来克服 H-LCO 循环稳定性差的问题。一是在体相中掺杂被认为是对于改善 H-LCO 锂离子电池性能的异元素，这是极其有效的方法之一，因为这不仅可以抑制循环过程在的不可逆相变，还能提高材料相结构的稳定性，并且减小了充放电过程中由于结构相变引起的应力和应变；二是电子/离子导体和氧化物材料的表面改性，提高了 H‐LCO 与电解质之间的界面稳定性，缓解了材料界面的恶化，形成适当的正极电解质界面（CEI）膜，从而获得稳定的循环性能。表面修饰还可以调节 H‐LCO 的局部电子结构和粒子表面的微结构，进而改善材料的离子/电子迁移率，降低极化，最终提高电池的电化学性能。最近，Cho 等开发了一种高温 Ni 掺杂策略，以提高 H‐LCO 的循环稳定性。有趣的是，Ni 的掺杂可以缓解循环过程中的相变，但其主要贡献并不是增强锂离子电池性能；相反，掺杂后 Ni 表面偏析形成稳定的表面改性层是提高循环性能的主要原因。结果表明，表面改性对 H‐LCO 正极材料性能的调制起着关键作用。因此，有效的表面改性不仅能够简化高性能 H‐LCO 工业化生产的路线，而且对于降低制造的成本也有明显的作用。

本实验通过液相混合结合退火法制备 Pr_6O_{11} 修饰 $LiCoO_2$ 的正极材料，并系统研究其对电化学性能的影响。

三、实验原材料、试剂及仪器设备

本实验主要涉及的实验原材料和试剂主要有钴酸锂、硝酸镨、氨水、聚偏氟乙烯、N‐甲基吡咯烷酮、导电剂、电解液、Celgard2300 型隔膜。

本实验主要涉及的实验仪器主要有电子天平、真空干燥箱、磁力搅拌器、马弗炉、手套箱、电化学工作站、蓝电电池测试仪、X 射线衍射仪、扫描电子显微镜（SEM）、透射电子显微镜（TEM）、X 射线能谱仪、原子力显微镜。

四、实验步骤

1. Pr_6O_{11} 颗粒修饰 $LiCoO_2$ 正极材料的制备

制备流程如图 4.2.1 所示，具体为：将 0.99g 商业 $LiCoO_2$（LCO）溶解于100mL 去离子水，在室温条件下高速搅拌 1h 得到均匀的溶液；按照 1% 的 Pr_6O_{11} 包覆量称取 0.025g $Pr(NO_3)_3 \cdot 6H_2O$，加入到 LCO 溶液中快速搅拌 1h；接下来，向溶液中缓慢滴加 $NH_3 \cdot H_2O$，并用 pH 值计测量溶液实时的 pH 值，将其 pH 值调整为 11.0，随后快速搅拌 2h，将溶液用去离子水进行 3 次离心清洗，再使用酒精清洗 1 次，离心的速度为 5000rad/min，5min/次；随之将沉淀物置于 80℃ 干燥箱真空烘烤 8h，最后将产物转移至马弗炉 600℃ 烧结 5h，升温速率 3℃/min，自然冷却至室温得到目标样品，该正极活性材料标记为 LCO@PrO‐1%。

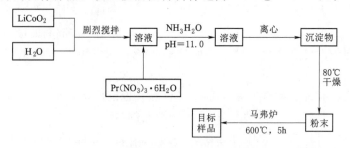

图 4.2.1　Pr_6O_{11} 颗粒修饰 $LiCoO_2$ 正极材料制备流程图

2. 组扣电池的制作

制备过程包括以下方面：

（1）打浆。称取 12.5mg 的聚偏氟乙烯（PVDF）和一定量的 N，N-甲基吡咯烷酮（NMP）溶剂至研钵中，充分研磨使其完全溶解。再将 12.5mg 的乙炔黑（SP）倒至研钵中继续研磨至 SP 完全溶解。最后加入 100mg 正极活性物质 LCO@PrO-1‰研磨 30min。

（2）涂布。将研磨充分的浆料均匀涂覆在铝箔上，然后转移至干燥箱中，真空烘烤 80℃，12h。

（3）极片剪裁。使用直径 10mm 的裁刀裁剪出直径 10mm 的表面平整的正极片，随后使用电子平台称量正极片的质量。下一步，将剪裁好的正极片置于干燥箱中，真空烘烤 80℃，12h，除去可能残余的水分或溶剂。

（4）电池组装。按顺序依次放置上盖、锂片、隔膜、电解液、电极片、泡沫镍、下盖，最后用封口机进行封口，其封口的压力为 50MPa。组装过程中应当注意锂片、隔膜、电极片、泡沫镍需放置于下盖中间位置，避免造成短路。

五、材料表征及性能测试

1. 材料表征

利用采用的 X 射线衍射场发射扫描电子显微镜（SEM），并结合其附带的 EDS 对样品进行物相成分分析；利用透射电子显微镜（TEM）对样品的形貌进行精细表征。

2. 电化学性能测试

（1）使用 LAND CT2001A 仪器（武汉 LAND 电子公司）在 3.0～4.5V 进行倍率性能以及循环寿命测试。

（2）采用 CHI760E 电化学工作站进行循环伏安特性曲线（CV）研究，其电压范围为 3.0～4.5V，扫描速率为 0.01mV/s。

（3）同时基于电池的开路电压采用电化学阻抗谱（EIS）测试材料的电阻特性，频率范围和交流电压振幅分别为 100kHz～100mHz 和 1mV。

（4）同样，采用 LAND CT2001A 仪器（武汉 LAND 电子公司）在电压范围为 3.0～4.5V 以及 0.1C 的电流密度下，对材料进行第一次充放电测试；随后以 0.1C 恒电流 20min，弛豫 2h 的方式进行充电，直到升到截止电压；类似的，随后以 0.1C 恒电流 20min，弛豫 2h 的方式进行放电，直到降到截止电压。

六、习题

1. 请描述钴酸锂材料的充放电反应式。

2. 钴酸锂正极材料相对于其他正极材料的优势在哪？为何成为提高电池能量密度的重要材料之一。

3. 简述氧化镨（Pr_6O_{11}）颗粒的在提升材料性能的内在原理。

4. 请总结钴酸锂在充放电过程中脱锂量与材料结构的关系。

七、实验参考数据及资料扩展导读

1. 实验参考数据及分析

采用 XRD 探测 LCO@PrO-1%材料的晶体结构。如图 4.2.2 所示，该样品表现出明显的 Rm 空间群特征；此外，衍射角处于 18.68°、36.72°、37.88°、38.37°、44.46°、48.62°、48.62°、58.63°、64.36°、65.02° 和 69.60° 分别对应（003）、（101）、（006）、（012）、（104）、（015）、（107）、（018）、（110） 和（113）的衍射面。从 XRD 测试结果可得，Pr_6O_{11} 纳米粒子修饰 LCO 的正极材料的晶体结构没有受到影响。

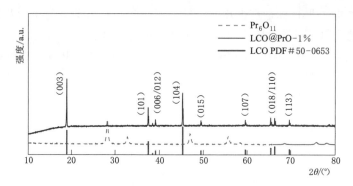

图 4.2.2 LCO@PrO-1%正极材料的 XRD 图谱

此外，从图 4.2.3（a）的材料 SEM 电镜图可以清楚地看到，Pr_6O_{11} 纳米颗粒均匀分布在 LCO 表面。如图 4.2.3（b）所示，高分辨率透射电子显微镜（HR-TEM）图像反映出 0.24nm 和 0.32nm 的晶格间距分别符合 LCO（101）和 Pr_6O_{11}（111）面的结构。这些结果证明 Pr_6O_{11} 成功且均匀地包覆于 $LiCoO_2$ 表面。

为了证明 Pr_6O_{11} 包覆对 LCO 的改善优越性，测试了 LCO 和 LCO@PrO-1%、在 3.0～4.5V 电压范围下的循环性能。如图 4.2.4 所示，在室温条件下，两个样品在 1.0C（即 274mA/g）电流密度下充放电 100 个循环后，LCO@PrO-1%电极展现出高达 185.0mAh/g 的放电比容量，以及拥有 90.6%容量保持率的优异的循环性能；然而，100 次反复嵌脱锂后，纯 LCO 电极仅保持 43.8mAh/g 放电比容量和 22.8%的容量保持率。比较结果表明，通过 Pr_6O_{11} 纳米颗粒修饰可以提高锂离子电池的循环性能。

图 4.2.5 显示了这两种材料在电流密度为 0.1～5.0C 下的倍率性能。在此，对于纯 LCO 样品，其可逆放电比容量随着电流密度的升高而急剧衰降，表明电极内部或颗粒间隙存在较为严重的极化现象和不稳定的界面兼容性能。相反，与纯 LCO 相比，改进的 LCO@PrO-1%样品展现出更好的倍率稳定性。值得注意的是，在电流密度为 0.1C 和 5.0C 下时，LCO@PrO-1%电极分别释放出 184.8mAh/g 和 152.4mAh/g 的优异的比容量。

众所周知，高温下 LCO 电池的性能对其实际应用有着重要的影响；因此，评估了高温下 Pr_6O_{11} 包覆对锂离子电池电导率和性能的影响情况。图 4.2.6 为 LCO

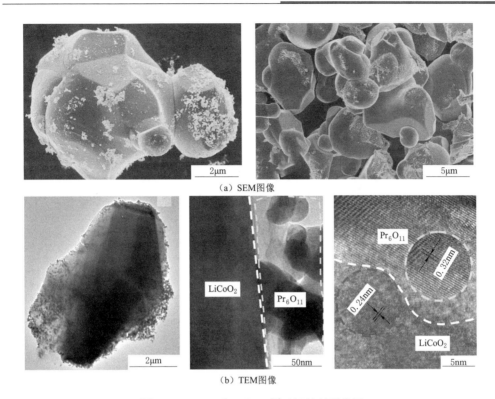

（a）SEM图像

（b）TEM图像

图 4.2.3　LCO@PrO-1%正极材料形貌图

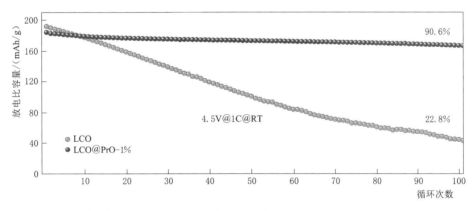

图 4.2.4　LCO 和 LCO@PrO-1%在室温下的循环性能曲线图

和 LCOPrO-1%的电极在 60℃下的高温 100 次循环的结果；相比之下，LCO@
PrO-1%电极显示出更好的循环性能，放电比容量可达 163.8mAh/g，容量保留率
为 85.5%。然而，纯 LCO 的容量保留率仅为 67.3%，这可能与电解质中严重的副
作用和活性物质中的过渡金属离子的剧烈溶解有关。

正极表面的 CEI 膜是由电解液的氧化能级与正极表面的费米能级相对应而形成
的，正极的表面电子结构可以决定电解液的氧化还原动力学，进而影响 CEI 的形成
和组成成分。因此，采用开尔文探针原子力显微镜（KPFM）测量材料的实际功函

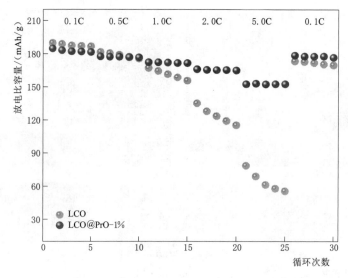

图 4.2.5　LCO 和 LCO@PrO - 1％的倍率性能曲线图

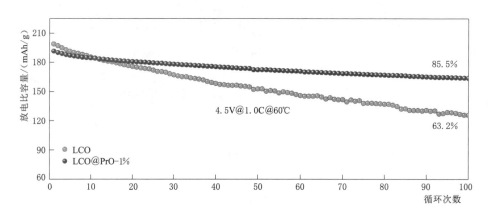

图 4.2.6　LCO 和 LCO@PrO - 1％在 60℃条件下的循环性能曲线图

数，来研究其对 CEI 膜稳定性和形成的影响。有趣的是，如图 4.2.7（a）所示，Pr_6O_{11} 和 LCO 样品的功函数分别为 5.45eV 和 5.53eV，而对于 LCO@PrO - 1％，由于界面电荷输运的存在，能够较低活性材料的功函数值（5.24eV）。此外，从图 4.2.7（b）的能级图可以看出，相对于 LCO@PrO - 1％，LCO 的表面功函数值越高，正极/电解液界面上的氧化动力学越高，进而诱导正极表面 CEI 膜过多的形成。

　　随后，如图 4.2.7（c）和（d）所示，将 LCO 和 LCO@PrO - 1％电极进行了不同温度下的 EIS 测试，其测试频率范围为 0.01Hz～100kHz，以深入了解 Pr_6O_{11} 改性对增强活性材料电极/电解质界面的电荷传输行为的机制。通常，EIS 测试结果的曲线形状包括高/中频区域的两个凹陷的半圆和低频区域的一条倾斜线。这里，可以认为第一半圆和横轴之间的截距代表 R_s 的电解质溶液电阻，R_{sf} 和 R_{ct} 分别属于锂离子在界面 CEI 膜扩散的电阻和电子/离子传导结的传递电阻，W_o 则是 Li^+ 在

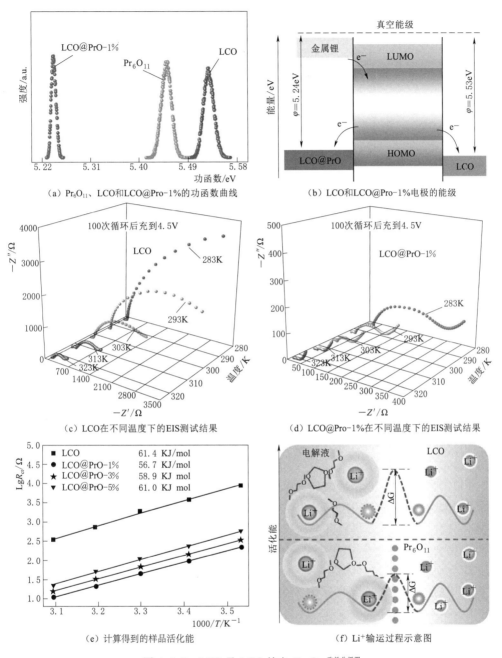

（a）Pr₆O₁₁、LCO和LCO@Pro-1%的功函数曲线

（b）LCO和LCO@Pro-1%电极的能级

（c）LCO在不同温度下的EIS测试结果

（d）LCO@Pro-1%在不同温度下的EIS测试结果

（e）计算得到的样品活化能

（f）Li⁺输运过程示意图

图 4.2.7　LCO 及 LCO 掺杂 Pr_6O_{11} 改性分析图

活性材料体相中的扩散电阻。从图 4.2.7（c）和（d）结果可以发现，随着温度的升高，电极的电阻值明显降低，反应动力学和锂离子扩散速度在较高温度下得到增强。值得注意的是，在 10～50℃ 的温度范围内，纯 LCO 电极的 R_{ct} 和 R_{sf} 值始终高于 Pr_6O_{11} 改性的电极，说明 Pr_6O_{11} 改性可以抑制电极与电解质之间的副反应。而纯 LCO 电极中 CEI 膜的不断形成将会不可避免地降低材料界面相容性和循环稳定性，

之前的相关测试也证实了这一结论。

此外，由于材料的活化能 ΔG 与其化学反应速率密切相关，因此通过 EIS 结果中计算出正极材料的 ΔG 具有重要意义；而较低的活化能意味着更快的反应速率，这有助于能有效促进反应的进行。这里锂离子嵌入/脱出过程中的 ΔG 计算公式为

$$\lg R_{ct} = \lg A + \frac{\Delta G - R}{2.303 RT} \tag{4.2.1}$$

式中：R_{ct}、ΔG、R、T 分别代表电阻、活化能、气体常数和温度；其中 A 为常数。如图 4.2.7（e）所示，计算得到 LCO 和 LCO@PrO‐1％正极材料所对应的 ΔG 值分别为 61.4kJ/mol 和 56.7kJ/mol，结果表明与纯 LCO 样品相比，LCO@PrO‐1％动态嵌/脱锂离子过程的活化能降低了～8％。图 4.2.7（f）为锂离子输运过程的示意图，其表明活化能越低，锂离子的扩散越快，体系的反应速率越快，尤其是在高温下，这与之前的电化学性能测试分析高度一致。

综上所述，通过简易高效的液相混合结合退火方法制备 Pr_6O_{11} 改性的 LCO 正极材料；该材料在 25℃和 60℃下展现出优异的 4.5V 高压循环性能。同时还揭示了性能增强的机理，即 Pr_6O_{11} 改性可以提高界面相容性，提高高温下的电导率，从而增强锂离子扩散动力学。

2. 背景资料扩展导读

目前，针对钴酸锂的改性主要方向为提升其自身的充放电电压，而随着电压的提高，伴随而来的是钴酸锂本体材料的剧烈相变，这会引发结构的明显变化，造成材料内部应力与应变的不断积累；进而导致不可逆的容量衰减与晶粒裂纹、表面副反应进一步加剧、过渡金属溶解加速 Li 源消耗等。随着对材料改性技术的运用，相关高电压钴酸锂材料取得了长足的进步，其修饰的策略主要包括元素掺杂和表面包覆。

（1）元素掺杂。元素掺杂着重地调整了材料的基本物理性质，特别是对于半导体；例如，材料的带隙、阳离子顺序、电荷分布和晶格参数。同样的，在电极材料中掺杂各种元素也可以提高其电动势、结构演化、阳离子氧化还原，还有与其电化学性能密切相关的电子/离子电导率。研究人员提出在掺杂元素、掺杂含量、掺杂位点等方面的各种掺杂策略，并证明了其中大多数可以有效地提高 $LiCoO_2$ 在高截止电压下的电化学性能。掺杂可能对材料造成的影响可以概括为：①抑制材料由于过渡的相变引起的应力和应变；②抑制 O 的氧化还原反应以稳定 $LiCoO_2$ 的层状结构；③增加材料层间间距以促进锂离子扩散；④调整电子结构以增加电子电导率和工作电压。

例如，由于 $LiCoO_2$ 和 $LiNiO_2$ 具有相同的结构，Ni 元素的掺杂得到了发展。这类研究主要集中在富 Ni 材料上，因为 Ni 的掺杂通常会引入不良的阳离子混合，阻碍了 Li 的扩散路径。最近的研究表明，Ni 掺杂降低了 $LiCoO_2$ 的初始库仑效率和可逆容量。然而，少量 Ni 的掺杂对于稳定 $LiCoO_2$ 的层状结构具有明显的帮助，因为少量 Ni 原子能够进入 Li 层，进而增强 Li 层的稳定性。同时，这种元素的掺杂降低了充放电过程中的电荷传递阻抗，使电极材料表现出更好的循环性能。

（2）表面包覆。表面包覆是提升 LiCoO$_2$ 电化学性能的有效方法质疑，主要有以下几个方面的作用：①优化电极表面结构；②促进表面电荷转移；③降低电解质的酸度，抑制过渡金属离子的溶解，缓解 HF 的腐蚀；④作为电极表面和电解质表面之间的物理屏障，调节界面响应并增强动力学输运能力。而当前，氧化物由于其自身较好的界面兼容性和稳定的物理特性成为众多包覆材料当中的首选，主要有：Al$_2$O$_3$、MgO、ZnO 等。

Al$_2$O$_3$ 涂层已经被广泛研究了几十年。一般来说，人们认为 Al$_2$O$_3$ 涂层可能形成一种人工钝化层—LiAlO$_2$ 或 LiAl$_x$Co$_{1-x}$O$_2$ 固溶相，以优化电极表面动的力学特性。最近，Dogan 等以 Al$_2$O$_3$ 涂层包覆 LiCoO$_2$ 表面为研究对象，揭示了由 Li、Al、Co 和 O 组成的 Al$_2$O$_3$ 涂层从 400℃ 开始形成，并在 800℃ 处生长完全。同时，Cui 等也通过原子层沉积技术进一步证实了这一观点。

参 考 文 献

[1] F. Wu, N. Liu, L. Chen, Y. Su, G. Tan, L. Bao, Q. Zhang, Y. Lu, J. Wang, S. Chen, J. Tan, Improving the reversibility of the H2-H3 phase transitions for layered Ni-rich oxide cathode towards retarded structural transition and enhanced cycle stability [J]. Nano Energy, 2019 (59)：50-57.

[2] Z. Chen, J. R. Dahn, Methods to obtain excellent capacity retention in LiCoO$_2$ cycled to 4.5 V [J]. Electrochim. Acta 2004 (49)：1079-1090.

[3] S. Kalluri, M. Yoon, M. Jo, S. Park, S. Myeong, J. Kim, S. X. Dou, Z. Guo, J. Cho, Surface engineering strategies of layered LiCoO$_2$ cathode material to realize high-energy and high-voltage li-Ion cells [J]. Advanced Energy Materials, 2017 (7)：1601507-1601527.

[4] X. Dai, A. Zhou, J. Xu, Y. Lu, L. Wang, C. Fan, J. Li, Extending the high-voltage capacity of LiCoO$_2$ cathode by direct coating of the composite electrode with Li$_2$CO$_3$ via magnetron sputtering [J]. The Journal of Physical Chemistry C, 2015 (120)：422-430.

[5] Huang Y., Yu C., Gao J., Li J., et al. Easily Obtaining Excellent Performance High-voltage LiCoO$_2$ via Pr$_6$O$_{11}$ Modification [J]. Energy & Environmental Materials, 2022 (0)：1-11.

实验 4.3　三元 NCM 正极材料的制备及电化学性能

一、实验目的

1. 熟悉 $LiNi_{1/3}Co_{1/3}Mn_{1/3}O_2$ 正极材料的组成和结构特点。
2. 掌握 $LiNi_{1/3}Co_{1/3}Mn_{1/3}O_2$ 正极材料的溶胶—凝胶制备方法。
3. 掌握 $LiNi_{1/3}Co_{1/3}Mn_{1/3}O_2$ 正极材料的嵌脱锂特性。
4. 理解表面 YF_3 修饰对 $LiNi_{1/3}Co_{1/3}Mn_{1/3}O_2$ 材料性能提升的作用机制。

二、实验原理

$LiNi_{1/3}Co_{1/3}Mn_{1/3}O_2$ 正极材料由于原料丰富、电压平台高、成本低等特点，被认为是最具前景的下一代锂离子电池正极材料。事实上，层状 Li - Ni - Co - Mn - O 氧化物作为锂离子电池的正极材料，该材料综合了 $LiCoO_2$、$LiNiO_2$ 和 $LiMnO_2$ 三种层状材料的特点，三种过渡金属元素存在协同效应。Co 元素能够有效抑制阳离子混排，稳定材料的层状结构；Ni 元素使晶胞参数 c 和 a 增加且 c/a 减小，有利于提高材料的容量；Mn 元素的存在可以降低成本、改善了材料的结构稳定性和安全性。因此优化对 Co、Ni 和 Mn 三种元素的比例成了该材料体系研究的重点。

然而，三元 NCM 正极材料的倍率和循环性能，特别是在高温下的性能仍有待改善。研究表明，三元 NCM 正极材料的充放电过程中，主要依靠 Ni^{2+} 与 Ni^{4+} 以及 Co^{3+} 与 Co^{4+} 的氧化还原对之间的反应实现电中和，其中 Mn^{4+} 保持不变；且在此过程中，过渡金属离子的溶解是导致其结构坍塌和循环寿命降低的主要原因。可以说，材料表面的缺陷、正极材料与电解液的副反应导致了电荷传递电阻的增加。为了改善三元 NCM 正极材料的电化学性能，表面包覆是一种有效的技术手段，可以减少电解液在正极材料表面的分解；金属氧化物、碳材料和磷化物等作为包覆材料，已被证实可以增强正极材料的电化学性能。近年来，为了改善正极材料的循环稳定性，金属氟化物被提出可以保护活性物质免受电解液中 HF 的腐蚀，这是由于金属氟化物在 HF 中可以稳定存在。Sun 等提出用 MgF_2 包覆 $Li[Li_{0.2}Ni_{0.17}Co_{0.07}Mn_{0.56}]O_2$ 正极材料可以抑制 SEI 膜的生长并增强电极材料的结构稳定性及循环性能。Zheng 等报道了用 AlF_3 包覆富锂锰基正极材料 $Li_{1.2}Ni_{0.5}Co_{0.1}Mn_{0.55}O_2$，研究表明，包覆后的样品在电化学性能和热力学稳定性上都有很大改善。因此，研究其他金属氟化物对改善三元 NCM 正极材料的电化学性能显得尤为重要。

本实验通过溶胶-凝胶法制备 NCM 前驱体材料，再经过高温固相烧结法制备 NCM333 正极材料。最后，通过化学沉积法实现表面修饰 YF_3，最终制得 YF_3 包覆的 $LiNi_{1/3}Co_{1/3}Mn_{1/3}O_2$ 复合电极材料。通过电极材料的结构形貌表征、电化学性能测试以及交流阻抗谱动力学分析等研究表面沉积 YF_3 对三元 NCM333 正极材料的电池性能影响机理。

三、实验原材料、试剂及仪器设备

本实验所涉及的主要化学试剂有乙酸锂、乙酸锰、乙酸镍、乙酸钴、酒石酸、氨水、硝酸钇、乙醇、氟化铵、聚偏氟乙烯、导电炭黑、N–甲基吡咯烷酮、电解液、金属锂片。

本实验所使用的主要材料制备仪器有电子天平、超声波振荡清洗器、电子恒速搅拌机、多头磁力加热搅拌器、电热恒温鼓风干燥箱、真空干燥箱、循环水式多用真空泵、手套箱。

本实验所使用的材料表征仪器有电化学工作站、充放电测试仪、场发射扫描电子显微镜、透射电子显微镜、X 射线衍射仪。

四、实验步骤

1. 材料制备

（1）在本实验中，$LiNi_{1/3}Co_{1/3}Mn_{1/3}O_2$ 正极材料采用溶胶-凝胶法合成，酒石酸作为络合剂，图 4.3.1 给出相应的实验流程示意图。首先，将 $CH_3COOLi \cdot 2H_2O$、$Ni(CH_3OO)_2 \cdot 4H_2O$、$Co(CH_3COO)_2 \cdot 4H_2O$ 和 $Mn(CH_3COO)_2 \cdot 6H_2O$ 按化学计量比溶解在去离子水中，金属离子与络合剂按摩尔质量 1:2 量取；通过氨水调节溶液 pH 值为 6.8，在弱酸环境下，酒石酸中的羧酸根离子会与乙酸盐中的金属离子发生络合反应，形成较稳定的化合物，抑制金属离子的部分水解。之后，将溶液置于 90℃ 水浴蒸干形成凝胶，再将前驱体置于 280℃ 鼓风干燥箱中得到蓬松的粉末产物；最后，将产物在马弗炉中 500℃ 烧结 5h 及 900℃ 煅烧 12h，得到最终产物 $LiNi_{1/3}Co_{1/3}Mn_{1/3}O_2$。

4-3　三元 NCM 正极材料制备及电化学性能

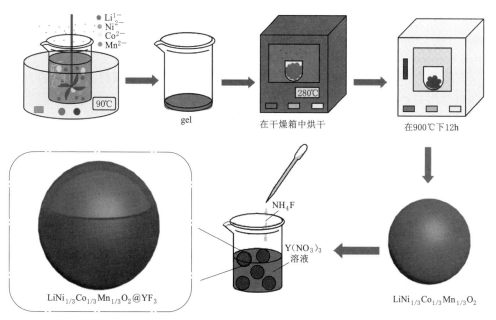

图 4.3.1　$LiNi_{1/3}Co_{1/3}Mn_{1/3}O_2$ 和 $LiNi_{1/3}Co_{1/3}Mn_{1/3}O_2@YF_3$ 的制备流程图

（2）利用化学沉积法制备 YF_3 包覆 $LiNi_{1/3}Co_{1/3}Mn_{1/3}O_2$ 的复合材料。首先，将三元 NCM 粉末分散在 $Y(NO_3)_3$ 溶液中并不断搅拌；之后逐滴加入 NH_4F 溶液形成悬浊液，其中反应为"$Y(NO_3)_3 + NH_4F \longrightarrow NH_4NO_3 + YF_3 \downarrow$"；Y 和 F 按摩尔质量 1∶3 量取，设计 YF_3 的包覆量为 $LiNi_{1/3}Co_{1/3}Mn_{1/3}O_2$ 质量的 2%，之后将悬浊液超声振荡 30min，将溶液置于鼓风干燥箱并设置 100℃ 干燥 12h，最后将前驱体粉末在空气中 400℃ 烧结 5h，得到 YF_3 包覆量为 2.0wt.% 的 $LiNi_{1/3}Co_{1/3}Mn_{1/3}O_2$ 复合正极材料。

2. 电极制备及扣式电池封装

（1）在电极制作前，首先将活性物质、乙炔黑、聚偏氟乙烯等在真空干燥箱中以 100℃ 条件下干燥处理 12h，以确保除去材料中的残余水分；然后，按照质量比 8∶1∶1 将活性物质、乙炔黑、聚偏氟乙烯三者混合均匀，分散于适量 N-甲基吡咯烷酮（NMP）有机溶剂中研磨成泥浆状，均匀涂敷于铝箔上，并置于真空干燥箱中 100℃ 干燥 12h；干燥结束在 3.0MPa 将其压实，用裁片器将极片裁成直径为 12.5mm 的圆片，称量计算并记录活性物质的质量；将电极极片、电池壳、金属锂片、隔膜、泡沫镍、移液器和绝缘镊子等一起放入充满高纯 Ar 手套箱中，准备扣式电池的组装。

（2）扣式电池的组装过程主要有：将极片置于正电极壳中间→放置隔膜→滴加适量电解液→放置金属锂片→放置泡沫镍→盖上负极壳→封口。在这一过程中，要注意极片与锂片的位置对叠准确，特别要保护好隔膜，切忌不要弄折隔膜或刺破，滴加电解液以刚好完全润湿隔膜为宜。组装成 CR2025 扣式电池，静置 12h 后进行电化学性能测试。

五、材料表征及性能测试分析

1. 材料物相结构的表征

利用采用的 X 射线衍射、扫描电子显微镜和透射电子显微镜对 $LiNi_{1/3}Co_{1/3}Mn_{1/3}O_2$ 和 $LiNi_{1/3}Co_{1/3}Mn_{1/3}O_2@YF_3$ 样品进行晶相结构及形貌特征的分析；同时利用电镜附带的 EDS 能谱仪对材料的成分进行分析；使用开尔文探针力显微镜测试样品表面功函数和表面电势。

2. 电化学性能测试

（1）扣式电池的充放电性能测试采用武汉 LAND CT-2001A 系统，测试电压范围为 3.0~4.5V，测试环境温度为室温 25℃ 和高温 60℃，高温测试时外加一台恒温干燥箱；分别在室温和高温环境中，测试对比 $LiNi_{1/3}Co_{1/3}Mn_{1/3}O_2$ 和 $LiNi_{1/3}Co_{1/3}Mn_{1/3}O_2@YF_3$ 样品的电池循环性能和倍率性能。

（2）循环伏安曲线的测试设备是上海华辰 CHI660C 型电化学工作站，测试电压范围在 3.0~4.5V 内，扫描速率为 0.1mV/s，分别测出样品前 5 次的 CV 曲线和充放电 100 次后的 CV 曲线。

（3）交流阻抗谱的测试设备是上海华辰 CHI660C 型电化学工作站，频率范围设置为 0.01Hz~100kHz，振幅为 5mV；为了进一步了解充放电过程中电荷传递电阻及锂离子扩散的动力学行为，将经 5.0C 倍率下循环 100 次后的电池进行不同电压下的交流阻抗特性的测试，并计算材料的锂离子扩散系数。

3. 处理和分析数据

使用 Origin 软件等处理和分析获得的实验数据。

六、习题

1. $LiNi_{1/3}Co_{1/3}Mn_{1/3}O_2$ 中的各类过渡金属元素对材料性能分别起哪些作用？
2. 分析 YF_3 修饰对改善 $LiNi_{1/3}Co_{1/3}Mn_{1/3}O_2$ 复合材料电池性能的作用？
3. 三元 NCM 材料应用在锂离子电池中的优缺点有哪些？
4. YF_3 修饰层的引入是如何实现三元 NCM 材料的热稳定性的改善？

七、实验参考数据及资料扩展导读

1. 实验参考数据的处理和解析

图 4.3.2 为样品的 XRD 图谱，对比 X 射线标准卡片，可以确定所合成材料属于 α-
NaFeO₂ 结构（空间群为 R – 3m）。此外，(108)/(110) 和 (006)/(102) 的衍射峰具有明显劈裂，表明材料具有良好的层状结构。在 $LiNi_{1/3}Co_{1/3}Mn_{1/3}$ $O_2@YF_3$ 复合材料的 XRD 图谱中，除了三元正极材料的衍射峰外，在 27.88°处观察到的衍射峰为 YF_3 的最强主峰，与标准卡片（JCPDS ♯70—1935）相对应，表明包覆材料为纯相金属氟化物 YF_3。

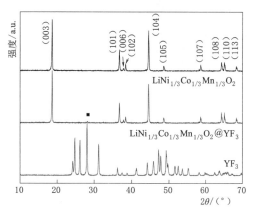

图 4.3.2　$LiNi_{1/3}Co_{1/3}Mn_{1/3}O_2$ 和 $LiNi_{1/3}Co_{1/3}Mn_{1/3}O_2@YF_3$ 样品的 XRD 图谱

从图 4.3.3 的 $LiNi_{1/3}Co_{1/3}Mn_{1/3}$ O_2 和 $LiNi_{1/3}Co_{1/3}Mn_{1/3}O_2@YF_3$ 样品的 SEM 形貌图看出，纯 $LiNi_{1/3}Co_{1/3}$ $Mn_{1/3}O_2$ 微粒分布的粒径范围为 200～300nm，并且有光滑的表面和清晰的界限；经过 YF_3 的表面修饰后，则可以观察到在粒径和形态上并没有明显的差异，颗粒表面较为粗糙，晶界轮廓相对模糊。从 TEM 图可以清晰地看到，三元正极材料晶粒的表面有一层 3～4nm 厚的包覆层，结合图中的 EDS 能谱图可以确定为 YF_3 包覆层。

图 4.3.4 给出了 YF_3 包覆前后的两个样品在电压范围在 3.0～4.5V 内及电流倍率为 0.2C 下的首次充放电曲线。从充放电曲线可以看出，在充电过程有出现 3.9V 的平台，该平台对应于 Ni^{2+}/Ni^{4+} 的氧化过程；未修饰样品的首次充电比容量为 181.5mAh/g，放电比容量为 156.2mAh/g；而 YF_3 包覆的样品首次充电比容量为 163.6mAh/g，放电比容量则为 149.5mAh/g。结果说明，包覆的样品的首次充放电容量稍低是由于额外引入的少量 YF_3 对电极材料的容量没有贡献。

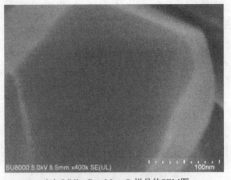

（a）LiNi$_{1/3}$Co$_{1/3}$Mn$_{1/3}$O$_2$样品的SEM图

（b）LiNi$_{1/3}$Co$_{1/3}$Mn$_{1/3}$O$_2$@YF$_3$样品的SEM图

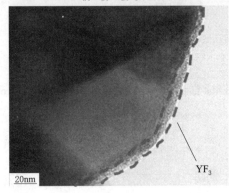

（c）LiNi$_{1/3}$Co$_{1/3}$Mn$_{1/3}$O$_2$@YF$_3$样品的TEM图

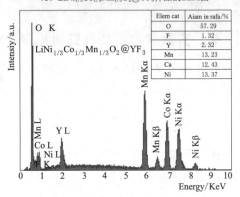

Elem cat	Aiam in rafa/%
O	57.29
F	1.32
Y	2.32
Mn	13.23
Ca	12.43
Ni	13.37

（d）LiNi$_{1/3}$Co$_{1/3}$Mn$_{1/3}$O$_2$@YF$_3$样品的EDS能谱图

图 4.3.3　LiNi$_{1/3}$Co$_{1/3}$Mn$_{1/3}$O$_2$ 与 LiNi$_{1/3}$Co$_{1/3}$Mn$_{1/3}$O$_2$@YF$_3$ 材料形貌元素分析图

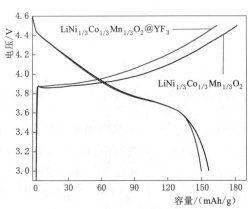

图 4.3.4　LiNi$_{1/3}$Co$_{1/3}$Mn$_{1/3}$O$_2$ 和 LiNi$_{1/3}$Co$_{1/3}$Mn$_{1/3}$O$_2$@YF$_3$ 样品的首次充放电曲线图

为了研究 YF$_3$ 包覆样品的结构稳定性和容量保持率，将 LiNi$_{1/3}$Co$_{1/3}$Mn$_{1/3}$O$_2$ 和 LiNi$_{1/3}$Co$_{1/3}$Mn$_{1/3}$O$_2$@YF$_3$ 样品分别在室温 25℃ 和高温 60℃ 下测试电极材料的循环充放电性能。从图 4.3.5 可以看出，电流倍率为 5.0C 时，纯的样品放电比容量为 121.4mAh/g，100 次循环测试后，放电比容量仅为 89.4mAh/g，容量保持率为 73.6%；而 YF$_3$ 包覆的样品具有较高的容量保持率，高达 93.7%。当测试温度上升到 60℃，在 1.0C 倍率充放电 100 次后，LiNi$_{1/3}$Co$_{1/3}$Mn$_{1/3}$O$_2$@YF$_3$ 样品的容量保持率为 81.1%，而纯的样品容量保持率仅只有 52.8%。包覆的样品输出高容量保持率归因于 YF$_3$ 包覆层可以避免正极材料与电解液发生反应，抑制电解液中的 HF 对电极材料的侵蚀，稳定的 YF$_3$ 包覆层同时也抑制了过渡金属离子在充放电过程中的溶解，减少了副反应产物的生成及固态电解质界面膜的生成。

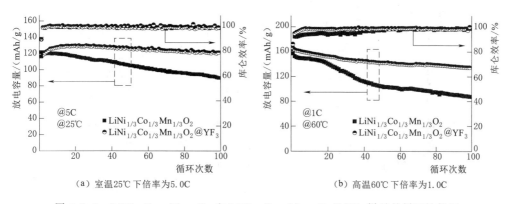

（a）室温25℃下倍率为5.0C　　　　　　（b）高温60℃下倍率为1.0C

图 4.3.5　$LiNi_{1/3}Co_{1/3}Mn_{1/3}O_2$ 和 $LiNi_{1/3}Co_{1/3}Mn_{1/3}O_2@YF_3$ 样品的循环性能图

图 4.3.6 为 $LiNi_{1/3}Co_{1/3}Mn_{1/3}O_2$ 和 $LiNi_{1/3}Co_{1/3}Mn_{1/3}O_2@YF_3$ 样品在 25℃ 且电压范围为 3.0~4.5V 之间的不同电流密度下（1.0C＝200mAh/g）的倍率性能。YF_3 包覆的 $LiNi_{1/3}Co_{1/3}Mn_{1/3}O_2$ 具有较佳的倍率性能：在 0.2C、0.5C、2.0C、3.0C、5.0C 及 10.0C 的倍率条件下，分别输出 142.5mAh/g、133.4mAh/g、127.4mAh/g、119.8mAh/g、108.7mAh/g 及 96.1mAh/g 的可逆容量；而纯的 $LiNi_{1/3}Co_{1/3}Mn_{1/3}O_2$ 则成像较差的倍率性能：在同等的倍率条件下，可逆容量分别为 155.9mAh/g、135.5mAh/g、123.5mAh/g、111.6mAh/

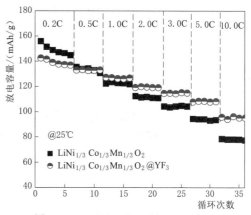

图 4.3.6　$LiNi_{1/3}Co_{1/3}Mn_{1/3}O_2$ 和 $LiNi_{1/3}Co_{1/3}Mn_{1/3}O_2@YF_3$ 样品的倍率性能图

g、104.5mAh/g、94.7mAh/g 以及 78.9mAh/g。对比看出，在高倍率下，$LiNi_{1/3}Co_{1/3}Mn_{1/3}O_2@YF_3$ 的倍率性能更好，这应该是因为 YF_3 的包覆避免正极材料与电解液直接接触，并抑制金属离子的溶解，使电极/电解液界面稳定性的提高，特别是 YF_3 的保护作用使得电极材料在大电流倍率下结构的稳定性得以保持，并抑制了界面膜的生长和电荷传递电阻的增加，从而综合提升电池倍率循环性能。

为了进一步了解充放电过程中电荷传递电阻及锂离子扩散的动力学行为，将经 5.0C 倍率下循环 100 次后的电池进行不同电压下的交流阻抗（EIS）性能测试。图 4.3.7 为 $LiNi_{1/3}Co_{1/3}Mn_{1/3}O_2$ 和 $LiNi_{1/3}Co_{1/3}Mn_{1/3}O_2@YF_3$ 样品在不同充放电状态下的交流阻抗图谱，从图中可以看出，3.47V 和 3.67V 为充电的初始点，而 3.75V、3.83V 和 3.94V 则对应的是锂离子从正极材料脱出来的充电平台，在 3.67V 之后，阻抗曲线由一节小中断和一个在高频区的小半圆弧、中高频区的小半圆弧及低频区的直线构成。高频区的小中断对应于溶液电阻 R_S；高频区的小半圆弧对应于锂离子在 SEI 膜扩散的阻抗 R_f；中高频区的小半圆弧则对应于电荷传递电

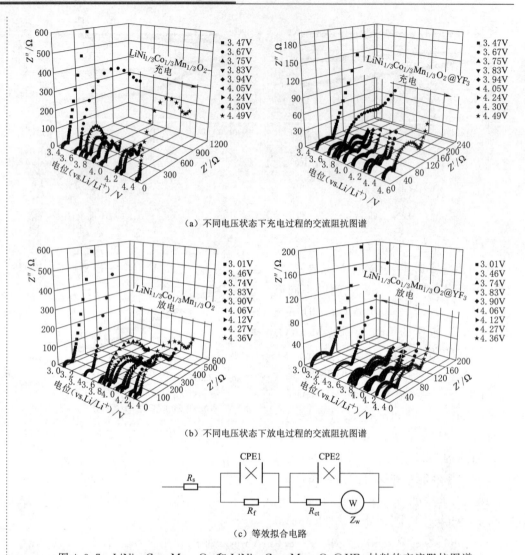

（a）不同电压状态下充电过程的交流阻抗图谱

（b）不同电压状态下放电过程的交流阻抗图谱

（c）等效拟合电路

图 4.3.7　$LiNi_{1/3}Co_{1/3}Mn_{1/3}O_2$ 和 $LiNi_{1/3}Co_{1/3}Mn_{1/3}O_2@YF_3$ 材料的交流阻抗图谱

阻 R_{ct}；低频区的直线则与锂离子的扩散输运有关。图 4.3.7（e）为 $LiNi_{1/3}Co_{1/3}$ $Mn_{1/3}O_2$ 正极材料交流阻抗的模拟电路图，其中 CEP_f、CEP_{ct} 和 Z_w 分别代表表面电容、双电层电容和韦伯阻抗。通过拟合计算得出 $LiNi_{1/3}Co_{1/3}Mn_{1/3}O_2$ 和 $LiNi_{1/3}$ $Co_{1/3}Mn_{1/3}O_2@YF_3$ 样品在不同充放电状态下 R_s、R_f 和 R_{ct} 的值。计算得到纯的样品电荷传递电阻 R_{ct} 和 R_f 相比于包覆样品都来得大，这是由于正极表面 SEI 膜存在引起的，在高电位下电极和电解液界面间的副反应导致其结构的不稳定。

锂离子扩散系数可以由以下方程计算得出：

$$D_{Li^+} = R^2 T^2 / 2A^2 n^4 F^4 C^2 \sigma^2 \tag{4.3.1}$$

式中：D_{Li^+} 为锂离子的扩散系数；R 为常数；T 为绝对温度（该实验下为 300K）；A 为正极材料与电解液相接触的面积（该实验下为 $1.227cm^2$）；n 为每个分子在氧化过程中的电子数量；F 为法拉第常数；C 为正极材料中 Li^+ 的浓度；σ 为韦伯系

数，与 Z_{re} 有关：

$$Z_{re}=R_s+R_{ct}+\sigma\omega^{-1/2} \tag{4.3.2}$$

图 4.3.8 为 $LiNi_{1/3}Co_{1/3}Mn_{1/3}O_2$ 和 $LiNi_{1/3}Co_{1/3}Mn_{1/3}O_2@YF_3$ 样品在充放电过程中不同状态下的锂离子扩散系数。从图中看出，在充电过程中，$LiNi_{1/3}Co_{1/3}Mn_{1/3}O_2$ 在 3.8V 锂离子扩散系数达到最大值为 $3.32\times10^{-11}cm^2/S$，$LiNi_{1/3}Co_{1/3}Mn_{1/3}O_2@YF_3$ 样品在 3.77V 锂离子扩散系数达到最大值为 $1.18\times10^{-10}cm^2/s$，这意味着包覆样品在电极材料脱嵌锂的过程中电子和锂离子的传导速率更快。随着充放电过程的进行，电极极化增加，正极材料与电解液反应产生的沉积物会附着在正极表面上，而 YF_3 包覆层的存在不仅可以有效增强材料结构的稳定性，而且提升了锂离子的动力学行为并改善了电极高倍率性能和循环性能。

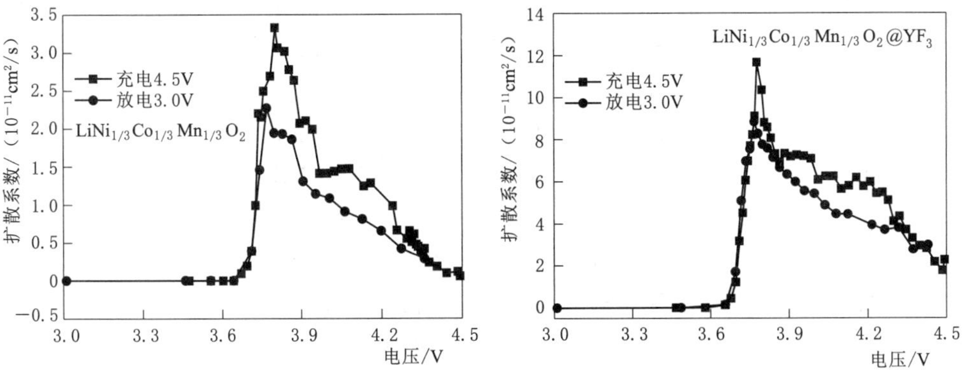

（a）$LiNi_{1/3}Co_{1/3}Mn_{1/3}O_2$　　（b）$LiNi_{1/3}Co_{1/3}Mn_{1/3}O_2@YF_3$

图 4.3.8　$LiNi_{1/3}Co_{1/3}Mn_{1/3}O_2$ 和 $LiNi_{1/3}Co_{1/3}Mn_{1/3}O_2@YF_3$ 样品在充放电过程中不同状态下的锂离子扩散系数

通常，三元 NCM 正极材料的热力学不是很稳定，特别是在荷电状态更加不稳定。图 4.3.9 为 $LiNi_{1/3}Co_{1/3}Mn_{1/3}O_2$ 和 $LiNi_{1/3}Co_{1/3}Mn_{1/3}O_2@YF_3$ 电极材料首次充电到 4.5V 下粉末材料的差热曲线。从图中可以看出，$LiNi_{1/3}Co_{1/3}Mn_{1/3}O_2$ 有两个放热峰，分别在 235℃和 280℃左右。第一个放热峰主要是电解液与电极材料的活性物质相互作用的分解反应；第二个分热峰归因于三元正极材料高温下结构不稳定释放 O_2 将电解液氧化。$LiNi_{1/3}Co_{1/3}Mn_{1/3}O_2@YF_3$ 的样品第二个放热峰的温度与纯的样品差不多，但第一个放热峰的温度明显比纯的样品高在 255℃附近。这表明，

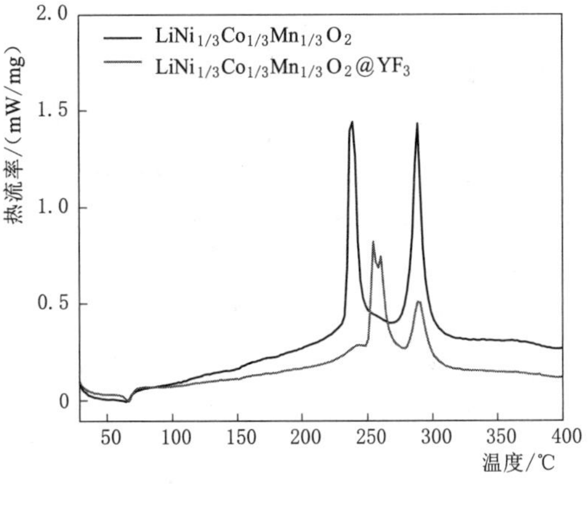

图 4.3.9　$LiNi_{1/3}Co_{1/3}Mn_{1/3}O_2$ 和 $LiNi_{1/3}Co_{1/3}Mn_{1/3}O_2@YF_3$ 电极材料首次充电到 4.5V 下粉末材料的差热曲线图

YF_3 的包覆可以增强正极材料的热力学稳定性，可以抑制电解液和电极交界面的反应，使其界面相对较为稳定并减小了电荷传递电阻。此外，样品具有更小的放热峰和较高的放热峰温度，进一步说明，YF_3 包覆的 $LiNi_{1/3}Co_{1/3}Mn_{1/3}O_2$ 在加热过程中释放较少的 O_2，且避免了电解液的腐蚀，使其即使在高电压荷电态时仍具有较好的热稳定性。

2. 三元正极材料的改性研究

三元正极材料同钴酸锂相比，其电导率较低、大倍率性能不佳、热稳定性差、容量衰减较为严重、循环性能不稳定、振实密度偏低，影响体积能量密度。对此研究者们一般通过表面修饰和离子掺杂等手段来对其进行改性。

表面修饰是指在材料表面包覆一层稳定的薄膜物质，基本不会改变材料的主体结构。适当厚度、均匀的包覆层可以提高电子电导率，减少电解液对活性物质的侵蚀，保护材料的结构不被破坏，从而改善材料的循环稳定性和倍率性能。Liu 等利用 $FePO_4$ 对 $LiNi_{1/3}Co_{1/3}Mn_{1/3}O_2$ 进行包覆研究，通过循环伏安测试和交流阻抗测试分析，表明 $FePO_4$ 包覆层的存在可以有效抑制电极表面的极化现象和电荷传递电阻 R_{ct} 的增加。电压范围在 $2.8 \sim 4.5V$ 内，电流密度为 $150mA/g$ 的条件下，循环充放电 200 次后，$FePO_4$ 包覆的 $LiNi_{1/3}Co_{1/3}Mn_{1/3}O_2$ 容量保持率为 80%，而纯的样品则只有 20%。近年来，由于石墨烯具有高的电子电导率和较大的比表面积，使人们更加关注石墨烯修饰改性正极材料。He 等报道过使用 rGO 包覆三元正极材料 $LiNi_{1/3}Co_{1/3}Mn_{1/3}O_2$。一方面，石墨烯包覆层可以作为电子迁移的快速通道；另一方面，石墨烯的孔洞结构有利于 Li^+ 的扩散迁移。因此，修饰过的电极具有较高的比容量，循环稳定性和大倍率性能都得到改善。

离子掺杂包括阳离子掺杂，如：Al、Fe、Zr、Cr 和 Mo 等；阴离子掺杂有：F 等。Ding 等采用热聚合方法将 Zr 离子掺入 $LiNi_{1/3}Co_{1/3}Mn_{1/3}O_2$ 合成得到 $Li_{1/3}Ni_{1/3}Co_{1/3}Mn_{1/3-x}Zr_xO_2$ （$x=0$、0.01、0.025、0.05）。其中，在循环充放电 100 次后，$Li_{1/3}Ni_{1/3}Co_{1/3}Mn_{1/3-0.01}Zr_{0.01}O_2$ 容量保持率为 92.7%，在 $8.0C$ 倍率测试下，比容量高达 $133.9mAh/g$。研究表明，适量 Zr 离子的替代可以增加 Li^+ 的扩散速率及材料结构的稳定性。Yue 等在 $LiNi_{0.6}Co_{0.2}Mn_{0.2}O_2$ 中掺杂 F^- 来得到 $LiNi_{0.6}Co_{0.2}Mn_{0.2}O_{2-x}F_x$，并研究其对材料的结构及电化学性能的影响。因为 F 的电负性比 O 强，因此 F^- 能与过渡金属元素形成较强的化学键，稳定主体材料的结构且适量 F 的掺入，增强了电极材料充放电过程中的动力学行为，抑制正极材料与电解液反应，使得电极极化降低，从而抑制循环中电荷传递电阻 R_{ct} 的增加。但过量的 F 掺杂时，因过渡态金属元素化合价降低而引起的电荷补偿，这使得电极整体物质的电中性得不到保持，会在界面形成新的物质，降低材料的电化学性能。

参 考 文 献

[1] 陈龙传. 锂离子电池正极材料的制备与改性研究 [D]. 福州：福建师范大学，2017.

[2] Zheng J, Gu M, Xiao J, et al. Functioning mechanism of AlF_3 coating on the Li - and Mn -

rich cathode materials [J]. Chemistry of Materials，2014，26（22）：6320 – 6327.

[3] Clark J M，Nishimura S，Yamada A，et al. High – Voltage Pyrophosphate Cathode：Insights into Local Structure and Lithium – Diffusion Pathways [J]. Angewandte Chemie International Edition，2012，51（52）：13149 – 13153.

[4] Liu X，Li H，Iyo A，et al. Study on the capacity fading of pristine and FePO$_4$ coated LiNi$_{1/3}$Co$_{1/3}$Mn$_{1/3}$O$_2$ by Electrochemical and Magnetical techniques [J]. Electrochimica acta，2014，148：26 – 32.

[5] Trevisanello E，Ruess R，Conforto G，et al. Polycrystalline and Single Crystalline NCM Cathode Materials—Quantifying Particle Cracking，Active Surface Area，and Lithium Diffusion [J]. Adv. Energy Mater.，2021（11）：2003400 – 2003411.

[6] Wang C，Wang R，Huang Z，et al. Unveiling the migration behavior of lithium ions in NCM/Graphite full cell via in operando neutron diffraction [J]. Energy Storage Mater.，2022（44）：1 – 9.

实验 4.4　富锂锰正极材料的制备及电化学性能

一、实验目的

1. 了解富锂锰正极材料的组成和结构特点。
2. 理解富锂锰正极材料的嵌脱锂工作机制。
3. 熟悉超声喷雾化法制备富锂锰正极材料的基本原理与操作要点。
4. 理解二氧化钛颗粒的修饰对富锂锰正极的电池性能的提升机制。

二、实验原理

富锂锰基正极材料 $x\mathrm{Li_2MnO_3 \cdot (1-x)LiMO_2}$ 因为其优异的结构特点和高能量密度而成为下一代锂离子电池的强有力候选材料之一。但是，富锂锰基正极材料仍然受到几个问题的困扰，比如材料容易受到电解液腐蚀，从而会导致过渡金属溶解从而影响其电化学性能；当电压大于 4.5V 时会有比较严重的氧的释放，导致首次库仑效率的降低等。富锂锰基材料的循环稳定性差可能主要与材料首次充电后在材料中形成的大量晶格缺陷有关。首次充放电过程中，随充电电压升高，富锂锰基材料会依次发生两步半反应：

$$x\mathrm{Li_2MnO_3 \cdot (1-x)LiMO_2 \longrightarrow x Li_2MnO_3 \cdot (1-x)MO_2 + (1-x)Li} \quad (4.4.1)$$

$$x\mathrm{Li_2MnO_3 \cdot (1-x)MO_2 \longrightarrow x MnO_2 \cdot (1-x)MO_2 + x Li_2O} \quad (4.4.2)$$

反应式（4.4.1）在充电电压小于 4.5V 时发生，伴随的是富锂锰基材料层间锂的脱出和过渡金属离子价态的变化；首先，反应式（4.4.2）在充电电压高于 4.5V 时发生，此时材料中过渡金属层中部分锂离子和氧一起脱出，在锂离子脱出过程中，脱出的锂离子主要归属过渡金属层，这部分晶体空位在后续的充放电过程中很难再接纳锂离子，导致材料的首次充放电效率变差；然后，首次充电后，氧脱出形成的氧空穴热力学不稳定，很容易在后续的放电过程中与电解液发生作用，使晶体结构发生变化，从而恶化材料的首次充放电效率和循环稳定性；最后，首次充电后，材料 $\mathrm{Li_2MnO_3}$ 相中过渡金属层的锂离子脱出使材料的晶体结构稳定性变差，多次充放电循环后，富锂锰基材料易从层状结构转变为尖晶石结构，会进一步恶化材料的循环稳定性。此外，富锂锰基材料充放电循环过程中晶粒形貌和尺寸的变化、有机电解液性能不稳定也有可能导致材料的循环稳定性变差。

为了解决这一系列问题，人们开发了表面包覆和离子掺杂等方法，而表面包覆最能有效隔绝电解液与电极材料，减少两者的接触。其中，$\mathrm{TiO_2}$ 因为其无毒、丰度大、成本低，并且有良好的结构稳定性，被认为是最有前途的涂层材料之一，并且 $\mathrm{TiO_2}$ 在室温下与 HF 很难发生反应，所以能有效阻隔电解液与电极材料的接触，减少副反应的发生，由此能够更好地保护活性材料的结构。所以，选择在富锂锰基材料表面包覆上一层 $\mathrm{TiO_2}$ 能够有效减缓因电解液腐蚀而溶解的过渡金属离子，增强材料的电化学性能。

本实验采用超声雾化法制备 $Li_{1.2}Ni_{0.13}Co_{0.13}Mn_{0.54}O_2$（LLNCMO）正极材料，并利用低温水解法在材料表面包覆 TiO_2 制备出 $Li_{1.2}Ni_{0.13}Co_{0.13}Mn_{0.54}O_2$ @ TiO_2（LLNCMO@TiO_2）复合材料，之后再分别测试包覆前后的样品的各项电池性能，以及分析其性能改性的内在动力学增强机制。

三、实验原材料、试剂及仪器设备

本实验所涉及的主要化学试剂有乙酸锂、乙酸锰、乙酸镍、乙酸钴、钛酸丁酯、乙醇、聚偏氟乙烯、导电炭黑、N-甲基吡咯烷酮、电解液、金属锂片。

本实验所使用的主要材料制备仪器有超声喷雾仪器、电子分析天平、超声波振荡清洗器、多头磁力加热搅拌器、电热恒温鼓风干燥箱、真空干燥箱、马弗炉、变温箱、循环水式多用真空泵、手套箱。

本实验所使用的材料表征仪器有电化学工作站、充放电测试仪、场发射扫描电子显微镜、透射电子显微镜、X 射线衍射、电感耦合等离子体发射光谱仪、开尔文原子力探针显微镜、差热分析仪。

4-4　富锂锰正极材料的制备

四、实验步骤

1. 材料制备

（1）富锂材料 LLNCMO 的主要制备流程如图 4.4.1 所示：首先，将 25.5mmol $CH_3COOLi \cdot 2H_2O$（锂含量过量 5%）、2.6mmol $Ni(CH_3COO)_2 \cdot 4H_2O$、2.6mmol $Co(CH_3COO)_2 \cdot 4H_2O$ 和 10.8mmol $Mn(CH_3COO)_2 \cdot 4H_2O$，溶解于 100mL 去离子水中，并剧烈搅拌 12h；然后，将真空收集及加热装置升温至 600℃，并将配置好的混合溶液放置于超声雾化机内，调节真空抽滤和雾化量，将收集得到的材料于真空干燥箱中 120℃干燥 12h 后；最后，利用马弗炉在空气气氛下 500℃煅烧 5h，900℃高温煅烧 12h，得到并收集 LLNCMO 材料。

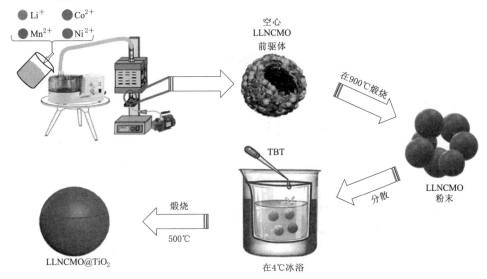

图 4.4.1　LLNCMO 和 LLNCMO@TiO_2 的制备流程图

（2）TiO_2 包覆改性的 $Li_{1.2}Ni_{0.13}Co_{0.13}Mn_{0.54}O_2@TiO_2$（LLNCMO@TiO$_2$）复合材料的制备流程如图 4.4.1 所示：首先，取 0.2g LLNCMO 粉末超声分散在 40mL 乙醇和 1mL 去离子水的混合溶液中并搅拌 30 分钟标记为 A 溶液，用移液枪取 0.0852μL（TiO_2 包覆量为 5%）的钛酸丁酯溶解于 40mL 乙醇中并搅拌 30min 标记为 B 溶液；然后，将 A 和 B 溶液一起放入低温箱内在 4℃下搅拌 15min，低温可以抑制钛酸丁酯发生水解反应，而后将 B 溶液缓慢滴入 A 溶液中并在 4℃下搅拌 24h；再将搅拌完成的混合溶液在 65℃下烘干，钛酸丁酯溶液与 LLNCMO 溶液混合均匀后，发生水解反应，$Ti(O-CH_4)_4 + 4H_2O \longrightarrow Ti(OH)_4 + 4C_4H_9OH$；最后，烘干后的粉末在 400℃空气气氛下烧结 3h，$Ti(OH)_4$ 高温分解生成 TiO_2 包覆在 LLNCMO 表面，最终得到 LLNCMO@TiO$_2$ 复合材料。

2. 电极片的制备及扣式电池的封装

如图 4.4.2 所示，扣式电池主要由电池上盖、泡沫镍填充物、金属锂片、隔膜、正极片和电池下盖组成，扣式电池的制作大致分为极片制备和电池组装两步。

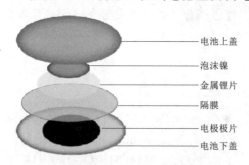

图 4.4.2　扣式电池的主要部件示意图

电池上盖
泡沫镍
金属锂片
隔膜
电极极片
电池下盖

（1）首先，将 LLNCMO 材料、PVDF 和 SP 放入真空干燥箱中 100℃干燥 12h，干燥完成后按 LLNCMO：PVDF：SP＝8：1：1 的质量比总共称取 20mg 待用；然后，将称取好的 PVDF 溶解于 NMP 中，混合均匀后加入 SP 和 LLNCMO，再加入若干 NMP 调节浆料黏稠度，待充分混合均匀且无粉末团聚后将混和好的浆料涂敷在铝箔上，然后放置于真空干燥箱中 120℃干燥烘烤 12h，使 NMP 蒸发。最后，将干燥完成的极片利用裁刀模具裁成半径为 12.5mm 的圆形极片，利用压片机以 3.0MPa 的压力对极片进行压实，然后将极片称重，记录质量后把极片放入真空干燥箱中 120℃干燥备用。

（2）将金属锂片、泡沫镍填充物、隔膜和干燥好的极片，以及电池上、下盖放入手套箱中，按照图 4.4.2 的组装顺序配合电解液完成扣式电池组装，最后将组装完成的扣式电池静置 12h 以待测试。

五、材料表征及性能测试分析

1. 材料物相结构及形貌表征

采用 X 射线衍射、场发射扫描电子显微镜（SEM）并结合其附带的 EDS 对样品进行物相成分分析；利用透射电子显微镜（TEM）对 LLNCMO 和 LLNCMO@TiO$_2$ 样品的形貌进行精细表征；使用 X 射线光电子能谱仪分析复合电极材料长循环测试后的产物。

2. 电化学性能测试与分析

（1）扣式电池的充放电性能测试采用武汉 LAND CT-2001A 系统，工作电压范围为 2～4.8V，测试温度为室温 25℃和 55℃；测试电极的循环性能和倍率性能。

（2）采用 Arbin BT—2000 型电池测试系统测试循环伏安曲线；电压范围在 2～4.8V 内，扫描速率为 0.1mV/s，测出样品前 6 次的 CV 曲线。

（3）交流阻抗（EIS）采用上海华辰 CHI660C 型电化学工作站，频率范围为 0.01Hz～100kHz，振幅为 5mV。为了进一步了解充放电过程中电荷传递电阻及锂离子扩散的动力学行为，将经 1.0C 倍率下循环 100 次后的电池进行交流阻抗测试。

3. 处理和分析数据

使用 Origin 软件等处理和分析获得的实验数据。

六、习题

1. 为何要在材料制备时投入要过量 5％的 $CH_3COOLi \cdot 2H_2O$？
2. 请简述超声喷雾化法在制备材料过程的工作原理。
3. $LLNCMO@TiO_2$ 复合材料中的 TiO_2 在电池性能改性上起什么作用？
4. 分析富锂锰基材料的优缺点，简述其材料性能提升的路径有哪些。
5. 富锂锰基材料面临首次库仑效率低的诱因有哪些？

七、实验参考数据及资料扩展导读

1. 数据的处理与参考分析

利用 SEM 表征了 LLNCMO 和 LLNCMO@TiO$_2$ 颗粒的形貌，如图 4.4.3（a）和（b）所示，原始 LLNCMO 和 LLNCMO@TiO$_2$ 复合材料均由平均直径约为 200nm 的结晶良好的纳米颗粒组成。但是，由于 TiO$_2$ 纳米粒子在阴极材料上的沉积，LLNCMO 粒子的晶面和边界变得略微模糊。图 4.4.3（c）显示了 LLNCMO 和 LLNCMO@TiO$_2$ 复合材料的 XRD 图谱。除 20°～23°附近的弱峰外，所有衍射

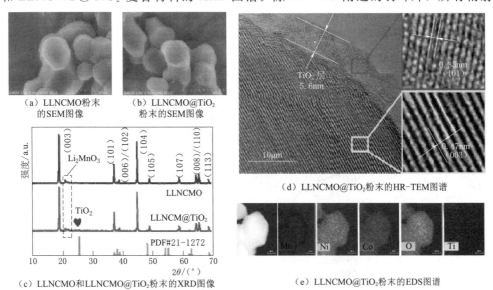

（a）LLNCMO粉末的SEM图像

（b）LLNCMO@TiO$_2$粉末的SEM图像

（c）LLNCMO和LLNCMO@TiO$_2$粉末的XRD图像

（d）LLNCMO@TiO$_2$粉末的HR-TEM图谱

（e）LLNCMO@TiO$_2$粉末的EDS图谱

图 4.4.3　LLNCMO 和 LLNCMO@TiO$_2$ 形貌结构分析图

峰都可以归为 R - 3m 空间群的六角形 α - $NaFeO_2$ 结构，这对应于 C2/m 空间群的单斜 Li_2MnO_3 晶胞的 LiMn6 超结构（JCPDS No. 21 - 1272）。两组峰（006）/（102）和（108）/（110）的分裂明显，表明 LLNCMO 粉末具有高度有序的层状结构。LLNCMO@TiO_2 复合材料在 $2\theta \approx 25.3°$ 处的衍射峰指向锐钛矿型 TiO_2 的（101）晶面。为了进一步确认 LLNCMO 表面上存在 TiO_2，从图 4.4.3（d）和（f）的 LLNCMO@TiO_2 样品的高倍 TEM 图像可以发现，在 LLNCMO 表面上沉积了厚度约为 6nm 的涂层，原始的 LLNCMO 的 TEM 图像表现出清晰的对应于间距为 0.47nm 的晶格条纹（003）面，间距为 0.35nm 的晶格条纹对应于锐钛矿型 TiO_2 的（101）面。通过 EDS 元素映射进一步检查涂层的化学组成，从图 4.4.3（g）中的分析揭示了 LLNCMO 表面上 Ti 元素的选择以及均匀分布。通过电感耦合等离子体（ICP）技术测试了精确的 Ni、Co、Mn 和 Ti 元素含量，并将复合材料中相应的 TiO_2 含量评估为 4.6%，这表明 Ti 元素的实际值与计算值之间具有良好的一致性。

如图 4.4.4（a）所示，LLNCMO 和 LLNCMO@TiO_2 电极在 0.2C（1.0C＝300mAh/g）倍率下，2～4.8V 电压范围内的首次充放电曲线。从图 4.4.4（a）中可以看到，两个样品的初始充电曲线都包含两个平台，当电压小于 4.5V 时，此时锂离子从富锂材料中脱出，并伴随着 Ni^{2+} 和 Co^{3+} 的氧化，当充电电压大于 4.5V，

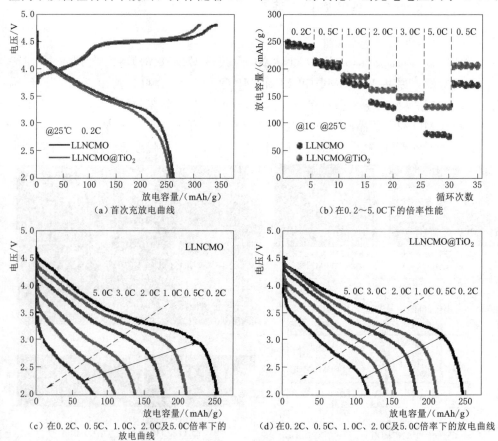

（a）首次充放电曲线

（b）在0.2～5.0C下的倍率性能

（c）在0.2C、0.5C、1.0C、2.0C及5.0C倍率下的放电曲线

（d）在0.2C、0.5C、1.0C、2.0C及5.0C倍率下的放电曲线

图 4.4.4　LLNCMO 和 LLNCMO@TiO_2 电极电化学性能图

Li_2MnO_3 组分中的锂离子开始脱出，此过程伴随氧的释放，LLNCMO 电极的初始放电容量为 259.4mAh/g，首次库仑效率为 76.1%，LLNCMO@TiO_2 电极的初始放电容量为 254.6mAh/g，首次库仑效率为 82.4%，在高截止电压下电解质的氧化导致库仑效率降低，而 TiO_2 涂层有效地抑制了这种分解反应，并促进了富锂氧化物材料中锂离子的输送。图 4.4.4（b）显示了 LLNCMO 和 LLNCMO@TiO_2 电极分别在 0.2C、0.5C、1.0C、2.0C 和 5.0C 倍率下的倍率性能，从图中可以清楚地观察到，包覆 TiO_2 后表现出更优异的倍率性能，尤其在 5C 高倍率下，LLNCMO@TiO_2 电极的放电容量为 130.3mAh/g，而 LLNCMO 电极的放电容量为 76.2mAh/g，当放电倍率从 5C 恢复到 0.5C 时，LLNCMO@TiO_2 电极也能恢复到更高的容量，倍率性能的提高很大程度上归因于锂离子在界面上的扩散更快。图 4.4.4（c）和（d）表示了 LLNCMO 和 LLNCMO@TiO_2 电极分别在 0.2C、0.5C、1.0C、2.0C 和 5.0C 倍率下的放电曲线，从图中可以看出，两个电极的放电容量都随着电流密度的增加而降低，这主要归因于极化的增加，与 LLNCMO 电极相比，由于极性较弱，LLNCMO@TiO_2 电极在放电电压平稳阶段的速度较慢。所得结果表明，TiO_2 包覆策略能有效抑制电解质和活性材料之间的界面反应，从而降低界面电阻。

为了研究包覆 TiO_2 后电极的性能提升，对两种电极分别在 25℃ 和 55℃ 下测试其循环稳定性。由图 4.4.5（a）可以看出，在室温 25℃ 及 1.0C 倍率下，LLNCMO 和 LLNCMO@TiO_2 电极的初始容量为 208.4mAh/g 和 194.9mAh/g，在经过 100 圈循环后，容量保持率分别为 62.6% 和 79.6%。在高温条件下的循环稳定性有着相同的趋势，如图 4.4.5（b）所示，在 55℃ 和 1.0C 倍率下，LLNCMO 电极在 100 循环后急剧下降至 135.1mAh/g，容量保持率为 53.2%，而 LLNCMO@TiO_2 在相同测试条件下 100 圈循环后容量还剩 185.9mAh/g，容量保持率为 72.1%。由于 TiO_2 的保护作用，提高了电极容量保持率，这应归因于 TiO_2 包覆层对活性材料和电解液之间发生副反应的抑制。图 4.4.5（c）展示了在扫描速度为 0.1mV/s 条件下 LLNCMO 和 LLNCMO@TiO_2 电极的循环伏安（CV）曲线，由两个图对比得到，LLNCMO@TiO_2 电极的还原峰和氧化峰之间的差异（$\Delta V = 0.66V$）比 LLNCMO 电极的差异小（$\Delta V = 0.70V$），表明涂层可以减少电极极化并增强锂离子嵌入脱出过程的可逆性，从第二个循环开始，LLNCMO@TiO_2 电极的 CV 重叠程度比 LLNCMO 电极的 CV 曲线重叠程度好，表面 TiO_2 涂层有助于改善脱嵌锂的可逆性和循环稳定性。

为了确定 TiO_2 涂层对阴极材料的界面稳定性的影响，将循环 100 圈后的 LLNCMO 和 LLNCMO@TiO_2 电极进行了 XPS 分析。如图 4.4.6（a）和（b）所示，O 1s 在 529.7eV、531.3eV、532eV 和 529.7eV 附近有四个独立的峰，它们分别代表 C＝O、氧化沉积物、Li_2CO_3 和电解质氧化产物。作为副反应的产物，Li_2CO_3 会增加电极极化，电子导电性和离子导电性较差，降低锂离子的扩散动力学。与 LLNCMO 相比，LLNCMO@TiO_2 具有相对较低的 Li_2CO_3 和较高的氧化沉积物，TiO_2 涂层可以有效抑制电解质与 LLNCMO 之间的副反应，这个结果和 EIS

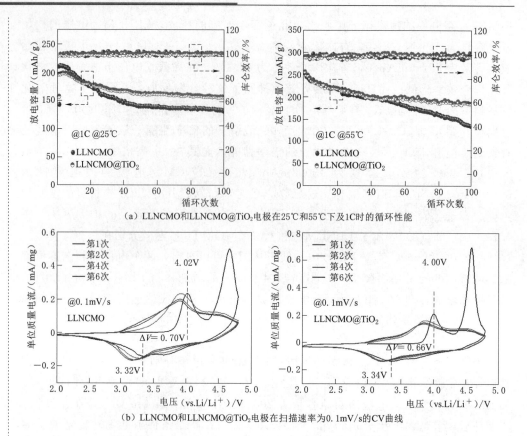

(a) LLNCMO和LLNCMO@TiO₂电极在25℃和55℃下及1C时的循环性能

(b) LLNCMO和LLNCMO@TiO₂电极在扫描速率为0.1mV/s的CV曲线

图 4.4.5　LLNCMO 和 LLNCMO@TiO_2 电极电化学性能图

和 GITT 测试结果相一致。图 4.4.6（c）和（d）进一步证明了在充放电过程中 TiO_2 涂层对 Li_2CO_3 的还原作用，另一方面，电解质与 LLNCMO 之间的副反应也会导致 LLNCMO 颗粒的表面结构紊乱，导致金属离子的价态发生变化。Mn 2p 谱的拟合图谱如图 4.4.6（e）和（f）所示，可以将 LLNCMO 和 LLNCMO@TiO_2 中 Mn 的化学态分为 Mn^{2+}（2p3/2 641.1eV）、Mn^{3+}（2p3/2 641.9eV）、Mn^{4+}（2p3/2 642.7eV）和 Li_2MnO_3 中的 Mn^{4+}（2p3/2 643.8eV），结果表明，与 LLNCMO@TiO_2 电极相比，LLNCMO 电极的 Mn^{2+} 含量较高，Mn 价较低。更高的 Mn^{4+}/Mn^{2+} 比例进一步证实了 TiO_2 包覆不仅可以减缓 Mn 价的降低，而且可以抑制层状结构向尖晶石结构转变。

2. 富锂正极材料的改性研究

富锂正极材料因为其超高的放电比容量而引起广泛关注以及研究，且可以为发展高能量密度动力电池做出很大贡献，但是富锂材料本身存在着首次库仑效率低、倍率、循环性能不佳以及电压衰减等问题，针对富锂正极材料的不足之处，许多课题组以及研究人员采用一些改性方法去优化富锂正极材料的性能，例如离子掺杂、材料表面包覆改性等。

（1）离子掺杂可以分为体相离子掺杂和表面离子掺杂等，是现在富锂材料改性

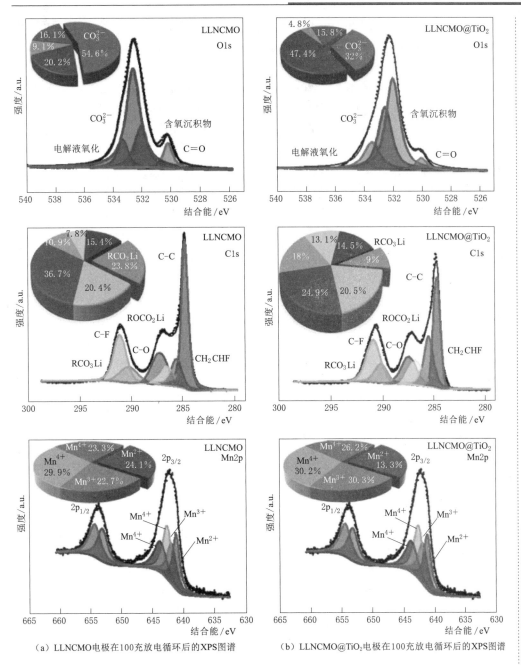

图 4.4.6　LLNCMO 和 LLNCMO@TiO$_2$ 电极元素价态分析图

的最有效的方法之一。而掺杂具有一定的规则：掺杂的离子要与所替换的离子半径大致相同，保证掺杂后晶体结构不发生改变；掺杂的离子能与氧离子形成键能比较大的键，能让形成的物质更加稳定；掺杂的离子能稳定存在，避免在循环中发生氧化还原反应。Liu 等利用 Na$^+$ 和 F$^-$ 掺杂形成 Li$_{1.12}$Na$_{0.08}$Ni$_{0.2}$Co$_{0.6}$O$_{1.95}$F$_{0.05}$ 富锂材料，掺杂后的电化学性能得到明显改善，在 0.2C 下循环 100 圈的容量保持率为 100%，同时循环后的电荷转移电阻也明显减小。钠离子半径大于锂离子半径，可以使层间距增大，极化率降低，结构稳定性增强，而较小直径的氟离子对提高表面稳定性、减小电荷转移和减小锂离子扩散阻力有一定的作用，这对提高层状阴极的电化学性能，特别是速率能力有一定的意义。

（2）材料表面包覆改性对于富锂材料也是比较有效和常见的方法之一，在材料颗粒的外表面利用一些物理化学手段包覆上一层或者多层的均匀保护层，这可以有效抑制本体活性材料与电解液接触，防止本体材料受到电解液的腐蚀而溶解，从而造成材料结构改变甚至坍塌。Song 等在富锂材料 $Li_{1.15}Ni_{0.17}Co_{0.11}Mn_{0.57}O_2$ 的外表面均匀包覆上一层 $AlPO_4$，包覆量分别为 0.5%、1.0%、2.0% 和 4.0%，经过各项电化学性能测试，发现包覆 1.0% 的 $AlPO_4$ 性能最佳。包覆后抑制了氧的释放，从而提高了首次库仑效率，并且阻止了活性物质与电解液的接触，防止 HF 的腐蚀，稳定了材料界面，降低了界面电阻，加快离子传导。Liu 等为了提高 $Li_{1.2}Mn_{0.54}Ni_{0.13}Co_{0.13}O_2$ 富锂材料的首次库仑效率，他们选择在材料表面包覆 $Ce_{0.8}Sn_{0.2}O_{2-a}$。当充电至 4.5V 时，O^{2-} 在晶格中被氧化至一个高价态 O，并在材料表面释放，且高价态的氧与富锂材料内的过渡金属离子和电解液反应形成较厚和惰性的固体电解质膜。包覆后：第一，减少了材料表面被电解液腐蚀，能让电极表面形成较薄且稳定的固体电解质膜；第二，该材料拥有着大量的氧空位，它可以有效抑制富锂本体材料氧的释放，晶格氧从 $Li_{1.2}Mn_{0.54}Ni_{0.13}Co_{0.13}O_2$ 向 $Ce_{0.8}Sn_{0.2}O_{2-a}$ 中迁移，能与富锂材料发挥良好的协同作用，在提高了首次库仑效率的同时也能很好地稳定材料结构，使材料发挥出更优异的电化学性能。

参 考 文 献

［1］　Ran X，Tao J，Chen Z，et al. Surface heterostructure induced by TiO_2 modification in Li‑rich cathode materials for enhanced electrochemical performances ［J］. Electrochimica Acta ［J］. 2020，353：135959.

［2］　Liu D，Fan X，Li Z，et al. A cation/anion co‑doped $Li_{1.12}Na_{0.08}Ni_{0.2}Mn_{0.6}O_{1.95}F_{0.05}$ cathode for lithium ion batteries ［J］. Nano Energy，2019，58：786–796.

［3］　Liu S，Liu Z，Shen X，et al. Surface Doping to Enhance Structural Integrity and Performance of Li‑Rich Layered Oxide ［J］. Advanced Energy Materials，2018，8（31）：1802105.

［4］　Huang J，Liu H，Hu T，et al. Enhancing the electrochemical performance of Li‑rich layered oxide $Li_{1.13}Ni_{0.3}Mn_{0.57}O_2$ via WO_3 doping and accompanying spontaneous surface phase formation ［J］. Journal of Power Sources，2018，375：21–28.

［5］　Liu Y，Yang Z，Li J，et al. A novel surface‑heterostructured $Li_{1.2}Mn_{0.54}Ni_{0.13}Co_{0.13}O_2$@$Ce_{0.8}Sn_{0.2}O_{2-a}$ cathode material for Li‑ion batteries with improved initial irreversible capacity loss ［J］. Journal of Materials Chemistry A，2018，6（28）：13883–13893.

实验 4.5　高压 LNMO 正极材料的制备及电化学性能

一、实验目的

1. 了解尖晶石 $LiNi_{0.5}Mn_{1.5}O_4$ 正极材料的结构组成和结构特点。
2. 理解以 $LiNi_{0.5}Mn_{1.5}O_4$ 为正极锂离子电池的电化学充放电反应过程。
3. 熟悉 $LiNi_{0.5}Mn_{1.5}O_4$ 正极材料的溶胶-凝胶法制备路径。
4. 掌握 $LiNi_{0.5}Mn_{1.5}O_4$ 正极材料电化学性能的测试方法。

二、实验原理

在化石燃料引起环境污染和能源枯竭的 21 世纪，军事装备、电动汽车以及储能设备都要求锂离子电池向着高容量、高能量密度、安全方向发展。5V 高压正极材料 $LiNi_{0.5}Mn_{1.5}O_4$ 具有与市场上商业化的钴酸锂相近的实际放电比容量，比起钴的价格昂贵、资源匮乏以及污染环境，锰具有资源丰富，无毒且价格实惠的优点。$LiNi_{0.5}Mn_{1.5}O_4$ 仅有一个 4.7V 左右的高平台，可以为电池提供平稳的工作电压，是高功率型锂离子电池首选的正极材料。

高压 $LiNi_{0.5}Mn_{1.5}O_4$ 与 $LiMn_2O_4$ 结构相似，如图 4.5.1 所示，Li 占据四面体 8a 位，氧原子占据面心立方结构（32e）。$LiNi_{0.5}Mn_{1.5}O_4$ 具有 $P4_332$ 和 Fd3m 两种点群结构，前者 Ni 有序取代 Mn 原子占据 4b 位，Mn 占据 12d 位，后者 Ni 随机取代部分 Mn 占据 16d 位。Fd3m 的电子电导率比 $P4_332$ 的大了约 2.5 个数量级，具有更加优异的电化学性能。在一般制备过程中，焙烧气氛、烧结温度及初始原料 Li、Mn、Ni 含量的比例都会影响 $LiNi_{0.5}Mn_{1.5}O_4$ 的空间结构。

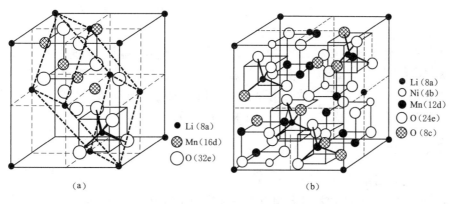

图 4.5.1　$LiNi_{0.5}Mn_{1.5}O_4$ 的晶体结构图

以高压 $LiNi_{0.5}Mn_{1.5}O_4$ 为正极和石墨为负极的锂离子电池为例，其充放电反应式为：

（负极）$C_6 | 1mol \cdot L^{-1} LiPF_6 + EC + DEC + EMC | LiNi_{0.5}Mn_{1.5}O_4$（正极）

正极：$LiNi_{0.5}Mn_{1.5}O_2 \Longrightarrow Li_{1-x}Ni_{0.5}Mn_{1.5}O_2 + xLi^+ - xe^-$

负极：$6C + xLi^+ + xe^- \rightleftharpoons Li_xC_6$

总反应：$LiNi_{0.5}Mn_{1.5}O_2 + 6C \rightleftharpoons Li_{1-x}Ni_{0.5}Mn_{1.5}O_2 + Li_xC_6$

式中：$LiPF_6$ 为电解质盐；EC 为碳酸乙烯酯；DEC 为碳酸二乙酯；EMC 为碳酸二甲酯。

充电时，Li^+ 从正极 $LiNi_{0.5}Mn_{1.5}O_2$ 脱出，经过电解液嵌入石墨，外电路电荷从正极移向负极使电池电荷达到平衡状态，这也就实现电能向化学能的转换。放电时，锂离子从负极石墨脱出，经过电解液嵌入正极 $LiNi_{0.5}Mn_{1.5}O_2$，正极处于富锂态，负极处于贫锂态，完成化学能转换成电能的过程。

近年来，尽管尖晶石型 $LiNi_{0.5}Mn_{1.5}O_4$ 的研究已经取得大量的成果，但由于电解液中 HF 存在使得 Mn 从尖晶石结构中溶解，循环过程容量衰减较快尤其在高温高压下更为明显。研究者的不断探索总结出，表面修饰是抑制锰溶解的有效途径。研究发现，$LiNi_{0.5}Mn_{1.5}O_4$ 表面修饰 SiO_2 可以明显提高材料的容量保持率。在 $LiNi_{0.5}Mn_{1.5}O_4$ 表面修饰 $AlPO_4$ 可以显著提高材料的电化学可逆性和特定温度下的材料稳定性。比起这些材料，$La_{0.7}Sr_{0.3}MnO_3$ 具有较高的电子电导率（超过 100S/cm），是极具前景的包裹材料。因为导电性的包裹层可以增强锂离子表面嵌入反应，降低电池极化电阻和颗粒间接触电阻，在活性材料的电解液间起到连接桥梁作用。

$LiNi_{0.5}Mn_{1.5}O_4$ 的制备方法不同，材料的性能差异比较大。目前，常见的主要有溶胶—凝胶法、固相法、共沉淀法，另外还有熔融盐法、微波合成法、超声喷雾热解法和电泳沉积法等。本实验通过溶胶—凝胶法制备 $La_{0.7}Sr_{0.3}MnO_3$ 修饰 $LiNi_{0.5}Mn_{1.5}O_4$ 复合材料，系统研究了其在高温下的热稳定性和电化学性能。

三、实验原材料、试剂及仪器设备

本实验所涉及的主要化学试剂有乙酸锂、乙酸镍、乙酸锰、硝酸锶、硝酸镧、导电炭黑、柠檬酸、N-甲基吡咯烷酮、无水乙醇、聚偏氟乙烯、硝酸镧、电解液、硝酸锶、金属锂片、氨水以及隔膜等。

本实验所使用的主要材料制备仪器有超声波振荡清洗器、手套箱、电子分析天平、X-射线衍射仪（XRD）、多头磁力加热搅拌器、扫描电子显微镜（SEM）、数显恒温水浴锅、电化学工作站、电热恒温鼓风干燥箱、玛瑙研钵、蓝电电池测试仪、电热套、真空干燥箱、马弗炉、粉末压片机等。

四、实验步骤

（一）材料制备

溶胶—凝胶法是通过制备各组分溶液并混合制得凝胶，经过烘烤、烧结得到粉体，可以使前驱体溶液达到分子级水平混合，粉体颗粒粒径小且均匀。实验用溶胶凝胶法制备 $LiNi_{0.5}Mn_{1.5}O_4$ 粉末材料。

（1）配置前驱溶液。A 液：按化学计量比称取一定量乙酸锂（锂含量过量5%）、乙酸镍（分析纯）、乙酸锰（分析纯）溶解在去离子水中形成溶液 A；B 液：称取柠檬酸（金属离子物质量的 2 倍）溶于去离子水中形成溶液 B。

（2）溶胶—凝胶反应。将溶液 A 逐滴滴入溶液 B 并持续搅拌，取氨水调节 pH 值为 5～6，80℃水浴 24h 制得凝胶。

（3）产物焙烧处理。将湿凝胶置于 120℃的鼓风干燥箱烘烤 12h，得到干凝胶，所得的干凝胶在马弗炉中 500℃焙烧 12h 分解有机物，900℃烧结 12h 获得 $LiNi_{0.5}Mn_{1.5}O_4$ 粉末材料。

（4）$LiNi_{0.5}Mn_{1.5}O_4$ 粉末材料包覆处理。按化学计量比称取一定量的硝酸镧（分析纯）、硝酸锶（分析纯）、乙酸锰（分析纯）和柠檬酸（金属离子物质量的 2 倍）溶解在去离子水中，80℃水浴 4h，按计量比加入 $LiNi_{0.5}Mn_{1.5}O_4$ 持续水浴搅拌直至形成凝胶，鼓风干燥箱 120℃烘烤，马弗炉空气氛围下 900℃烧结 12h，获得 $(LiNi_{0.5}Mn_{1.5}O_4)_{94}/(La_{0.7}Sr_{0.3}MnO_3)_6$ 复合粉体材料。

（二）扣式电池的制作

1. 电极制备及备料

（1）正极：按照正极活性物质、导电炭黑 Super－P 及聚偏氟乙烯（PVDF）的质量比为 8∶1∶1 的比例称取材料；取适量的 N-甲基吡咯烷酮（NMP）溶解黏结剂，再依次加入导电炭黑和正极活性物质，研磨成和稀泥状并涂于铝箔集流体上，在真空 110℃干燥 12h，用圆形裁片器裁成 12.5mm 的正极片，利用粉末压片机施加 3～4MPa 压力进行极片压实处理，最后在 80℃真空烘烤 5h 制得待测极片。

（2）负极：采用购买的直径为 14.5mm 的金属锂片。

（3）隔膜：采用购买的日本宇部生产的微孔聚丙烯 Celgard2300 膜，通过裁片剪刀裁成直径为 16mm 的圆片。

（4）电解液：1.0M $LiPF_6$ 的碳酸乙烯酯（EC）＋碳酸二甲酯（EMC）＋碳酸二乙（DEC）（体积比为 1∶1∶1）的有机溶剂。

（5）电池壳：CR2025 不锈钢电池壳。

2. 组装 CR2025 扣式电池

通过过渡舱将电极材料、隔膜和金属锂片送入充满高纯氩的手套箱中（水小于 0.1ppm，氧小于 0.1ppm）。用镊子小心取出正极片平整置于电池壳正中央，涂布层朝上，覆盖上隔膜，往隔膜滴加适量电解液至完全浸润，注意不得使隔膜和电极间存有气泡。夹取金属锂片置于隔膜正中央，垫上泡沫镍以填充，盖上电池盖，封口机手工封口送出手套箱静置 12h，待测。

五、材料表征及性能测试

1. 材料物相结构及形貌表征

对样品粉末进行 XRD 分析，可采用 Cu－Kα 为辐射源，波长 $\lambda = 0.154056nm$，采用连续扫描方式，扫描范围 10°～80°，扫描步长为 0.02°，速度为 8°/min。通过场发射扫描电镜（SEM）和 X 射线能量色散谱仪（EDS）来观察所得粉末样品的表面形貌及元素分布。

2. 电化学性能测试与分析

（1）测试制备材料的电池电化学性能，选择在不同温度（25℃和 60℃）以及

2.0C 倍率下的循环性能和高温倍率性能，用蓝电电池测试系统，以 2.0C 倍率为例，充放电电压为 3.0～4.9V，具体设置如下：

以 2.0C 恒流充至 4.9V；再以 4.9V 恒压充，直到电流小于 0.2C；后静置 2min；以 2.0C 恒流放电直到电压等于 3.0V；再静置 2min；循环步骤。

（2）循环伏安（CV）测试。可使用上海辰华公司的 CHI660C 电化学工作站，在 3～4.9V 工作电压范围内扫描速率分别为 0.03mV/s、0.05mV/s、0.08mV/s 和 0.10mV/s，计算两种材料的锂离子扩散系数。

（3）电化学交流阻抗（EIS）测试。用电化学工作站对合成的材料的阻抗特性进行研究，扫描频率范围 0.01～100kHz，振幅为 5mV。

六、习题

1. 为什么在材料制备的过程中乙酸锂取过量 5%？

2. 溶胶-凝胶法制备 $LiNi_{0.5}Mn_{1.5}O_4$ 正极材料过程中，哪些工艺过程对材料的电化学性能影响较大？

3. 溶胶-凝胶法制备 $LiNi_{0.5}Mn_{1.5}O_4$ 正极材料中，烧结温度的温区和时长对材料可能会有怎样的影响？

4. 简述 $LiNi_{0.5}Mn_{1.5}O_4$ 正极的充放电反应原理。

七、实验参考数据及资料扩展导读

1. 数据处理与参考分析

材料 $LiNi_{0.5}Mn_{1.5}O_4$ 和 $(LiNi_{0.5}Mn_{1.5}O_4)_{94}/(La_{0.7}Sr_{0.3}MnO_3)_6$ 标记为样品 A 和样品 B 的 XRD 谱图和标准谱图如图 4.5.2 所示。从图谱中可知，合成的两种材料为与标准 $LiNi_{0.5}Mn_{1.5}O_4$（ICSD＃070046）和 $La_{0.7}Sr_{0.3}MnO_3$（ICSD＃050717）峰相一致，在精度范围内没出现第三相的衍射峰，表明两种物质在高温烧结过程未发生其他的化学反应。

图 4.5.3 为 $LiNi_{0.5}Mn_{1.5}O_4$ 和 $(LiNi_{0.5}Mn_{1.5}O_4)_{94}/(La_{0.7}Sr_{0.3}MnO_3)_6$ 样品的 SEM 图，由图可知，两类样品的结晶度高以及颗粒分布均匀。其中，A 样品 $LiNi_{0.5}Mn_{1.5}O_4$ 表面整洁光滑，如图 4.5.3（b）中可见粒径在 10nm 左右的 $La_{0.7}Sr_{0.3}MnO_3$ 颗粒均匀地分布在 $LiNi_{0.5}Mn_{1.5}O_4$ 表面。

图 4.5.4（a）是样品 A 和样品 B 两种材料在室温下及 2.0C 的充放电循环图。由于 $La_{0.7}Sr_{0.3}MnO_3$ 是非电化学活性的，所以样品 A 比样品 B 有稍高的初始放电比容量。样品 A 和样品 B 在循环 100 次后容量保持率分别为 67% 和 91%，可见 $La_{0.7}Sr_{0.3}MnO_3$ 包裹明显地改善了材料的循环性能。

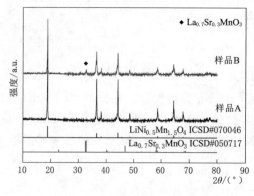

图 4.5.2　两类样品的 XRD 图

（a）$LiNi_{0.5}Mn_{1.5}O_4$

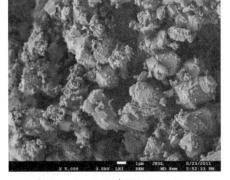

（b）$La_{0.7}Sr_{0.3}MnO_3 / LiNi_{0.5}Mn_{1.5}O_4$

图 4.5.3 样品的 SEM 图

未经包裹 $LiNi_{0.5}Mn_{1.5}O_4$ 的循环性能不佳，主要是由于电极材料中 Ni^{4+} 和电解液的表面反应。$La_{0.7}Sr_{0.3}MnO_3$ 包裹保护 $LiNi_{0.5}Mn_{1.5}O_4$ 电极表面，以免被电解液中的 HF 溶解。因而，修饰后的材料金属离子的溶解被抑制，循环可逆性也就相应的提高了。

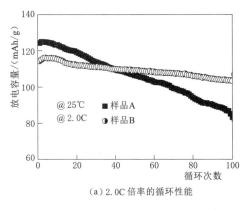

（a）2.0C 倍率的循环性能

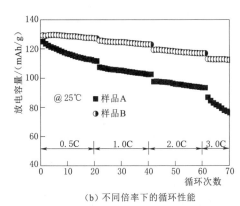

（b）不同倍率下的循环性能

图 4.5.4 两类样品室温下的循环性能图

图 4.5.4（b）表示样品 A 和样品 B 室温下 3～4.9V 电压范围内以及不同充放电倍率（即，0.5C、1.0C、2.0C 和 3.0C）下的循环性能。样品 B 在从 0.5～3.0C 的不同倍率下放电比容量分别为 129mAh/g、124mAh/g、118mAh/g 和 113mAh/g，明显高于样品 A 在同等情况下的放电比容量（即，116mAh/g、105mAh/g、95mAh/g 和 80mAh/g）。结果表明，室温下倍率性能的改善揭示 $La_{0.7}Sr_{0.3}MnO_3$ 包裹确实促进了在高放电倍率下锂离子的脱嵌动力学性能。

图 4.5.5（a）和（b）是样品 A 和样品 B 的循环伏安测试图，电压从 3.0～4.9V，扫描速率分别为 0.03mV/s、0.05mV/s、0.08mV/s 和 0.10mV/s。图中循环伏安曲线在 4.05V、4.65V 和 4.8V 附近出现的峰分别对应 Mn^{3+}/Mn^{4+}、Ni^{2+}/Ni^{3+} 和 Ni^{3+}/Ni^{4+} 的氧化还原峰。图 4.5.5（c）和（d）表示峰电流和斜率之间的关系，可以通过下述方程表示：

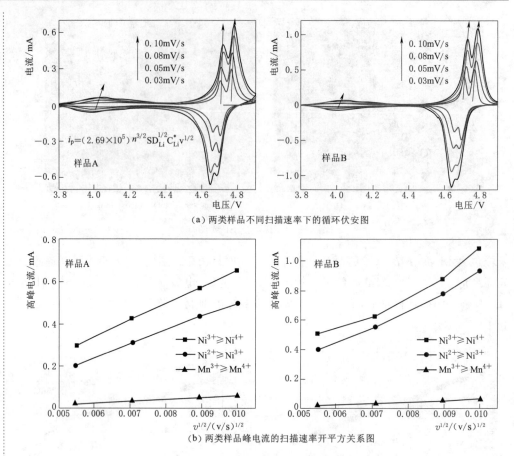

图 4.5.5 两类样品电化学性能图

$$I_p = 2.69 \times 10^5 n^{3/2} A D^{1/2} C_{Li} v^{1/2}$$

式中：I_p 为峰电流；n 为电子交换数；A 为电极面积；D 为扩散系数；C_{Li} 为电极中锂离子的浓度；v 为扫描速率。根据上述方程，循环伏安测试的峰电流和扫描速率的开平方呈线性关系。通过上述方程可以算得对应的扩散系数，相应结果见表 4.5.1，从表中可以看出 $LiNi_{0.5}Mn_{1.5}O_4$ 包裹上导电性 $La_{0.7}Sr_{0.3}MnO_3$ 后扩散系数增大了，这是由于包裹后电子导电性增强，这也就使修饰材料具有更优异的倍率性能。

表 4.5.1 两类样品的锂离子扩散系数数值比较

Li$^+$扩散系数 D/(cm^2/s)	Mn^{3+}/Mn^{4+}	Ni^{2+}/Ni^{3+}	Ni^{3+}/Ni^{4+}
样品 A	7×10^{-11}	1.14×10^{-10}	2.05×10^{-10}
样品 B	8×10^{-11}	2.02×10^{-10}	3.3×10^{-10}

为进一步研究 $La_{0.7}Sr_{0.3}MnO_3$ 包裹对尖晶石 $LiNi_{0.5}Mn_{1.5}O_4$ 电化学性能的影响，本工作系统研究在高温下材料的稳定性。将 $LiNi_{0.5}Mn_{1.5}O_4$ 和 $La_{0.7}Sr_{0.3}MnO_3$ 修饰的两种材料组装的电池在 60℃下高温存储 3 天，下面标为样品 AA 和样品 BB。图 4.5.6 （a）和 （b）展示样品 A 和样品 B 在 60℃以下及 2.0C 倍率循环 100 次及

样品 AA 和样品 BB 在 25℃ 以下及 2.0C 倍率的循环图。样品 A 首次和第 100 次放电比容量分别为 123mAh/g 和 50mAh/g，容量保持率为 41%。而样品 B 的循环性能明显提高，100 次后容量保持率接近 90%，显示优异的高温循环稳定性。样品 AA 和样品 BB 分别表示高温存储后的 $LiNi_{0.5}Mn_{1.5}O_4$ 和 $La_{0.7}Sr_{0.3}MnO_3$ 修饰 $LiNi_{0.5}Mn_{1.5}O_4$。对于在高温存储的样品，样品 BB 在 100 次循环后，容量保持率超过 90%，样品 AA 却损失了超过 50% 的容量。过渡金属在高温下严重溶解被认为是尖晶石材料容量快速衰减的主要原因。过渡金属溶解通过 ICP 分析测试，将电池充满，在纯净的电解液中 60℃ 高温下浸泡 4 周。未修饰 $LiNi_{0.5}Mn_{1.5}O_4$ 材料，Ni 和 Mn 溶解是 65.07mg/L 和 181.07mg/L，$La_{0.7}Sr_{0.3}MnO_3$ 的包裹材料显示更少的溶解量（43.21mg/L 和 132.26mg/L）。$La_{0.7}Sr_{0.3}MnO_3$ 的包裹相当于在 $LiNi_{0.5}Mn_{1.5}O_4$ 表面穿上了保护膜，这样有效抑制电解液中 HF 对电价材料的腐蚀，提高材料的循环稳定性。另一方面，$La_{0.7}Sr_{0.3}MnO_3$ 中 Mn 的溶解也可以减弱 $LiNi_{0.5}Mn_{1.5}O_4$ 颗粒被电解液腐蚀。

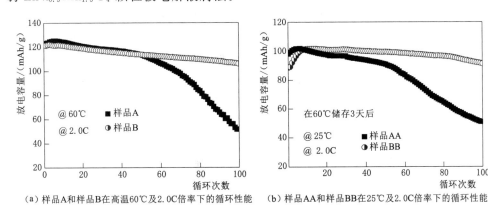

（a）样品 A 和样品 B 在高温 60℃ 及 2.0C 倍率下的循环性能　　（b）样品 AA 和样品 BB 在 25℃ 及 2.0C 倍率下的循环性能

图 4.5.6　样品的循环性能图

图 4.5.7 给出了样品 A 和样品 B 在 60℃ 高温下的不同倍率性能。样品 B（0.5C：129mAh/g；1.0C：120mAh/g；2.0C：109mAh/g；3.0C：105mAh/g）具有比样品 A（0.5C：111mAh/g；1.0C：94mAh/g；2.0C：83mAh/g；3.0C：73mAh/g）更优异的电化学性能，包裹 $La_{0.7}Sr_{0.3}MnO_3$ 降低材料在高温下高倍率容量的衰减。包裹 $La_{0.7}Sr_{0.3}MnO_3$ 对材料在高温下存储稳定性影响通过电化学交流阻抗进一步探索。

2. $LiNi_{0.5}Mn_{1.5}O_4$ 材料体系的最近前沿进展和评述

锂离子电池在电动汽车和混合动力汽车领域的应用，使得当下对高电

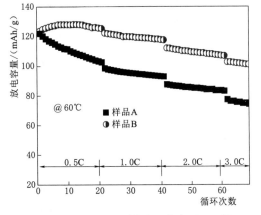

图 4.5.7　样品 A 和样品 B 在高温（60℃）下的不同倍率循环性能图

压高功率正极材料的需求更为迫切。$LiNi_{0.5}Mn_{1.5}O_4$ 材料因其具有 4.7V 的电压平台，是很有前途的候选材料之一，但其在高温和高倍率下的电化学性能不佳阻碍了其商业化和在电动汽车上的实际应用。高倍率下性能不佳主要是因为晶体结构引起的导电性差，高倍率下晶格畸变和电极材料与电解液界面反应。研究者为解决这些问题付出了大量努力，减少粒子的大小和包裹导电材料可以明显增加电荷传递，掺杂 Cu、Cr、Co、Fe 和 Ru 能显著改善本征导电性。大多数过渡金属掺杂 $LiNi_{0.5}Mn_{1.5}O_4$ 尖晶石在锂离子脱嵌过程倾向于形成固溶体，没有明显的两个立方相的演化，这样使得 $LiNi_{0.5}Mn_{1.5}O_4$ 能够适应循环过程中相变引起的应变和应力，这些工作对于提高材料的放电容量和结构稳定性效果明显。电极材料和电解液的界面问题由于 $LiNi_{0.5}Mn_{1.5}O_4$ 的高电压平台而变得更加突出，研究人员通过修饰金属单质、氧化物、磷酸盐、碳、聚合物等，依靠包裹层本身离子导电性，包裹均匀性及其在电解液中的稳定性，抵抗 HF 的腐蚀。尽管经过不懈努力，$LiNi_{0.5}Mn_{1.5}O_4$ 性能改善成效明显但仍有许多问题没有解决，包括更快的电荷传输动力学、不断增长的能量密度需求、荷电状态下长期存储的稳定性以及与阳极和电解质的兼容性等。要使 $LiNi_{0.5}Mn_{1.5}O_4$ 真正应用，还需要更精心的设计 $LiNi_{0.5}Mn_{1.5}O_4$ 新型正极。许多方向包括通过掺杂具有更多活性轨道的金属离子来提高电子导电性，通过引入晶格缺陷和操纵粒子形状来改善锂离子输运，以及通过合成具有成分梯度的 $LiNi_{0.5}Mn_{1.5}O_4$ 颗粒来获得更好的稳定性等途径都可期望显著改善其电化学性能。

参 考 文 献

[1] 赵桂英. 锂离子电池正极材料 $LiNi_{0.5}Mn_{1.5}O_4$ 的表面修饰及其电化学性能研究 [D]. 福州：福建师范大学，2013.

[2] Liu D, Trottier J, Charest P, et al. Effect of nano $LiFePO_4$ coating on $LiNi_{0.5}Mn_{1.5}O_4$ 5V cathode for lithium ion batteries [J]. Journal of Power Sources，2012，204：127 – 132.

[3] Jang M W, Jung H G, Scrosati B, et al. Improved Co – substituted, $LiNi_{0.5-x}Co_{2x}Mn_{1.5-x}O_4$ lithium ion battery cathode materials [J]. Journal of Power Sources，2012，220：354 – 359.

[4] Xu X X, Yang J, Wang Y Q, et al. $LiNi_{0.5}Mn_{1.5}O_{3.975}F_{0.05}$ as novel 5 V cathode material [J]. Journal of power sources，2007，174 (2)：1113 – 1116.

实验 4.6　聚阴离子型硅酸铁锂正极材料的制备及电化学性能

一、实验目的

1. 熟悉硅酸铁锂正极材料的组成和结构特点。
2. 理解硅酸铁锂正极材料的容量来源及充放电机理。
3. 了解硅酸铁锂正极材料的模板法烧结制备工艺。
4. 理解碳管支撑对提升硅酸铁锂电池性能的促进作用。

二、实验原理

为了满足下一代锂离子电池的需求，人们对正极材料进行了大量的研究。新型硅酸盐正极材料 Li_2FeSiO_4 由于其理论比容量高、价格低廉、环境友好、安全性好等优点，自 2005 年报道以来引起了人们的广泛关注，被认为是极具潜力的下一代锂离子电池正极材料。从理论上来讲，$1mol\ Li_2FeSiO_4$ 可以脱嵌 $2mol$ 锂离子，理论容量高达 $332mAh/g$，远高于目前容量约为 $170mAh/g$ 的商品化 $LiFePO_4$ 等。然而，Li_2FeSiO_4 的电导率很低，通常只能脱嵌一个锂离子，导致其容量低于 $166mAh/g$。目前，研究人员主要通过降低颗粒大小和碳包覆等方法来提高 Li_2FeSiO_4 的电子导电性和离子导电性，从而提升其电化学性能。传统的碳包覆是通过球磨的方法将碳前驱体与原料混合，然后高温煅烧得到碳包覆的硅酸亚铁锂复合材料。例如，Gong 等将蔗糖与硅酸亚铁锂前驱体通过球磨进行混合，在氮气气氛中 $600℃$ 煅烧 $10h$，合成 Li_2FeSiO_4/C 复合材料，表现出良好的倍率性能。但是，传统的方法不能实现均匀的碳包覆，限制了硅酸亚铁锂性能的进一步提高。目前只有少数的文献报道，要么在极低的电流密度下（$10mA/g$），要么在高的工作温度下（$55℃$）才能够实现大于 $166mAh/g$ 的比容量。在高的电流密度下实现 Li_2FeSiO_4 大于一个锂离子的脱嵌仍然是一个挑战。

本实验通过固相烧结法制备 Li_2FeSiO_4/碳纳米复合材料。针对硅酸盐类聚阴离子型正极材料导电性差的问题，将 Li_2FeSiO_4 和碳纳米材料进行复合。首先，在 MWNTs 表面负载一层 SiO_2 并作为模板，通过固相烧结的方法制备同轴电缆型的 MWNTs@Li_2FeSiO_4 复合材料，并研究其锂离子电池正极性能和分析硅酸铁锂复合正极材料的性能提升机制。

三、实验原材料、试剂及仪器设备

本实验所涉及的主要化学试剂有多壁碳纳米管、浓硝酸、乙醇、硅酸四乙酯、氨水、草酸亚铁、醋酸锂、聚偏氟乙烯、导电炭黑、N-甲基吡咯烷酮、电解液、金属锂片。

本实验所使用的主要材料制备仪器有电子天平、超声波清洗器、超声波细胞粉碎机、电热恒温鼓风干燥箱、真空干燥箱、循环水式多用真空泵、真空管式炉、手套箱、电热恒温油浴锅。

　　本实验所使用的材料表征仪器有电化学工作站、充放电测试仪、透射电子显微镜、X 射线衍射仪、热重分析仪。

4－6　聚阴离子型硅酸铁锂正极材料的制备

四、实验步骤

（一）材料制备

本实验的最终样品 $MWNTs@Li_2FeSiO_4$ 复合材料的合成过程如图 4.6.1 所示。

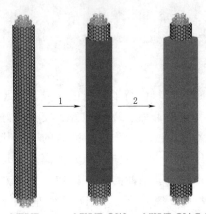

图 4.6.1　$MWNTs@Li_2FeSiO_4$ 复合材料的合成示意图

　　1. $MWNTs@SiO_2$ 复合材料的制备

　　商品化的多壁碳纳米管（简称 MWNTs，直径为 30～50nm）超声分散在浓硝酸中，在 140℃ 油浴下，回流 6h，用蒸馏水充分洗涤至滤液为中性，在 80℃ 烘箱中烘干，得到酸化的多壁碳纳米管，酸化后的多壁碳纳米管壁附上酸根离子，使碳管在水溶液中分散更均匀，同时有利于 SiO_2 包覆。在 160mL 乙醇和 16mL 去离子水的混合溶液中加入 320mg 多壁碳纳米管，超声 3h 分散均匀，在磁力搅拌下分别加入 1.28g 硅酸四乙酯（TEOS）和 2mL 氨水，继续搅拌 24h，硅酸四乙酯在碱性环境中水解成 SiO_2，包覆在碳管上。所得产物用去离子水和乙醇多次清洗，在 80℃ 干燥 12h 得到样品，标记为 $MWNTs@SiO_2$。

　　2. $MWNTs@Li_2FeSiO_4$ 复合材料的制备

　　以 $MWNTs@SiO_2$ 为硅源，草酸亚铁和醋酸锂分别为铁源和锂源，按铁、硅、锂元素摩尔比为 1∶1∶2 的比例溶解在 20mL 乙醇中；经超声波细胞粉碎机 1h 后分散均匀后，再在 60℃ 油浴中搅拌直到乙醇完全挥发。将所得固体在玛瑙研钵中研磨均匀、压片，在氩气气氛下，以 5℃/min 的速度加热到 600℃，保温 5h；自然冷却后得到同轴电缆型 $MWNTs@Li_2FeSiO_4$ 复合材料。

　　3. 纯 Li_2FeSiO_4 的制备

　　硅酸四乙酯、草酸亚铁和醋酸锂按摩尔比为 1∶1∶2 的比例溶解在 30mL 乙醇中，在 50℃ 油浴中搅拌直到乙醇完全挥发；将所得固体在玛瑙研钵中研磨均匀、压片，在氩气气氛下，以 5℃/min 的速度加热到 700℃，保温 12h；自然冷却后得到纯 Li_2FeSiO_4 样品。

（二）纽扣电池的封装

将活性物质、导电碳黑和聚偏氟乙烯（PVDF）等事先在真空干燥箱中、100℃ 条件下烘干 12h。再按照 7∶2∶1 的质量比加入到玛瑙研钵中研磨，研磨过程中滴入 N-甲基吡咯烷酮（NMP）作分散剂，研磨均匀后将得到的浆料涂覆在提前剪成直径为 12.5mm 的不锈钢网基底上，在真空干燥箱内 80℃ 烘干 12h。将干燥好的电极片精确称量后，记录扣除不锈钢网后的活性物质量，将电极材料、负极壳、金属锂片、隔膜、泡沫镍、正极壳、电解液、移液器和绝缘镊子等一起放入充满高纯 Ar 手套箱中。

电池的组装过程主要有：将极片置于正电极壳中间、放置隔膜、滴加适量电解液、放置金属锂片、放置泡沫镍、盖上负极壳、封口。在这一过程中要保证放置的东西都在中心位置，特别要保护好隔膜，切忌不要弄折隔膜或刺破，滴加电解液以刚好完全润湿隔膜为宜。组装成 CR2025 扣式电池，静置 12h 后进行电化学性能测试。

五、材料表征及性能测试

1. 复合材料物相结构分析表征

（1）采用 X 射线衍射对材料进行物相分析，分析复合材料的晶相结构。

（2）采用透射电子显微镜观察样品的微观形貌，并用高分辨透射电镜（HR-TEM）和选区电子衍射（SAED）对材料的结构进行微观分析。

（3）采用热重分析复合材料的含量，仪器型号是 Netzsch STA449C，实验条件为空气气氛，流速 70sccm，测试温度从 30℃ 升温到 1000℃，升温速率 10℃/min，样品质量在 10mg 左右。

2. 锂离子电池电化学性能测试

（1）扣式电池的充放电性能测试采用武汉 LAND CT-2001A 系统，根据各电池极片上活性物质的实际负载量计算得出实际测试电流大小，工作电压范围为 1.5～4.7V，常温测试纯 Li_2FeSiO_4 和 $MWNTs@Li_2FeSiO_4$ 复合材料电极的循环性能和倍率性能。

（2）交流阻抗（EIS）采用上海华辰 CHI660C 型电化学工作站，频率范围为 0.01Hz～100kHz，振幅为 5mV，测试电池的交流阻抗（EIS）性能。

六、习题

1. 计算 Li_2FeSiO_4 正极材料的理论储锂容量。

2. 简述硅酸铁锂正极材料的组成和结构特点。

3. 利用 origin 画出第 30 个充电过程的 dQ/dv vs V 曲线。

4. 如何理解碳管支撑对提升硅酸铁锂电池性能的促进作用？

5. 提升 Li_2FeSiO_4 的电导率的方法有哪些？

七、实验参考数据及资料扩展导读

（一）数据处理分析参考

利用 TEM 来表征所合成材料的形貌，如图 4.6.2 所示。图 4.6.2（a）显示出 MWNTs 具有光滑的外表面，直径为 30～50nm，长度可达到几个微米。图 4.6.2（a）是 $MWNTs@SiO_2$ 复合材料的 TEM 照片。经过 SiO_2 负载后，得到的复合材料形貌和 MWNTs 类似，表面仍然十分光滑。在 MWNTs 外面没有观察到

单独的 SiO_2 颗粒存在，说明 SiO_2 全部均匀的包覆在 MWNTs 表面。HRTEM 照片表明 SiO_2 层是无定形的，且厚度为 $10\sim12nm$。利用固相烧结法在 MWNTs 表面实现 SiO_2 到 Li_2FeSiO_4 的原位转换，所合成的 MWNTs@Li_2FeSiO_4 复合材料仍然呈现一维的形貌特征，并有着粗糙的表面和更大的直径。图 4.6.2（b）中的大倍数 TEM 照片清楚地显示出复合材料具有 MWNTs 为核和 Li_2FeSiO_4 为壳的同轴电缆形貌，Li_2FeSiO_4 壳的厚度为 $20\sim25nm$。图 4.6.2（b）的 HRTEM 照片显示了 Li_2FeSiO_4 层的结晶特性，所观察到的 $0.406nm$ 的面间距对应于单斜晶系 Li_2FeSiO_4 的（002）晶面。

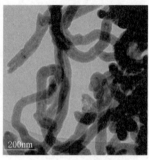

（a）MWNTs@SiO_2复合材料的TEM和HRTEM照

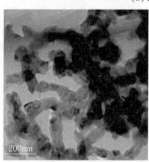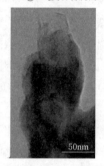

（b）MWNTs@Li_2FeSiO_4复合材料的TEM和HRTEM照片

图 4.6.2　MWNTs@SiO_2 和 MWNTs@Li_2FeSiO_4 复合材料形貌图

XRD 测试用来进一步揭示复合材料的晶体结构，如图 4.6.3 所示。Li_2FeSiO_4 的结构取决于它的合成条件。对于 MWNTs@Li_2FeSiO_4 复合材料来说，其 XRD 谱图的主要衍射峰可对应于单斜晶系的 Li_2FeSiO_4，空间群为 P2_1/n，这与之前的文献报道相一致。在 $2\theta=26°$ 处多出来的衍射峰则来自于 MWNTs。在图 4.6.3 中也存在着 Fe_3O_4 和 Li_2SiO_3 杂质的衍射峰，在固相烧结中这些杂质难以避免。为了降低杂质含量，可以通过溶胶-凝胶法或水热法来合成 Li_2FeSiO_4。即便如此，与这些方法相比固相法合成的 Li_2FeSiO_4 由于其操作简便和易扩大生产等优点仍然具有竞争力。

图 4.6.4 为各个样品在空气中的热重曲线，图中 SiO_2 在 MWNTs@SiO_2 中的含量为 56wt%。纯 Li_2FeSiO_4 经过 900℃ 空气煅烧后，质量从 100wt% 增加到 105wt%。通过比较纯 Li_2FeSiO_4 和 MWNTs@Li_2FeSiO_4 复合材料的热重曲线图，

可以计算出 Li_2FeSiO_4 在复合材料中的含量为 80wt％。通过调节 SiO_2 的含量，我们可以调控 MWNTs@Li_2FeSiO_4 复合材料的负载率和电化学性能。

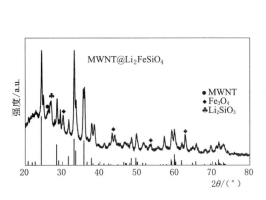

图 4.6.3　MWNTs@Li_2FeSiO_4 复合材料的 XRD 谱图

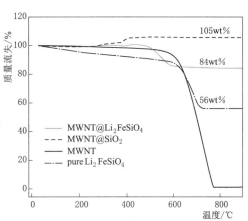

图 4.6.4　所合成样品在空气中的热重曲线（温度范围 30～900℃，加热速率 10℃/min）

通常来说，Li_2FeSiO_4 材料的碳包覆是通过与碳前躯体进行混合并高温煅烧来实现的。但是这种合成方法不能实现均匀的碳包覆，因此限制了硅酸亚铁锂性能的进一步提高。本实验通过合成同轴电缆型 MWNTs@Li_2FeSiO_4 复合材料，实现了 MWNTs 在正极材料 Li_2FeSiO_4 中的良好分散，极大地提高了材料的导电性。因此所合成的 MWNTs@Li_2FeSiO_4 复合材料可作为锂离子电池正极材料，并有希望取得良好的电化学性能。

图 4.6.5（a）显示了 MWNTs@Li_2FeSiO_4 电极在不同循环次数中的充放电曲线，电流密度 166mAh/g，电压范围 1.5～4.7V。由图可知，电极的首次充电曲线不同于后续的充电曲线，证明了 Li_2FeSiO_4 在首次充电过程中发生了结构的重排现象。电极的首次放电容量为 151mAh/g，放电容量在前几次循环中逐渐升高，经过 20 次循环后，放电容量达到 224mAh/g，其容量升高的可能原因是来自电池的活化过程。低电流密度的充放电过程可以减轻这种电池活化现象。图 4.6.5（b）是 MWNTs@Li_2FeSiO_4 电极第 30 个充电过程的求导曲线，从中可以明显地观察到 MWNTs@Li_2FeSiO_4 电极在充电过程中有两个氧化峰。在 3.2V 处的第一个氧化峰对应着 Fe^{2+} 到 Fe^{3+} 的转换。第二个氧化峰（4.3V）则来源于 Fe^{3+} 氧化为 Fe^{4+}，这与文献报道的 Li_2FeSiO_4/C 复合材料相类似。Fe^{3+}/Fe^{4+} 的转变可通过穆斯堡尔谱或 X 射线吸收近边结构谱（XANES）测试来进一步确定。众所周知，由于 Li_2FeSiO_4 的低电导率，Fe^{3+} 到 Fe^{4+} 的转换十分困难。然而我们合成的同轴电缆型 MWNTs@Li_2FeSiO_4 复合材料具有高的导电性，因此可以实现 Fe^{3+} 到 Fe^{4+} 的转换，从而在循环过程中表现出高的比容量。

图 4.6.6（a）显示出 MWNTs@Li_2FeSiO_4 电极具有高的比容量和良好的循环保持率。在 1C 的倍率下，经过 120 次循环后，Li_2FeSiO_4 的放电容量仍然稳定在 180mAh/g，这意味着即使在大电流密度下经过多次循环后，Li_2FeSiO_4 仍然能够实

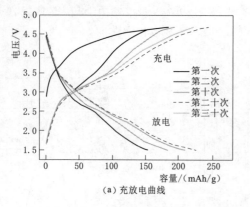
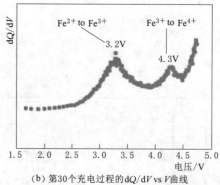

（a）充放电曲线　　　　　　（b）第30个充电过程的 dQ/dV vs V 曲线

图 4.6.5　MWNTs@Li_2FeSiO_4 电极电化学性能图
（电流密度：166mAh/g，电压范围：1.5～4.7V）

现大于一个锂离子的脱出和嵌入。图 4.6.6（b）为 MWNTs@Li_2FeSiO_4 同轴电缆的倍率性能图，电流倍率为 0.3～5.0C，电压范围 1.5～4.7V。电极在不同倍率下有着良好的倍率容量。纳米尺寸的 Li_2FeSiO_4 层能够提供大的电极/电解液接触面积和短的锂离子扩散路径，因此极大地提高了 Li_2FeSiO_4 的动力学特性，表现出高的比容量和良好的倍率性能。

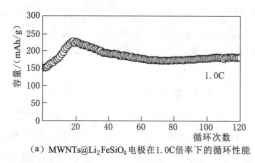
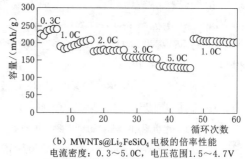

（a）MWNTs@Li_2FeSiO_4 电极在1.0C倍率下的循环性能　　（b）MWNTs@Li_2FeSiO_4 电极的倍率性能
电流密度：0.3～5.0C，电压范围1.5～4.7V

图 4.6.6　MWNTs@Li_2FeSiO_4 电极循环性能图

在对比试验中，实验合成了纯 Li_2FeSiO_4 颗粒。将纯 Li_2FeSiO_4 与 MWNTs 经过物理混合后，作为锂离子电池正极材料，电池测试条件与 MWNTs@Li_2FeSiO_4 复合材料一致。与 MWNTs@Li_2FeSiO_4 复合材料相比，纯 Li_2FeSiO_4 与 MWNTs 的混合物表现出更低的导电性和更差的电化学性能。在 1.0C 的电流密度下，经过 30 次循环后，纯 Li_2FeSiO_4 的比容量只有 90mAh/g。同时，在充电过程中，纯 Li_2FeSiO_4 只存在一个氧化峰，对应着 Fe^{2+} 到 Fe^{3+} 的转变，如图 4.6.7 所示。

（二）Li_2FeSiO_4 正极材料的资料扩展导读

1. 硅酸铁锂的特性与结构

Li_2FeSiO_4 在理论上能够让过渡金属 Fe 的化合价从 +2 价改变到 +4 价，因此该材料在充电过程中可以让两个锂离子可逆的脱出，相对应的 Li_2FeSiO_4 的理论比容量高达 332mAh/g。除此之外，Li_2FeSiO_4 具有硅酸盐结构特征，材料结构稳定

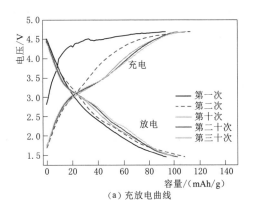

(a) 充放电曲线

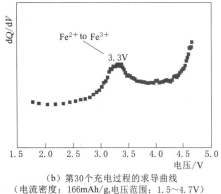

(b) 第30个充电过程的求导曲线
（电流密度：166mAh/g,电压范围：1.5～4.7V）

图 4.6.7　纯 Li_2FeSiO_4 与 MWNTs 混合物的电化学性能图

性强，有利于循环性能的提高。而且其组成的元素在地球上储量丰富，合成原料环境友好无污染，使 Li_2FeSiO_4 有巨大的发展潜力。Li_2FeSiO_4 是属于正交晶系。2005 年，Nyten 等首次报道了 Li_2FeSiO_4，认为 Li_2FeSiO_4 与 $\beta - Li_3PO_4$ 同构，属正交晶系的 $Pmn2_1$ 空间群，晶格常数分别为 $a = 6.266\text{Å}$，$b = 5.3295\text{Å}$，$c = 5.0148\text{Å}$。Li_2FeSiO_4 的结构可看成是［$FeSiO_4$］层沿着 ac 面无限展开，与 LiO_4 四面体沿着 b 轴相连。在这些层中 SiO_4 四面体与 FeO_4 四面体共点相连，锂离子占据 2 个［$FeSiO_4$］层之间的四面体位置，在这样的结构中每个 LiO_4 四面体中就有 3 个氧原子处于同一层中，第 4 个氧原子属于相邻的层中。LiO_4 四面体沿着 a 轴共点相连，锂离子在其中完成嵌入-脱嵌反应。

2. Li_2FeSiO_4 的充放电机理

Arroyo - de Dompablo 等指出理论上 Li_2FeSiO_4 在锂离子嵌入-脱嵌过程中可以提供两个电子（M^{2+}/M^{3+} 和 M^{3+}/M^{4+} 电对）。理论计算出的 Li_2FeSiO_4 在进行脱出锂离子是所需的反应电压，Li_2FeSiO_4 的脱嵌锂反应存在两个阶段，第一个阶段在 3.2V，第二个阶段在 4.8V，相差 1.6V。实验证明，Li_2FeSiO_4 的首次充放电电压为 3.1V，说明 Li_2FeSiO_4 在充放电反应中只有一个锂离子的脱嵌。而有着能量较高的 $LiMSiO_4$（M＝Mn、Co、Ni）（0.6eV、0.3eV、0.2eV），显然与 Li_2FeSiO_4 充放电形成 $LiFeSiO_4$ 不同，其会脱出第二个锂离子形成与 $MSiO_4$，根据法拉第定律可知这将大大地降低 Li_2FeSiO_4 的理论容量。

3. 硅酸铁锂存在的问题及解决方法

目前，针对电子电导和锂离子扩散率的问题，改善材料粒径及形貌、碳包覆、掺杂金属离子等的研究有以下主要方法：

（1）将 Li_2FeSiO_4 进行碳包覆方式可分为原位包覆和异位包覆。原位包覆是指将碳源和合成原料直接混合均匀，随后在高温下煅烧。这种包覆方式容易在颗粒表面形成较薄且均匀的碳层。原位形成的碳层在煅烧过程中还能有效抑制颗粒地长大。异位包覆是指将和合成好的 Li_2FeSiO_4 与碳材料通过球磨等方式混合。如果采用有机碳源，后续还需要进一步高温煅烧。这种包覆方式对于材料形貌的保持及包覆的均匀程度都有影响。碳包覆主要可以起到的作用：①增强颗粒之间的导电性能；②增大正极材料的比表面积，使材料与电解质接触更加充分；③适当的碳包覆会抑制材料的团聚现象；④碳源还可以作为还原剂，抑制高温反应过程中 Fe^{2+} 氧化为 Fe^{3+}；⑤适当的碳包覆还可以缓解电极材料在电解液中的溶解。目前常用的碳源包括蔗糖、葡萄糖、柠檬酸、石墨烯、碳纳米管以及聚合物碳源等。

（2）根据扩散公式 $t = L^2/2D$（t 是扩散时间，L 是扩散距离，D 是锂离子扩散系数），电化学反应速率随着粒径的减小而增大，因此减小颗粒尺寸能够缩短扩散路径，加快电化学反应的进行。因此，在锂离子电池正极材料的制备过程中，合成粒径细小、形貌均匀的 Li_2FeSiO_4，可以缩短锂离子迁移和扩散的路径，充分利用颗粒中心的活性物质，从而改善材料的电化学性能。

（3）添加导电材料虽然提高了材料的表面导电性，但晶体本身的性能没有得到实质性改善。在制备硅酸铁锂的过程中添加金属离子可以有效地提高硅酸铁锂的导电性，少量高价金属离子掺杂会造成正极材料中 Li 和 Fe 的缺陷，这有利于锂离子的嵌入和脱出。Deyu Wang 等提出体相掺杂的方法，掺杂金属离子的半径均小于 Fe^+ 和 Li^+，从而取代晶格中的 Fe 位或 Li 位。刘兴亮等采用溶胶凝胶法研究了 Co 和 Cr 掺杂对 Li_2FeSiO_4 的影响，结果显示掺杂后的电化学性能均优于 Li_2FeSiO_4 材料。

参 考 文 献

[1] 赵毅. 碳基纳米复合材料的设计、合成及其在锂离子电池中的应用 [D]. 北京：中国科学院大学，2013.

[2] Zhao Y, Li J, Wang N, et al. In situ generation of Li_2FeSiO_4 coating on MWNT as a high rate cathode material for lithium ion batteries [J]. Journal of Materials Chemistry, 2012, 22 (36)：18797 – 18800.

[3] 杜雪飞. 高比容量锂离子电池电极材料制备及电化学性能的研究 [D]. 北京：北京科技大学，2017.

[4] Qiu H, Jin D, Wang C, et al. Design of Li_2FeSiO_4 cathode material for enhanced lithium – ion storage performance [J]. Chem. Eng. J., 2020 (379)：122329 – 122334.

[5] Liu T, Liu Y, Yu Y, et al. Approaching theoretical specific capacity of iron – rich lithium iron silicate using graphene – incorporation and fluorine – doping [J]. J. Mater. Chem. A, 2022 (10)：4006 – 4014.

[6] Ni J, Jiang Y, Bi X, et al. Lithium Iron Orthosilicate Cathode：Progress and Perspectives [J]. ACS Energy Lett., 2017 (2)：1771 – 1781.

第5章 锂离子电池负极材料的制备及电化学性能研究

实验 5.1 多孔碳纤维负极材料的制备及电化学性能

一、实验目的

1. 掌握碳纤维的电纺丝制备技术。
2. 理解碳纤维多孔结构的形成机制。
3. 掌握锂离子电池的扣电组装技术及电化学测试方法。
4. 理解碳纤维的多孔结构对提升电池性能的作用机理。

二、实验原理

在锂离子电池电极的开发中，负极材料是影响电池性能的关键因素。近几十年的研究表明，碳、金属及合金、氧化物、硫化物等材料均可在较低的电化学电位下，通过化学反应可逆地存储和脱出锂离子，以用作锂离子电池负极材料。其中，碳材料成为锂离子电池负极材料的研究热点之一。石墨碳的理论比容量为372mAh/g，是目前主要使用的锂离子电池负极材料。然而，较低的理论容量和循环过程中出现的电极界面恶化等问题，让石墨碳在高能量密度锂离子电池中难以大展手脚。

对于碳质材料，可以通过设计合理纳米结构、杂原子掺杂和表面改性等多种策略来解决循环过程中出现的上述问题。先前的报道指出，碳纳米纤维（CNFs）、碳纳米管（CNTs）和改性石墨等碳质材料用作锂离子电池负极时可以在一定程度上缩短离子扩散距离，增加储锂活性位点，从而提高电池性能。采用简单的静电纺丝法可以快速合成结构均匀的碳纳米纤维，避免了复杂的结构调控过程。碳纤维具有纳米级尺寸大小和3D缠绕网状结构可以提供快速动力学、三维导电路径和坚固的机械稳定性。此外，扩大层间距也可以促进锂离子扩散并提供更多储锂活性位点从而提高石墨电极性能。

基于上述提到的改进方法，本实验采用静电纺丝法制备多孔碳纳米纤维（P-CNFs）。该纤维具有丰富的多孔结构和表面缺陷，同时具备坚固的三维缠绕结构及良好的电导率，能够实现高性能锂离子储存、优异的倍率性能和良好的循环性能。

三、实验原材料、试剂及仪器设备

本实验主要涉及的实验原材料和试剂有聚丙烯腈、聚甲基丙烯酸甲酯、N，N-二甲基甲酰胺、聚偏氟乙烯、N-甲基吡咯烷酮。

本实验主要涉及的实验仪器有：电子天平、静电纺丝机、真空干燥箱、磁力搅拌器、马弗炉、手套箱、电化学工作站、蓝电电池测试仪。

四、实验步骤

1. 多孔碳纤维的制备

图 5.1.1 为材料合成过程示意图。将 0.8g 聚丙烯腈（PAN，MW＝150000）和 1.2g 聚甲基丙烯酸甲酯（PMMA，MW＝15000）溶解在 14mL N，N-二甲基甲酰胺（DMF）中，在 50℃ 下搅拌 12h 后形成均匀黏稠的溶液。然后，将前驱体溶液转移至 10mL 塑料注射器中，针头的直径为 0.7cm。在针头上施加 22kV 的正电压并通过注射泵以 0.8mL/h 的流速进行静电纺丝。在距离针头 10cm 处使用接地的滚轴收集聚合物纳米纤维。收集的纳米纤维首先在空气气氛下升温至 260℃，并保持 4h 以预氧化。在预氧化的过程中，纳米纤维中的 PMMA 分解挥发从而形成孔道，PAN 也由线型大分子经氧化、环化、脱氢等反应转化成耐热稳定的梯形聚合物。随后在 Ar 气气氛下以 2℃/min 的加热速率加热至 800℃ 保持 1.5h 进行炭化，耐热型的 PAN 纤维在 Ar 气保护下，一方面将非碳原子（N、H、O）裂解出来；另一方面是梯形聚合物发生交联，生成大的稠芳环面层结构，最终得到碳含量达 95％ 以上的乱层石墨结构的碳纤维。得到多孔碳纳米纤维，标记为 P-CNFs。对照样品的合成方法与 P-CNFs 的合成方法类似，唯一不同之处是 PAN/PMMA 的质量比为 2.0/0g 并标记为 CNFs。

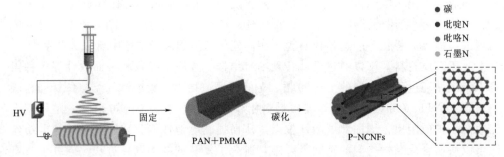

图 5.1.1　P-NCNFs 和 CNFs 材料的合成示意图

2. 纽扣电池的制作

图 5.1.2 为以 P-CNFs 为负极材料的纽扣式锂电池制备工艺流程图。制备过程如下：

（1）打浆。首先称取 2mg 的聚偏氟乙烯（PVDF）和一定量的 N-甲基吡咯烷酮（NMP）至研钵中研磨至完全溶解；然后加入 1mg 的乙炔黑（SP）至研钵中继续研磨至 SP 完全溶解；最后加入 14mg 的 P-CNFs 材料研磨 0.5～1h 并观察浆料的黏度。

（2）涂布。将研磨充分的浆料均匀涂覆在铜箔上，并控制面密度为 $1.3\pm0.2mg/cm^2$。然后将涂布好的铜箔转移至真空干燥箱中 80℃，真空干燥 12h。

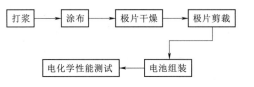

图 5.1.2 以 P-CNFs 为负极材料的纽扣式锂离子电池制备工艺流程图

（3）极片剪裁。首先使用直径 10mm 的裁刀裁剪出直径 10mm 的负极片，然后将裁剪好的负极片置于真空干燥箱中真空 80℃ 干燥 2h，最后取出干燥后的负极片进行称重并减去铜箔的质量，记录实际物质负载量。

（4）电池组装。首先按顺序依次放上负极壳、锂片、隔膜、电解液、P-CNFs 电极片、泡沫镍、正极盖，然后用封装机进行封装。

5-2 锂离子电池负极材料扣电组装

五、材料表征及性能测试

（一）材料表征

1. X 射线衍射

使用的仪器型号为 Shimadzu、Miniflex600 型粉末衍射仪，扫描范围 10°～80°，扫速 8(°)/min。

2. 场发射扫描电子显微镜

将样品黏附于导电胶上并固定于样品台，发射的电子束轰击在样品表面，捕获得到的电子信息并分析从而实现对样品的微观扫描，进行样品形貌观察。

3. 透射电子显微镜

将样品均匀分散在乙醇中，吸取溶液滴在微栅上并干燥，通过电子束在样品上产生的立体角散射形成的不同明暗影像进行形貌表征。与高分辨透射电镜（HR-TEM）和选区电子衍射（SAED）组合，能得到样品微观晶相结构和晶面间距。

4. 拉曼光谱

采用 532nm 激光光源的激光显微共焦拉曼光谱仪测试材料的拉曼光谱。

5. 比表面积

采用 Autosorb-iQ-XR（Quantachrome Instruments）全自动比表面及孔隙度分析仪测试材料的比表面积及孔径分布。

（二）材料电化学性能测试

1. 长循环及倍率性能测试

电池的循环性能由武汉 LAND CT-2001A 测试系统测试所得。根据各电池极片上活性物质的实际负载量计算得出实际测试电流的大小，测试电压范围在 0.01～3V 之间，设置循环圈数并保存数据。使用 Origin 软件处理数据，以循环圈数为横坐标，充/放电比容量、库仑效率为纵坐标拟合长循环性能图。

2. 循环伏安曲线及电化学阻抗图

电池的循环伏安曲线和电化学阻抗由上海辰华电化学工作站测试所得，测试电压在 0.01～3V 之间，设置所需的扫描速率并保存数据。使用 Origin 软件处理数据，以电压/实部电阻为横坐标，电流/虚部电阻为纵坐标拟合循环伏安曲线/电化学阻抗图。

六、习题

1. 简述静电纺丝的工艺原理和应用领域。
2. 列举其他多孔碳纤维材料的造孔方法。
3. 影响静电纺丝纤维形态的因素有哪些？
4. 分析碳纤维的多孔结构对提升电池性能的作用机理。

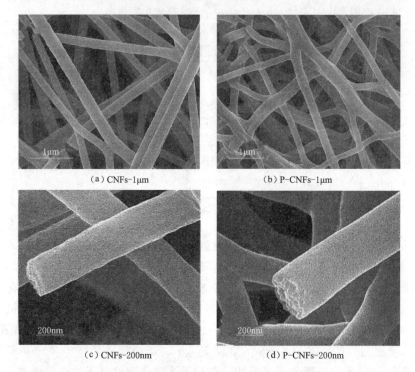

（a）CNFs-1μm   （b）P-CNFs-1μm

（c）CNFs-200nm   （d）P-CNFs-200nm

图 5.1.3　材料 SEM 图

七、实验参考数据及资料扩展导读

1. 实验参考数据及分析

从图 5.1.3 的扫描电镜（SEM）中可以看出，直径为 200～300nm 的碳纳米纤维随机分布形成缠绕的 3D 网络结构。3D 网络结构可以为材料提供足够的机械强度和有效的电子传输路径，有效提高电极的循环稳定性和实现高倍率性能。图 5.1.3（c）和（d）给出了碳纳米纤维端口截面的 SEM 图。图中 PMMA 的添加使碳纳米纤维的孔隙丰富度和表面粗糙度有所提高。这种现象是由于聚合物热分解过程中产生气体时的收缩引起的，因此 PMMA 的含量对样品的形貌结构有显著影响。

图 5.1.4（a）为两种材料的 XRD 图谱。可以看到两个样品具有相似的衍射特征峰。图 5.1.4（b）为两种材料的拉曼光谱图。位于 $1355.3cm^{-1}$ 处的 D 峰表示碳

材料的无序结构，位于 $1598.2cm^{-1}$ 处的 G 峰表示碳材料的石墨化程度。通过计算 I_D/I_G 强度比来表征材料石墨化程度。从图中可以看出，P－CNFs 的比值更高为 1.01，表明 Z－P－CNFs 的石墨化程度更低，意味着材料具有最多的缺陷，而存在的缺陷能够提供更多用于吸附锂离子的活性位点，进一步提高锂离子的存储容量。图 5.1.4（c）和（d）分别为四种材料的 N_2 吸附—脱附曲线和孔径分布图。CNFs 和 P－CNFs 的比表面积大小分别为 $12.2m^2/g$、$14.8m^2/g$。对比图 5.1.4（c）和（d）插图中的孔径分布曲线，发现碳纳米纤维的孔基本处于介孔范畴。介孔结构的 P－CNFs 能够促进电解液的扩散和缓冲体积膨胀，同时，可以缩短离子/电子扩散距离，从而提高材料快充性能。

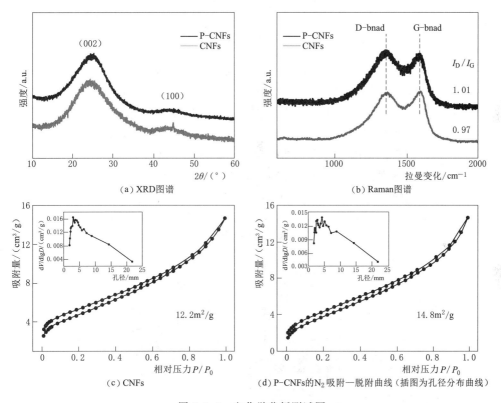

图 5.1.4　电化学分析测试图

将两种材料作为锂离子电池负极材料进行电化学测试，研究材料的电化学过程。图 5.1.5 为 CNFs 及 P－CNFs 的循环伏安（CV）曲线。图 5.1.5 中的两个 CV 曲线为典型的无定形碳 CV 曲线。在阴极扫描中，四种材料的还原峰主要出现在 $0.01\sim0.25V$、$0.25\sim1.5V$ 之间。在 $0.25\sim1.5V$ 之间还原峰的形成主要归因于固态电解质膜（SEI）的生成和电解液的不可逆分解，并且在随后的循环中消失，表明材料在首次循环中形成稳定的 SEI 膜。在 $0.01\sim0.25V$ 之间尖轨的还原峰的形成是由于锂离子的嵌入引起的。阳极扫描中可以观察到在 $0.15\sim0.5V$ 和 $0.6\sim1.3V$ 处的氧化峰。锂离子从材料中脱出引起 $0.15\sim0.5V$ 处产生氧化峰，而 $0.6\sim1.3V$ 处的较为平缓的氧化峰是由锂离子在缺陷或者孔隙中脱出引起的。此外，在随后的循环中，CV 曲线几乎重合，表明电极具有良好的可逆性和循环稳定性。

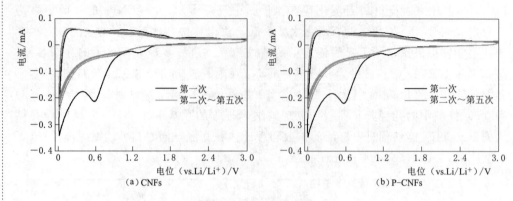

图 5.1.5　CV 曲线图

图 5.1.6 为两种材料的充放电曲线。从图中可以得到，CNFs、P－CNFs 的首次充电/放电容量分别为 842.4/368.8mAh/g 和 1228.7/596.7mAh/g，其初始库仑效率（ICE）分别为 43.8％和 48.6％。首次容量的损失一般是由于电解质的不可逆分解和 SEI 膜的形成引起的。P－CNFs 具有较高的初始充/放电容量和首次库仑效率，优异的性能可以归因于其多孔结构和相互交联的孔增加电极与电解质之间的接触面积，从而促进锂离子和电子的传输。此外，CNFs 及 P－CNFs 负极的电压平台与相应 CV 曲线的峰值一致。

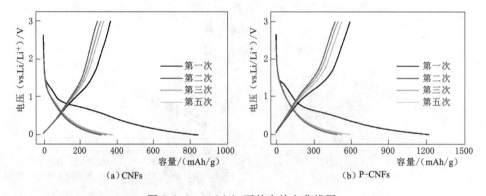

图 5.1.6　0.2A/g 下的充放电曲线图

图 5.1.7（a）为两种材料在 0.2～1.2A/g 不同电流密度下的倍率性能图，从图中可以看出，P－CNFs 呈现出更好的倍率性能，在 0.2A/g、0.4A/g、0.6A/g、0.8A/g、1.0A/g 和 1.2A/g 电流密度下，P－CNFs 的放电比容量分别为427.3mAh/g、313.4mAh/g、271.9mAh/g、262.2mAh/g、256.5mAh/g 和 249.5mAh/g。当电流密度回到 0.2A/g 时，放电比容量能够恢复到 370.2mAh/g，表明 P－CNFs具有良好的循环稳定性。此外，当电流密度从 0.2A/g 上升到后 1.2A/g，CNFs 的可逆容量从 311.9mAh/g 下降至 190.7mAh/g，容量保持率为 61.1％，而对于 P－CNFs，可逆容量从 422.4mAh/g 下降至 248.3mAh/g，容量保持率为 58.8％。由此可以看出，P－CNFs 不仅具有高比容量，而且在较大电流密度下，容量保持率也

最佳。图 5.1.7（b）可以得到，P－CNFs 在 0.2A/g 下循环 236 次后，可逆容量维持在 445.5mAh/g。同时，P－CNFs 及 CNFs 都表现出优异的循环稳定性，表明其具有较好的结构稳定性。

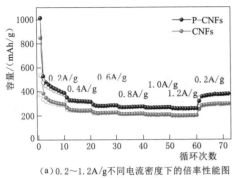

（a）0.2～1.2A/g 不同电流密度下的倍率性能图

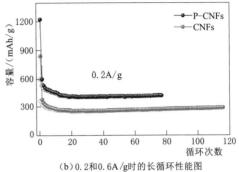

（b）0.2 和 0.6A/g 时的长循环性能图

图 5.1.7　CNFs 和 P－CNFs 在不同电流密度下的循环性能图

图 5.1.8（a）为两种材料循环前后的 Nyquist 图。电化学阻抗谱（EIS）结果表明 P－CNFs 的电子传导性比 CNFs 更好。通过不同扫描速率下的 CV 测试进一步研究两种材料的动力学。图 5.1.8（b）和（c）为两种材料在不同扫描速率下各自的 CV 曲线。峰值电流 i 与扫描速度 v 的关系遵循以下关系式：

$$i = av^b \tag{5.1.1}$$

b 值可由 $\lg i$ 和 $\lg v$ 的斜率求得。b 值的大小表明材料的电化学行为主要受何种行为控制。当 b 值接近 0.5 时，表明电化学过程主要受扩散行为控制。当 b 值接近 1.0 时，电化学过程受赝电容行为控制。b 值可以通过式（5.1.1）计算，两种材料的 b 值计算结果如图 5.1.8（d）所示。两种材料都表现出良好的线性关系，P－CNFs 及 CNFs 的 b 值分别为 0.86 和 0.85，表明化学过程均受赝电容行为控制。通过式（5.1.2）可以进一步定量确定赝电容贡献率：

$$i = k_1 v + k_2 v^{1/2} \tag{5.1.2}$$

式中：$k_1 v$ 为赝电容容量；$k_2 v^{1/2}$ 为扩散行为控制容量。图 5.1.8（e）为 0.4～3.0mV/s 扫描速率下两种材料的赝电容贡献率。所有材料的贡献率随着扫描速率的增加而增大。P－CNFs 在所有扫描速率下的赝电容贡献率均大于 CNFs，这是因为多孔碳纳米纤维具有更多的孔洞或通道用于提供更多的表面缺陷和活性位点，从而增加锂离子吸附并提高动力学。这一结果解释了为何 P－CNFs 电极可以在高电流密度下保持高容量。

2. 资料扩展导读

碳类材料由于其电极电位低、循环寿命长等优点是最早被研究并应用于锂离子电池负极的材料，至今仍受科研工作者们的广泛关注。目前常见的碳类材料研究中主要有石墨、石墨烯、碳纳米管和碳纳米纤维等。

对于提高碳材料电化学性能的方法，除了在纳米尺度上制备电极材料外，还可以通过设计材料独特结构来防止材料出现粉碎团聚等现象，有利于提高材料循环稳

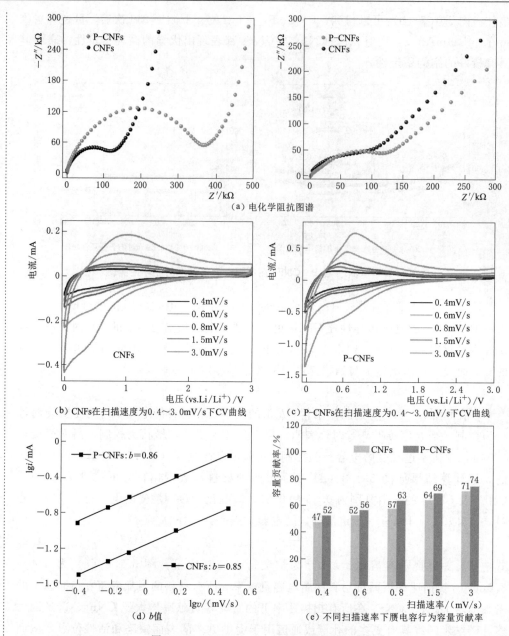

（a）电化学阻抗图谱

（b）CNFs在扫描速度为0.4～3.0mV/s下CV曲线

（c）P-CNFs在扫描速度为0.4～3.0mV/s下CV曲线

（d）b值

（e）不同扫描速率下赝电容行为为容量贡献率

图 5.1.8　CNFs 和 P－CNFs 电化学测试图

定性。此外，特殊纳米结构的材料还具备一些独特的优点，如：缩短离子电子的扩散距离；增加电解液与电极材料的接触面积；促进电解液扩散；提供额外离子储存位点等。根据材料相应的特点，设计不同结构材料，如中空结构、多孔结构、多壳层空心结构、核壳结构等，将极大地改善材料的电化学性能。

中空结构作为微/纳米结构的一种，包括中空立体结构和纳米管结构，其主要的优点有：①拥有相对较大的比表面和更多的反应位点，同时增加了电解液与电极材料的接触面积，提高材料的比容量；②可渗透的薄壳结构减小了电子和锂离子的传输距离，改善材料的倍率性能；③内部空白空间可防止因锂离子不断嵌入和脱出所带来过大的体积膨胀，从而提高材料的循环性能，目前常用硬模板法制备具有中空结构的活性材料，此外还有一些新型的无模板法的材料合成机制，如自组装、热分解、柯肯特尔效应和奥斯特瓦尔德熟化等。近年来，在各类中空结构复合材料的研究过程中，取得了较为明显的成果。如 Huang 等采用化学气相沉淀法，设计合成了膨胀石墨/碳纳米管复合材料、碳纳米管的中空结构及膨胀石墨的孔洞，可增加材料储锂位点，同时能够缓冲充放电过程中的体积效应。作为锂离子电池负极测试时，其首次可逆容量为 443mAh/g，以 1.0C 电流密度循环 50 次后，可逆容量仍可达到 259mAh/g。

构筑具有多孔结构的复合材料同样可以缓解活性材料在循环过程中的体积变化，保证材料的结构稳定性，避免了电极材料因结构破坏而导致不可逆容量增大，同时多孔结构还便于电解液渗透到电极材料中，增加材料与电解液的接触面积，缩短锂离子的传输距离，从而提高材料的电化学性能。

参 考 文 献

[1] 陈岚. 多孔纳米碳及其 $MnCo_2O_4$ 复合材料的制备及储钾/锂性能研究 [D]. 福州：福建师范大学，2021.

[2] Chen L，Lin X，Gao J，et al. Porous carbon nanofibers as anode for high-performance potassium-ion batteries [J]. Electrochim. Acta，2022（403）：139654-139662.

[3] Ghosh S，Bhattacharjee U，Patchaiyappan S，et al. Multifunctional Utilization of Pitch-Coated Carbon Fibers in Lithium-Based Rechargeable Batteries [J]. Adv. Energy Mater.，2021（11）：2100135-2100145.

[4] Chen S，Qiu L AND Cheng HM. Carbon-Based Fibers for Advanced Electrochemical Energy Storage Devices [J]. Chem. Rev.，2020（120）：2811-2878.

实验 5.2　硅碳复合负极材料的制备及电化学性能

一、实验目的

1. 了解硅碳负极材料的组成和结构特点。
2. 理解硅碳负极材料的充放电工作原理。
3. 熟悉硅碳负极材料的电导和界面兼容提升的方法。

二、实验原理

成熟的商业石墨理论比容量有限，仅为 372mAh/g，在提高 LIBs 能量密度方面存在明显的瓶颈；硅材料以其 4200mAh/g 的理论容量和相对较低的放电电位成为研究热点。但该材料仍受到固有特性和技术发展的束缚，如：①高达 300％的体积膨胀致使固体电解质界面（SEI 膜）结构退化、结构不稳定、容量衰减快；②较差的本征电导率严重限制了锂离子在硅负极材料中的扩散速率，进一步限制了锂离子电池的性能。为了解决这些问题，已经研发了一些策略，包括表面改性、纳米处理、引入碳纳米材料和设计预留空间等方法。然而，这些工艺不可避免地降低了硅基复合负极材料的压实密度和首次库仑效率，导致材料的大规模膨胀，从而延缓了其商品化发展。

（1）对于硅基负极，硅-石墨复合材料被认为是最有前途的商业化候选材料之一。考虑到硅碳负极的体积膨胀不仅会降低电极的孔隙率，而且造成颗粒间应力的持续累积；Heubner 和 Dash 系统地研究了硅和石墨的混合比例，确定了硅-石墨多孔电极的最佳设计准则，并评估了它们对硅基电极电化学性能和参数的影响。由于 Si 负极在循环过程中存在明显的体积效应决定了硅-石墨复合材料中 Si 的掺杂量为 5％～20％，对应的可逆比容量为 450～800mAh/g，但是目前的技术也远远没有达到行业的预期。因此，提高硅—石墨复合材料中硅的比例，合理设计微纳米结构以满足工业需求，是硅—石墨负极面临的首要问题。

（2）与其他硅基负极材料一样，硅—石墨面临的第二个关键问题是如何提高电解质与活性材料的界面相容性，进一步抑制 Si 表面 SEI 膜的连续生长。在硅和电解质之间设计牢固稳定的界面非常重要，并且必须首先考虑稳定的 SEI 膜。因为 SEI 膜的再生长会消耗有限的锂离子，这会造成硅电极循环性能急剧衰减。通常，包括 ZnO 和 Al_2O_3 在内的非碳基材料由于其在改善界面相容性方面的优势，已被用作硅基 LIBs 负极材料的改性添加剂。最近，编者开发了一种简便的策略来进行改性，ZnO 掺入碳包覆的硅/多孔碳纳米纤维，在电流密度为 1800mA/g 时，展现出 920mAh/g 的可逆容量，并且稳定充放电可达 1000 次。结果表明，微量的 ZnO 修饰能够起到物理屏障的作用，缓解了 HF 对硅活性材料的侵蚀，进一步改善锂离子电池的循环性能。总之，金属氧化物的添加可以有效地改善硅与电解质之间的界面相容性。迄今为止，遗憾的是尚未找到一种便利的途径来实现金属氧化物（特别是

ZnO）掺杂的硅-石墨复合材料。

（3）除上述两个问题外，另一个问题是如何改善活性材料之间的全导电接触，以满足大电流循环下锂离子电池大功率的需求。事实上，不同的碳材料可以提供多种不同的电流路径以形成良好的导电网络。对于硅—石墨复合材料，碳材料可以提高其导电性，碳材料和石墨在复合材料中的结合不仅可以充分利用其结构和导电性的优势，而且存在于硅和石墨之间的碳材料也将大大提高导电性、结构韧性和强度，从而提升电池的综合电化学性能。

针对硅-石墨复合材料面临的困境，本实验合理地研发一种简单、宏量化的合成方法，即通过简单的自组装合成方法结合退火处理制备 ZnO 掺杂的碳包覆硅-石墨微纳结构复合材料（标记为 Gr@ZnO-Si-C），并分析提高锂离子电池性能的内在机理。

三、实验原材料、试剂及仪器设备

本实验主要涉及的实验原材料和试剂有商业石墨、硅纳米颗粒、N，N-二甲基甲酰胺、二水合乙酸锌、聚丙烯酰胺、乙炔黑 Super-P、铜箔、金属锂片、Celgard2400 型隔膜、电解液。

本实验主要涉及的实验仪器有电子天平、管式炉、真空干燥箱、磁力搅拌器、马弗炉、手套箱、电化学工作站、蓝电电池测试仪。

四、实验步骤

1. 材料制备

首先，将 0.8g 经酸处理的商业石墨和 0.8g 硅纳米颗粒添加到 150mL DMF（N，N-二甲基甲酰胺）中高速搅拌；随后，将 0.4g $Zn(CH_3COO)_2 \cdot 2H_2O$ 进一步溶解在上述溶液中，并快速搅拌 0.5h。接着缓慢加入 0.6g PAM（聚丙烯酰胺，Mw 约 150000）并搅拌以形成混合溶液；然后将溶液加热到 90℃ 并保持在密封环境下剧烈搅拌 1h。除去密封膜，并将溶液在 90℃ 继续搅拌以蒸发溶剂；接下来，将干燥的混合物转移至马弗炉，在 260℃ 的空气中稳定 2h，升温速率为 2℃/min；最后将获得的材料纺织管式炉，在 Ar 气氛中以 5℃/min 的加热速率 700℃ 烧结 1h，以形成掺杂 ZnO/碳涂层的硅层（标记为 Gr@ZnO-Si-C）。类似的，用相同的方式制备出了未添加乙酸锌的 Gr@Si-C 复合物，且没有添加乙酸锌。

2. 电极的制备及半电池的组装

（1）打浆。称取 2mg 的羧甲基纤维素钠（CMC）和一定量的去离子水倒入研钵充分研磨至完全溶解；再加入 2mg 的乙炔黑（SP）至研钵中继续研磨至 SP 完全溶解。最后加入 16mg 的活性物质（即 Gr@Si-C 或 Gr@ZnO-Si-C）研磨 0.5～1h 并观察浆料的黏度。

（2）涂布。将研磨充分的浆料均匀涂覆在铜箔上，并控制面密度为 (1.5±0.1)mg/cm²，随后将涂布好的电极片转移至真空干燥箱中 100℃ 真空烘烤 12h。

（3）极片剪裁。使用直径 10mm 的裁刀裁剪出直径 10mm 的负极片，将裁剪好

5-3　硅碳复合负极材料的制备及电化学性能

的负极片置于真空干燥箱中真空 100℃干燥 2h。取出干燥后的负极片进行称重并减去铜箔的质量，记录实际物质负载量。

（4）扣式电池组装。首先按顺序依次放上负极壳、锂片、隔膜、电解液、电极片、薄膜镍、正极盖，然后用封装机进行封装。

五、材料表征及性能测试

1. 复合材料物相结构的分析和表征

采用 X 射线衍射仪对所得复合材料进行晶相结构的分析；采用扫描电子显微镜和透射电子显微镜观察样品的微观形貌；采用热重仪分析材料的组分质量比。

2. 锂离子电池电化学性能测试

（1）半电池的循环性能采用蓝电测试系统（武汉 LAND CT - 2001A 系统）进行测试，根据各电池极片上活性物质的实际负载量计算得出实际测试电流的大小。

（2）采用上海华辰 CHI660C 型电化学工作站进行循环伏安曲线的测试；电压范围设置为 0.01～3.0V，扫描速率为 0.1mV/s。

（3）交流阻抗图谱（EIS）采用上海华辰 CHI660C 型电化学工作站，频率范围为 0.01Hz～100kHz，振幅为 5mV。

六、习题

1. 依据热重结果分析 Gr@ZnO - Si - C 复合材料的组分质量。
2. ZnO 的掺杂对硅碳复合材料的性能提升有什么样的作用？
3. 分析裂解碳壳层对 Gr@ZnO - Si - C 复合电极电化学性能的影响。
4. 分析硅碳负极材料的电导和界面兼容提升的方法。

七、实验参考数据及资料扩展导读

1. 数据的处理分析参考

如图 5.2.1（a）所示，Gr@Si - C 和 Gr@ZnO - Si - C 的 XRD 显示，在 28.6°、47.4°、56.3°、69.2°、76.6°和 88.0°处的衍射峰分别归属于 Si 材料的（111）、（220）、（311）、（400）、（331）和（422）衍射面；而（002）、（101）和（004）的衍射面对应石墨的衍射峰；与 Gr@Si - C 相比，在 31.9°、34.5°、36.4°、47.6°、62.9°和 68.1°的衍射峰分别对应于 ZnO 的（100）、（002）、（101）、（102）、（103）和（112）衍射面。图 5.2.1（b）所示的 TGA 结果计算可得 Gr@Si - C 和 Gr@ZnO - Si - C 复合材料中的 Si 含量分别为 41.45wt.%和 37.75wt.%。SEM 已经用于表征微结构和形态的 Gr@Si - C 和 Gr@ZnO - Si - C 复合材料，如图 5.2.2 所示，从图中可以清楚地看到，由于涂覆了 Si@C 或 ZnO - Si@C 层，Gr@Si - C 和 Gr@ZnO - Si - C 具有直径为 5～20μm 的球形颗粒和相对粗糙的表面。结果表明，碳化处理的 ZnO - C 杂化层和碳层中的硅纳米粒子被进一步负载在石墨骨架的表面上，即 ZnO 的添加不会明显改变复合材料的结构。

如图 5.2.3 所示，Gr@ZnO - Si - C 负极的锂离子电池性能得到了显著改善，

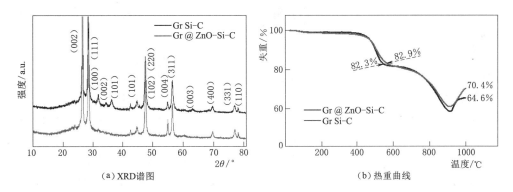

（a）XRD谱图 （b）热重曲线

图 5.2.1 Gr@ZnO‑Si‑C 和 Gr@Si‑C 复合材料的 XRD 谱图和热重曲线

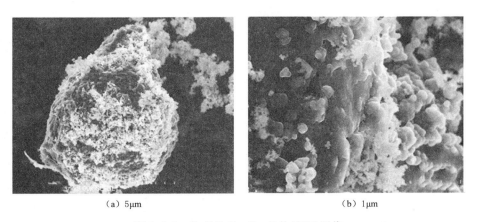

（a）5μm （b）1μm

图 5.2.2 Gr@ZnO‑Si‑C 的 SEM 图像

在 700 次循环后平均容量为约 1000mAh/g，且没有明显的容量损失。对于 Gr@Si‑C 负极，虽然在最初的 400 次循环中保持比混合 Si/Gr 电极更高的容量，但在接下来的 300 次循环后，容量衰减到约 517mAh/g。

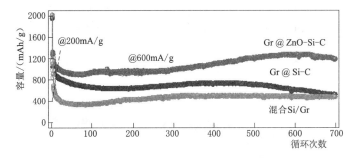

图 5.2.3 Gr@Si‑C 和 Gr@ZnO‑Si‑C 复合电极在电流密度
600mA/g 下的充放电循环性能图

为揭示 Gr@Si‑C 和 Gr@ZnO‑Si‑C 复合材料的锂嵌入/脱出特征，在不同实验条件下进行了循环伏安测试和恒流充放电测试。比较了这两种样品在 0.5mV/s 扫描速率下前 10 个循环的循环伏安曲线，如图 5.2.4（a）和（b）所示。对于第一次扫描，两电极在 1.1～1.4V 时均表现出对应于电解液与电极表面不可逆反应的氧化峰。随后，两电极均出现了宽峰，延伸至 0.01V，表明 SEI 膜的形成，Si 与锂离子反形成 Li‑Si 合金，以及锂离子分别嵌入到石墨和热解碳中。而还原过程中在 0.10～0.60V 处出现两个峰，分别对应于锂离子从碳材料中脱出和 Li‑Si 合金的电解过程。两个样品在第一个循环中 0.4～1.1V 的大波峰在随后的循环中消失，这与 SEI 膜的不可逆转变有关。而 CV 曲线在后续循环中重叠较好，说明 CV 曲线具有良好的循环稳定性。对于如图 5.2.4（b）所示的 Gr@ZnO‑Si‑C 电极，它表现出更强的氧化还原峰，这意味着锂离子从改性的 ZnO 材料中嵌入和脱出。在此基础上，锂离子与 ZnO 的反应促进了 Li$_2$O/Zn 的形成，Li$_2$O/Zn 可以作为离子导电基质，提高电极的整体容量和稳定性。

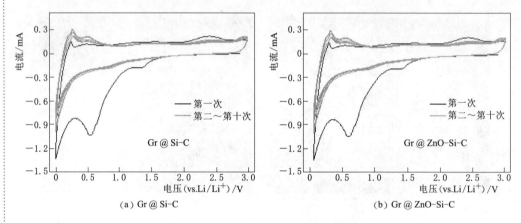

(a) Gr@Si‑C　　　　　　　　　(b) Gr@ZnO‑Si‑C

图 5.2.4　Gr@Si‑C 和 Gr@ZnO‑Si‑C 在 0.5mV/s 扫描速率下的循环伏安曲线图

图 5.2.5 显示了在 200～1200mA/g 各对应电流密度下不同的容量保持情况。结果表明，当电流降至 200mA/g 时，Gr@ZnO‑Si‑C 电极在 300 次循环后仍能保持 1200mAh/g 的容量，表明该电极具有良好的可逆性和循环稳定性。在这里可以发现，在 200 次循环之后观察到容量有增加的趋势。这种现象应该是由于在之前的循环过程中，电极材料的结构细化、稳定的 SEI 形成和再活化造成的。

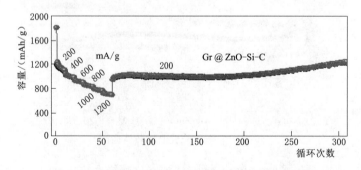

图 5.2.5　Gr@ZnO‑Si‑C 复合电极的倍率性能图

相应地，电化学阻抗谱（EIS）的高分辨电分析技术，就电极工艺的性质方面可以获得独特的信息，以进一步阐明 Gr@Si-C 和 Gr@ZnO-Si-C 在电极/电解液界面的电荷传输行为。图 5.2.6 对比了 Gr@Si-C 和 Gr@ZnO-Si-C 在锂离子嵌入/脱出过程中连续测量的 EIS 范围。一般来说，EIS 图的总体形状具有高/中频下陷的半圆后，低频范围有一条倾斜线的共同特征。在等效电路的基础上，对各部分拟合值进行汇总，以便进一步了解。从图 5.2.6 可以看出，在不同的充放电过程中，大部分拟合值可以保持稳定。但在充放电过程中，Gr@Si-C 电极的 R_{ct} 值变化明显，且大于 Gr@ZnO-Si-C 电极。说明 ZnO 改性的 Gr@ZnO-Si-C 电极可以抑制电极与电解质之间的副反应，提高反应动力学和锂离子扩散速度。更值得注意的是，Gr@ZnO-Si-C 电极较小的 R_{SEI} 值反映了复合材料表面的电子转移增强，并证实了 ZnO 的加入抑制了 SEI 膜的生长。相反，SEI 膜在 Gr@Si-C 电极中的连续生长必然会导致材料的膨胀和电极层的急剧增厚。

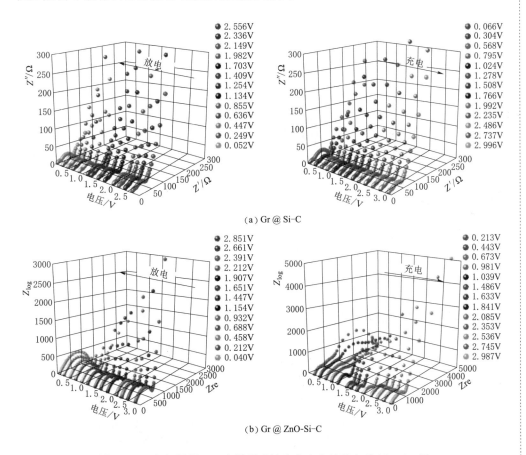

图 5.2.6　负极材料 100 次循环后放电和充电过程中的 Nyquist 图

总之，合理设计的 Gr@ZnO-Si-C 缓解了巨大的体积变化，提高了界面兼容性，克服了迟缓的反应动力学。ZnO 的加入提高了电解质与活性材料的界面相容性，抑制了 SEI 膜的连续生长，促进了稳定致密的电极表面层的形成。此外，碳涂层可以有效地提高电导，减少极化，进一步改善锂离子电池性能。

2. 背景资料扩展导读

硅碳负极材料的改性方法，主要有以下几种：

（1）表面包覆。包覆是纳米材料改性中用得最多的方法之一。在电化学反应过程中，均匀稳定的 SEI 膜容易在碳材料外表面形成，较难在 Si 表面形成。通过给纳米硅包覆碳层可以有效阻止电解液和 Si 表面的直接接触，有利于形成稳定均匀的 SEI 膜。出于经济效益考虑，直接给 Si 颗粒包碳工艺简单，适用于工业生产。常见的包碳的方法有很多，比如：化学气相沉积法（CVD）包碳、热解法包碳、水热法包碳、聚电解质修饰包碳。水热法包碳和聚电解质修饰包碳得到的碳层都比较薄，仅有 $2 \sim 3nm$，而化学气相沉积法得到的碳层厚度随沉积时间的延长而增加，热解法包碳的厚度根据加入聚合物的种类和量的多少差异很大，碳层的厚度为 $1 \sim 5\mu m$。水热法在高温、高压和含氧的条件下，在硅表面反应形成一层非晶态 SiO_x，这层 SiO_x 具有极好的韧性，可以缓解硅的体积膨胀效应，SiO_x 的形成也是水热法所特有的。

（2）中空核-壳结构。中空结构材料具有密度低、比表面积大等特点，被广泛用于纳米能源材料、生物医药等领域。Si 在锂化过程中可产生约 300% 的体积变化，中空 Si/C 核-壳结构可以在一定程度上保证 Si 的体积膨胀不会将外部碳壳胀破，起到对 Si 体积变化的缓冲作用，保证了 SEI 膜的稳定。

制备中空结构的方法主要有模板法、乳液聚合法和自组装法等，其中最常见的是牺牲模板来制备中空结构。Li 等采用模板法在空气中煅烧直径 50nm 的 Si 颗粒，在其外表面氧化出一层 SiO_2，随后对其进行包碳处理，最后用氢氟酸去除中间的 SiO_2 层，获得中空 Si/C 核-壳结构。氢氟酸是最常用的刻蚀 SiO_2 模板的腐蚀剂，但是强烈的渗透和腐蚀性限制了它的大面积使用。

（3）3D 多孔结构。多孔材料具有多孔和高比表面积的特点，在电极载体方面有着重要的应用。经过对结构的巧妙设计和可控的化学合成，可以得到 3D 多孔的 Si/C 纳米复合结构体系。3D 多孔 Si/C 纳米结构有更好的电化学稳定性，3D 碳网络大大提高了体系的导电性，多孔特性极大地增加了材料的比表面积，增加了反应位点，缩短了锂离子的扩散距离，而内部的孔隙空间可以缓冲硅合金化带来的剧烈体积变化。

（4）化学掺杂。硅/碳复合材料的掺杂可以分为对硅进行掺杂和对碳进行掺杂。对硅进行掺杂在半导体领域应用很普遍，掺杂元素主要是硼（B）和磷（P）。在本征半导体硅中掺入五价的磷（P）会使体系电子浓度比空穴浓度高，形成 n 型半导体，掺入三价的硼（B）会造成体系空穴浓度比电子浓度高，形成 p 型半导体。掺杂方法主要有离子注入法和热扩散法两种。离子注入设备价格昂贵，适合制备芯片等使用，热扩散法用到的掺杂源大多有毒有害，因此对硅掺杂改性不适合应用在电池领域。对碳掺杂主要是氮（N）掺杂和氮、氟（N、F）共掺杂两种类型，碳材料的掺杂容易实现，有一定的研究价值。

参 考 文 献

[1]　Li J，Huang Y，Huang W，et al. Simple Designed Micro‐Nano Si‐Graphite Hybrids for

Lithium Storage [J]. Small，2021，17（8）：2006373.

［2］ Heubner C，Langklotz U，Michaelis A. Theoretical optimization of electrode designparameters of Si based anodes for lithium – ion batteries [J]. Journal of Energy Storage，2018（15）：181 – 190.

［3］ 刘洪兵. 锂离子电池多孔硅/碳纳米管复合负极材料的研究 [D]. 吉林：东北电力大学，2016.

［4］ 赵立敏，王惠亚，解启飞，邓秉浩，张芳，何丹农. 车用动力锂离子电池纳米硅/碳负极材料的制备技术与发展 [J]. 材料导报，2020，34（7）：7026 – 7035.

实验 5.3　钛酸锂负极材料的制备及电化学性能

一、实验目的

1. 熟悉钛酸锂负极材料的组成和结构特点。
2. 掌握碳包覆层对提升碳酸锂电池性能的作用。
3. 掌握溶剂热方法制备二维 $Li_4Ti_5O_{12}$@C 复合材料。
4. 掌握锂离子电池的扣电组装技术及电化学测试方法。

二、实验原理

在众多可供选择的负极材料中，尖晶石 $Li_4Ti_5O_{12}$ 由于极其平稳的电压平台（～1.55V）、高理论比容量（175mAh/g）、较好的热稳定性和结构稳定性，引起广大研究人员的兴趣。遗憾的是，$Li_4Ti_5O_{12}$ 材料仍然遭受一些动力学方面的问题，如低的电子电导（10^{-13} S/cm）和离子扩散系数（$10^{-9} \sim 10^{-13}$ cm^2/s）等，这将导致电极片在大电流充放电时发生巨大的极化现象。为了克服这些明显的缺点，研究人员通过多种途径，包括合成纳米级 $Li_4Ti_5O_{12}$ 颗粒、空心球体、纳米片、纳米管、纳米线等来解决这一难题。例如：Xiao 等利用水热法制备出 $Li_4Ti_5O_{12}$ 纳米片，这种结构在 0.5C 倍率下循环 100 次可以保留 168mAh/g 容量，展现良好的电化学行为。Cao 等报道了一种介孔 $Li_4Ti_5O_{12}$ 纳米微球，该材料在 10C 电流密度下循环 500 次的容量损失仅仅只有 3%，表现出非常优秀的循环稳定性。Wang 等合成了 $Li_4Ti_5O_{12}$@Au 纳米棒在 5C 倍率下经 100 次循环后容量保持率为 91.1%，同样显示出了良好的电化学性能。尽管纳米级或者纳米结构的 $Li_4Ti_5O_{12}$ 的性能普遍增强，但其结晶度低于高温煅烧制备的块体 $Li_4Ti_5O_{12}$，导致其晶体结构稳定性差，大电流密度充放电循环性能较差。因此，对于电化学性能良好、结晶度高的 $Li_4Ti_5O_{12}$，经高温煅烧是不可避免的。然而，随着温度的升高会同时引起晶体颗粒生长变大，使锂离子扩散路径变得更长，从而降低了材料的倍率性能。所以需要在合成纳米级 $Li_4Ti_5O_{12}$ 的过程中降低煅烧温度或者减少热处理的时间来缓解晶粒生长以及团聚等现象。在高温处理过程中，碳涂层可以有效地缓解晶粒的生长，已保证煅烧后产物的微观形貌与前驱体一致。例如，Cheng 等首先对纳米 TiO_2 进行预包碳处理，随后利用固相合成法得到了碳包覆 $Li_4Ti_5O_{12}$ 纳米棒。Liu 等报道了一种利用化学气相沉积法成功的制备了 $Li_4Ti_5O_{12}$@C 复合材料。

本实验利用纳米结构和碳包覆层的优点，首先将钛酸四丁酯（TBT）在丙酮氛围下预水解，进而通过一步溶剂热法合成 $Li_4Ti_5O_{12}$@C 纳米片前驱体，然后经750℃处理 10h 得到纯相 $Li_4Ti_5O_{12}$@C 样品。电化学测试结果表明，$Li_4Ti_5O_{12}$@C 纳米片在 20C 的倍率下容量高达 137mAh/g，展示出优异的倍率性能。

三、实验原材料、试剂及仪器设备

实验原材料、试剂及仪器设备，见表 5.3.1 和表 5.3.2。

表 5.3.1　　　　　　　　　　　　　**试 剂 和 材 料**

试 剂 名 称	化 学 式	规 格	厂 家
钛酸四丁酯	$C_{16}H_{36}O_4Ti$	A. R.	阿拉丁试剂有限公司
丙酮	CH_3COCH_3	A. R.	阿拉丁试剂有限公司
氢氧化锂	$LiOH \cdot H_2O$	A. R.	阿拉丁试剂有限公司
葡萄糖	$C_6H_{12}O_6$		
去离子水	H_2O	A. R.	实验室制备
无水乙醇	C_2H_6O	A. R.	国药化学试剂有限公司
聚偏氟乙烯	$[-CH_2-CF_2-]-$	电池纯	美国杜邦
N-甲基吡咯烷酮	C_5H_9NO	A. R.	国药化学试剂有限公司
乙炔黑 Super-P	C	电池纯	深圳贝瑞特新能源材料
铜箔	Cu	电池纯	
金属锂片	Li	电池纯	天津中能锂业
Celgard2300 型隔膜	PMMA	电池纯	日本宇部
电解液	1.0M $LiPF_6$ （EC：EMC：DMC 1：1：1）	电池纯	多多化学科技有限公司

表 5.3.2　　　　　　　　　　　　　**仪 器 设 备**

仪 器 名 称	型 号	生 产 厂 家
电子天平	BT 25S	赛多利斯科学仪器（北京）有限公司
电热恒温鼓风干燥箱	DHG-9070A	上海一恒科技有限公司
真空干燥箱	DZF-6020	上海一恒科技有限公司
高速离心机	TDL-5-A	上海安亭科学仪器厂
马弗炉	SX2-6-1-3	上海实研电炉有限公司
手套箱	Super	米开罗那（中国）有限公司
电化学工作站	CHI660D	上海辰华仪器公司
磁力搅拌器	SN-MS-H280D	上海尚普仪器设备有限公司
蓝电电池测试仪	CT2001A	武汉市蓝电电子股份有限公司

四、实验步骤

1. 二维 $Li_4Ti_5O_{12}$@C 纳米片的制备

如图 5.3.1 所示，首先将 6.2mL 的 TBT 溶于 14mL 的丙酮溶液中，随后逐滴加入 50mL 的去离子水，持续搅拌 2h，直至混合溶液为乳白色；然后在搅拌条件下将 634.4mg $LiOH \cdot H_2O$ 和葡萄糖加入到上述混合溶液，保持均匀搅拌 30min。最后将混合溶液转移至 100mL 反应釜，170℃恒温保持 24h，随后自然冷却至室温。

5-4 钛酸锂负极材料的制备及电化学性能

取出反应釜内衬里面的白色沉淀，用水和无水乙醇分别进行洗涤离心若干遍，随后放置鼓风干燥箱 80℃ 烘干。最后将所得前驱体在 Ar/H_2 混合气氛置于管式炉 750℃ 恒温 10h 得到最终样品 $Li_4Ti_5O_{12}$@C 纳米片。作为对比实验，在反应物中去掉葡萄糖，利用相同方法制备了纯相 $Li_4Ti_5O_{12}$ 纳米颗粒。

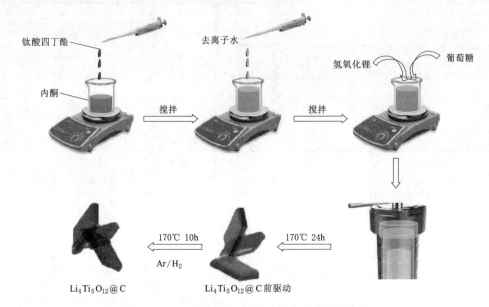

图 5.3.1　二维 $Li_4Ti_5O_{12}$@C 纳米片合成示意图

2. 纽扣电池的制作

（1）打浆。称取 20mg 的聚偏氟乙烯（PVDF）和一定量的 N-甲基吡咯烷酮（NMP）至研钵中研磨至完全溶解。再加入 10mg 的乙炔黑（SP）至研钵中继续研磨至 SP 完全溶解。最后加入 70mg 的 $Li_4Ti_5O_{12}$@C 材料研磨并观察浆料的黏度。

（2）涂布。首先将研磨充分的浆料均匀涂覆在铜箔上，并控制面密度为 $(1.5\pm0.2)mg/cm^2$，然后将涂覆好的铜箔转移至真空干燥箱中真空 80℃，干燥 12h。

（3）极片裁剪。首先使用直径 12.5mm 的裁刀裁剪出直径 12.5mm 的负极片，将裁剪好的负极片置于真空干燥箱中真空 120℃，干燥 2h；随后自然降温至室温，取出负极片进行称重并减去铜箔的质量，记录实际物质负载量；将称好的极片再次转移真空干燥箱中 120℃ 处理 6h；最后自然降温，取出置于手套箱中备用。

（4）电池组装。首先按顺序依次放上负极壳、锂片、隔膜、电解液、$Li_4Ti_5O_{12}$@C 电极片、薄膜镍、正极盖，最后用封装机进行封装。组装中应该注意锂片光滑的一面和铜箔涂有活性物质的一面面对隔膜，需注意避免造成短路。

五、材料表征及性能测试

1. 材料表征及数据处理

采用 X 射线衍射仪对复合材料进行晶相结构的分析；采用扫描电子显微镜和透射电子显微镜观察样品的微观形貌；采用热重仪分析材料的组分质量比。

2. 电池性能测试

（1）长循环及倍率性能测试。电池的循环性能由武汉 LAND CT - 2001A 测试系统测试所得。根据各电池极片上活性物质的实际负载量计算得出实际测试电流的大小，测试电压范围在 0.01～3V 之间，设置循环圈数并保存数据。使用 Origin 软件处理数据，以循环圈数为横坐标，充/放电比容量、库仑效率为纵坐标拟合长循环性能图。

（2）循环伏安曲线。电池的循环伏安曲线和电化学阻抗由 Arbin BT - 2000 和 Zahner Zennium 工作站测试所得，测试电压区间在 0.01～3V 之间，设置所需的扫描速率并保存数据。使用 Origin 软件处理数据，以电压/实部电阻为横坐标，电流/虚部电阻为纵坐标拟合循环伏安曲线/电化学阻抗图。

六、习题

1. 简述 $Li_4Ti_5O_{12}$ 负极材料的储锂机制及优缺点。

2. 改善 $Li_4Ti_5O_{12}$ 负极材料电池性能的策略有哪些？

3. 描述钛酸锂负极材料的结构特点。

4. 分析碳包覆层对提升碳酸锂电池性能的作用。

七、实验参考数据及资料扩展导读

1. 实验参考数据

图 5.3.2（a）和（b）为未经高温处理的 $Li_4Ti_5O_{12}$ 和 $Li_4Ti_5O_{12}@C$ 纳米片前驱体。从图中可以看出，两者的形貌结构都由宽约为 500nm，长约为 300nm 的二维纳米片构成。相比之下，$Li_4Ti_5O_{12}$ 前驱体具有更规则和光滑的表面结构。在经过 750℃处理 10h 后，二者纳米片的厚度都有不同程度的增加，但从图 5.3.2（d）可以明显看到，$Li_4Ti_5O_{12}@C$ 纳米片的厚度要小于纯相 $Li_4Ti_5O_{12}$［图 5.3.2（c）］，而且 $Li_4Ti_5O_{12}@C$ 样品整体的形貌结构更加的均匀。正如预期的那样，在高温处理过程中碳包覆层可以用于保护纳米结构表面形貌的一种尺寸限制器。图 5.3.3 为 $Li_4Ti_5O_{12}@C$ 纳米片高分辨 TEM 图，图中清晰的晶格条纹表明材料具有很好的结晶度，另外，可以清楚地观察到厚度大约为 2nm 的碳层。根据图像我们可以得到复合材料中碳的含量在 3.17％左右。

图 5.3.4 给出了 $Li_4Ti_5O_{12}$ 和 $Li_4Ti_5O_{12}@C$ 复合材料的 XRD 图谱，对比二者的衍射峰位置，均为立方尖晶石结构，并与标准卡片（JCPDS No. 49 - 0207）一致，而且无其他多余的杂峰出现，这表明了碳的引入并不会改变材料的晶体结构，结合拉曼光谱分析，进一步表明，煅烧过程中引入的碳不会改变 $Li_4Ti_5O_{12}$ 的基本结构。此外，（111）面尖锐的衍射峰说明两个样品的结晶性良好。图中并未检测出碳的衍射峰可归因于碳的含量较低，这与热重所得结果相一致。

图 5.3.5.（a）对比了 $Li_4Ti_5O_{12}$ 和 $Li_4Ti_5O_{12}@C$ 电极在电压窗口 1～3V 室温下不同倍率的循环性能。表面经碳包覆之后，$Li_4Ti_5O_{12}@C$ 电极的可逆容量（0.5C：182mAh/g；1C：176mAh/g；2C：168mAh/g；3C：162mAh/g；5C：155mAh/g；

（a）$Li_4Ti_5O_{12}$前驱体 　　　　　　　（b）$Li_4Ti_5O_{12}$@C前驱体

（c）$Li_4Ti_5O_{12}$产物 　　　　　　　（d）$Li_4Ti_5O_{12}$@C产物

图 5.3.2　$Li_4Ti_5O_{12}$ 和 $Li_4Ti_5O_{12}$@C 前驱体和产物 SEM 图

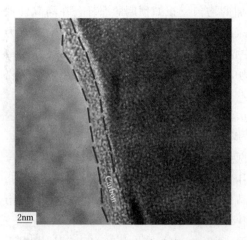

图 5.3.3　$Li_4Ti_5O_{12}$@C 高分辨 TEM 图

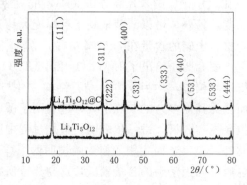

图 5.3.4　$Li_4Ti_5O_{12}$ 和 $Li_4Ti_5O_{12}$@C 复合材料的 XRD 图谱

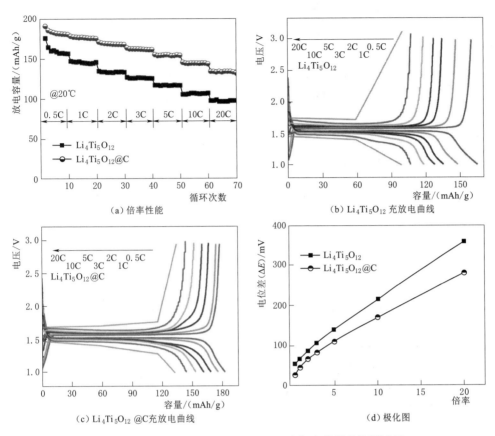

（a）倍率性能　　（b）$Li_4Ti_5O_{12}$ 充放电曲线

（c）$Li_4Ti_5O_{12}$ @C充放电曲线　　（d）极化图

图 5.3.5　$Li_4Ti_5O_{12}$ 和 $Li_4Ti_5O_{12}$@C 电极电化学性能测试图

10C：144mAh/g；20C：133mAh/g）明显的高于纯相 $Li_4Ti_5O_{12}$（0.5C：160mAh/g；
1C：145mAh/g；2C：133mAh/g；3C：127mAh/g；5C：117mAh/g；10C：
107mAh/g；20C：97mAh/g），尤其是在大倍率条件下。而且可以发现，当电流密
度从 0.5C 上升至 20C 时，$Li_4Ti_5O_{12}$ 电极的容量保持率仅有 60.6%，而 $Li_4Ti_5O_{12}$
@C 可以达到 73.1%。$Li_4Ti_5O_{12}$@C 倍率性能的大幅度提高可归结于锂离子扩散路
径的缩短、比表面积的增大以及降低了电极的极化。从图中还可以看到一个明显的
现象，$Li_4Ti_5O_{12}$@C 电极在小倍率循环时的容量超过了理论值（175mAh/g），这种
现象可归结于以下两种原因：① 在葡萄糖碳化过程中少量的 $Li_4Ti_5O_{12}$ 被还原形成
了 Ti-C 键；② 纳米片结构的表面可以提供少量额外的储锂位，因此 $Li_4Ti_5O_{12}$@C
的容量有所提升。图 5.3.5（b）和（c）分别为 $Li_4Ti_5O_{12}$ 和 $Li_4Ti_5O_{12}$@C 电极在
不同倍率下的充放电曲线，电压区间为 1～3V。从图中可以清楚地看到，两个电极
片在约 1.55V 处都有一个平稳的电压平台，这与钛酸锂材料在尖晶石相 $Li_4Ti_5O_{12}$
和岩盐相 $Li_7Ti_5O_{12}$ 两相之间相互转化而结构几乎不发生应变有关。为了进一步了
解 $Li_4Ti_5O_{12}$@C 电极材料优异的倍率性能，图 5.3.5（d）对比了两者的极化现象。
相比之下，$Li_4Ti_5O_{12}$@C 极片的极化更小，这是由于通过碳的修饰可以改善
$Li_4Ti_5O_{12}$ 颗粒之间的电接触。此外，纳米薄片的形貌和多孔结构可以在活性材料和

电解质之间提供足够的界面面积，从而降低材料的极化。

图 5.3.6 给出了 $Li_4Ti_5O_{12}$ 和 $Li_4Ti_5O_{12}@C$ 电极在室温下 3C 电流密度的循环性

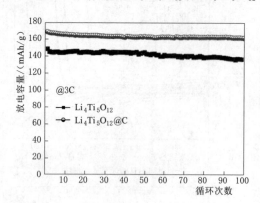

图 5.3.6　电流密度 3C 下 $Li_4Ti_5O_{12}$ 和 $Li_4Ti_5O_{12}@C$ 的循环性能图

能对比图，电压区间为 1～3V。在循环之前先用 0.2C 的小电流进行 2 圈的活化。相比之下，$Li_4Ti_5O_{12}@C$ 电极在经过 100 次的循环之后，与初始容量相比保持良好。$Li_4Ti_5O_{12}@C$ 电极的初始容量为 168.8mAh/g，随着循环的不断进行，100 次之后仍然保持 162.2mAh/g，容量保持率为 96.1％。而 $Li_4Ti_5O_{12}$ 经过 100 次循环后容量下降到 136.4mAh/g，仅仅是初始容量的 91.8％。说明碳包覆层将促进电子的转移，提高复合材料的导电性，有效减少了副反应，因此导致了循环能力的增强。下文中 EIS 的测试结果也可证明这一点。

为了进一步了解 $Li_4Ti_5O_{12}@C$ 复合材料优异的电化学性能，本文测试了不同扫描速度下的循环伏安曲线，测试电压区间为 1～3V，扫描速度为 0.03～0.1mV/s。如图 5.3.7（a）和（b）所示，在 1.5V 左右都出现的还原峰对应 Ti^{4+} 向 Ti^{3+} 转化，该过程对应于放电过程中锂离子嵌入到 $Li_4Ti_5O_{12}$ 晶格中并逐步被还原成岩盐相结构 $Li_7Ti_5O_{12}$；位于 1.7V 左右出现的氧化峰对应 Ti^{3+} 被氧化成 Ti^{4+}，该过程对应于充电过程中锂离子从 $Li_7Ti_5O_{12}$ 脱出并逐步被氧化成 $Li_4Ti_5O_{12}$。对比两者的曲线可知，两种样品的氧化还原峰强度和面积均随着扫描速率的增加而增大，且在每次扫描速率下，$Li_4Ti_5O_{12}@C$ 的氧化还原峰均比 $Li_4Ti_5O_{12}$ 的氧化还原峰形状更尖锐，峰电流值更大，这说明锂离子在 $Li_4Ti_5O_{12}@C$ 复合材料中的脱出/嵌入更容易，速度更快。此外，随着扫描速度的增加，阳极和阴极峰值之间的电压差 ΔE 也增加，反映了电极的极化程度。在每个扫描速率下，$Li_4Ti_5O_{12}@C$ 的电压差 ΔE 都小于

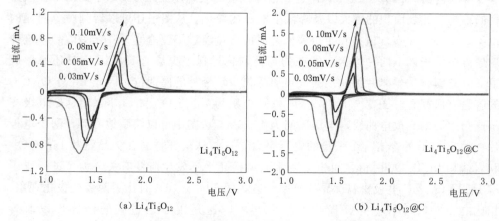

（a）$Li_4Ti_5O_{12}$　　　　　　　　（b）$Li_4Ti_5O_{12}@C$

图 5.3.7　不同扫描速度的循环伏安曲线图

$Li_4Ti_5O_{12}$ 的电压差，说明碳包覆层可以改善极化，从而如所预期的那样提高了 $Li_4Ti_5O_{12}$@C 电极的倍率性能。

2. 资料扩展导读

钛基氧化物负极 $Li_4Ti_5O_{12}$ 自被报道可以应用于储锂以来，$Li_4Ti_5O_{12}$ 因其在充/放电过程中独特的零应变结构，成为锂离子电池应用领域中最突出的负极材料之一。特别是近年来，随着可再生能源发电、电动汽车、混合动力电动汽车和其他能源存储的快速发展，$Li_4Ti_5O_{12}$ 由于其稳定的 1.5V 高电压平台（vs. Li/Li$^+$）、安全性高、长循环能力强和价格便宜等一直被认为是最好的储能负极材料候选之一。但是低的电子/离子电导、振实密度、循环过程中的产气问题和低的理论容量等诸多挑战仍然阻碍着它们的商业应用，特别是作为混合动力汽车的电源或智能电网负载均衡的储能设备。Guo 等采用水热法制备了具有分级介孔三维结构的 $Li_4Ti_5O_{12}$-TiO_2/MoO_2@C 复合材料，MoO_2 的引入大大提升了复合材料的可逆比容量，碳层的存在可以在提高复合材料电导的同时有效缓解 MoO_2 的体积膨胀效应；另外，稳定的 $Li_4Ti_5O_{12}$-TiO_2 界面为电池的长循环性能提供了保障。因此，该复合材料在 1A/g 电流密度下经 500 次循环后可逆容量高达 413mAh/g。Zhu 等采用多步水热技术合理的设计了具有核壳结构的 Fe_2O_3@$Li_4Ti_5O_{12}$ 复合材料，作者认为这种独特的结构优势和异质结构可以显著提高储锂性能。Ren 等通过溶胶-凝胶法得到了氮掺杂碳修饰 TiO_2 核壳结构，氮掺杂的碳壳层在充放电过程中对 TiO_2 粒子的团聚和体积变化起到保护作用，同时保证了良好的电子输运动力学。该复合电极在 2000mA/g 电流密度下可提供 343.4mAh/g 的可逆容量，5000mA/g 循环 2000 次容量保持在 232.7mAh/g。Opra 等采用共沉淀法对 TiO_2 进行了 Zr^{4+} 和 F^- 的共掺杂，经掺杂后的材料电子电导率提高了两个数量级，而且 F^- 的引进可以防止 HF 对活性物质的攻击。该复合电极在 1C 电流密度下可提供 163mAh/g 的可逆容量。Wang 等通过溶剂热法得到了石墨烯修饰纳米片 TiO_2 负极材料，这种特殊的结构配置不仅能实现快速的电子传输，而且提供了更多的反应位点和更短的离子扩散途径，同时保证了结构的稳定性和耐久性。结果表明，电极在 20C 电流密度给出了 76mAh/g 的可逆容量。Huang 等采用溶剂热法制备了氮掺杂石墨烯包覆 TiO_2 复合材料，并研究了其深度放电状态下的电化学性能。结果表明，由于 TiO_2 晶格和石墨烯中均存在氮掺杂，N—Ti—O 和 N—C 键为锂离子向 TiO_2 转移提供了方便，保证了良好的锂离子内部扩散过程。该复合电极在 500mA/g 电流密度下经 2000 次循环后可保留 210mAh/g 的可逆容量。

众多研究表明，用高导电相包覆钛基电池材料是一种有效的表面修饰手段，能够有效地提高材料的电导率，有些具有特殊结构的高导电相还能为材料性能带来更多的提升。常见的高导电相主要是以碳为主，碳层结构能够有效提供电子传输的通道，同时碳层伸缩性好，有韧性，能够在一定程度上为材料本身提供保护，还有些碳层具备中孔或多孔结构以及石墨化结构，因此高导电相包覆这一手法能一举多得。科研工作者通过不同的方法将不同碳源包覆到 TiO_2 或 $Li_4Ti_5O_{12}$ 表面，能够得到形貌、厚度以及构造各不相同的结构，从而大幅度提升材料的电导率和离子传输效率，改进材料的倍率性能。

参 考 文 献

［1］　林志雅. 碳修饰半导体负极材料的储锂性能研究［D］. 福州：福建师范大学，2019.

［2］　魏国栋，王严，张春明，何丹农. 高导电相包覆钛基锂离子电池负极材料［J］. 电源技术，2017，11（41），1654－1656.

［3］　Lin Z，Yang Y，Jin J，et al. Graphene－wrapeed $Li_4Ti_5O_{12}$ hollow spheres consisting of nanosheets as novel anode material for lithium－ion batteries［J］. Electrochim Acta，2017（254）：287－298.

［4］　Chen Y，Pan H，Lin C，et al. Controlling Interfacial Reduction Kinetcs and Suppressing Electrochemical Oscillations in $Li_4Ti_5O_{12}$ Thin－Film Anodes［J］. Adv. Funct. Mater.，2021（31）：2105354－2105366.

［5］　Thackeray MM AND Amine K. $Li_4Ti_5O_{12}$ spinel anodes［J］. Nat. Energy，2021（6）：683－683.

实验 5.4　碳包覆四氧化三铁复合负极材料的制备及电化学性能

一、实验目的

1. 掌握中空结构碳包覆四氧化三铁材料的制备工艺。
2. 掌握氧化铁负极材料的电化学脱嵌锂原理。
3. 理解碳壳层对提升四氧化三铁负极性能的作用机制。

二、实验原理

Fe_3O_4 的理论比容量为 $924mAh/g$，被认为是有前景的电极材料。然而，和大多数金属氧化物电极材料一样，Fe_3O_4 电极也存在电子导电性差、循环过程中体积膨胀大，库仑效率低等不足，导致其不能广泛应用于商业化锂离子电池。因此，缓解上述问题对 Fe_3O_4 电极材料的设计有着至关重要的作用。

为了克服电子导电性差和循环过程中较大体积变化的缺陷，各种纳米碳材料如碳纳米管、活性炭和石墨烯等被应用于改性 Fe_3O_4 电极。大多数碳材料可以改善它们的电子导电率，缩短锂离子扩散路径以及进一步提高材料的电化学性能。然而，这些导电碳并不能有效抑制 Fe_3O_4 电极材料的体积膨胀。最近，Cui 等为硅电极设计了一种稳定可伸缩的碳基摇铃球结构。这种独特的结构框架为活性材料提供足够的膨胀空间而不破坏碳壳。为了避免碳壳在循环过程中坍塌，设计含有合适空间和厚度的碳壳仍然是解决 $Fe_3O_4@C$ 电极问题的关键。此外，脱嵌锂过程中由于体积变化，导致碳壳表面的 SEI 膜断裂，形成更厚的 SEI 膜层。不断形成的 SEI 膜不仅会消耗电解液，而且还会增加电极材料的离子传输电阻和降低电子电导率。故针对 Fe_3O_4 电极材料的设计，应考虑在循环过程中具有牢固的碳壳结构确保 SEI 膜稳定，从而提高锂离子电池的电化学性能。据报道称，Fe_3C 具有良好的催化活性，可以改善 $Fe_3O_4@Fe_3C-C$ 摇铃状电极的电化学性能。其他典型的例子，如 Guan 等证实 $Fe/Fe_3C-CNFs$ 中，高度分散的 Fe_3C 催化剂可以减少 SEI 膜中不可逆容量，为锂离子电池增加额外的可逆容量。基于上述讨论，关键问题在于如何将 Fe_3C 催化剂引入到具有牢固碳壳结构的 Fe_3O_4 电极中，从而进一步改善锂离子电池的电化学性能。

本实验主要通过湿化学和热分解法，引入 Fe/Fe_3C 催化剂合成 Fe_3C 混合摇铃球 $Fe_3O_4@C$ 复合材料，研究该复合材料的库仑效率和长循环性能。

三、实验原材料、试剂及仪器设备

本实验所涉及的主要化学试剂有：氯化铁、无水乙酸钠、乙二醇、无水乙醇、正硅酸四乙酯、盐酸、氨水、氨基丙基三乙氧基硅烷、葡萄糖、氢氧化钠、二茂铁、乙醚、羧甲基纤维素钠、KB、电解液、金属锂片。

本实验所使用的主要材料制备仪器有：电子天平、超声波清洗器、电热恒温油浴锅、电热恒温鼓风干燥箱、真空干燥箱、真空管式炉、高低温箱、循环水式多用真空泵、台式高速冷冻离心机、精密增力电动搅拌器、真空封管机、手套箱。

本实验所使用的材料表征仪器有：电化学工作站、充放电测试仪、场发射扫描电子显微镜、透射电子显微镜、X 射线衍射、X 射线光电子能谱仪、综合热分析仪。

5-5 碳包覆四氧化三铁复合负极材料的制备及电化学性能

四、实验步骤

1. 电极材料制备

（1）Fe_3O_4 纳米球的制备。2.7g 氯化铁（$FeCl_3 \cdot 6H_2O$）和 7.0g 无水乙酸钠（CH_3COONa）加入到 100mL 乙二醇中，其中乙二醇在高沸点下作为还原剂，同时作为表面活性剂也是使体系分散均匀；乙酸钠在体系中具有静电稳定作用，防止团聚，并且作为媒介辅助乙二醇还原三氯化铁变成四氧化三铁，在持续搅拌 3h 后，将所得溶液分两份移入 100mL 反应釜中，并置于 200℃烘箱中反应 8h，所得产物用无水乙醇和二次去离子水多次抽滤清洗，在 80℃鼓风干燥箱中干燥，得到 Fe_3O_4 纳米球。

（2）$Fe_3O_4@SiO_2$ 材料的制备。200mg Fe_3O_4 纳米球分散到 100mL 0.1M 盐酸溶液中，超声处理 0.5h，改变粒子表面的电性，同时提高粒子在溶液中的分散性。经过二次去离子水清洗后，处理后的 Fe_3O_4 纳米球重新分散到混合有 142.8mL 乙醇、20mL 二次去离子水和 6.2mL 28wt.％氨水。然后，在高速搅拌下缓慢滴加含有 3mL 正硅酸四乙酯和 8mL 无水乙醇的混合液，持续搅拌反应 8h 后，正硅酸四乙酯水解，在 Fe_3O_4 纳米球表面形成一层 SiO_2。再缓慢滴加含有 0.8mL 氨基丙基三乙氧基硅烷和 8mL 无水乙醇的混合液，并继续搅拌 12h，$Fe_3O_4@SiO_2$ 表面氨基化，为后续碳包覆做准备，同时提高 $Fe_3O_4@SiO_2$ 的分散性。经过强磁铁吸附，用去离子水和无水乙醇多次清洗后，在 80℃鼓风干燥箱中干燥，得到 $Fe_3O_4@SiO_2$ 复合材料。

（3）摇铃球 $Fe_3O_4@C$ 材料和 Fe_3C 混合摇铃球 $Fe_3O_4@C$ 复合材料的制备。450mg $Fe_3O_4@SiO_2$ 分散到 30mL 0.2M 葡萄糖溶液中，超声 0.5h 后转移到 50mL 的反应釜中，180℃反应 6h。将所得产物用强磁铁分离，并用二次去离子水和无水乙醇进行多次清洗。经 80℃烘箱干燥后，在氩气中 500℃煅烧 3h，自然冷却。将所得样品分散到 2M NaOH 溶液中，50℃搅拌 48h 去除 SiO_2，再用二次去离子水抽滤清洗并烘干，得到最终样品 $Fe_3O_4@C$ 摇铃球。将 15mg 二茂铁分散到 10mL 乙醚中，再加入 45mg $Fe_3O_4@C$ 并摇晃均匀，经 40℃干燥后，进行真空封管，放入管式炉中 500℃煅烧 3h，二茂铁分解得到 Fe_3C，最终产物即为 $Fe_3C/Fe_3O_4@C$。

2. 锂离子电池的封装

（1）将活性物质、CMC 和 KB 等事先在真空干燥箱中、100℃条件下烘干 12h。再按照 8：1：1 的质量比加入到玛瑙研钵中研磨，研磨过程中滴入去离子水作分散剂，研磨均匀后将得到的浆料涂覆在提前剪成直径为 12.5mm 的泡沫镍基底上，在真空干燥箱内 80℃烘干 12h。

（2）将干燥好的电极片精确称量后，记录扣除泡沫镍后的活性物质量，将电极材料、负极壳、金属锂片、隔膜、泡沫镍、正极壳、电解液，此外还需要压片模具、移液器和绝缘镊子等，一起放入充满高纯 Ar 手套箱中，放置 12h 后，当含氧量和含水量均小于 0.1ppm 时，再进行电池组装。

（3）电池的组装过程主要有：将极片置于正电极壳中间、放置隔膜、滴加适量电解液、放置金属锂片、放置泡沫镍、盖上负极壳、封口。在这一过程中要保证放置的东西都在中心位置，特别要保护好隔膜，切忌不要弄折隔膜或刺破，否则装好的电池将会因短路而报废，滴加电解液以刚好完全润湿隔膜为宜。组装成 CR2025 扣式电池，静置 12h 后进行电化学性能测试。

五、材料表征及性能测试

1. 复合材料物相结构分析表征

（1）采用 X 射线衍射对材料进行物相分析，分析复合材料的晶相结构。

（2）采用透射电子显微镜观察样品的微观形貌，并用高分辨透射电镜和选区电子衍射对材料的结构进行微观分析。

（3）采用热重分析复合材料的含量，仪器型号是 Netzsch STA 449C，实验条件为空气气氛，流速 70sccm，测试温度从 30℃升温到 1000℃，升温速率 10℃/min，样品质量在 5mg 左右。计算在 $Fe_3C/Fe_3O_4@C$ 复合材料中碳壳和 Fe_3C 所占的比例。

2. 锂离子电池电化学性能测试

（1）扣式电池的充放电性能测试采用武汉 LAND CT‑2001A 系统，根据各电池极片上活性物质的实际负载量计算得出实际测试电流大小，工作电压范围为 1.5～4.7V，室温 25℃和低温 0℃环境下，测试 $Fe_3O_4@C$ 和 $Fe_3C/Fe_3O_4@C$ 电极的充放电曲线、循环性能和倍率性能。

（2）循环伏安测试（CV）采用的是上海华辰 CHI660C 型电化学工作站；$Fe_3O_4@C$ 和 $Fe_3C/Fe_3O_4@C$ 电极在电压范围在 $0.05\sim3V$ 内，扫描速率为 0.5mV/s 下，分别测出样品前 10 次的 CV 曲线。

（3）交流阻抗（EIS）采用上海华辰 CHI660C 型电化学工作站，频率范围为 0.01Hz～100kHz，振幅为 5mV。测试 25℃和 0℃环境下，$Fe_3O_4@C$ 和 $Fe_3C/Fe_3O_4@C$ 电极测试后的交流阻抗谱。

六、习题

1. 简要概述硅酸四乙酯在材料制备过程中有哪些作用。

2. $Fe_3C/Fe_3O_4@C$ 形貌对其性能有何影响？

3. Fe_3C 的引入对所获材料的储锂性能有何促进作用？

七、实验参考数据及资料扩展导读

1. 数据处理分析参考

图 5.4.1 利用 X 射线衍射仪分析了 $Fe_3C/Fe_3O_4@C$ 和 $Fe_3O_4@C$ 复合材料的晶

相结构。XRD 图中 26°附近存在宽化的弱衍射峰，说明复合材料中含有碳。将 $Fe_3O_4@C$ 复合材料的 XRD 图谱中其他尖锐的衍射峰与 Fe_3O_4 标准图谱（JCPDS No. 19 - 0629）的标准峰非常吻合。$Fe_3C/Fe_3O_4@C$ 复合材料的 XRD 图中除了 Fe_3O_4 和碳对应的衍射峰外，其他的衍射峰均与 Fe_3C 标准图谱（JCPDS No. 35 - 0772）的标准峰位吻合。说明前驱体材料在热处理后成功转化为 Fe_3C 和 Fe_3O_4 纳米球。此外，根据图 5.4.2 给出的 TGA 结果可知，在 $Fe_3C/Fe_3O_4@C$ 复合材料中碳壳和 Fe_3C 所占的比例分别为 16.5wt. ％和 4.6wt. ％。

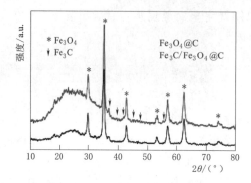

图 5.4.1　$Fe_3C/Fe_3O_4@C$ 和 $Fe_3O_4@C$ 复合材料的 XRD 图谱

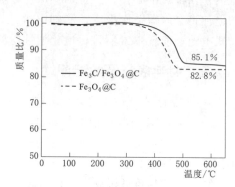

图 5.4.2　$Fe_3C/Fe_3O_4@C$ 和 $Fe_3O_4@C$ 复合材料的 TGA 图

图 5.4.3 给出了 $Fe_3O_4@C$ 和 $Fe_3C/Fe_3O_4@C$ 复合材料的 SEM、TEM、HR -

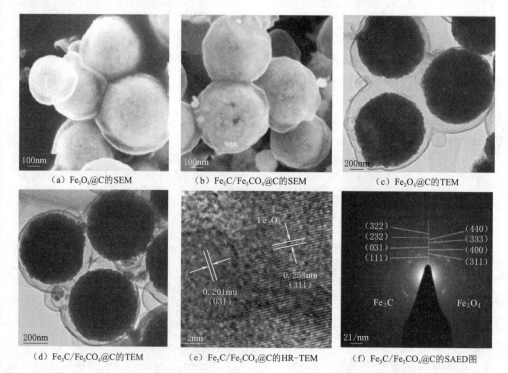

（a）$Fe_3O_4@C$的SEM　　（b）$Fe_3C/Fe_3CO_4@C$的SEM　　（c）$Fe_3O_4@C$的TEM

（d）$Fe_3C/Fe_3CO_4@C$的TEM　　（e）$Fe_3C/Fe_3CO_4@C$的HR-TEM　　（f）$Fe_3C/Fe_3CO_4@C$的SAED图

图 5.4.3　$Fe_3O_4@C$ 和 $Fe_3C/Fe_3O_4@C$ 复合材料形貌表征图

TEM 和 SAED 图像。从图 5.4.3（a）和（b）可以看出 $Fe_3O_4@C$ 和 Fe_3C/Fe_3O_4 @C 复合材料均为均匀的球状结构。图 5.4.3（a）中 $Fe_3O_4@C$ 摇铃球的直径则约为 600nm。摇铃球结构的碳层厚度在 15～18nm 之间，这种独特的核壳结构具有足够大的空间，允许 Fe_3O_4 活性材料在脱嵌锂过程中的体积变化，从而提高电池的性能。图 5.4.3（b）可以看出 $Fe_3C/Fe_3O_4@C$ 复合材料中 $Fe_3O_4@C$ 的摇铃球结构并没有因为 Fe_3C 的加入而被破坏掉。此外，图 5.4.3（c）和（d）分别给出两样品的 TEM 图像，图中可以更为清晰地看出摇铃球结构中碳壳和 Fe_3O_4 核独立存在。图 5.4.3（d）中可以观察到 Fe_3C 纳米颗粒随机分布在摇铃球的外表面或空腔里面。图 5.4.3（e）可以清楚地看到 $Fe_3C(031)$ 晶面的间距为 0.201nm，$Fe_3O_4(311)$ 晶面的间距为 0.253nm。图 5.4.3（f）的 SAED 谱图可以标定出 $Fe_3O_4(311)$、$Fe_3O_4(400)$、$Fe_3O_4(333)$、$Fe_3O_4(440)$ 和 $Fe_3C(111)$、$Fe_3C(232)$、$Fe_3C(322)$ 的衍射环。

图 5.4.4（a）和（c）分别给出了 $Fe_3O_4@C$ 和 $Fe_3C/Fe_3O_4@C$ 复合材料循环伏安曲线（CVs），测试电压区间为 0.05～3.00V，扫描速度为 0.5mV/s。两个样品的循环伏安曲线中均存在两对明显的氧化还原峰。与相关的报道结果类似，电极

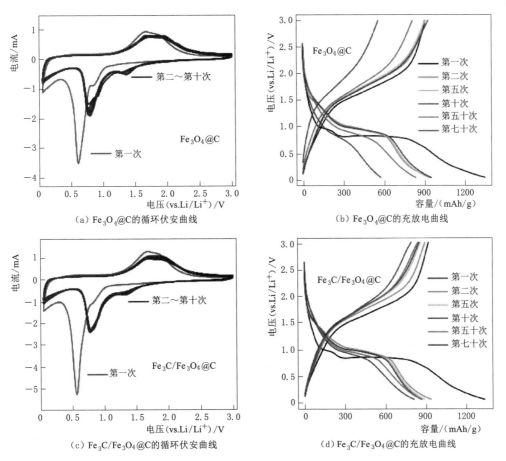

（a）$Fe_3O_4@C$ 的循环伏安曲线　　（b）$Fe_3O_4@C$ 的充放电曲线

（c）$Fe_3C/Fe_3O_4@C$ 的循环伏安曲线　　（d）$Fe_3C/Fe_3O_4@C$ 的充放电曲线

图 5.4.4　$Fe_3O_4@C$ 和 $Fe_3C/Fe_3O_4@C$ 前 10 次的循环伏安曲线和充放电曲线图

首次扫描曲线与随后 9 次循环曲线有着较大的区别。首次循环过程中的峰位与随后的循环中出现的峰位存在偏差，主要由于在首次负极扫描中金属纳米颗粒分散到 Li_2O 矩阵中以及 SEI 膜的形成。首次负极扫描中，两样品在 0.59V 和 0.85V 附近出现的还原峰对应 Fe_3O_4 到 Fe^0 的反应以及电极材料表面 SEI 膜的形成。与之相比，随后的放电过程中，还原峰出现在 0.80V 和 1.40V 附近。反之，正极扫描中两个氧化峰出现在 1.66V 和 1.97V 附近，对应 Fe^0 被氧化成 Fe^{2+} 和 Fe^{3+}。显然，第二周期后的峰值强度明显下降，表明活性材料发生一些不可逆反应以及 SEI 膜的形成。值得注意的是，$Fe_3C/Fe_3O_4@C$ 电极随后 9 次的循环伏安曲线的重叠性比 $Fe_3O_4@C$ 的更好，这说明混合 Fe_3C 可以改善 $Fe_3O_4@C$ 电极的可逆电化学反应。

　　图 5.4.4（b）和（d）对比两样品在 200mA/g 的电流密度下的充放电曲线。可以看出两样品的首次充放电电压平台与对应样品的 CVs 氧化还原峰位一一对应。同时 $Fe_3O_4@C$ 和 $Fe_3C/Fe_3O_4@C$ 电极的首次库仑效率分别为 67.2% 和 68.8%。图 5.4.4（b）和（d）给出了两样品第 1、2、5、10、50 和 70 次的充放电曲线，其中 $Fe_3O_4@C$ 电极的可逆放电比容量分别为 1349.1mAh/g、939.8mAh/g、927.8mAh/g、949.3mAh/g、832.4mAh/g 和 574.7mAh/g，$Fe_3C/Fe_3O_4@C$ 电极的可逆放电比容量分别为 1333.7mAh/g、934.1mAh/g、882.8mAh/g、863.1mAh/g、865.5mAh/g 和 808.5mAh/g。显然两电极循环 70 次后 $Fe_3C/Fe_3O_4@C$ 具有比 $Fe_3O_4@C$ 更高的放电比容量和更高的容量保存。该结果与 CV 测试的结果相一致。

　　图 5.4.5 给出了 $Fe_3O_4@C$ 和 $Fe_3C/Fe_3O_4@C$ 电极在不同电流密度下的循环性能，测试电压范围为 0.05～3.00V。图 5.4.5（a）为两电极在 200mA/g 电流密度下的循环性能，$Fe_3C/Fe_3O_4@C$ 电极在循环 70 次后的可逆比容量为 815.8mAh/g，然而，$Fe_3O_4@C$ 循环 40 次时的可逆比容量为 960.6mAh/g，但 40 次之后其可逆比容量开始快速衰减。正如预期所料，对比图 5.4.5（a），类似的循环性能和库仑效率也出现在图 5.4.5（b）中。图 5.4.5（b）为两电极先在 200mA/g 电流密度下活化 3 个循环后，在 600mA/g 电流密度下的循环 70 次，其中 $Fe_3C/Fe_3O_4@C$ 电极的可逆比容量依然稳定在 850mAh/g，并未出现衰减现象。说明 Fe_3C 可以有效改善 $Fe_3C/Fe_3O_4@C$ 电极的电化学性能。$Fe_3O_4@C$ 的库仑效率则只有将近 97.1%，要明显低于 $Fe_3C/Fe_3O_4@C$ 电极。由此可见，Fe_3C 催化剂可以有效地改善复合材料的循环库仑效率（其中 Fe_3C 催化贡献和碳球的容量贡献本节后面另作具体分析）。而除了比容量，循环过程中的库仑效率也是材料能否被运用于商业化锂离子电池电极材料的一个重要因素。

　　图 5.4.5 给出了复合材料电极在不同电流密度下均保持平稳的倍率性能。当电流密度小于 600mA/g 时，$Fe_3C/Fe_3O_4@C$ 电极的可逆比容量略低于 $Fe_3O_4@C$ 电极。但当电流密度大于 600mA/g 后，$Fe_3C/Fe_3O_4@C$ 电极表现出明显高于 $Fe_3O_4@C$ 电极的可逆比容量。在 1200mA/g 时，$Fe_3C/Fe_3O_4@C$ 复合材料的可逆比容量维持在 720mAh/g。上述结果说明，$Fe_3O_4@C$ 电极可通过添加 Fe_3C 催化剂来改善电池的电化学性能。同时，在电流从 200mA/g 逐渐增加到 1200mA/g 时，$Fe_3C/$

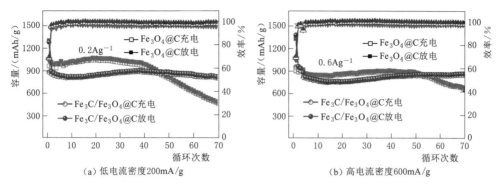

（a）低电流密度200mA/g　　　　（b）高电流密度600mA/g

图 5.4.5　Fe_3O_4@C 和 Fe_3C/Fe_3O_4@C 电极的循环性能图

Fe_3O_4@C 电极的可逆比容量并未产生较大的变化，只是从 840mAh/g 降为 710mAh/g，说明 Fe_3C/Fe_3O_4@C 复合材料在循环过程中具有良好的导电性，后面的 EIS 测试结果同样可以说明这一点。

　　Fe_3O_4@C 和 Fe_3C/Fe_3O_4@C 电极的倍率性能如图 5.4.6 所示。

　　2. Fe_3O_4 电极材料背景介绍

　　目前，Fe_3O_4 同其他过渡金属氧化物一样，主要通过材料纳米化、多孔化、表面包覆处理及复合改善电化学性能。

　　（1）纳米化。低维纳米金属氧化物负极材料包括：零维纳米颗粒、一维纳米棒、纳米线、纳米管等。纳米颗粒由于粒子直径小、比表面积大，可以降低锂离子的传输路径、减缓锂离子嵌入、

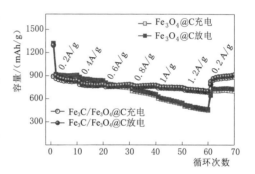

图 5.4.6　Fe_3O_4@C 和 Fe_3C/Fe_3O_4@C
电极的倍率性能

脱出过程中产生的体积效应，从而在一定程度上改善物质的循环性能和倍率性能。

　　（2）多孔化。由于孔结构具有大的比表面积，有利于增大比容量。同时颗粒之间孔隙可提高电解液进入纳米结构的深度，从而提高锂离子的扩散系数，有利于锂离子的插入/脱出。另外，多孔结构还可以缓解锂离子嵌入/脱出过程中体积效应产生的应力，从而提高其循环稳定性。因此设计、合成具有多孔结构纳米负极材料是提高锂离子电池性能的有效途径之一。

　　（3）表面包覆处理。对氧化物进行表面包覆处理，氧化物作为核，外表面包覆上一层薄的别的物质。此物质必须具有以下性质：①有一定的通道结构，可以使锂离子从电解液顺利传输到活性物质；②具有好的导电性，使电子能在电极中顺利传输，提高活性物质的倍率性能；③结构上具有一定弹性，可以适应锂离子在嵌入脱出金属氧化物中的体积变化。④与电解质溶液不进行反应，以保证电池的稳定性。一般来说，以金属氧化物为核，壳层主要有金属和炭材料两种。一方面它们具有优良的导电性，另外它们也是负极活性物质，可以产生比容量。碳本身作为一种电池负极材料，它具有好的导电性、在锂离子嵌入/脱出过程中体积变化小以及碳表面

形成的 SEI 膜非常稳定等优点，所以它可以作为对过渡金属氧化物表面包覆材料。

　　碳包覆金属氧化物复合材料作为锂离子电池的负极材料可以降低氧化物和电解液之间的副反应，便于形成稳定的固体电解质膜，并提高材料的导电性和缓解 M_xO_y 在锂离子的嵌入/脱嵌过程中引起的体积变化。目前，大多数的金属氧化物负极材料经过碳包覆后其电池的性能都有显著的提高。Zhang 等通过水热法和高温煅烧处理，利用碳层还原氧化铁纳米纺锤体，在 Fe_3O_4 表面包覆一层薄薄的碳层，便于在电极表面建立稳定的 SEI 膜，同时提高电极的电导。因此，合成的 $Fe_3O_4@C$ 复合材料具有循环稳定性好和可逆比容量高的优点。赵等制备的摇铃状 $Fe_3O_4@C$ 复合材料，作为电极材料同样展示出优异的倍率性能，在 5000mA/g 的大电流密度下，其可逆比容量仍高达 680mAh/g。其优异的电化学性能主要得益于复合材料独特的空间结构设计与保持。Luo 等通过水热合成 $SnO_2@C$ 复合材料，相比于纯的 SnO_2 纳米颗粒，其电化学循环性能有着明显的提高。Liu 等通过测试不同配比的 $SnO_2@C$ 复合材料，结果发现当碳含量为 25％时，复合材料可同时具有优异的循环稳定性和高可逆比容量。

参 考 文 献

[1]　Zou M，Wang L，Li J，et al. Enhanced Li – ion battery performances of yolk – shell $Fe_3O_4@$ C anodes with Fe_3C catalyst [J]. Electrochimica Acta，2017，233：85 – 91.

[2]　邹明忠. 碳基材料及纳米金属合金对改性锂离子电极材料电化学性能的作用及其机理研究 [D]. 福州：福建师范大学，2017.

[3]　Zhao Y，Li J，Wu C，et al. A Yolk – Shell $Fe_3O_4@C$ Composite as an Anode Material for High – Rate Lithium Batteries [J]. ChemPlusChem，2012，77：748 – 751.

[4]　徐飞. 锂离子电池四氧化三铁负极材料的改性与研究 [D]. 成都：电子科技大学，2020.

[5]　赵毅. 碳基纳米复合材料的设计、合成及其在锂离子电池中的应用 [D]. 北京：中国科学院大学，2013.

[6]　Zhao Y，Dong W，Nong S，et al. Assembling Iron Oxide Nanoparticles into Aggregates by Li_3PO_4：A Universal Strategy Inspired by Frogspawn for Robust Li – Storage [J]. ACS Nano，2022（16）：2968 – 2977.

实验 5.5　层状金属硫化钼复合负极材料的制备及电化学性能

一、实验目的

1. 掌握空心多面体 $MoS_2@C$ 复合材料的制备。
2. 掌握空心多面体 MoS_2 的合成机理。
3. 掌握锂离子电池的扣电组装技术及电化学测试方法。

二、实验原理

近年来，层状过渡金属硫化物因其独特的性能和较高的理论比容量而被认为是可替代石墨的理想材料，例如 FeS_2、SnS_2、CoS 和 MoS_2。层状 MoS_2 作为一种有代表性的材料，因其令人满意的比容量（>800mAh/g）和较低的成本得到了广泛的研究。不幸的是，由于在循环过程中固有的电离子导电性较低，体积膨胀较大，单纯的 MoS_2 电极循环性能较差，锂储存动力学缓慢，深度循环时容量衰减较快。为了改善上述缺点，人们付出了大量的努力，包括构建纳米 MoS_2 材料以及将 MoS_2 与导电聚合物或碳基体进行耦合。正如众多报道所指出的那样，碳涂层已被证明是改善 MoS_2 负极材料电化学性能的一种有效方法，它不仅可以显著提高导电性能，而且可以释放由体积变化引起的结构应力。例如，Lu 等合成了自组装 C@MoS_2@PPy 三明治纳米管阵列结构，该复合材料用作负极时展示了超高的可逆比容量。Xiang 等报道了一种高稳定性的 MoS_2@graphene 复合物，同样显示出优秀的倍率性能。另一方面，在煅烧过程中，由于边缘效应，碳原子不可避免地扩散到 MoS_2 夹层中，掺杂进 MoS_2 晶格当中，这些因素最终会影响相邻二硫化钼层间的范德华键合、电子结构、锂离子扩散动力学、电子转移和复合材料的结构稳定性。因此，具有良好导电性的 MoS_2 基负极，结合足够稳定的层状结构，可以提高其电导率/离子电导，克服明显的结构塌陷，提高 LIB 性能。然而，关键是如何开发一种有效的方法来优化制备条件，最终获得高性能的 MoS_2 基负极材料。

本实验在自牺牲模板法的基础上，利用溶剂热技术，合理的设计并成功制备了空心多面体 $MoS_2@C$（HP–$MoS_2@C$）。热解碳的引入可以改善 MoS_2 的电导率，克服其层状结构的坍塌，特别是在高电流密度下，使其具有优异的 LIB 性能。将 HP–$MoS_2@C$ 作为锂离子电池的负极，在 500mA/g 电流密度下，可逆容量可达 1074.8mAh/g。通过 XRD 和 KPFM 等手段，揭示了碳改性对电化学性能的增强机理。

三、实验原材料、试剂及仪器设备

本实验所涉及的主要化学试剂有：氟化钠、三氧化钼、硫氰酸钾、去离子水、无水乙醇、聚偏氟乙烯、N-甲基吡咯烷酮、乙炔黑 Super–P、铜箔、金属锂片、

Celgard2300 型隔膜、电解液。

本实验所使用的主要材料制备仪器有：电子天平、电热恒温鼓风干燥箱、真空干燥箱、台式高速冷冻离心机、磁力搅拌器、手套箱。

本实验所使用的材料表征仪器有：电化学工作站、充放电测试仪、场发射扫描电子显微镜、透射电子显微镜、X 射线衍射、X 射线光电子能谱仪、综合热分析仪。

5-6 层状
金属硫化钼
复合负极材
料的制备及
电化学性能

四、实验步骤

1. 空心多面体 MoS_2 的制备

将 10mL 的无水乙醇溶解在 30mL 去离子水中，搅拌后加入 0.018mol NaF、0.003mol MoO_3 和 0.012mol KSCN，持续搅拌 2h，然后将上述悬浊液转移到 50mL 的不锈钢高压釜内，置于鼓风干燥箱 220℃保持 24h，冷却后，将所得黑色的沉淀用去离子水和无水酒精清洗若干次。将清洗好的样品放在 60℃的鼓风干燥箱中干燥 6h 得前驱体。最后，将前驱体放在通有 Ar 保护气的管式炉中 500℃退火 2h 获得最后的 HP-MoS_2 产品。

2. HP-MoS_2@C 的合成

以 D-葡萄糖为碳源，其他工艺制备与 HP-MoS_2 一致。基于自牺牲模板成功制备了空心多面体囚笼结构，在制备过程当中，中间相 $K_2NaMoO_3F_3$ 晶体作为自牺牲模板。为了系统分析分级中空多面体二硫化钼笼的形成机理，分别在 220℃下反应 4h、8h 和 16h，将得到的前驱体晶体进行 SEM 观察。

3. 纽扣电池的制作

（1）打浆。称取 20mg 的聚偏氟乙烯（PVDF）和一定量的 N-甲基吡咯烷酮（NMP）至研钵中研磨至完全溶解。再加入 10mg 的乙炔黑（SP）至研钵中继续研磨至 SP 完全溶解。最后加入 70mg 的 HP-MoS_2@C 材料研磨 0.5~1h 并观察浆料的黏度。

（2）涂布。将研磨充分的浆料均匀涂覆在铜箔上，并控制面密度为（1.5±0.2）mg/cm^2，然后将涂覆好的铜箔转移至真空干燥箱中真空 80℃，干燥 12h。

（3）极片剪裁。使用直径 12.5mm 的裁刀裁剪出直径 12.5mm 的负极片，将裁剪好的负极片置于真空干燥箱中真空 120℃，干燥 2h。随后自然降温至室温，取出负极片进行称重并减去铜箔的质量记录实际物质负载量。将称好的极片再次转移真空干燥箱中 120℃处理 6h，随后自然降温至室温，取出置于手套箱中备用。

（4）电池组装。按顺序依次放上负极壳、锂片、隔膜、电解液、HP-MoS_2@C 电极片、薄膜镍、正极盖，最后用封装机进行封装。组装中应该注意锂片光滑的一面和铜箔涂有活性物质的一面面对隔膜，需注意避免造成短路，

五、材料表征及性能测试

1. 材料表征

采用的 X 射线衍射、扫描电子显微镜、透射电子显微镜和 X 射线光电子能谱对

样品进行晶相结构及形貌特征的分析；同时利用电镜附带的 EDS 能谱仪对材料的成分进行分析。

2. 材料电化学性能测试

电池的循环性能、倍率性能及 GITT 由武汉 LAND CT‑2001A 测试系统测试所得。根据各电池极片上活性物质的实际负载量计算得出实际测试电流的大小，测试电压范围在 0.01～3V 之间，设置循环圈数并保存数据。使用 Origin 软件处理数据，以循环圈数为横坐标，充/放电比容量、库仑效率为纵坐标拟合长循环性能图。

电池的循环伏安曲线和电化学阻抗由 Arbin BT‑2000 和 Zahner Zennium 工作站测试所得，测试电压区间为 0.01～3V，设置所需的扫描速率并保存数据。使用 Origin 软件处理数据，以电压/实部电阻为横坐标，电流/虚部电阻为纵坐标拟合循环伏安曲线/电化学阻抗图。

六、习题

1. 简述层状结构 MoS_2 的储锂机制。

2. 简述 MoS_2 负极材料的优缺点。

3. 分析改善 MoS_2 负极材料电池性能的策略有哪些？

七、实验参考数据及资料扩展导读

1. 实验参考数据

从图 5.5.1（a）的 SEM 图片可以看出，HP‑MoS_2@C 负极材料是由颗粒为 0.5～1μm 的空心多面体组成，这与纯的 MoS_2 相一致。此外，与 HP‑MoS_2 相比，HP‑MoS_2@C 的表面比原始的表面粗糙很多，这可以归因于碳的引入。为了确定 HP‑MoS_2@C 复合材料中的碳分布，还进行了 EDS 能谱分析。如图 5.5.1（b）所示，Mo、S 和 C 元素均匀分布在 HP‑MoS_2@C 复合材料的整个区域内，表明复合材料中碳的分布是均匀的。图 5.5.1（c）左侧 TEM 图和插图进一步证明了碳层是均匀包覆在空心多面体 MoS_2 表面。碳包覆层不仅能显著促进复合材料中的电子传递，而且能有效缓解循环后的体积膨胀。为了进一步研究 HP‑MoS_2@C 中 MoS_2 的微结构，图 5.5.1（c）右侧给出了 HRTEM 图。从图中可以明显地看出：HP‑MoS_2@C 的层间距为 0.65nm，明显大于纯相 MoS_2［图 5.5.1（d）0.62nm］。为了检测 HP‑MoS_2@C 的化学成分和价态，图 5.5.1（e）给出了复合材料的 X‑射线光电子能谱。图 5.5.1（e）左侧为 Mo 元素的 XPS 图谱，位于 232.9eV 和 229.7eV 附近的特征峰属于 MoS_2 晶体中 Mo^{4+} 的 Mo $3d_{3/2}$ 和 Mo $3d_{5/2}$ 轨道，而位于 226.8eV 的特征峰对应于 S 的 2s 轨道。图 5.5.1（e）中间为 S 2p XPS 图谱，163.7eV 和 162.5eV 的结合能分别对应于二价硫化物的 $2p_{1/2}$ 和 S $2p_{3/2}$ 轨道。图 5.5.1（e）右侧所示的 C 1s 峰可以很好地拟合成三个子峰，分别为 284.6eV、286.3eV 和 288.6eV，分别对应于 C—C、C—O 和 C—S 键的轨道。化学键（C—S 键）的出现可归结于碳插入到 MoS_2 中间层和掺杂到 MoS_2 晶格当中，为 MoS_2 与非晶态碳之间的电子转移提供了良好的途径。

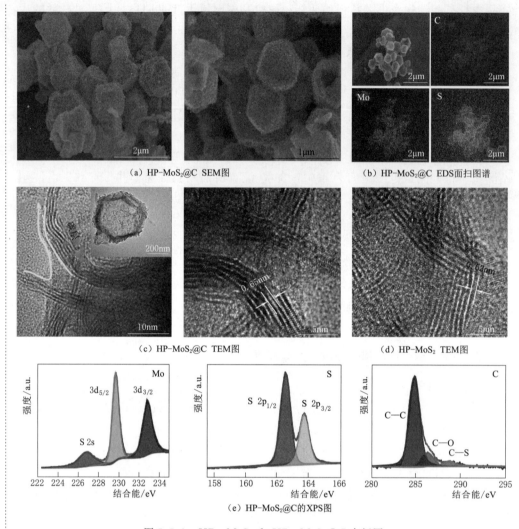

（a）HP-MoS₂@C SEM图　　　　　　（b）HP-MoS₂@C EDS面扫图谱

（c）HP-MoS₂@C TEM图　　　　　　　（d）HP-MoS₂ TEM图

（e）HP-MoS₂@C的XPS图

图 5.5.1　HP-MoS₂ 和 HP-MoS₂@C 表征图

　　XRD 测试结果验证 HP-MoS₂@C 的 d（002）面的宽峰明显向较低的衍射角偏移［图 5.5.2 （a）］，这表明 MoS₂-MoS₂ 层的层间距扩大。根据 Scherrer 方程，HP-MoS₂@C 的 d（002）值为 0.65nm。这些结果证实了在溶剂热合成过程中引入碳会导致 MoS₂-MoS₂ 层间距增大，并与 TEM 结果相对应。图 5.5.2 （b）给出了 HP-MoS₂@C 的热重分析曲线，从图中可以得到复合材料中碳的含量大约为 22%。

　　采用扫描速率为 0.1mV/s 的 CV 测量方法，研究 HP-MoS₂@C 样品的锂离子动力学行为。图 5.5.3 （a）给出了 HP-MoS₂@C 的前三次循环伏安曲线。在第一次阴极扫描过程中，可以观察到在 1.0V 和 0.5V 左右的两个明显的还原峰。位于 1.0V 附近的还原峰对应于锂离子嵌入到层间形成中间相 Li$_x$MoS₂ 的过程，该过程伴随着 MoS₂ 由三棱柱状结构向八面体结构转变。在 0.5V 处的第二个还原峰对应于随后的转化反应，MoS₂ 转变为金属 Mo 单质和 Li₂S 的形成。在随后的氧化过程

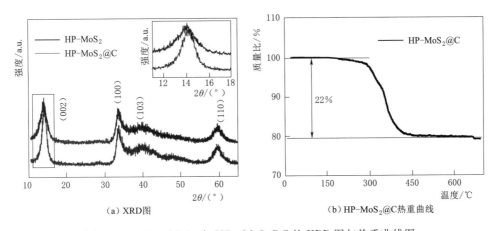

(a) XRD 图　　　　　　　　　　(b) HP-MoS₂@C 热重曲线

图 5.5.2　HP − MoS₂ 和 HP − MoS₂@C 的 XRD 图与热重曲线图

中，出现在 1.6V 左右的第一个氧化峰是由于缺陷位点的不均匀嵌锂导致金属 Mo 部分被氧化形成 MoS_2，另一个明显的峰在 2.2V，可以归因于 Li_2S 脱锂形成 S 单质。在接下来的两次扫描中，在 0.51V 处的还原峰急剧消失。同时，在 1.1V 和 1.9V 处观察到重新匹配的一对氧化还原峰，这可以归因于锂离子在 S 中的嵌入和脱出，类似于锂硫电池。因此，可以认为 MoS_2 在第一循环后的电化学机理主要由硫与硫化锂的可逆转化反应所主导。图 5.5.3（b）为 HP − MoS₂@C 电极在 500mA/g 电流密度下第 1、第 2 和第 50 次的充放电曲线。首次充放电容量分别为 1183.9mAh/g 和 893.4mAh/g，库仑效率为 71%，低的库仑效率是由于 SEI 膜的不可逆生长。

　　图 5.5.3（c）给出 HP − MoS₂ 和 HP − MoS₂@C 的倍率性能。与纯相的 HP − MoS₂ 相比，HP − MoS₂@C 电极具有更高的放电容量，特别是在大电流密度下。随着电流密度的增加，HP − MoS₂@C 电极的可逆放电容量远优于 HP − MoS₂ 电极的比容量。HP − MoS₂@C 倍率性能的提高，可归因于 MoS_2 层间距的增大，加快了锂离子嵌入/脱出的反应动力学。在此，我们对之前报道的不同形貌的 MoS_2 和本文 HP − MoS₂@C 的电化学性能进行了比较，如图 5.5.3（d）所示。可预期的是，HP −MoS₂@C 纳米复合材料具有良好的倍率性能，所以在快充锂离子电池中具有广阔的应用前景。

　　为了进一步阐明 HP − MoS₂@C 具有优越的电化学性能，图 5.5.3（e）给出了 HP − MoS₂ 和 HP − MoS₂@C 在 0.01～3.0V 电压区间内 500mA/g 电流密度时的循环性能。从图中看出 HP − MoS₂@C 具有较高的放电容量，并具有较好的循环稳定性。经过 100 次循环，HP − MoS₂@C 电极的可逆容量为 1074.8mAh/g。HP − MoS₂@C 循环性能的提高可能与以下原因有关：①碳修饰可以稳定活性材料的结构，有效抑制 MoS_2 的重新堆积；②中空的空间可以促进物质的运输和容纳体积的变化。图 5.5.3（d）为 HP − MoS₂ 和 HP − MoS₂@C 电极在 100kHz～10MHz 频率范围内的阻抗图。两种 EIS 曲线都由中频区域的压缩半圆和低频区域的直线组成。根据图 5.5.3（f）插图中的等效电路，HP − MoS₂ 和 HP − MoS₂@C 的电荷转移电

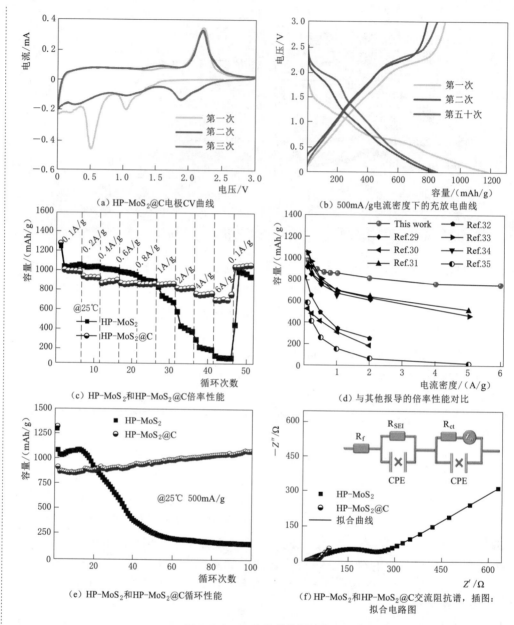

图 5.5.3　电化学性能测试图

阻（R_{ct}）分别为 296.9Ω 和 32.8Ω，表明了碳层的引入有效地降低了界面接触电阻。

综上所述，本实验采用溶剂热法，以 $K_2NaMoO_3F_3$ 中间相晶体为自牺牲模板，合理设计和制备了 HP‐MoS_2@C 分级结构。HP‐MoS_2@C 电极在倍率性能和循环稳定性方面表现出优异的性能。HP‐MoS_2@C 性能的提高主要是由于 MoS_2 分级结构以及与碳的协同作用。稳健的碳骨架可以减缓 MoS_2 的大体积膨胀，促进电子转移以及锂离子在异质结界面的迁移。

2. 资料扩展导读

过渡金属硫化物（M_xS_y，M＝Mo、W、Cu、Fe、Ni、Mn、Co 等）与同类氧化物相比，硫化物的比容量更高，这是因为硫元素的电负性比氧元素的更低，因此可提高其电化学性能。但本身的低电导率严重阻碍了电子/离子的快速传输，导致容量迅速下降；另外，在循环过程中体积的不断变化，阻碍了其在锂离子电池中的进一步发展和应用。虽然硫化物在锂离子电池上具有很高的比容量和优良的倍率能力，但是很难从单一材料上同时实现所有目标；因此，不同性质材料的复合正成为一个有趣的研究领域。

基于锂嵌入/脱出循环过程中的转化反应机理，由于体积变化较大，二硫化钼材料也遭受了容量衰退和速率不理想的困扰。可以通过各种碳材料与 MoS_2 进行复合来改善性能。Li 等通过热水法制备的 MoS_2@C 纳米复合材料，在 800℃氮气气氛下退火处理，MoS_2@C 纳米复合材料由二维纳米晶 MoS_2 和无定形碳组成。对于添加 1.0g D-葡萄糖制备的 MoS_2@C 纳米复合材料，初始可逆比容量为 1065mAh/g，经过 120 次循环后保持在 1011mAh/g。这是因为纳米复合材料中的无定形碳稳定了电极结构，并保持了活性材料的电连接。Lv 等采用 Cu_2O 硫化和 MoS_2 同步沉淀相结合的工艺路线，制备具有层次结构的空心的 CuS@MoS_2 微米立方体。3D 中空结构由二维纳米片组装而成，所得到的壳厚度为 20～30nm。这种中空框架对电化学循环过程中的机械应力缓解作出了很大的贡献，并且缓和了活性材料体积变化的效应。中空结构缩短了锂离子的扩散距离，有利于提高其性能。经测试，其在特定电流密度（500mA/g）下经过 200 次循环后的可逆比容量为 912mAh/g，并且在 500～4000mA/g 的电流密度范围内保持良好的倍率性能。

石墨烯层状材料 WS_2（433mAh/g）比商品石墨（372mAh/g）具有更高的理论比容量，然而，WS_2 的低电子电导率和相对脆性限制了应用于 LIBs。纳米结构的 WS_2 缩短了锂离子插入/脱离过程中电子和锂离子传输的途径，获得更好的导电性和快速的充/放电速率。Zhou 等通过简单的静电纺丝方法的扩展获得柔韧的 WS_2/碳纳米纤维（WS_2/CNFs）。这些纳米纤维电极在 100mA/g 下第一次循环放电、充电比容量分别为 941mAh/g、756mAh/g，并且在 1A/g 电流密度 100 次循环后保持 458mAh/g 的比容量。Lv 等通过将大孔聚苯乙烯珠粒浸渍在钨酸中与带负电荷的磺酸盐基团共价结合，并随后在硫蒸汽下进行碳化，得到均匀的约为 20%（质量分数）的 WS_2 纳米颗粒和聚苯乙烯衍生多孔碳（PDPC）复合材料（PDPC@WS_2）。与纯 PDPC 相比，化学气相合成均匀的 WS_2 纳米粒子的嵌入导致电化学性能的高度改善。在 1A/g 的高电流密度下，超过 1000 次循环后的电池效率仍达到 100%，1220 次循环后可逆比容量保持在 282mAh/g。将电流密度调至 2A/g，PDPC@WS_2 负极在经过 1000 次和 2000 次以上的循环后仍能保持 81% 和 70% 的令人满意的容量。

然而，其较差的循环稳定性和倍率性能阻碍了其在实际中的应用。过渡金属硫化物负极的基本挑战是活性粒子的体积变化大、电极粉碎、缓慢的电荷转移和不稳定的固体电解质界面。针对上述问题，不同纳米结构的设计方案（包括纳米粒子、中空/多孔结构和复合纳米结构）已经开发出来以面对过渡金属硫化物目前存在的挑战。近年来的研究表明，具有高孔或增大层间距的纳米结构对于提高过渡金属硫化物的电化学性能是非常有效的。以纳米碳基体构建复合电极，可以有效地提高过渡金属硫化物的循环稳定性和倍率性能。复合材料的电化学性能取决于所采用碳的结构、形貌、含量和电子/离子电导率等特性。因此，碳基体的优化对于过渡金属硫化物负极复合材料的发展至关重要。

虽然纳米结构的设计和制造在提高过渡金属硫化物的电化学性能方面取得了很大的成功，但还需要更多的研究工作来阐明它们之间的关系，并将其作为下一代电极设计的指导。科学家和工程师有大量的机会从事纳米结构材料的研究和开发，用于能量转换和存储。随着纳米技术的快速发展和工业界的日益重视，可以预期在不久的将来可以实现大规模、低成本制备具有良好电化学性能的纳米结构过渡金属硫化物。

参 考 文 献

［1］ 林志雅. 碳修饰半导体负极材料的储锂性能研究 ［D］. 福州：福建师范大学，2020.

［2］ 李宗峰，董桂霞，亢静锐，李雷，吕易楠. 过渡金属硫化物在锂离子电池中的研究进展 ［J］. 电源技术，2019，43 （6）：1042 – 1046.

［3］ Xu X D, Liu W, Kim Y, Cho J. Nanostructured transition metal sulfides for lithium ion batteries: Progress and challenges ［J］. Nano Today, 2014 (9): 604 – 630.

［4］ Veerasubrammani GK, Park M – S, Woo H – S, et al. Closely Coupled Binary Metal Sulfide Nanosheets Shielded Molybdenum Sulfide Nanorod Hierarchical Structure via Eco – Bemign Surface Exfoliation Strategy towards Efficient Lithium and Sodium – ion Batteries ［J］. Energy Storage Mater., 2021 (38): 344 – 353.

［5］ Guo X, Gao H, Wang G. A robust Transition – Metal Sulfide anode Material Enabled by Truss Structures ［J］. Chem, 2020 (6): 334 – 336.

实验 5.6　异质结 $Co_3O_4@TiO_2$ 复合负极材料的制备及电化学性能

一、实验目的

1. 理解 TiO_2 修饰对四氧化三钴负极性能提升的作用。
2. 掌握溶剂热制备 $Co_3O_4@TiO_2$ 复合材料的方法。
3. 理解异质结结构和纳米结构对电极的锂电池的提升的作用机理。

二、实验原理

目前，在锂离子电池中，过渡金属氧化物负极材料与现阶段商业石墨负极材料相比，具有高的比容量和化学稳定性而被认为是新一代高能量密度 LIBs 的负极材料候选。在众多的过渡金属氧化物中，Co_3O_4 由于其可逆的电化学反应（$Co_3O_4 + 8Li^+ + 8e^- \rightleftharpoons Co + 4Li_2O$）使其具有高达 890mAh/g 的理论比容量而被视为一种有前景的负极材料。但不幸的是，Co_3O_4 在充放电循环中表现出巨大的体积膨胀和缓慢的动力学反应，导致其微观结构容易坍塌或者粉碎。上述属性所导致的低的循环稳定性和差的倍率性能，使得其在实际应用受到了极大限制。

为了解决 Co_3O_4 实际应用过程存在的种种问题，许多策略被提出并被证实可以有效改善电化学性能。其中制备具有分级结构的 Co_3O_4 是提高其电化学性能的有效方法之一。分层结构不仅可以减轻应变，而且可以在锂嵌入和脱出过程中减缓体积膨胀带来的负面影响。Liu 等制备出一种 Co_3O_4/C 纳米片花簇，当电流密度为 100mA/g 时具有 1082mAh/g 的可逆比容量。Li 等报道的 Co_3O_4 纳米线在 200mA/g 的电流密度下可逆比容量可达 836mAh/g。此外在 Co_3O_4 表面涂覆一层钝化层可以防止 SEI 膜的重复形成和保护结构。TiO_2 作为负极材料时在锂离子嵌入和锂离子脱出过程中体积膨胀小于 4%，而且其价格低廉，循环稳定性优异。使用 TiO_2 涂覆层（充当界面阻挡层）可以抑制活性物质与电解质的负反应，而且在二者材料的界面处可形成异质结结构，增强电导传输，从而改善电化学性能。

在此，本实验采用低温水解法使 TiO_2 沉积在花环状 Co_3O_4 表面。这种类似三明治夹层异质结结构赋予了 $Co_3O_4@TiO_2$ 复合材料高的比容量，优异的倍率性能和良好的循环性能。

三、实验原材料、试剂及仪器设备

本实验所涉及的主要化学试剂有：六水合硝酸钴、甲醇、苯甲醇、钛酸丁酯、去离子水、无水乙醇、聚偏氟乙烯、炭黑、N-甲基吡咯烷酮、电解液、金属锂片。

本实验所使用的主要材料制备仪器有：电子天平、超声波振荡清洗器、高能球磨仪、多头磁力加热搅拌器、电热恒温鼓风干燥箱、真空干燥箱、循环水式多用真空泵、管式炉、蒸发沉积真空设备、手套箱等。

本实验所使用的材料表征和测试仪器有：电化学工作站、场发射扫描电子显微镜、透射电子显微镜、X 射线衍射、电化学工作站、蓝电电池测试仪。

四、实验步骤

1. 花环状 $Co_3O_4@TiO_2$ 的制备

称取 0.704g $Co(NO_3)_2 \cdot 6H_2O$ 彻底溶解在 40mL 的甲醇中，在搅拌的同时缓慢滴加 5.9mL 苯甲醇。持续搅拌 60min，然后将得到的混合溶液转移至体积为 100mL 的高压反应釜内，密封加热至 180℃并保温 36h，反应结束后冷却至室温，分别用去离子水和无水乙醇离心洗涤数次，将收集的沉淀物置于鼓风干燥箱中 100℃干燥 12h。最后将所得的前驱体放置在马弗炉中，在空气氛围下 450℃烧结 4h，即得花环状 Co_3O_4 粉末。

称取 0.1g 花环状 Co_3O_4 前驱体均匀分散在 40mL 的无水乙醇和 1mL 去离子水的混合溶液中形成混合液 A，并在 4℃下低温搅拌 30min，然后将 21.31μL 钛酸丁酯添加到 10mL 无水乙醇中形成混合液 B，将混合液 B 缓慢滴入混合液 A 中 4℃搅拌 20h 后，将所得混合液离心洗涤并在 70℃下干燥 12h，随后将其粉末置于马弗炉中，在空气氛围下 450℃烧结 4h 获得表面修饰 TiO_2 的花环状 Co_3O_4 粉末。图 5.6.1 是花环状 Co_3O_4 和 $Co_3O_4@TiO_2$ 复合材料的合成示意图。

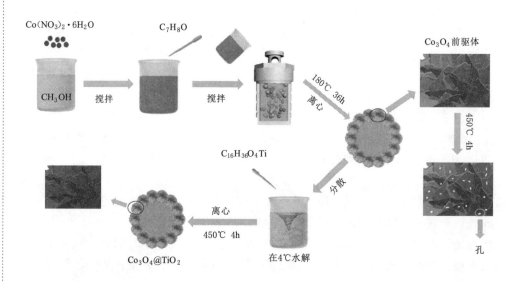

图 5.6.1　Co_3O_4 和 $Co_3O_4@TiO_2$ 粉末的制备过程示意图

2. 纽扣电池的制作

图 5.6.2 为以 $Co_3O_4@TiO_2$ 为负极的纽扣式锂离子电池工艺流程图，制备过程如下：

（1）打浆。称取 2mg 的聚偏氟乙烯（PVDF）和一定量的 N-甲基吡咯烷酮（NMP）至研钵中研磨至完全溶解。再加入 1mg 的乙炔黑（SP）至研钵中继续研磨至 SP 完全溶解。最后加入 14mg 的 $Co_3O_4@TiO_2$ 材料研磨 0.5～1h 并观察浆料的黏度。

（2）涂布。将研磨充分的浆料均匀涂覆在铜箔上，并控制面密度为 (1.3 ± 0.2) mg/cm^2，然后将涂覆好的铜箔转移至真空干燥箱中真空 80℃，干燥 12h。

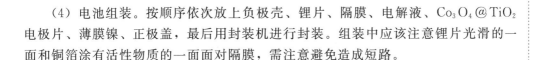

图 5.6.2　以 Co_3O_4@TiO_2 为负极材料的纽扣式锂离子电池制备工艺流程图

（3）极片剪裁。使用直径 10mm 的裁刀裁剪出直径 10mm 的负极片，将裁剪好的负极片置于真空干燥箱中真空 80℃干燥 2h。取出干燥后的负极片进行称重并减去铜箔的质量，记录实际物质负载量。

（4）电池组装。按顺序依次放上负极壳、锂片、隔膜、电解液、Co_3O_4@TiO_2 电极片、薄膜镍、正极盖，最后用封装机进行封装。组装中应该注意锂片光滑的一面和铜箔涂有活性物质的一面面对隔膜，需注意避免造成短路。

五、材料表征及性能测试

1. 材料表征及数据处理

采用 X 射线衍射仪对所得复合材料进行晶相结构的分析；采用扫描电子显微镜和透射电子显微镜观察样品的微观形貌；采用热重仪分析材料的组分质量比。

2. 电池性能测试

（1）半电池的循环性能采用蓝电电池测试系统（武汉 LAND CT－2001A 系统）进行测试，根据各电池极片上活性物质的实际负载量计算得出实际测试电流的大小。

（2）采用上海华辰 CHI660C 型电化学工作站进行循环伏安曲线的测试；电压范围设置为 $0.01\sim3.0V$，扫描速率为 $0.1mV/s$。

（3）交流阻抗图谱（EIS）采用上海华辰 CHI660C 型电化学工作站，频率范围为 $0.01Hz\sim100kHz$，振幅为 5mV。

六、习题

1. 简述四氧化三钴氧化物负极材料的储锂机制及优缺点。

2. 分析改善过渡金属氧化物负极材料电池性能的策略有哪些？

3. 分析促进异质结界面离子/电子转移的因素有哪些？

4. 金属氧化物负极材料的纳米结构对电池性能的提升有哪些优点？

七、实验参考数据及资料扩展导读

1. 实验参考数据及分析

从图 5.6.3Ⅰ中看出，Co_3O_4 粉末是由厚度为 50nm 的纳米薄片组成的花环状形貌，其中纳米片上存在许多微孔。这种三维分级多孔结构有助于从电解质扩散到活性位点，也有利于电子的传输并可以有效地缓解锂离子脱嵌过程中产生的体积膨胀。包覆 TiO_2 的 Co_3O_4@TiO_2 的形貌并没有发生改变。如图 5.6.3Ⅱ所示，Co_3O_4@TiO_2 的纳米片显示出更光滑和平整的表面形貌。从图 5.6.3Ⅲ中可以看出，多孔的 Co_3O_4 纳米片孔洞中填充着 TiO_2 的纳米颗粒，并聚集沉积在 Co_3O_4 纳米片上，TiO_2 的厚度大约为 25nm。这种夹心结构将有效抑制锂离子脱出/嵌入过程中产生的体积膨胀并因此增强其结构稳定性。由于花环状 Co_3O_4 中纳米片之间的孔隙中存在一定的空气，钛酸丁酯溶液因为其表面张力并不能完全彻底的渗透到孔隙中。因此，可以合理地推测 TiO_2 涂层的厚度是从 Co_3O_4 纳米片外部到 Co_3O_4 纳米花核逐渐变小的。

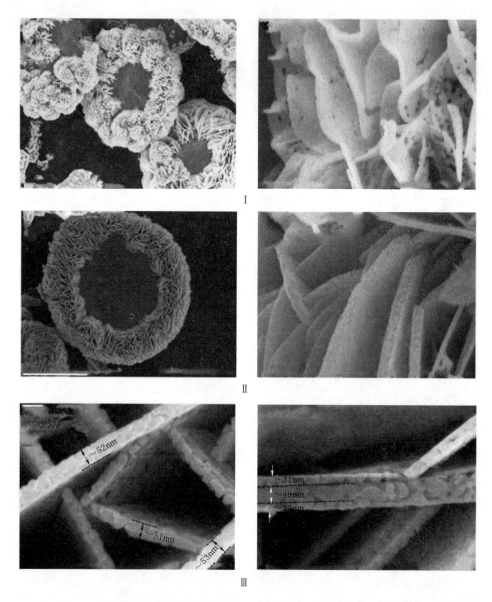

图 5.6.3　制备的 Co_3O_4 和 $Co_3O_4@TiO_2$ 粉末的 SEM 图

图 5.6.4 为 Co_3O_4 和 $Co_3O_4@TiO_2$ 粉末的氮气吸脱附曲线和孔径分布图。根据经典 Brunauer–Emmett–Teller 方程，Co_3O_4 和 $Co_3O_4@TiO_2$ 粉末的比表面积

分别为 $30.23\,m^2/g$ 和 $25.07\,m^2/g$。同时，根据 Barrett - Joyner - Halenda 模型得出 Co_3O_4 和 $Co_3O_4@TiO_2$ 粉末的孔径参数，发现 Co_3O_4 的孔径为 21nm，而 $Co_3O_4@TiO_2$ 的孔径较大为 ~30nm。由于 TiO_2 在 Co_3O_4 表面沉积致 2.3nm 微孔消失，导致 $Co_3O_4@TiO_2$ 比表面积减小和平均孔径增加；结果分析与 SEM 图像分析结果对应一致。

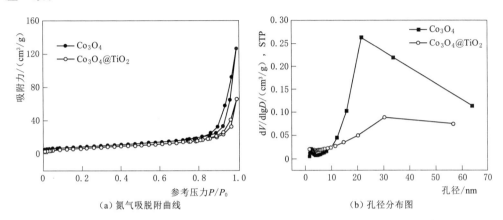

(a) 氮气吸脱附曲线   (b) 孔径分布图

图 5.6.4 Co_3O_4 和 $Co_3O_4@TiO_2$ 粉末氮气吸脱附曲线和孔径分布图

图 5.6.5（a）为 Co_3O_4 和 $Co_3O_4@TiO_2$ 复合材料的 X 射线衍射（XRD）图。所有的衍射峰都归为尖晶石结构的特征峰（JCPDS card No. 42 - 1467）。两种材料的 XRD 图并没有明显差别，这是因为复合材料中 TiO_2 的含量较少。图 5.6.5（b）显示了 Co_3O_4 和 $Co_3O_4@TiO_2$ 粉末的傅里叶红外光谱（FTIR），在两个样品中都观察到在 $550\,cm^{-1}$ 和 $660\,cm^{-1}$ 处的两个不同的振动峰，这与 Co—O 键的振动有关，进一步证实了 Co_3O_4 晶相的形成。此外，在 $760\,cm^{-1}$ 观测到属于锐钛矿 TiO_2 晶格的振动峰。如图 5.6.5（b）插图所示 Co_3O_4 和 $Co_3O_4@TiO_2$ 之间并没有峰移情况发生，进一步证实 Co_3O_4 和 TiO_2 之间并没有发生化学反应。通过电感耦合等离子 OES 光谱仪测出 $Co_3O_4@TiO_2$ 复合材料中 TiO_2 的质量百分比为 2.83%。

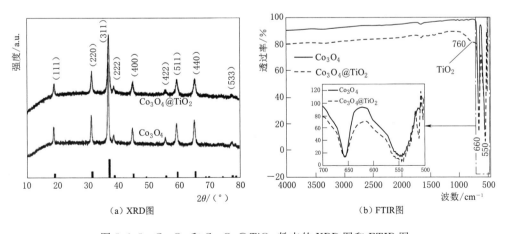

(a) XRD图   (b) FTIR图

图 5.6.5 Co_3O_4 和 $Co_3O_4@TiO_2$ 粉末的 XRD 图和 FTIR 图

图 5.6.6 是 $Co_3O_4@TiO_2$ 粉末通过高分辨率透射电子显微镜观测到的 HR-
TEM 图像。从图中可以清晰地看出晶格条纹，其中晶格间距为 0.467nm 的晶格对应于 Co_3O_4 的（111）面，而 0.352nm 的晶格间距对应于锐钛矿 TiO_2 的（101）面，从而显示清晰的异质结界面。

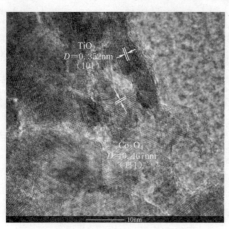

图 5.6.6 $Co_3O_4@TiO_2$ 粉末的
HR-TEM 图

为了进一步表征 $Co_3O_4@TiO_2$ 粉末的元素组成和价态测试了 X 射线电子能谱仪（XPS）。如图 5.6.7 显示了 Co_3O_4 @TiO_2 粉末的 Co 2p 谱，其中结合能为 780.0eV 和 795.1eV 的峰对应于 Co^{2+} 和 Co^{3+}。从 Ti 2p 谱中可以发现有结合能为 458.1eV 和 464.0eV 的峰，此处的峰对应于 Ti $2p_{3/2}$ 和 Ti $2p_{1/2}$，表明复合材料中 Ti 元素的主要价态为 Ti^{4+}；XPS 的结果与 FTIR 和 TEM 的测试结果相符。

图 5.6.8 是 Co_3O_4 和 $Co_3O_4@TiO_2$ 电极的倍率性能，测试结果发现 $Co_3O_4@TiO_2$ 电极的倍率性能比 Co_3O_4 电极更优越。当电流密度从 200mA/g 增加到 2000mA/g 时，$Co_3O_4@TiO_2$ 电极的可逆放电比容量分别为 1038.9mAh/g、1066.5mAh/g、1082mAh/g 和 1152.3mAh/g 大于 Co_3O_4 电极在相同情况下的可逆比容量。当电流密度回到 1000mA/g、500mA/g 和 200mA/g 时，$Co_3O_4@TiO_2$ 电极的可逆放电比容量也恢复到 1130.3mAh/g、1207.2mAh/g 和 1284.7mAh/g。$Co_3O_4@TiO_2$ 电极倍率性能改善是由于锐钛矿的 TiO_2 在锂离子的嵌入过程中由绝缘体向电子导体转变。在最初的 10 个循环中观察到放电比容量增加，特别是 $Co_3O_4@TiO_2$ 电极，这与激活过程中锂离子扩散动力学增强密切相关。

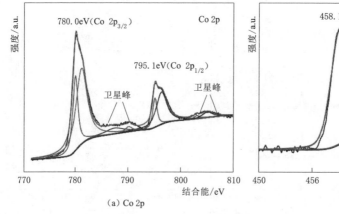
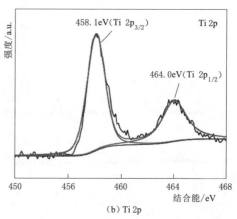

（a）Co 2p 　　　　　　　（b）Ti 2p

图 5.6.7 $Co_3O_4@TiO_2$ 粉末的 Co 2p 和 Ti 2p 的 XPS 能谱图

涂层的电学性能应该对复合材料的锂离子动力学行为起到关键作用。根据电子的费密能量定义的功函数反映了电子克服势垒并逸出材料表面所需的能量。使用开尔文探针原子力显微镜研究 TiO_2 涂层对复合材料的功函数影响。图 5.6.8（b）和（c）显示出循环前 Co_3O_4 和 $Co_3O_4@TiO_2$ 粉末在 $200nm \times 200nm$ 扫描范围的表面电势图。根据之前的工作计算了 Co_3O_4 和 $Co_3O_4@TiO_2$ 粉末的功函数，相应结果在图 5.6.8（d）中显示。由计算结果可知 $Co_3O_4@TiO_2$ 的功函数（~5.42eV）比 Co_3O_4 的功函数（~5.50eV）更小。$Co_3O_4@TiO_2$ 粉末的功函数降低可以用能带模型进行解释。较小的功函数表明电子从复合材料中逸出所需的能量较少，这表明 TiO_2 涂层可以有效提高复合材料的电化学性能。

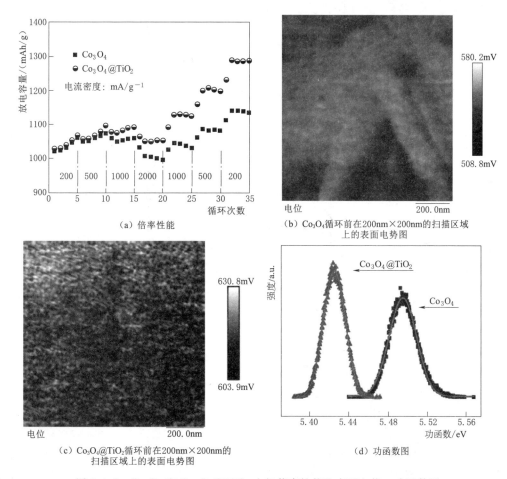

图 5.6.8 Co_3O_4 和 $Co_3O_4@TiO_2$ 电极倍率性能和表面电势、功函数图

图 5.6.9（a）显示了 Co_3O_4 和 $Co_3O_4@TiO_2$ 电极在 $500mA/g$ 的电流密度下的循环性能图。与 Co_3O_4 电极相比，涂覆 TiO_2 后，特别是在第 70 次循环后，容量损失得到了明显抑制。在 $500mA/g$ 电流密度下的首次放电克容量为 $983.9mAh/g$，循环 180 次后将至 $512mAh/g$（仅为首次容量的 52%）。而 $Co_3O_4@TiO_2$ 电极在循环 180 次后容量保持率为 85%。这是由于 TiO_2 涂层可以提高复合材料的结构稳定性。图 5.6.9（b）和（c）显示了 Co_3O_4 和 $Co_3O_4@TiO_2$ 电极的前五次循环伏安曲

线，扫描速率为 0.2mV/s，截止电压为 0.01～3V（vs. Li/Li$^+$）。在首圈 CV 中，观测到大约在 0.75V 处有一个较强的还原峰，其对应于初始 Co$_3$O$_4$ 还原为 Co 和固体电解质界面（SEI）膜的形成。同样在首圈 CV 中还可以看出在 2.09V 处还存在一个氧化峰，该峰对应于 Co 氧化为 Co 的氧化物（Co＋Li$_2$O $\longrightarrow$ CoO$_X$＋Li$^+$＋8e$^-$）。很明显，从第二个循环开始，Co$_3$O$_4$@TiO$_2$ 电极的 CV 曲线重合度比 Co$_3$O$_4$ 电极的高，表明 TiO$_2$ 涂层有助于提高锂离子嵌入/脱出的可逆性和稳定性。

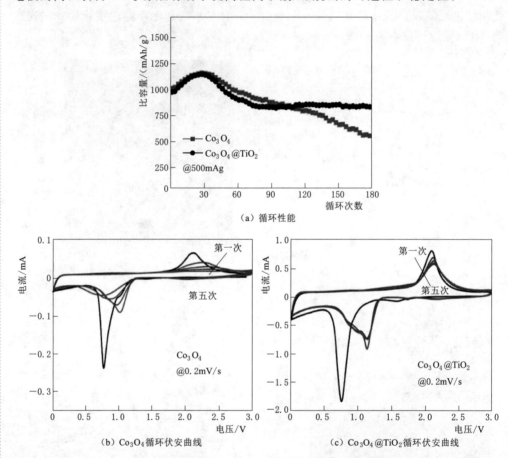

（a）循环性能

（b）Co$_3$O$_4$循环伏安曲线　　　（c）Co$_3$O$_4$@TiO$_2$循环伏安曲线

图 5.6.9　Co$_3$O$_4$ 和 Co$_3$O$_4$@TiO$_2$ 电极的循环性能及循环伏安曲线图

为了研究 TiO$_2$ 涂层对复合材料的电荷转移动力学的影响，对 Co$_3$O$_4$ 和 Co$_3$O$_4$@TiO$_2$ 电极在嵌锂状态下进行电化学交流阻抗测试。如图 5.6.10（a）所示两个 EIS 图都是由高频区的半圆和低频区的斜线组成，所得结果与拟合的等效电路图结果对应，其中 R_s、R_{sf}、R_{ct} 和 R_w 分别为溶液电阻，固态电解质界面（SEI）膜电阻、电荷转移电阻和韦伯阻抗。基于等效电路计算出 Co$_3$O$_4$ 和 Co$_3$O$_4$@TiO$_2$ 电极的 R_{ct} 值分别为 134.7Ω 和 90.6Ω，明显地看出 TiO$_2$ 涂层可以有效抑制电阻反应层的形成。此外，图 5.6.10（b）显示低频区域的 Z_{re} vs. $\omega^{-1/2}$ 曲线，低斜率表示电极材料具有更好的锂离子动力学，这也体现出 TiO$_2$ 涂层改善了锂离子动力学。图 5.6.10（c）显示了充放电 30 次后的 Co$_3$O$_4$ 和 Co$_3$O$_4$@TiO$_2$ 电极的 SEM 形貌图，从图中可以看出，在充放电时由于金属与金属氧化物转变的过程中出现反复的体积变化导致 Co_3O_4 粉末的结构劣化（粉碎或团聚现象）比 $Co_3O_4@TiO_2$ 更严重。活性材料团聚将会降低其与电解质之间接触的面积，并增加复合材料中锂离子扩散的距离，导致锂离子动力学变差。

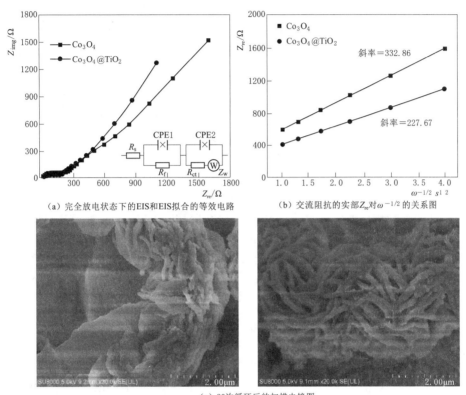

（a）完全放电状态下的EIS和EIS拟合的等效电路

（b）交流阻抗的实部 Z_{re} 对 $\omega^{-1/2}$ 的关系图

（c）30次循环后的扫描电镜图

图 5.6.10　Co_3O_4 和 $Co_3O_4@TiO_2$ 电极动力学性能测试及扫描电镜图

2. 资料扩展导读

过渡金属氧化物作为负极材料使用过程中还存在一些不可避免的缺点：①锂离子嵌入/脱出过程中，TMOs 负极材料会发生剧烈的体积膨胀，导致其粉化脱落，并且不断地形成 SEI 膜，浪费电池中的 Li，从而造成电池容量迅速衰减，稳定性快速下降；②TMOs 导电性不高，无法满足一些大功率锂离子电池的应用要求。

因此，研究人员针对上述缺点，采取各种各样的方法改善其电化学性能。异质结构作为复合材料的研究热点备受关注。异质结构材料晶界中活性位点和缺陷使其具有多重氧化还原活性、优越的离子电导率和较短的扩散路径优点。此外，掺杂是通过精细调整掺杂电极材料中主体和客体的最高占据分子轨道（HOMO）和最低占据分子轨道（LUMO）能级来提高导电性差材料的电化学性能的基本方法，可实现理想的高功率密度，快速充/放电过程，提高使用寿命。因此，需要对掺杂和纳米异质结构电极材料进行充分的研究，以开发其高功率和储能应用。近年来，通过不同的化学路线，如简单的水热处理和高温煅烧工艺合成了不同类型的多元金属氧化物和核壳结构。异质结构晶界间的缺陷、空位和活性位点的产生会影响通过电极材料的离子在电解质中的电导率和扩散路径。异质结构由多个组分形成。异质结构电极的设计对于提高负极材料性能是有利的，因为每个组分的性能可以通过优异的电导率、快速的离子传输、循环稳定性和更好的电化学可逆性来改善的。

异质结构多金属氧化物具有多种晶体结构，过渡金属的多金属氧化物能够积累两种或多种金属氧化物的优越的电化学性能。采用水热法、微波辅助模板法、溶胶-凝胶法和电沉积法能够合成异质结构二元纳米金属氧化物。通过控制反应温度或反应时间，可以得到不同结构的异质金属氧化物。随着多金属氧化物电极形态的改变，其电化学性能也发生了明显的变化。如通过水热法在不同温度和时间下合成 $NiCo_2O_4$ 的。与单元金属氧化物相比，两种不同金属离子的协同优势作用提供更优越的电化学性能。此外，由于二元氧化物的异质结构的形成，使其电导率增强。$NiCo_2O_4$ 电荷存储能力的增强归因于碱性电解质中两个不同的活性位点引起的双氧化还原反应。虽然由于法拉第氧化还原电荷转移，金属氧化物的倍率性能相对较弱。但在异质结构多金属氧化物的生长过程中，由于缺陷的产生而产生了自由载流子。即使在高扫描速率或大电流密度下，缺陷诱导机制也有助于获得优异的电化学电荷存储性能。另一方面，缺陷诱导的自由载流子提高了电极材料的电导率。因此，电极-电解液界面的溶液电阻由于易导电而降低。低溶液电阻同样有助于提高异质结构多金属氧化物的电荷存储能力。三元金属氧化物纳米材料因其具有较高的比表面积和多重氧化还原活性，表现出良好的电化学性能。目前制备三元金属氧化物异质结构方法通常有：溶胶-凝胶法、微波法、电沉积法、水热法等镍/钴基三元氧化物是最常用的异质结构电极材料。

通过构建异质结这种界面工程的方法对各种功能材料进行改性已在太阳能电池、二次电池、电催化剂和超级电容器等方面取得了成功的应用。异质界面处所产生的内建电场可以起到加速电荷分离和转移的作用，而这对于增强光载流子产生和/或提高表面反应动力学是必不可少的。并且已有的文献表明，界面工程可能有助于提高锂离子电池的转化反应动力学。因此，如何通过构造异质结构电极材料提高锂离子电池的电化学性能仍具有很大的开发前景。

参　考　文　献

[1] 刘国镇. 钴基氧化物负极材料的制备与改性 [D]. 福州：福建师范大学，2019.

[2] Liu G Z, Yuan X G, Yang Y M, et al. Three - dimensional hierarchical wreath - like Co_3O_4 @TiO₂ as an anode for lithium - ion batteries [J]. Journal of Alloys and Compounds, 2019, 780: 948 - 958.

[3] Zhu J, Tu W, Pan H, et al. Self - Templating Synthesis of Hollow Co_3O_4 Nanoparticles Embedded in N, S - Dual - Doped Reduced Graphene Oxide for Lithium Ion Batteries [J]. ACS Nano, 2020 (14): 5780 - 5787.

[4] Sun B, Lou S, Zheng W, et al. Synergistic engineering of defects and architecture in Co_3O_4 @C nanosheets toward Li/Na ion batteries with enhanced pseudocapacitances [J]. Nano Energy, 2020 (78).

第 6 章 叠片型软包 NCM‖石墨锂电池的工业化制备及电池综合性能检测

实验 6.1 正负电极的浆料配制

一、实验目的

1. 掌握配料中物料配比原理及其作用。
2. 掌握配料工序的基本操作流程和规范，基本参数的检测和调节方法。
3. 了解匀浆时长、温度、转数以及真空度对浆料性能的影响。

二、实验原理

浆料制备是锂离子电池生产的第一道工艺，混料工艺在锂离子电池的整个生产工艺中对产品的品质影响很大，其质量好坏直接决定了电池的品质和均一化程度。

配料是按照计量比将活性物质、黏结剂、导电剂以及添加剂通过机械搅拌，物理混合均一的过程。其中，配比计量的确定必须要综合考虑活性材料的导电性、导电剂的导电性、黏结剂的黏性以及电池的应用范围等各种因素，以确保获得导电性和黏结性良好的均一极片，最终保证电池性能的一致性。良好的性能一致性是电池产品必须具备的基础要素。其配料大致包括原料的预处理、掺和、浸湿、分散和絮凝五个过程。

浆料中胶体的分散程度、浆料的稳定性和分散性都会影响电池极片的质量。胶体分散程度不好，浆料的分散程度就不好，严重影响极片的涂布质量，导致极片表面不平整，增大电池内阻；浆料的稳定性不好，放置一段时间后性能就会大幅度地下降，进而影响到极片的涂布质量，甚至无法进行涂布操作。

锂离子电池的极片设计参数主要包括活性物质负载、孔隙率、厚度以及活性物质、黏合剂和导电添加剂之间的比例。电极配方非常多，比如石墨-LFP体系，就有 40 多种配方，活性材料的比例从 $60\%\sim95\%$，黏合剂的比例从 $2\%\sim25\%$，导电添加剂的比例从 $3\%\sim30\%$ 等。配料对电池性能的影响较大，具体效果和影响在工序完成后难以从宏观上直接观察，需要大量实践经验和实验结果才能找出最合适的配料比例。配料比例即活性物质、黏结剂、导电剂的比例，有时会加入少量的其他添加剂，当活性物质比例过高，极片容易掉粉，剥落，电池内阻大，容量发挥不完全，循环性能差；当黏结剂比例过高，容易导致电池内阻增大；导电剂过多则会导致电池容量低。

浆料搅拌工艺要达到的目的包括分散活性物质和导电剂颗粒团聚体；打开导电剂长链，进一步分散链状导电剂；形成最合适的活物质、导电剂和黏结剂彼此之间的排布方式；维持浆料最优悬浮结构和成分稳定性，防止沉降和团聚等成分偏析。搅拌速度过高、搅拌不均匀会导致局部活性物质、黏结剂和导电剂比例不一，造成成品电池性能不一致，搅拌需要达到理想的效果如图 6.1.1 所示。

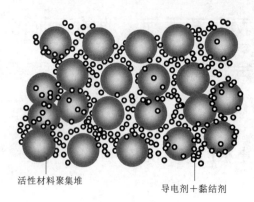

图 6.1.1　搅拌理想的效果图

影响浆料分散效果的因素很多，比如搅拌拐的搅拌速度、搅拌形式、搅拌拐与搅拌桶的间隙以及搅拌时间、搅拌温度对浆料的分散均匀都有影响。但在实际生产过程中控制的参数主要包括固含量、黏度、粒度等。

固含量：指浆料各组分中，活性物质、导电剂、黏结剂等固体物质在浆料整体质量中的占比，其中所指固体也包括溶解在溶剂中的黏结剂等添加物。

黏度：指量度流体黏滞性大小的物理量，指流体对流动所表现的阻力（mPa/s）

粒度：指浆料微粒大小，常用 D50、D97、比表面积等指标表示。

工业的电极拌料仪器结构如图 6.1.2 所示。

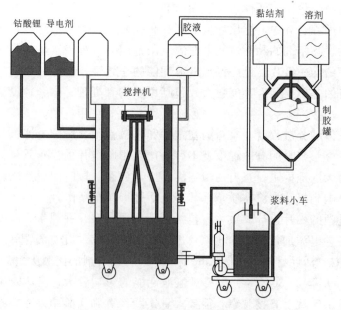

图 6.1.2　电极拌料仪器结构示意图

三、实验原材料、试剂及仪器设备

本实验所涉及的主要化学试剂有三元材料 NCM523、聚偏氟乙烯（PVDF）导电炭黑（Super-P）、N-甲基吡咯烷酮（NMP）、负极石墨（TB-17）、羧甲基纤维素钠（CMC）、丁苯橡胶（SBR）、去离子水。

本实验所使用的主要材料制备仪器有隔离式自动真空烤箱、真空搅拌机、低温冷却液循环泵、电子天平、筛网、旋转黏度计等。

四、实验内容与要求

6-1　正负电极材料的浆料配制

1. 配方要求

正负极配料工艺，见表 6.1.1 和表 6.1.2。

表 6.1.1　　　　　　　　正 极 配 料 工 艺

正极材料	黏结剂	导电剂	溶剂
LNMCO	PVDF	Super-P	NMP
95wt. %	2wt. %	3wt. %	33～38wt. %

表 6.1.2　　　　　　　　负 极 配 料 工 艺

负极材料	黏结剂	导电剂	增稠剂	溶剂
石墨	Super-P	C	SBR	H_2O
95wt. %	1.5wt. %	1.0wt. %	2.5wt. %	50～55wt. %

正极材料烘烤：LNMCO、PVDF、Super-P 放在烘箱里以 80℃真空烘烤。

负极材料烘烤：石墨、CMC、Super-P 放在真空烤箱里以 80℃烘烤。

2. 配料流程

（1）正极配料步骤包括以下几个方面：

1）按表 6.1.1 比例加入 NMP 和 PVDF，控制固含量 7%，自转和公转调 15Hz 预搅拌 15min，再自转和公转以 30Hz 的频率搅拌 90min，真空搅拌机实物如图 6.1.3 所示。

2）按比例加入 Super-P；自转和公转调 15Hz 的频率预搅拌 15min，再自转和公转以 30Hz 的频率搅拌 90min；

3）按计量比加入 NCM523 和剩余的 NMP，自转和公转调 15Hz 低速搅拌 15min，再自转和公转 30Hz 搅拌 60min。最后低速 15Hz 的频率搅拌，抽 10min 的真空。

4）测浆料固含量，取一部分浆料涂抹到箔材上，在一定温度下烘干至恒重，干燥后试样的质量与干燥前试样重量的比值即为浆料的固含量，以百分数表示，固含量：工艺设计值±1%。

5）用烧杯取一部分浆料，使用黏度计测量浆液黏度，黏度：正极（6000±1000)mPa/s；负极（3000±1000)mPa/s。

图 6.1.3　XFZH—02L 型真空搅拌机实物图

6）测量粒度，取部分浆料置入细度计刻度沟槽最深部位，即刻度值最大部位，以双手持刮刀，模置于刻度最大部位（在试样边缘处）使刮刀与刮板表面垂直接触。在 3s 内将刮刀由最大刻度部位向刻度最小部位拉过。立即（不得超过 5s）使视线与沟槽平面成 15°～30°角，对光观察沟槽中颗粒均匀显露处，并记下相应的刻度值。

7）将固含量达标的浆料用筛网过筛，正极选用 150 目，负极选用 50 目。黏度测量和过筛如图 6.1.4 所示。

图 6.1.4　浆料测黏度参数和过筛

（2）负极配料步骤包括以下几个方面：

1）按比例加入 CMC 和去离子水，控制固含量 1.5%，自转和公转调 15Hz 预搅拌 15min，再自转和公转以 30Hz 的频率搅拌 90min。

2）按计量比加入 SP，自转和公转调 15Hz 的频率搅拌 15min，再以 30Hz 的频率搅拌 90min。

3）按计量比加入负极 TB‑17；自转和公转调 15Hz 的频率搅拌 15min，再以 30Hz 的频率搅拌 120min。

4）按计量比加入 SBR 和剩余去离子水；以 30Hz 的频率搅拌 60min。

5）测量浆料固含量。

6）使用黏度计测量浆液黏度。

7）用细度计测量浆料的粒度。

8）将固含量达标的浆料用筛网过筛。

五、实验记录与数据处理

（1）正极制浆实验记录，见表 6.1.3。

表 6.1.3　　　　　　　　正 极 制 浆 实 验 记 录

参　　数	正　极　耗　材			
	NMP	PVDF	Super – P	NCM523
用料质量				
投料时间				
转数				
浆料温度				
固含量				
黏度				
细度				

（2）负极制浆实验记录，见表 6.1.4。

表 6.1.4　　　　　　　　负 极 制 浆 实 验 记 录

参　　数	负　极　耗　材			
	CMC	Super – P	石墨	SBR
用料质量				
投料时间				
转数				
浆料温度				
固含量				
黏度				
细度				

六、思考题

1. 制浆搅拌速度过高、过低对浆料分别有哪些影响？有哪些宏观表现？

2. 制浆搅拌时间过长、过短对浆料黏度和粒度分别有哪些影响？有哪些宏观表现？

3. 配料过程加料的先后顺序对性能有没有影响？为什么？

七、拓展导读

1. 搅拌速度的影响

搅拌速度过高导致浆料黏度偏低、粒度偏低等结果。搅拌速度越高，浆料分散速度越快，对材料结构的损伤增大。在制胶过程中，过高的分散速度产生的剪切力破坏了胶液的活性，导致胶液黏结性大大降低，宏观表现为电芯内阻偏大，循环容量衰减严重，拆解电芯发现极片出现涂料与箔材剥离现象，如图 6.1.5 所示。

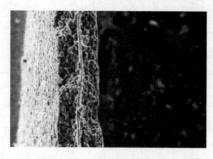

图 6.1.5　涂料与箔材剥离现象

搅拌速度过低会导致黏度偏高、粒度偏大等结果。配料过程中搅拌速度过低，活性物质与导电剂、黏结剂等无法完成均匀分散，产生团聚现象而无法通过筛网，如图 6.1.6 所示。过高黏度不利于浆料的流平效果，产生涂布的"树皮"条纹等现象。

筛网　　　　　　　　　　　浆料团聚，无法过筛

图 6.1.6　筛网和浆料团聚现象

2. 搅拌时长的影响

搅拌时间过长导致黏度偏低、固含偏低等现象。浆料经过长时间的搅拌后黏度开始下降，悬浮在其中的固体（包括粉体）就会开始分层，重量较重者在下层，而重量较轻者会浮在上层，比如浆料中的炭黑导电剂就会浮在表层。黏度越低，沉降越明显。过低的黏度（比如 1500mPa/s）的水性浆料在涂布后还会发生因为各粉体的表面张力不同而导致溶液脱离疏水粉体的表面（比如石墨），处于较低张力位置的液体会积聚到张力较高的位置，这样就会形成涂层表面的凹陷（凹坑、俗称"火山坑"），如图 6.1.7 所示。

搅拌时间过短会导致黏度偏高、粒度偏大等现象。匀浆加入的活性材料粉末为大颗粒的团聚体，搅拌时间过短无法完成分散效果，如图 6.1.8 所示。尤其是比表面积大的材料，需要更长的搅拌时间才能将其充分地润湿。

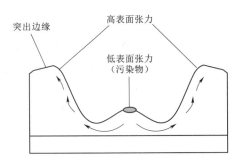

图 6.1.7　缩孔形成示意图

图 6.1.8　物料未充分分散

3. 导电剂的作用

在锂离子电池极片中，在活性物质的某一点发生锂脱出/嵌入反应时，极片内部涉及电子、锂离子传输过程。例如放电时，在正极侧活性物质颗粒表面某一点发生嵌锂反应，进入固相颗粒内部：锂离子从负极通过电解液传至正极，电子经外电路传至正极集流体，通过电极中的导电剂网络传输至电极表面，电子和锂离子在正极颗粒/电解液界面发生电荷交换，锂离子得到电子，嵌入正极材料。如图 6.1.9 所示，电化学反应发生必须满足：锂离子和电子都传输到达该点。因此，电子传输是极片中重要的步骤，电子传导特性直接决定电化学性能。导电剂在电极中的理想分布状态应该达到：①导电剂均匀分散，在活性物质颗粒表面形成导电薄层；②导电剂与活性物质颗粒表面紧密接触，使电子能够有效参与锂的脱出/嵌入反应；③导电剂之间相互连通导电，从集流体到每一个活性物质颗粒形成电子通路。导电剂在电极中的作用是提供电子传输的通道，导电剂含量适当能获得较高的放电容量和较好的循环性能，含量太低则电子导电通道少，不利于大电流充放电，会导致电极中活性物质利用率低；太高则降低了活性物质的相对含量，使电池比能量降低。

4. 如何评价锂离子电池浆料

评估浆料品质的检测项目一般从以下方面入手：

（1）固含量。固含量是指浆料各组分中，活性物质、导电剂、黏结剂等固体物质在浆料整体质量中

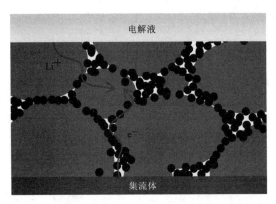

图 6.1.9　正极极片内锂离子和电子传输示意图

的占比，其中所指固体也包括溶解在溶剂中的黏结剂等添加物。简单测量方法：取少许浆料，质量 W，在容器内涂抹成薄膜，一定温度下烘干溶剂，再称量质量 w，则固含量 $N=w/W$。

（2）密度。密度是指某一特定压力和温度下单位体积内物质的重量，电池浆料的密度在很大程度上取决于所用活性物质的密度，添加剂和溶剂的密度，以及配方中各组分的体积浓度有关，一般可以采用比重杯测量。

（3）黏度/流变曲线。黏度是流体内部阻碍其流动的程度大小，其定义公式为：黏度＝剪切应力/剪切速率。

（4）细度（粒度）。锂离子电池浆料涂布时活性物质和导电剂及其他固态成分应该以微小的颗粒均匀分散在溶剂中，在形成的涂膜中不能有颗粒状物体显现出来。工业中常用细度这一指标来检测浆料中颗粒材料的分散程度。颗粒细，分散程度好的浆料，其固体颗粒能很好地被润湿，所制备涂层均匀、表面平整、不会出现竖直划痕，而且在储存过程中颗粒不易发生沉淀、结块等现象，储存稳定性好。而如果浆料中存在大团聚体颗粒，一方面表明导电剂等添加物分布不均匀，所制备的涂层均匀性不好，必然电池一致性差；另一方面在涂布过程中，大颗粒聚集在涂布刀辊狭缝或者挤压涂布模头出料狭缝，所制备涂层会出现竖条道缺陷。

（5）阻抗。在锂离子电池领域，常常采用四探针膜阻抗测试法测试浆料膜阻抗，通过电阻率定量分析浆料中导电剂的分布状态，从而判断浆料分散效果的好坏。其测试过程为：用涂膜器将浆料均匀涂覆在绝缘膜上，然后将其加热干燥，干燥之后测量涂层的厚度，裁切样品，尺寸满足无穷大要求（大于四倍探针间距），最后采用四探针测量电极膜阻抗，根据厚度计算电阻率。

（6）形貌和分布状态。扫描电镜可以直接观察浆料形貌，配合能谱分析各组分的分散程度，但是样品制备过程中，浆料干燥时可能本身会发生成分再分布，而冷冻电镜能够保持浆料原始的分布状态，近年来也开始应用于浆料性质分析。

（7）ZETA 电位。ZETA 电位（Zeta Potential）是指剪切面的电位，又叫电动电位或电动电势，是表征胶体分散系稳定性的重要指标，对颗粒之间相互排斥或吸引力强度的度量。分子或分散粒子越小，ZETA 电位的绝对值越高，体系越稳定，即溶解或分散可以抵抗聚集。反之，ZETA 电位越低，越倾向于凝结或凝聚，即吸引力超过了排斥力，分散被破坏而发生凝结或凝聚。

参 考 文 献

[1]　洪礼训. 三元正极材料的制备及全电池研究 [D]. 福州：福建师范大学，2019.

[2]　新能源电池网锂离子电池浆料 [OL]. http：//www.china－nengyuan.com/baike/5783.html.

实验 6.2　正负电极的涂布及烘干处理

一、实验目的

1. 掌握电极涂布工序的操作原理，熟悉操作要点。
2. 理解涂布工序对电池性能的影响机制和内在关联。
3. 了解涂布工序发生的异常情况及其处理方式。

二、实验原理

电极浆料涂布是继制备浆料完成后的下一道工序，此工序主要目的是将稳定性好、黏度好、流动性好的浆料均匀地涂覆在正、负极集流体上。

目前，锂离子电池极片涂布工艺主要有刮刀式、辊涂转移式和狭缝挤压式等。本实验重点介绍辊涂转移式。辊涂转移式是涂辊转动带动浆料，通过逗号刮刀间隙来调节浆料转移量，并利用背辊和涂辊的转动将浆料转移到基材上，工艺过程如图6.2.1 所示。辊涂转移涂布包含两个基本过程：①涂布辊转动带动浆料通过计量辊间隙，形成一定厚度的浆料层；②一定厚度的浆料层通过方向相对的涂辊与背辊转动转移浆料到箔材上形成涂层。

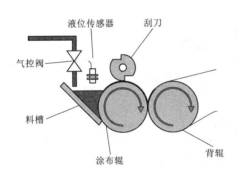

图 6.2.1　辊涂刮刀转移涂布工艺示意图和极片烘箱实物图

涂布过程如图6.2.2 所示，安放在放卷装置上的极片基材经自动纠偏后进入浮辊张力系统，调整放卷张力后进入涂布头，极片浆料按涂布系统的设定程序进行涂布。涂布后的湿极片进入烘箱由热风进行干燥。干燥后的极片经张力系统调整张力，同时控制收卷速度，使它与涂布速度同步。极片由纠偏系统自动纠偏使其保持在中心位置，由收卷装置进行收卷，实物如图6.2.3 所示。

极片涂布对锂离子电池的成品率和性能有极其重要的影响，主要体现在：①涂布过程中如果温度过高容易导致极片龟裂，温度低则极片不能完全干燥，都会造成电池局部极化不一致；②如果正极涂布面密度小，制成电池容量不能达到设计容量；如果正极涂布面密度大，极片涂布厚度大，极片压实密度也相应变大，且正极容量偏大容易形成锂枝晶刺穿隔膜，引起安全隐患；③涂布尺寸不规范可能导致锂

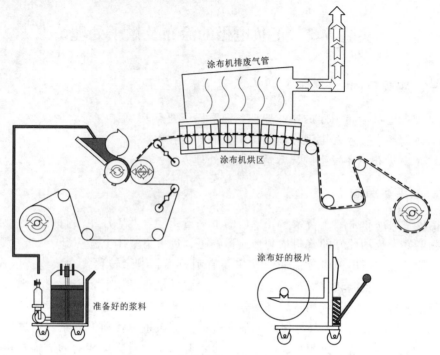

涂布机排废气管

涂布机烘区

涂布好的极片

准备好的浆料

图 6.2.2　极片涂布原理和涂布过程图

图 6.2.3　涂布机头上料、烘烤和机尾收料过程图

离子电池负极不能完全包住正极，充电过程中从正极脱出来的锂离子不能被负极接纳而游离在电解液中，电池正极容量不能充分发挥，并且由于锂的过量会形成锂枝晶，最终可能会刺穿隔膜，发生短路；④涂布厚度不均匀直接影响辊压过程中极片厚度均匀性；⑤第二面与第一面定位出现错位，可能造成负极不能完全包住正极的情况。保证涂布过程中极片厚度、质量的稳定性和一致性，对提高锂离子电池性能一致性具有重要作用。

影响涂布均匀性的因素有很多，浆料的黏度、烘箱的温度、涂布运行的速度、面密度的大小以及双面的对齐度等对涂布的均匀性都有影响。

三、实验原材料、试剂及仪器设备

本实验原料：已制备参数符合要求的正极、负极浆料。

本实验仪器：涂布机 NMP 回收系统、电子天平、数显千分尺、卷尺、大头针、刮刀、圆盘取样器。

四、实验内容及实验步骤

1. 实验内容

如图 6.2.4 所示，将正极和负极浆料过筛，然后分别均匀地涂布在铝箔（正极集流体）和铜箔（负极集流体）上，并留出未涂布区作为极耳区。正负极极片涂膜和留白的参数值如表 6.2.1 和表 6.2.2 所示。涂布后的极片进入涂布机烘箱烘烤，烘烤温度如表 6.2.3 和表 6.2.4 所示，以完全烘干为准。

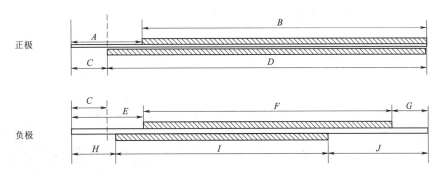

图 6.2.4　正负极极片的涂布工艺参数示意图

表 6.2.1　　　　　　　　　正负极极片涂膜和留白的参数值

A/mm	B/mm	C/mm	D/mm	E/mm	F/mm	G/mm	H/mm	I/mm	J/mm
34.7	279.6	6.2	308.1	40.7	300.8	25.6	12.2	261.5	93.3

表 6.2.2　　　　　　　　　正负极涂布的主要参数值

正极双面面密度/(g/m²)	铝箔面密度/(g/m²)	负极双面面密度/(g/m²)	铜箔面密度/(g/m²)
422.6	40.5	218.6	88.0

表 6.2.3　　　　　　　　　正极涂布烘箱设定

第一阶段温度/℃	第二阶段温度/℃	第三阶段温度/℃
80～100	90～110	80～110

表 6.2.4　　　　　　　　　负极涂布烘箱设定

第一阶段温度/℃	第二阶段温度/℃	第三阶段温度/℃
80～100	90～110	80～110

2. 实验步骤

（1）设备开机，包括开启涂布机、空气压缩机和 NMP 回收系统的电源；

（2）清洁设备，将待用的铝箔放入机头位置并进行接带操作，进行纠偏回中操作，然后进行逗号刀回零和背辊回零操作以及调节背辊和涂辊的平行度和松紧度；

按照正确的方法安装上料槽；

（3）开启"系统正转"自动走带：上述所有准备工作完成后，即可开启"系统正转"自动走带使待涂膜的箔材露出涂辊位置；

（4）开始单面首件检查，开始单面涂布前的参数设置；

（5）设置片路设定参数，其中包括：单面的涂膜长度、单面留白长度、双面留白长度、预设逗号刀高度、涂布运行速度、背辊参数等；

（6）将上述几个参数设置完成后，将匀浆后的浆料加入涂布机的上料槽中，点击"单面间涂"，开启"系统正转"，开启"涂布"进行单面首件检查（试涂2～3片极片）；

（7）烘干后称重得到面密度，实物如图6.2.5所示，若符合工艺要求，则可顺利通过首件检查环节，若面密度不符合要求（偏大或者偏小），重新输入计算修正后的逗号刀高度值，涂布调试面密度。涂布左右侧厚度检查和涂长、留白尺寸检查；

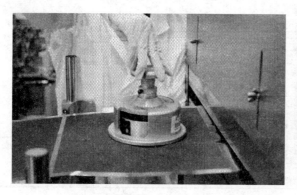

图 6.2.5　面密度检查图

（8）单面涂布：待首件检查合格后方可开始单面涂布；

（9）双面涂布：单面收卷完成后进行双面涂布，并重复步骤（2）～（3），首件合格后方可开始双面涂布；

（10）结束工作：将涂好的极片卷收起来，放至真空干燥箱以120℃进一步烘烤，并且清洗设备、关闭电源、气源和回收系统。

五、材料表征

实验参数记录如表6.2.5所示。

表6.2.5　　　　　　　　　　涂布实验参数记录

参数	浆料 固含量	浆料 黏度	逗号刀 参数	运行 速度	单面 面密度	双面 面密度	片路 设定	烘箱实际 温度
正极涂布								
负极涂布								

六、习题

1. 在电极制造过程中可能会产生哪些缺陷？

2. 这些缺陷对锂离子电池充放电循环的影响是什么样？

3. 缺陷是如何改变锂离子电池的库仑效率、倍率性能和循环寿命？

4. 分析带缺陷的极片性能受损，是否有相应的微观结构的变化？

5. 在一次实验中用圆盘取样器（面积 $100cm^2$）取样，测得负极极片的质量为 3.200g，已知所用铜箔面密度为 $88.0g/m^2$，试求本次实验极片的面密度。

七、实验参考数据及资料扩展导读

1. 涂布遇到常见异常

（1）涂布面密度偏大偏小。

• 问题：面密度偏小

原因：逗号刀高度值设置的太小。

影响：当正极的面密度太小时，正极活性材料的重量会偏小，会造成电池的实际容量比设计容量偏低。

解决办法：根据公式修正后的逗号刀高度值 $H_2 = M_2 H_1/(M_1 - m)$，其中，H_1 为参数设置中预设的逗号刀高度数值，圆形空箔的重量为"m"，用裁片刀在第二段极片中间区域裁切一个圆形极片（此定圆面积为 $100cm^2$），用精度为 0.0001g 的电子秤称量其重量，其重量记为"M_1"，设计脚本要求的单面面密度为"M_2"），将其更改到逗号刀的高度值一栏，并进行极片左右两边的测厚操作，检验涂膜左右的厚度是否符合标准（$\pm 2\mu m$ 误差范围内）。

• 问题：面密度偏大

原因：逗号刀高度值设置的太大。

影响：当正极的面密度过大时，正极活性材料的重量比设计要求的偏大，不仅会造成材料浪费，电池厚度过大，更严重的可能由于正负极面密度比例不当导致正极容量过量，造成充电时负极析锂现象（图 6.2.6），严重的话有可能因为锂的析出和枝晶生长导致刺穿隔膜发生短路，引起安全隐患。

图 6.2.6　负极析锂现象

解决办法：根据公式修正后的逗号刀高度值 $H_2 = MH_1/(M_1 - m)$，将其更改到逗号刀的高度值一栏，并进行极片左右两边的测厚操作，检验涂膜左右的厚度是否符合标准（±2μm 误差范围内）。

· 问题：气泡、花斑等问题——黏度太低

影响：黏度稍微偏低时，浆料在涂布过程容易不断产生气泡，微小的气泡在烘干后不会留下痕迹，而过大的气泡在破裂后会在原地形成圆形的痕迹，烘干后会出现"花斑"现象，如图 6.2.7 所示，严重的话会直接造成露箔，导致正极的活性材料不均匀分布。

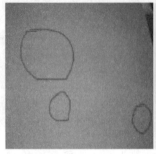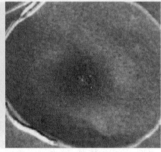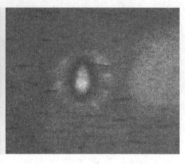

图 6.2.7　气泡、花斑现象

解决办法：将匀浆的设计固含量适当调大一点，并且匀浆完成结束后要进行真空除气操作，尽可能地将高速搅拌下产生的气泡除掉。

· 问题：厚边现象等——黏度太高

影响：浆料黏度太高时，浆料的流动性变得很差，首先会使涂布工序难以进行，且由于一般涂布耗时都比较长，浆料容易出现干浆等问题；同时，过高的黏度会加重涂布时产生的"厚边现象"，厚边现象对涂布工艺（会造成极卷鼓边现象，导致边缘极片的断裂）和后续电池的性能（极片头部或者尾部析锂问题，如图 6.2.8 所示）影响很大。

解决办法：浆料必须经过黏度计进行黏度测试，合格后方可涂布，若黏度偏高时，应在匀浆环节添加适当溶剂（NMP）以降低固含量来降低黏度。

（2）烘箱的温度和涂布运行速度设置不当的问题分析。

· 问题：极片未烘干，导致出现粘辊现象，如图 6.2.9 所示

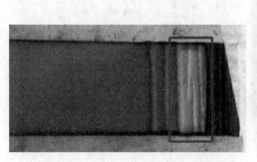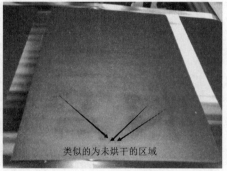

图 6.2.8　极片头部或者尾部析锂问题　　图 6.2.9　极片未烘干现象

原因：设置温度太低或者涂布运行速度太快时，导致 NMP 未完全烘干，从而出现局部区域未烘干。

影响：温度太低或者涂布运行速度太快时，难以除去浆料中的液体，使部分黏结剂溶解，造成活性物质脱落，同时由于极片未完全烘干，会导致极片收卷过程中材料黏附在涂布机的辊上（黏辊），黏辊位置的涂膜质量便会偏小，从而影响后续的极片制作工序以及会造成电池低容（即电池的容量减小）。

解决办法：重新设置合适的干燥温度和涂布运行速度。

- 问题：极"卷边""龟裂"和掉料现象，如图 6.2.10 所示

原因：干燥温度太高或者涂布运行速度太小，导致极片烘烤时间太久或者烘烤速度太快，随着烘烤温度的不断增加所引起的黏结剂不均匀分布的现象，导致极片表面黏结剂的含量逐渐上升，而涂膜和箔材界面的黏结剂不断减少，导致黏结能力下降，从而出现"卷边""龟裂"和掉料现象。

影响：当存在"卷边""龟裂"和掉料现象时，会影响极片的质量，对后续制

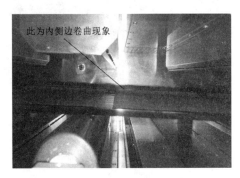

图 6.2.10　极片"卷边"现象

作过程造成影响（如辊压工序），尤其是掉粉现象会使活性物质从集流体上脱落而增大电池内阻，并造成电芯内部的微短路，导致电池容量的衰减严重、循环寿命变差以及电池存在安全隐患。

94℃干燥和 73℃干燥下的极片的截面 SEM 图和氟元素彩色分布图如图 6.2.11 所示。

解决办法：重新设置合适的干燥温度和涂布运行速度。

2. 极片表面常见缺陷

极片表面常见的缺陷包括以下方面：

（1）凸起包/团聚体，如果浆料搅拌不均匀或涂布供料速度不稳定时就会产生此类缺陷。黏合剂和碳黑导电剂的团聚体会导致活性成分含量低，极片重量轻。团聚体会降低库仑效率，而且高倍率下库仑效率下降幅度大。

（2）掉料/针孔，这些缺陷区域没有涂层，通常是由浆料中的气泡产生的。它们减少了活性物质的量，并使集流体暴露在电解液中，从而降低了电化学容量。

（3）金属异物，浆料或者设备、环境中引入的金属异物对锂离子电池的危害巨大。尺寸较大的金属颗粒直接刺穿隔膜，导致正负极之间短路，这是物理短路。另外，当金属异物混入正极后，充电之后正极电位升高，金属发生溶解，通过电解液扩散，然后再在负极表面析出，最终刺穿隔膜，形成短路，这是化学溶解短路。电池工厂现场最常见的金属异物有 Fe、Cu、Zn、Al 等。

（4）不均匀涂层，如浆料搅拌不充分，颗粒细度较大时容易出现条纹，导致涂层不均匀，这会影响电池容量的一致性，甚至出现完全没有涂层的条纹，对容量和

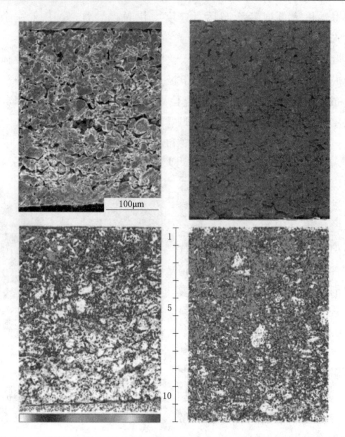

图 6.2.11　94℃干燥和 73℃干燥下的极片的截面 SEM 图和氟元素彩色分布图

安全性均有影响。

正极极片涂层中的团聚体降低电池的库仑效率。正极涂层的针孔降低库仑效率，导致差的倍率性能，特别是在高电流密度。非均匀涂层显示出较差的倍率性能。金属颗粒污染物可能会导致微短路，因此可能大大降低电池容量。

实验 6.3　正负电极极片的辊压

一、实验目的

1. 掌握锂离子软包全电池的辊压工序的操作原理，熟悉操作要点。
2. 理解辊压工序对电池性能的影响机制和内在关联。
3. 了解辊压工序发生的异常情况及其处理方式。

二、实验原理

辊压是锂离子电池极片最常用的压实工艺，相对于其他工艺过程，辊压对极片孔洞结构的改变巨大，而且也会影响导电剂的分布状态，从而影响电池的电化学性能。为了获得最优化的孔洞结构，充分认识和理解辊压工艺过程是十分重要的。

锂离子电池极片的辊压是钢辊与电池极片之间产生的摩擦力，把电池极片拉近旋转的钢辊之间，电池极片受压变形的过程。电池极片辊压的目的在于增加正负极材料的压实密度，合适的压实密度可以增大电池的放电容量、减小内阻、减小电池极化和改善电池循环寿命。一般安排在涂布工序之后，裁片工序之前，由对辊机完成。对辊机由两个铸钢压实辊以及电机和传动轴组成，工作时电机带动上下辊同时转动，利用钢辊与电池极片之间的摩擦力将涂布后的电池极片平稳带入两个钢辊之间的间隙并进行辊压，其原理如图 6.3.1 所示。

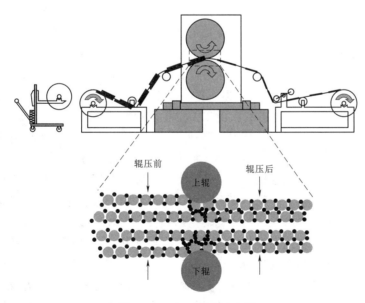

图 6.3.1　辊压原理示意图

电池极片的辊压过程从微观角度可以分为 5 个阶段：①"坍塌"期，从极片接触辊面开始,至极片内部的孔洞被填补完为止;②初步压缩期,坍塌结束后,微粒团间相互发生碰撞和挤压;③剧烈压缩期,极片内各微粒团继续向辊缝中心运动,直到辊缝最小处,微粒团相互剧烈挤压,发生形变甚至断裂,从而影响电芯的循环性能;④受控恢复期,从辊缝最小处开始,所受压力不断减小,极片发生一定程度的恢复;⑤自然恢复期,极片脱离辊面,在自身新弹性系数下进行恢复。

极片辊压的目的有以下几点:

(1) 保证极片表面光滑和平整,防止涂层表面的毛刺刺穿隔膜引发短路;

(2) 对极片涂层材料进行压实,降低极片的体积,以提高电池的能量密度;

(3) 使活性物质、导电剂颗粒接触更加紧密,提高电子导电率;

(4) 增强涂层材料与集流体的结合强度,减少电池极片在循环过程中掉粉情况的发生,提高电池的循环寿命和安全性能。

生产过程中要求辊压后的极片一致性越高越好,表现为表面平整、色泽一致、无暗斑、横向厚度、纵向厚度一致性高、厚度反弹小、褶皱少、无裂边等。影响极片辊压质量的因素分为内因(极片本身)和外因(辊压条件)两个方面。

影响极片辊压质量的内因之一是极片缺陷,极片缺陷主要指涂布带来的缺陷,涂布常会出现的缺陷有厚边、带料、漏箔、暗斑、异物、面密度一致性差等。辊压厚边极片时,由于边缘厚度高于中间极片厚度,边缘承受了较大的压力,极片会产生严重的翘曲,也就是常说的蛇形极片。蛇形极片所受张力分布不均匀,不利于分切、卷绕工艺的进行,从而影响良品率。带料和漏箔视极性和位置而定,负极漏箔要绝对避免,正极漏箔要有控制要求。暗斑和异物在经过辊压之后会彻底显现出来。面密度一致性差的极片在辊压后由于部分受力不均匀,多孔电极内部孔隙率也就不一致,影响到电解液的分布和充放电时的电流分布,对电池产品的内阻、容量一致性产生较大的影响。除了极片缺陷带来的影响外,影响辊压质量的另外一个因素是材料本身。正负极材料三元、钴酸锂、石墨、硅碳等都有各自的最大压实极限和力学性能,如果强行追求高能量密度,可能会对不同颗粒级配的原材料造成破坏,从而影响极片的压实一致性,所以要选择合理的轧制力。

影响极片辊压质量的外因是辊压条件,辊压条件的变化也会影响极片辊压质量,条件变化包括工艺参数变动及设备带来的变化。辊压工艺中重要的参数有轧制力、间隙、张力控制以及辊压速度。轧制力和间隙控制了极片的厚度,微观上反映了原材料颗粒之间的接触形貌,张力和辊压速度影响着极片的外观。设备本身也会对辊压的效果产生很大影响,例如轧辊变形程度、磨损程度、辊子长径比、设备稳定性等。这些因素的变化会改变轧辊与极片的接触状态,从而对极片的厚度一致性产生影响。辊压条件的影响较为复杂,凡是能影响轧辊挠曲变形及轧辊间接触状态的因素(如轧辊直径、辊面磨损等)和影响轧辊形位公差精度、张力及辊压温度的因素(如轧辊中心线是否一致、设备运行的稳定性、辊压速度等)都能影响极片厚度一致性。但在实际生产过程中控制的参数主要包括辊压的压力、辊压的均匀度等关键因素。

名词术语：

面密度：箔材表面单位面积敷料质量（g/cm²）。

压实密度：面密度与极片厚度的比值（g/cm³）。

能量密度：电芯单位体积/质量所发挥的能量（Wh/kg、Wh/cm³）。

三、实验原材料及仪器设备

（1）本实验材料：正负极极片的参数见表 6.3.1。

表 6.3.1　　　　　　　　　**正负极极片参数**　　　　　　　单位：g/m²

正极双面面密度	负极双面面密度	铜箔面密度
422.6	218.6	88.0

（2）本实验所使用的主要材料制备仪器有：对辊机（LDY400 - N45）、数显千分尺（0~25mm、0.001mm）

四、实验内容及要求

1. 实验内容

完成极片的辊压作业，辊压参数如表 6.3.2 所示。

表 6.3.2　　　　　　　　　**正负极极片辊压参数**

正极	压实密度/(g/cm³)	辊压/mm	负极	压实密度/(g/cm³)	辊压/mm
数值	3.40	0.139	数值	1.50	0.156
公差	±1		±0.003		

6-3　正负
电极极片
辊压

2. 实验步骤

（1）开机，选用单动模式，用无尘纸擦拭上下钢辊和机头机尾；

（2）将涂布后的电池极片（表 6.3.1）取出；

（3）安装箔卷：将电极卷穿入放卷轴中，同时在收卷侧传入一个空收卷芯，并将机头的箔材牵引至机尾进行接带，并设置好纠偏装置，开启自动纠偏；

（4）调整张力控制和纠偏设置，使极片收卷后松紧适当；

（5）根据表 6.3.2 的辊压工艺参数要求的辊压厚度，设置一定的压力、伺服和线速度，对极片进行试碾压处理，若碾压后的厚度不合格，应根据实际工艺要求对其进行调节，直至辊压厚度符合工艺标准，然后开启自动辊压，直至全部极片辊压完毕，并做好记录；

（6）作业完毕，清洁保养设备，清理仪器，摆放好物品后，关闭电源开关，有序离开操作间。

五、材料表征

实验过程数据记录见表 6.3.3。

表 6.3.3 　　　　　　　　　　　　　实 验 过 程 数 据 记 录

内　容	正 极 辊 压		负 极 辊 压	
压力设定值				
线速度				
伺服相对坐标	传动侧	操作侧	传动侧	操作侧
伺服绝对坐标	传动侧	操作侧	传动侧	操作侧
实测压实厚度				

六、习题

1. 假设某正极极片双面面密度为 $500.0\,g/m^2$，压实密度为 $3.50\,g/cm^3$，铝箔厚度为 $20\,\mu m$，忽略铝箔辊压过程的延展性影响，请计算压实厚度是多少？

2. 在实验过程中，辊压要注意控制的要点有哪些？

3. 简要分析辊机伺服、压力、辊压速度对辊压效果的影响？

七、实验参考数据及资料扩展导读

1. 辊压异常情况

(1) 辊压压力偏大。

造成的结果：极片厚度偏小、极片光亮。

原理：当辊压机钢辊受力过大时将产生挠曲变形。轧辊挠曲变形是指轧辊因受辊压力和辊压力矩而引起的变形，它是影响电池极片宽度方向厚度一致性的主要因素。轧辊的挠曲变形导致单位辊压力在极片变形区内的分布不均匀，进而引起极片沿宽度方向的压下量不一致。若不考虑极片在辊压后的反弹，可以认为极片的断面开关和工作辊辊缝的形状相同。一定范围内，轧辊挠曲变形越大，极片厚度一致性越差。

(2) 辊压压力偏小。

造成的结果：极片厚度偏大。

原理：过小的压力将无法达到使活性物质、导电剂颗粒接触更加紧密，提高电池的能量密度的目的，极片颗粒辊压时被压实，钢辊离开后出现反弹并恢复原状。极片厚度偏大时，粒子间距变大，虽然利于锂离子在电池内部的移动，但由于粒子间接触程度不够紧密，不利于电子进行导电，造成电池内阻的增加，在进行放电时，容易造成极化增加。

(3) 伺服参数过大。

造成的结果：极片厚度偏大。

原理：上下钢辊的间隙可能大于极片厚度，辊压时甚至接触不到极片。

(4) 伺服参数过小。

造成的结果：极片厚度偏小、极片光亮、极片边缘出现波浪状褶皱，实物如图6.3.2 所示。

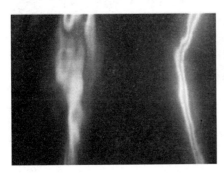

图 6.3.2　极片过度光亮和边缘褶皱现象

原理：极片表面材料因过度挤压而显得异常密实，造成电池充电过程中产生析锂现象（正极的锂离子无法嵌入负极活性材料中，沉积在负极表面形成锂枝晶，锂枝晶升长刺破隔膜造成安全隐患）。

极片压实密度过大时，活性物质粒子之间的接触程度太紧密，造成锂离子通道的减少或者堵塞，不利于容量的发挥，进行放电时，极片处内阻增加，电压压降增大，容量下降。极片过度挤压还会导致活性物质变质，造成锂离子无法正常脱嵌，形成死锂区，极片拆解时在负极相应位置出现"黑斑"，电芯容量降低如图 6.3.3 所示。

图 6.3.3　负极出现"黑斑"现象

（5）左右伺服参数不均。

造成的结果：极片左右厚度不同、厚度较小一侧极片出现条纹状褶皱。

原理：极片因受力不均产生变形。

伺服参数不同所产生的辊缝左右不齐，会导致极片的左右延展不一致，极片拉直成弧形、或者一边干脆形成大的波浪边，影响卷绕的对齐度，易产生螺旋或者黑头，如图 6.3.4 所示。

2. 电池极片轧制设备分类

电池极片轧制设备是从轧钢机械演变过来的，一般由机架部分、传动部分及电控部分组成。根据机械结构与辊压模式，常用的锂离子电池极片辊压机及其工艺特点有以下三种：

（1）手动螺旋加压式极片轧机。这种设备由减速电机驱动高硬度压辊旋转，采用斜块式辊缝调节装置机械调整压辊间隙，使极片受压成型，增加极片密度，主要

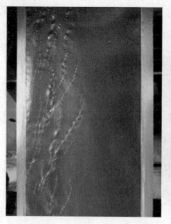

图 6.3.4　极片出现条纹状褶皱

用于轧制单片的电池极片，辊压示意如图 6.3.5 所示。这种设备主要应用于实验室，通过设定辊缝值使轧辊在极片上加载压力，没有额外的加压装置。因此，一般实际压力比较小，辊压极片压实密度受到限制，而且一般最大辊缝受机械装置限制，存在一个最大值，一般不能辊压太厚的极片。

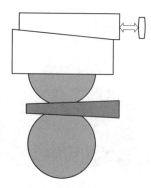

图 6.3.5　手动螺旋加压式极片轧机及调辊缝示意图

6-4　卷绕型软包电池极片的制作

　　（2）气液增压泵加压式极片轧机。这类轧机采用楔铁和丝杠离线调节辊缝，不能对轧辊间隙和轧制力进行实时在线调节，成本比较低，能够轧制对称涂布的电池极片，如图 6.3.6 所示。这种轧机的辊缝由可变厚度的中间斜楔调整，调隙原理：在轧辊两端的轴承座之间各有两块斜面相贴的调隙斜铁。通常固定其中一块较薄的称为静斜铁，移动另一块较厚的称为动斜铁，当两块斜铁在斜面方向上有相对位移时，组合出不同的厚度，进而有了不同辊缝。

　　（3）液压伺服加压式极片轧机。这类轧机是一种具有在线自动厚度调节技术的极片轧机，目前最先进的是全液压压下调节装置。液压伺服控制加压式极片轧机不再使用楔铁调节辊缝值，液压缸压力能够完全作用在电池极片上，为了能够实时控制作用在电池极片上压力和液压缸活塞位置，加压系统采用阀控缸的液压伺服控制系统。这种方式结构简单，灵敏度高，能够满足很严格的厚度精度要求，可实现恒压力、恒间隙轧制。

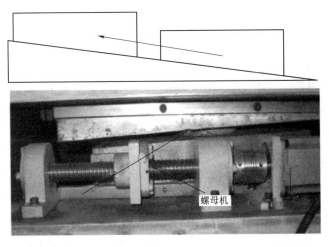

图 6.3.6　斜楔调隙示意图和缝隙部分步进电机机械结构图

参 考 文 献

[1]　国思茗，朱鹤. 锂电池极片辊压工艺变形分析 [J]. 精密成形工程，2017，9 (5)：225 –
229.

[2]　许战军. 轧机液压辊缝控制系统的原理及应用 [J]. 硅谷，2012 (21)：10 – 11.

实验 6.4　正负电极极片裁切及堆叠

一、实验目的

1. 掌握模切工艺的要求，熟悉操作要点。
2. 了解模切边缘质量对电池性能的影响机制及其改进措施。
3. 掌握叠片工艺的技术要求，熟悉堆叠操作要点。

二、实验原理

锂离子电池极片经过浆料涂敷、干燥和辊压之后，形成集流体及两面涂层的三层复合结构。然后根据电池设计结构和规格，我们需要再对极片进行裁切。一般地，对卷绕电池，极片根据设计宽度进行分条；叠片电池，极片相应裁切成片。目前，锂离子电池极片裁切工艺主要采用以下三种：①圆盘剪分切，②模具冲切，③激光切割。

（1）圆盘剪分切。圆盘分切刀主要有上、下圆盘刀，装在分切机的刀轴上，利用滚剪原理来分切厚度为 0.01～0.1mm 成卷的铝箔、铜箔、正负极极片等。

（2）模具冲切。模具冲切主要经过的过程如图 6.4.1 所示：锂离子电池极片的模切工艺又分为两种：①木板刀模冲切，锋利的刀刃安装在木板上，一定压力作用下将刀刃切开极片。这种工艺模具简单，成本低，但是冲切品质不易控制，目前逐步被淘汰。②五金模具冲切，利用冲头和下刀模极小的间隙对极片进行裁切。涂层颗粒通过黏结剂连接在一起，在冲切工艺过程中，在应力作用下涂层颗粒之间剥离，金属箔材发生塑形应变，达到断裂强度之后产生裂纹、裂纹扩展分离、金属箔材断裂分离的现象。

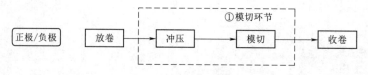

图 6.4.1　模切机原理图

（3）激光切割。激光切割是利用高功率密度激光束照射被切割的电池极片，使极片很快被加热至很高的温度，迅速熔化、汽化、烧蚀或达到燃点而形成孔洞，随着光束在极片上的移动，使孔洞连续形成宽度很窄的切缝，完成对极片的切割。

极片裁切过程中，极片裁切边缘的质量及极片外观完整度对电池性能和品质具有重要的影响，具体包括：①毛刺和杂质，会造成电池内部短路，引起自放电甚至热失控；②尺寸精度差，无法保证负极完全包裹正极，或者隔膜完全隔离正负极极片，引起电池安全问题；③材料热损伤、涂层脱落等，造成材料失去活性，无法发挥作用；④切边不平整度，引起极片充放电过程的不均匀性；⑤电极片表面存在露箔或者褶皱，这可能会造成循环过程锂枝晶的形成。因此，极片裁切工艺需要避免这些问题出现，提高工艺品质。

叠片：分切后的极片需要按照负极、隔膜、正极、隔膜、负极、隔膜的顺序进行堆叠，制成电芯如图 6.4.2 所示。叠片的方式包括 Z 字形叠片及摇摆式叠片；Z 字形叠片示例如图 6.4.3 所示。叠片要求隔膜覆盖负极，负极全覆盖正极，以防止循环过程锂枝晶析出。

在软包电池模切和叠片工艺过程中，产生的毛刺和粉尘容易造成电池短路，造成极大的电池安全隐患，因此在软包电池的生产制备过程中控制极片毛刺、粉尘显得尤为重要。

极片毛刺是指极片冲切所产生的断面基材拉伸、弯曲。在模切和叠片工序中控制冲切时的毛刺大小，减少冲切时产生的粉尘，以及在极

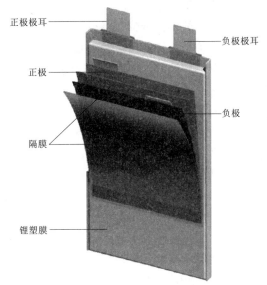

图 6.4.2 电池电芯 3D 示意图

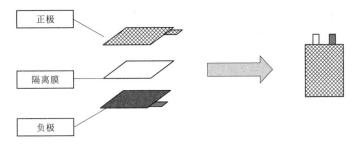

图 6.4.3 叠片式电池 Z 字形叠片示例图

片转运过程中避免毛刺的产生，已成为这两个工序目前面临的最主要的难题，而要解决这些难题，先要了解毛刺和粉尘产生的原因。极片毛刺、粉尘产生的主要原因有三点：①冲切方式；②冲切模具的结构；③冲切模具的材料及加工精度。根据毛刺和粉尘产生的原因，解决方案未来可从以下几方面提升：①优化现有模具结构；②提高模具制造和装配精度；③选用激光模切机；④采用模切叠片一体机，模切叠片一体机在极片冲切完之后可直接进入叠片平台，避免极片和料盒的碰撞和摩擦，彻底解决极片不良的潜在风险。

三、实验原材料、试剂及仪器设备

本实验所涉及的主要材料有：符合辊压工艺参数要求的电极片。

本实验所使用的主要材料制备仪器有：叠片机、BRT-负极自动制片机、BRT-正极自动制片机。

6-5　叠片
型软包电池
裁切、堆叠

四、实验步骤

1. 材料模切

材料模切的实验步骤包括以下几个方面：

（1）准备好符合辊压工艺参数要求的电极片卷；

（2）上版：校对已经做好的刀模切版，把刀模切版安装固定在模切机的版框内，初步调好版的位置；

（3）调整版面压力，先要调整刀模切版的压力；

（4）粘贴橡皮弹塞，橡皮弹塞应放在刀模切板主要钢刀的两侧版基上，利用橡皮弹条的良好恢复性作用将分离后的材料从刀口退出；

（5）试压模切，正式模切，清废，成品检查；

（6）先模切出样张，进行全面检查看各项指标是否符合要求，批量制备。

2. 电极片堆叠

电极片堆叠的实验步骤包括以下几个方面：

（1）准备好检查合格的正负极极片放入料盒；

（2）安装隔膜：主动隔膜放卷，经过渡轮及张力机构，引入叠片台；

（3）终止胶带更换：将胶带轮向里压缩，取出胶带轮的活动端，将胶带放入胶带轮的固定端并锁紧胶带轮的固定螺丝，使胶带在胶带轮上固定好；

（4）定位台调整：调整定位台基准边的位置并调整活动定位块位置；

（5）收尾夹及下料夹调整：用游标卡尺调整专用工具，达到合适宽度；

（6）系统操作：打开电源 2s 后画面自动进入主画面，在主画面中可以进行各操作选择，设置叠片层数；

（7）手动操作：选择手动操作画面进行各种手动操作；

（8）电极片堆叠结束后，检查电芯尺寸及电极片是否符合工艺要求。

五、习题

1. 试分析电极片外观与电池性能（包括安全性能）的关系。
2. 堆叠过程应该避免极片边缘掉料，试分析原因。

六、扩展导读

图 6.4.4 为极片分切断面典型形貌图，断裂面涂层主要颗粒之间相互剥离断裂，而集流体发生塑性切断和撕裂。当极片涂层压实密度增大，颗粒之间的结合力增强时，极片涂层部分颗粒也出现被切断的情况。极片分切中存在的主要缺陷包括以下几种。

（1）毛刺。特别是金属毛刺对锂离子电池的危害巨大，尺寸较大的金属毛刺直接刺穿隔膜，导致正负极之间短路。而极片分切工艺是锂离子电池制造工艺中毛刺产生的主要过程。图 6.4.5 所示即为极片分切产生的金属毛刺的典型形貌图，极片在分切时形成了集流体毛刺，尺寸达到 $100\mu m$ 以上。

图 6.4.4　极片分切断面典型形貌图

（2）波浪边。图 6.4.6 是极片分切时存在的掉料和波浪边缺陷。出现波浪边时，极片分切和卷绕时会出现边缘纠偏抖动，从而引起工艺精度，另外对电池最终的厚度和形貌也会出现不良影响。

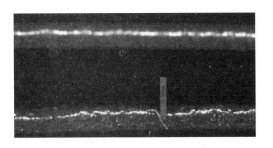

图 6.4.5　极片分切产生的金属毛刺的
典型形貌图

图 6.4.6　极片分切时存在的掉料及
波浪边缺陷

（3）掉粉。极片出现掉粉会影响电池性能，正极掉粉时，电池容量减小，而负极掉粉时出现负极无法包裹住正极的情形，容易造成析锂。

以上品质问题主要都是通过寻找合适的调刀参数来解决。为了避免这些缺陷，锂离子电池极片分切工艺过程中首先需要精细调整圆盘切刀，调刀时，根据极片的性质和厚度，找到最合适的侧向压力和刀具重叠量是最关键的。另外，还可以通过切刀倒角，收放卷张力来改善极片边缘品质。

（4）尺寸不满足要求。极片分切机是按电池规格，对经过辊压的电池极片进行分切，要求分切极片尺寸精度高等。卷绕电池设计时，隔膜要包裹住负极避免正负极极片之间直接接触形成短路，负极要包裹住正极避免充电时正极的锂离子没有负极活性物质接纳出现析锂。一般地，负极和隔膜、负极和正极的尺寸差为 2～3mm，而且随着比能量要求提高，这个尺寸差还将不断减小。因此，极片尺寸精度要求越来越高，否则电池会出现严重的品质问题。

实验 6.5　正负电极极片极耳的焊接、包胶及封装

一、实验目的

1. 理解极耳焊接的工作原理及其控制要素，熟悉操作过程。
2. 了解铝塑膜的结构原理，掌握冲坑的要点。
3. 掌握软包电池的顶侧封的工艺要求，了解封装不良对电池的影响。

二、实验原理

1. 极耳焊接

软包电池在制作过程中，需对多层极耳进行预焊，再将极耳片与预焊后的极耳焊接在一起。超声波焊接是由 $50\,Hz$ 低频电流转换成 $15\sim20\,kHz$ 高频电流，高频电能经过焊接机换能装置转换成机械振动能量在一定的静压力作用下，使金属表面之间形成摩擦将物体表面和氧化物分散开，并不改变其自身的金相组织的一种同种金属或者异种金属表面分子之间的相互渗透、相互扩散的固相焊接方法。焊接过程中金属表面并没有达到熔点，但在机械振动摩擦作用下产生大量的热量，因此需要在每一次的焊接后必须保证焊头和焊座的充分冷却，从而建立一个干净、可控及扩散的焊层。

2. 顶侧封

软包装电芯由于内部有机溶剂的存在，必须要求软包装材料能够抵挡有机溶剂的溶胀、溶解、吸收等，同时由于锂离子电池电芯的高性能特点，要求其软包装材料对氧、水分的阻隔比普通的铝塑复合膜高上万倍。使用这种高阻隔性的软包装材料将锂离子电芯极片、电解液与外部环境完全隔绝，使其内部处于真空、无氧、无水的环境，才能保证锂离子电芯的高性能使用要求，有这层包装的存在，电芯才能正常使用，若包装失效，电芯使用寿命受到明显影响，甚至导致报废。

目前，软包使用的铝塑膜其结构主要分为三个部分：尼龙层、Al 层和 PP 层，其示意图如图 6.5.1 所示。

锂离子电池铝塑成型膜主要由尼龙层、Al 层及 PP 层三层复合膜组成，每一层都起到了各自的作用。首先尼龙层可以保护电芯的外观，防止电芯制作过程中被刮坏，造成电池的失效。Al 层能够与氧气形成致密的 Al_2O_3 薄膜，可以将水分以及氧气隔绝在电芯外部，若电池内部水分或者氧气与极片反应，则会造成电解液的损失，最大的影响是会使水分或氧气与电极材料反应产生析锂现象，导致电池的性能与容量衰减。此外，Al 层还具备一定的伸

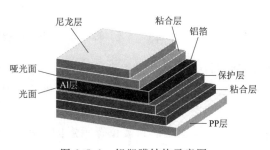

图 6.5.1　铝塑膜结构示意图

缩性，在一定压力冲撞下形成符合工艺要求的铝壳，用于摆放电芯。最后一层为 PP 层，该层必须具有耐电解液腐蚀的功能，最重要的作用是在高温（＞100℃）时 PP 层会发生熔化并且相互之间具有黏性，在外部封头的压力与加热下，两层 PP 膜粘合在一起，降温之后形成封印，达到封装的目的。而封印的厚度对电池的密封性非常重要，厚度过小，说明 PP 层存在硬化的风险；厚度过大则容易漏液。调节封头的压力大小、延时时间以及加热的温度是影响封印厚度大小的关键因素。

软包电芯可以根据需求设计成不同的尺寸，当外形尺寸设计好后，使用相应的模具，使铝塑膜成型。成型工序也叫作冲坑，用成型模具在加热的情况下，在铝塑膜上冲出一个能够装电芯的坑，具体流程见图 6.5.2。

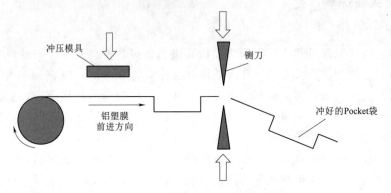

图 6.5.2　铝塑膜成型流程图

铝塑膜冲好并裁剪成型后，一般称为 Pocket 袋，如图 6.5.3 所示。一般在电芯较薄的时候选择冲单坑［图 6.5.3（a）］，在电芯较厚的时候选择冲双坑［图 6.5.3（b）］，因为一边的变形量太大会突破铝塑膜的变形极限而导致破裂。

图 6.5.3　Pocket 袋冲坑示意图

顶侧封工序是软包锂离子电芯的第一道封装工序。顶侧封实际包含了两个工序，顶封与侧封。首先要把卷绕好的电芯放到冲好的坑里，然后沿虚线位置将包装膜对折，如图 6.5.4 所示。

图 6.5.5 为电芯封装位置示意图，铝塑膜装入电芯后，需要封装的几个位置，包括顶封区、侧封区、一封区与二封区。把电芯放到坑中之后，把整个铝塑膜放到

夹具中，在顶侧封机里进行顶封与侧封。顶封是靠极耳上的极耳胶来完成；极耳胶是极耳上绝缘的部分，其作用是在电池封装时防止金属带与铝塑膜之间发生短路，并且封装时通过加热与铝塑膜热熔密封粘合在一起防止漏液。

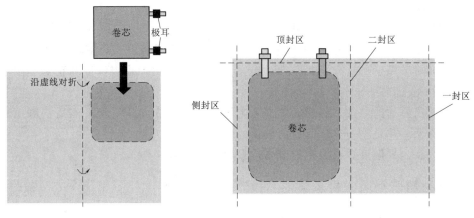

图6.5.4 铝塑膜对折示意图　　　　图6.5.5 电芯封装位置示意图

三、实验原材料、试剂及仪器设备

本实验所涉及的主要材料有：正极极耳、负极极耳、铝塑膜、高温绝缘胶。

本实验所使用的主要材料制备仪器有：手动铝塑膜成型机、简易烫边机、超声波金属焊接机。

四、实验步骤

1. 极耳焊接

极耳焊接的实验步骤包括以下几个方面：

（1）开机调试设备；

（2）设置功率和延时时长，调节压力参数，焊接调试；

（3）试样焊接符合工艺要求，需满足确保极耳焊接牢固，避免出现虚焊现象，导致电池的内阻增大，开始正式焊接工序。

2. 包胶

包胶的实验步骤由于极耳与极片焊接处出现毛刺、凸起，容易在卷绕过程中刺穿隔膜，甚至划破铝塑膜。因此，使用高温绝缘胶对毛刺等进行覆盖，这样既可避免毛刺刺穿隔膜导致微短路，影响电池性能；又可进一步加固焊接位置。

3. 冲坑

冲坑的实验步骤包括以下几个方面：

（1）检查电源，气源系统是否正常连接；

（2）开机：检查电源开关是否弹起，按"启动"按钮，机器通电；

（3）清洁模具上下表面，以防颗粒及其他异物损伤铝塑膜外观；

（4）设置好所需参数；

（5）放入裁好的铝塑膜；

（6）双手按下"启动"键，气缸下降，开始铝塑膜成型；

（7）成型结束，气缸上升，将其取出。

4. 顶侧封

顶侧封的实验步骤包括以下几个方面：

（1）开机前检查：检查电源、接地是否正常连接，安装好安全罩；

（2）开机升温，待工作面加热至设定温度并且稳定后，检查温度在正常范围之内，即可开始工作；

（3）取折好边的电池，将折边宽放入上下烫边封头中热压定型，然后将电池边紧靠封头立面，热定型 1~3s 完成二次折边；

（4）设备出现温度异常及电路异常应及时停机检查。

五、材料表征及性能测试

实验过程参数记录，见表 6.5.1。

表 6.5.1　　　　　　　　　　实 验 过 程 参 数 记 录

极　耳　焊　接		
功率	延时时长	压力
顶　侧　封		
温度	延时时长	压力

六、习题

1. 试分析极耳焊接效果对电池性能的影响。

2. 请总结电池极耳包胶的作用。

3. 请阐述封装不当导致电池漏液的原因可能有哪些？

七、实验参考数据及资料扩展导读

1. 超声波焊接

（1）超声波焊接机系统主要包括：超声波发生器（超声波控制系统）、换能器、调幅器、聚能器（放大器）、声极（焊头，焊座）、加压装置等。

（2）超声波焊焊缝的形成主要由振动剪切力、静压力和焊区的温升三个因素所决定。超声波焊经历了以下三个阶段：

1）摩擦：超声波焊的第一个过程主要是摩擦过程，其相对摩擦速度与摩擦焊相近只是振幅仅仅为几十微米。这一过程的主要作用是排除工件表面的油污、氧化物等杂质，使纯净的金属表面暴露出来。

2）应力及应变过程：从光弹应力模型中可以看到剪切应力的方向每秒将变化

几千次，这种应力的存在也是造成摩擦过程的起因，只是在工件间发生局部连接后，这种振动的应力和应变将形成金属间实现冶金结合的条件。在上述两个步骤中，由于弹性滞后，局部表面滑移及塑性变形的综合结果使焊区的局部温度升高。经过测定，焊区的温度为金属熔点的 $35\%\sim50\%$。

3）固相焊接：用光学显微镜和电子显微镜对焊缝截成所进行的检验表明，焊接之间发生了相变，再结晶、扩散以及金属间的键合等冶金现象，是一种固相焊接过程。

（3）影响焊接质量的因素：在进行焊接时，需要对焊件施加必要的压力，同时严格控制焊接时间和超声功率。压力、时间、功率是确保焊接质量的三要素。

1）焊接压力：对焊件施加压力是为了给声组件形成一个较为稳定的焊接负载。由于对焊件施加静压力，焊件材料接触面好，这样，就能吸收更多的超声能量，从而达到最好效果。

2）焊接时间：由于焊机的输出功率是一定的，焊件得到的能量与超声作用时间成正比，所以选择焊接时间是关键。焊接时间短了，出现虚焊；焊接时间长了，造成焊件变形。焊接时间需经过多次试验才能确定。

3）输入功率：与超声振幅相关，超声振幅指的是超声振动在振动方向上的移动距离。输入功率越大，则超声振幅越大，对焊件输入的能量也越多。有研究表明，在一定振幅范围内，界面焊合百分比随超声振幅增加而增加。

2. 封装需要注意的问题

（1）封装不良（分层）。"封装不良"指包装铝箔没有黏结完好导致两层包装铝箔局部分开，使电芯内部与外界空气等接触。任何一道工艺的封装不良都可能导致电芯漏液、胀气、性能下降等。温度、时间、压力是影响封装的关键工艺参数。引起封装不良的有温度不合适、封头不平行、Teflon 脱落起皱、操作不当、封边内有杂质、电解液凝胶堆积 degassing 封边等原因。

（2）电阻坏品、腐蚀。引起电芯腐蚀必须具备两个通道：①离子通道，即包装铝箔铝层与阳极发生离子短路；②电子通道，即包装铝箔铝层与阳极发生电子短路。这样包装铝箔的铝层就与阳极形成一个短路的回路，阳极即为电芯负极，处于低电势的部分，一旦与铝接触会通过电导率较高的电解液引起电化学反应，导致铝层的不断被消耗，导致铝层破坏，空气中水分会进入电芯内部导致进一步反应产生大量气体。这两种通道是电芯发生腐蚀的必要条件，两者缺一不可。

（3）胀气。锂离子电芯采用的是铝塑复合膜的软包装技术，当电芯内部由于异常化学反应的发生而产生气体时，Pocket 会被充起，电芯鼓胀（有轻微鼓胀和严重鼓胀两种情况），且不论外观如何，电芯的使用性能（Capacity、Cycle life、C - rate 等）会发生严重的下降，电芯不能使用。

6-7 电池
电芯的烤、
注液及封口

实验 6.6　电池电芯的烘烤、注液及封口

一、实验目的

1. 掌握锂离子软包全电池电芯烘烤工序的作用。
2. 掌握电芯注液的电解液质量换算及操作步骤。
3. 掌握封口的作用与方法。

二、实验原理

在锂离子电池生产过程中，负极一般是水系浆料，正极一般是油系浆料。在浆料涂覆之后，电池极片第一次进行干燥，这一步主要目的是去除浆料中的溶剂，形成微观多孔结构的电池极片。此步干燥之后，极片中仍旧残留较高的水分。而且后续的极片加工过程，由于多孔高比表面积特点极片容易从环境空气中吸收水分。因此，电池极片残留水分控制是非常关键的步骤，目前主要有两个去除残留水分的干燥工序：①在电池卷绕或叠片之前，对电池极片进行真空干燥，一般干燥温度为 80～150℃，电池极片往往成卷或成堆干燥，过程中进行多次气体置换。除了加热、真空度和气体置换等干燥程序外，极卷的尺寸，或者堆叠片数对干燥效果也有较大影响，需要认真考虑。②在电池注液之前，对组装好的电池进行真空干燥，由于此时电池包含隔膜等部件，干燥温度一般为 60～80℃，经过多次气体置换。此时，干燥温度较低，电池各部件组装在一起，预留的注液口较小，这些条件都不利于水分去除。而 H_2O 会促使电解液中 $LiPF_6$ 的分解 HF，这不仅使电池放电时间缩短，还会影响电池的性能，具体反应如下：

$$H_2O + LiPF_6 \longrightarrow POF_3 + LiF + 2HF$$

$$LiPF_6 \longrightarrow LiF + PF_5$$

$$H_2O + PF_5 \longrightarrow POF_3 + 2HF$$

$$H_2O + POF_3 \longrightarrow PO_2F + 2HF$$

$$2H_2O + PO_2F \longrightarrow H_3PO_4 + HF$$

水分的存在，会与电解液反应产生有害物质（如 HF），这会影响到电池的循环性能。因此，需要对电极片进行真空干燥处理，以除去电极片中可能存在的痕量水分。

水分的来源有很多，主要有：①车间水分来源；②设备设施渗水；③物料所带的水分（纸巾、纸箱等）；④正负极材料（正负极活性物质大都是微米或纳米级颗粒，极易吸收空气中水分潮解。正极材料 pH 值大都偏大，特别是含 Ni 量高的三元或二元材料，其比表面积也偏大，材料表面上极易吸收水分并反应）；⑤电解液（电解液的溶剂结构中均存在电负性较大的羰基以及亚稳定的双键，容易与极性 H_2O 分子作用形成络合体或反应生成相应的醇，而且温度越高，反应越快。而且电解液的溶质锂盐也容易吸水并与水反应）；⑥隔膜（隔膜纸也是一种多孔性的塑料

薄膜，其吸水性也是很大的。由于水分一般不会与隔膜发生化学反应，通过烘烤也可以基本消除，因此，隔膜一般很少进行严格水分控制）。

目前，有一种方法可以避免人为周转带来水分引入的不可控，即隧道式真空干燥方式，如图 6.6.1 所示。此方法一般分为三段，即预热段、真空干燥段以及降温段，在预热段、降温段和外界有物料进出的区域，还会存在氮气置换过程，避免外界水分的引入。预热段是将电芯物料温度提高到烘烤温度，然后再进入真空干燥阶段。在真空干燥阶段要保持高温度均匀度、高真空度及低露点的环境，确保电芯物料中的水分能够充分挥发出来。

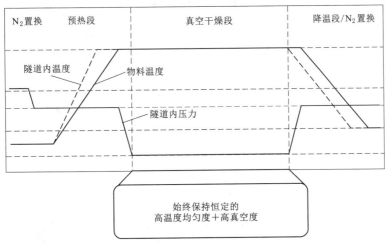

图 6.6.1　隧道式真空烘烤实物及分段图

锂离子电池主要由正极、负极和电解液等部分构成，其中电解液虽然不提供容量，但是却承担着在正负极之间传导锂离子的重要作用，因此锂离子电池的循环寿命和倍率性能等特性都与电解液之间有着密切的关系。电芯烘烤结束后，按照电池的设计容量换算出电解液的质量，具体为：$m_{电解液}=0.004\times C_{容量}$。

如图 6.6.2 所示注液后需要对电池进行高真空一次封口。真空环境有利于电解液的充分扩散，并且减少了电极片与隔膜之间可能存在的气体，对于提升电池的性能具有一定的积极作用。

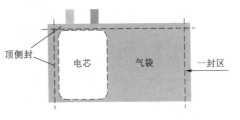

图 6.6.2　电芯一次封口示意图

三、实验原材料及仪器设备

本实验所使用的电芯原材料有：封装后的电芯。

本实验所使用的仪器设备有：真空干燥箱、手套箱、真空泵、翻盖式真空预封机。

四、实验步骤

（1）电芯烘烤参数：80℃，48h，真空度为−90kPa；

（2）烘烤后电芯转移至手套箱，使用移液器取出电解液，并注入电芯；

（3）注液结束后，静置 2h 使得电解液浸润电极片，随后对电芯抽真空，进行一次封口。

五、实验内容

实验过程数据记录见表 6.6.1。

表 6.6.1　　　　　　　　　　实 验 过 程 数 据 记 录

内容	温度	时间	真空度
烘烤			

六、习题

1. 电芯烘烤的温度为何不能过高？
2. 注液过程为何需要在手套箱内进行？
3. 化成阶段为何使用稳定的小电流进行充电，电流过大有何影响？

七、知识拓展

影响锂离子电池性能的因素有很多，诸如材料种类、正负极压实密度、水分、涂布面密度及电解液用量等。其中水分对锂离子电池的性能有着至关重要的影响，水分是锂离子电池生产过程中需要严格控制的关键因素，水分过量时不但能够导致电解液中锂盐的分解并对正负极材料、集流体都有一定的腐蚀破坏作用，而且也导致电池的循环性能及安全性能的降低。但是痕量的水分又有重要的意义，下面具体介绍水分对锂电池性能的影响。

（1）水分过量的弊端。在三元/石墨体系电池制作过程中，正极浆料的制备一般会选用油系分散体系，采用 PVDF 作为黏结剂，NMP 作为溶剂。PVDF 遇到过量的水分会生成胶状的物质，导致浆料的流动性和流平性很差，不利于浆料的涂布。所以，在浆料制备时，必须注意原材料的水分含量、工作环境以及人员操作过程中水分的引入。除了对锂离子电池浆料制备有巨大的影响外，水分过量会引起电解液的分解 HF。HF 是一种腐蚀性特别强的酸，会对锂离子电池正负极材料、集流体造成严重的破坏，最终导致电池出现安全性问题。

（2）痕量水分的意义。但是，锂离子电池中并不是水分越少越好。众所周知，固体电解质界面（俗称 SEI 膜）是一层选择性透过膜，能使锂离子自由透过，而电解液分子不能透过。电解液的组成和痕量的添加剂对 SEI 膜形成的电位、致密程度、电池不可逆容量损失、电池内阻等有显著的影响。而水作为电解液中一种痕量组分，对锂离子电池 SEI 膜的形成和电池性能有一定的影响。

（3）水分对锂离子电池性能的影响。在不同的材料体系中，水分含量对电池的性能有很大的影响。但是，不变的是水分对锂离子电池的首次充放电容量、内阻、电池循环寿命、电池体积均有影响。

6-8　电池
电芯的热冷
压、化成及
二封

实验 6.7　电池电芯的热冷压、化成及二封

一、实验目的

1. 掌握电池的热冷压、化成及二封工艺的原理。
2. 熟悉电池的热冷压、化成及二封工艺的作用。
3. 理解电池化成工艺对性能的影响。

二、实验原理

　　电极片制作成电芯后，往往存在疏松以及轻微膨胀的现象，这对电极片之间的接触以及电极片与电解液之间的有效浸润影响很大。而采用一定的压力以及温度对电池进行处理，将会改善电芯的状态，这个过程称为电池电芯的热冷压。如图 6.7.1 所示，通过对电池施加压力和温度，经过一段时间后，电芯内部将会发生变化。该工序的目的主要是：一方面使电芯外观更加平整、紧实；热冷压之后正负极接触距离缩小，可以减小电芯的内阻、缩短锂离子的转移路径；另一方面是挤压电芯中的气体，防止化成过程中由于气体存在造成负极析锂；同时给予一定的温度能够促进电芯内部电解液的流动，提高其对电极片的浸润程度。如果不经过热压过程，电芯内部残留的空气以及正负极某些部位不紧密的接触会对电池造成一定的负面影响。

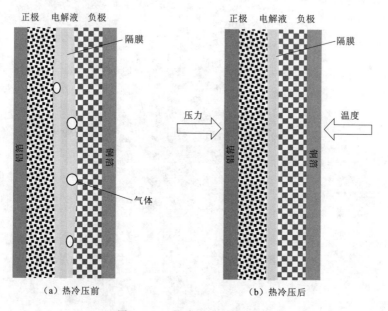

图 6.7.1　热冷压过程示意图

　　随后进行的化成工序将对电池的电化学性能产生重要的影响，因此理解该工序的原理与作用是非常关键的。该工序的目的：激活电池，首次给电池稳定的小电流

充电，使正极材料的锂离子脱出，穿过电解液和隔膜，嵌入到负极材料的晶格中，并通过电化学反应在负极表面形成一层致密、均匀和稳定的固体电解质膜（SEI膜）。SEI 膜具有固体电解质的特征，有机溶剂不溶性是电子绝缘体和锂离子的优良导体，锂离子可以经过该钝化层自由地嵌入和脱出。SEI 膜的形成一方面消耗了电池中有限的锂离子，这就需要使用更多的含锂正极材料来补偿初次充电过程中的锂消耗；另一方面也增加了电极/电解液界面的电阻造成一定的电压滞后。锂离子电池的化成制度对于电池性能的发挥至关重要，小电流化成的方法虽然有利于形成稳定的 SEI 膜，但是浪费时间，并且会使 SEI 膜的阻抗变大；而化成电流太大也不利于形成稳定的 SEI 膜。

SEI 膜的厚度及成分对于电池的性能同样十分重要。一般而言，在锂离子电池首次充放电过程中，电极材料与电解液在固液相界面上发生反应，形成一层覆盖于电极材料表面。如图 6.7.2 所示，SEI 膜厚度为 $30 \sim 120 nm$；而成分分为两类：一类是有机成分，如 Li_2O、LiF、Li_2CO_3、LiOH；另一类是无机成分，如 $ROCO_2Li$、ROLi、$(ROCOLi)_2$。这种钝化层虽然消耗部分锂离子，但是其作用能够阻碍电解液与负极进一步电化学反应，有利于电池循环寿命。

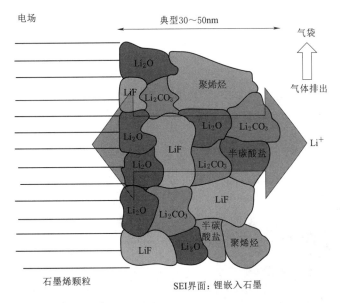

图 6.7.2　SEI 膜的成分图

众所周知，全电池在化成阶段，即形成 SEI 膜过程中需要消耗正极材料和电解液中的锂离子。而电解液的分解会生成一些有机和无机的成分，与此同时也会生成气体。倘若气体留于电芯内部，这不仅会减少正负极极片以及隔膜三者之间的有效接触面积，增加电池的电阻，进而影响电池的循环寿命；而且随着后续长循环的不断产气与持续累积，造成电芯内部的压力不断上升，这样容易导致电池封口处产生裂缝，最终引发电池漏液，甚至存在安全隐患。因此，电芯化成后需经过二封，即对其进行切除气袋处理，如图 6.7.3 所示。切除气袋后，再进行

6-9　电池化成及安全测试

抽真空操作，因此电池具有较为平整的外观且符合设计的尺寸，这有利于电芯的存储与输运。

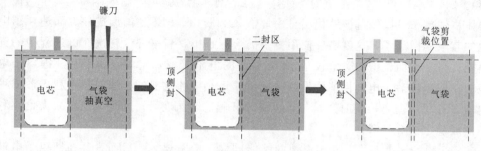

图 6.7.3　电芯切除气袋流程图

三、实验原材料及仪器设备

本实验所使用的原材料有：半成品电芯。

本实验所使用的仪器设备有：手动热冷压机、LAND 测试仪、真空泵、转盘式二封机。

四、实验步骤

1. 热冷压

（1）如图 6.7.4 所示，开机，设置热冷压参数：即热冷压增压时间为 600s；每个电芯承压为 0.02～0.04MPa；热压温度为 80℃，冷压为 25℃；将选择"自动模式"；

（2）待平台温度到达设定值后，将注液后的电芯摆放置热压平台，双手同时按下"启动"按钮；

（3）热压结束，即可取出电芯，检查封装处是否有电解液漏出，若有该电池应报废处理。

2. 化成

将热压后的电芯转移至化成测试柜，按照表 6.7.1 化成工艺参数进行设置。

3. 二封

（1）如图 4 开机，将转盘式二封机加热温度设置为 200℃，真空度为 −90°；

（2）取下化成结束的电芯，并转移至转盘式二封机；

（3）将电池固定于平台，点击显示屏"自动"按键，随后双手按下"启动"按钮；

图 6.7.4　手动热冷压机

表 6.7.1　　　　　　　　　　　化 成 工 艺 参 数

工步名称	时间/min	电流/mA	上限电压/mV	截止电流/mA
静置	2			
恒流充电	60	0.02C	3000	
静置	2			
恒流充电	1200	0.2C	3960	0.02C

（4）二封的过程如图 6.7.5 所示；二封时，首先，上下盖合腔形成密闭空间，镰刀将气袋刺破同时开始抽真空，这样气袋中的气体与一小部分电解液就会被抽出。然后马上将二封封头在二封区进行封装，保证电芯的气密性。最后把封装完的电芯剪去气袋，一个软包电芯就基本成型了（图 6.7.6）。二封是锂离子电池的最后一个封装工序，其原理还是跟前面的热封装一样，不再赘述。

图 6.7.5　二封过程（转盘式二封机）

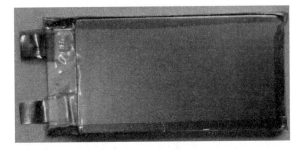

图 6.7.6　电芯实物图

五、实验记录

实验过程数据记录见表 6.7.2。

表 6.7.2　　　　　　　　　　实 验 过 程 数 据 记 录

内容	热压	冷压
压力值		
时长		
漏液数量		

六、习题

1. 热冷压是锂离子全电池制作流程不可缺少的工序，试问倘若压力过大或过小对电池性能有何影响，温度过高或过低对电池性能存在哪些影响，特别是化成阶段？

2. 在二封过程中，对电芯进行抽真空的目的是什么？

七、拓展导读

SEI 膜对电池的性能具有重要的影响，理解其形成过程与机理是很有必要的。本部分从 SEI 膜的形成机制、产气原理及成膜的影响因素这几个方面展开讨论。

（1）SEI 膜形成机制。①在一定的负极电位下，电极/电解液相界面的锂离子与电解液中的溶剂分子等发生不可逆反应；②不可逆反应主要发生在电池首次充电过程中；③电极表面完全被 SEI 膜覆盖后，不可逆反应立即停止。

负极表面形成稳定的 SEI 膜后，其将具有去除电解液中锂离子附带的官能团或者溶剂化的作用。但是如果 SEI 膜的形成质量不理想，在后续的充放电过程也会有 SEI 膜成分不断积累，甚至膜厚度逐渐增加，这与电池的性能以及循环的环境有关。当然，正极材料表面也有正极电解质界面膜（CEI）的形成，只是现阶段认为其对电池的影响要远远小于负极表面的 SEI 膜，因此本部分着重讨论负极表面的 SEI 膜（以下所出现 SEI 膜未加说明则均指在负极形成的）。

负极材料石墨与电解液界面上通过界面反应能生成 SEI 膜，多种分析方法也证明 SEI 膜确实存在，厚度为 $100 \sim 120 nm$，其组成主要有各种无机成分，如 Li_2CO_3、LiF、Li_2O、$LiOH$ 等和各种有机成分如 $ROCO_2Li$、$ROLi$、$(ROCO_2Li)_2$ 等。其中，烷基碳酸锂和 Li_2CO_3 均为 3.5V 前形成 SEI 膜的主要成分，烷基碳酸锂和烷氧基锂为 3.5V 后形成 SEI 膜的主要成分。

（2）化成产生气体的原因及机理。当电池电解液采用 $1mol/L LiPF_6$ - EC：DMC：EMC（三者体积比 1：1：1）化成电压小于 2.5V 下，产生的气体主要为 H_2 和 CO_2 等；化成电压为 2.5V 时，电解液中的 EC 开始分解，电压 3.0～3.5V 的范围内，由于 EC 的还原分解，产生的气体主要为 C_2H_4；而当电压大于 3.0V 时，由于电解液中 DMC 和 EMC 的分解，除了产生 C_2H_4 气外，CH_4、C_2H_6 等烷烃类气体也开始出现；电压高于 3.8V 后，DMC 和 EMC 的还原分解成为主反应。此外，当化成电压处于 3.0～3.5V 之间，化成过程中产生的气体量最大；电压大于 3.5V 后，由于电池负极表面的 SEI 层已基本形成，因此，电解液溶剂的还原分解反应受抑制，产生的气体的数量也随之迅速下降。

实验 6.8　实用化 NCM‖石墨锂离子电池的热安全增强调制示例研究

一、实验目的

1. 了解商品化 NCM 三元正极材料所面临的问题以及解决策略。
2. 掌握对全电池安全进行测试的方式。
3. 讨论全电池热失控的因素。
4. 了解全电池热失控过程中温度变化的规律。

二、实验原理

目前，高性能锂离子电池（LiBs）在电动汽车和混合动力汽车领域发挥着越来越重要的作用。对高能量密度和高功率性能的追求已成为正极材料研究的一个热潮，与传统的正极材料如 LiFePO$_4$ 和 LiCoO$_2$ 相比，层状富镍过渡金属氧化物（LiNi$_{1-x-y}$Co$_x$Mn$_y$O$_2$，NCM）正极材料因其高比容量、低成本和良好的循环稳定性成为最有希望实现这一要求的材料。然而，一些不可避免的瓶颈会削弱该材料的电化学性能，限制了其一般的适用性和商业化发展。首先，由于 Li$^+$（0.076nm）与 Ni^{2+}（0.069nm）半径相似，引起 Li/Ni 排列无序，进而导致材料内应力增加，加快材料内部产生裂纹。其次，由于材料电导率较差，导致其电极界面处产生明显的极化，不仅造成电池的容量衰减，而且使其功率性能快速下降。最后，在充放电过程中容易发生 Janh-Teller 畸变以及过渡金属溶解（如 Mn^{2+}）后迁移到负极表面沉积并且还原成金属单质，进一步破坏负极表面 SEI 膜的质量，严重影响材料的循环稳定性。

为了解决上述问题，研究学者提出了多种有效的策略，主要包括形貌控制、离子掺杂和表面改性等。其中许多报道指出，金属氧化物（如 Al$_2$O$_3$）的涂层或混合包覆对改善 NCM 活性材料的电化学性能有很大的作用。特别是 Al$_2$O$_3$ 涂层有助于提高软包电池的循环性能，有效地缓解过渡金属的溶解，最大限度地减少石墨负极材料电阻的增加。此外，对于与高镍 NCM 相关的电导率，一般认为碳纳米材料，特别是具有优异的电导率的石墨烯材料，可以有效地拓展电荷的转移路径，增加离子传输速率，进而显著地提高锂离子电池的结构稳定性、循环寿命和内部电导率。例如，He's 团队成功合成了均匀包覆还原氧化石墨烯（RGO）的 LiCo$_{1/3}$Ni$_{1/3}$Mn$_{1/3}$O$_2$ 正极材料，由于 RGO 优越的电导率，该材料表现出极出色的循环稳定性和高倍率性能。此外，Lee 的研究表明，与 RGO 层包覆的高镍 NCM 表现出了良好的循环性能，这篇研究当中 RGO 的加入明显地减少了电解质和活性材料之间的直接接触，以保护活性材料不被电解液腐蚀，同时很好地改善了材料的界面稳定性。虽然相关的研究表明单一策略可以调节 NCM 的特定特性，但通过金属氧化物和碳纳米材料的修饰，进一步改善其锂离子电池性能，这是值得期待的。同时，添加 Al_2O_3 和 RGO 对高镍 NCM 的高温性能及其长循环热稳定性的影响尚未进行研究。

如上所述，使用上述策略设计的大多数 NCM 材料仅局限于扣电性能有明显改善，而关于这些调控策略应用在锂离子全电池中的研究屈指可数。此外，相关结果表明，在较高的温度下，不仅高镍 NCM 活性材料的电阻严重增加，而且过渡金属离子的溶解更加剧烈，甚至会加速电池电解液的分解以及气体的生成，所有这些都会加速材料可逆容量的衰减以及增加电子迁移的阻力。同时，在整个电池内产生的热量通常不能及时的扩散，在有限的空间内造成热量分布不均匀，进一步加速正极电解质界面膜（CEI 膜）的恶化和降低活性物质的利用率，进而增加全电池热失控的风险，也降低了电池的能量密度。因此，在实际生产应用过程中探索活性材料的高温性能改性具有十分重要的意义，特别是对工业生产也具有重要意义。

三、原材料、试剂及实验仪器

本实验所使用的主要原材料和试剂有：$LiNi_{0.5}Co_{0.2}Mn_{0.3}O_2$、石墨（C）、聚偏氟乙烯（PDVF）、N‐甲基吡咯烷酮（NMP）、导电剂、羧甲基纤维素（CMC）、丁苯橡胶（SBR）、电解液、氧化铝（Al_2O_3）、铝塑膜、单面陶瓷隔膜、铜箔、铝箔。

本实验所使用的主要仪器有：真空烤箱、搅拌机、数字显示自动黏度计、自动间隙式涂布机、自动辊压机、手套箱、转盘式二封机、手动热冷压机、翻盖式真空预封机、简易封边机、手动铝塑膜成型机、超声波金属焊接机、双针底点焊机、正极分条机、负极分条机、电子秤、封口机。

本实验所使用的主要测试仪器有：红外热成像仪、高低温实验箱、LAND 测试仪、X 射线能谱仪、扫描电子显微镜（SEM）。

四、实验步骤

本实验基于锂离子全电池制作工艺，在电池制浆过程中巧妙地引入氧化铝和石墨烯，旨在形成一种"面—面"导电网络以及"点—面"界面调制效果，如图 6.8.1 所示。

软包电芯是指包装材料为铝塑膜的电芯。相对来说，锂离子电池的包装分为两大类：一类是软包电芯，一类是金属外壳电芯；而软包锂离子电池可分为叠片和卷绕两种。本次实验采用是卷绕式锂离子软包电池加工法，相比起叠片式加工法，卷绕式的效率更高。

1. 正负极制浆

正负极浆料物料配方见表 6.8.1 和表 6.8.2。

表 6.8.1　　　　　　　　　　正 极 浆 料 物 料 配 方

正极材料	黏结剂	导电剂	溶剂	添加剂
NCM523	PVDF	Super‐P	NMP	Gs、Al_2O_3
98.2%	0.6%	1.2%	28%	0.5%、1.0%

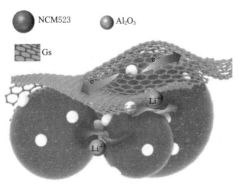

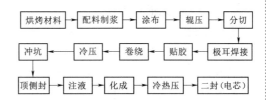

图 6.8.1　氧化铝和石墨烯包覆 NCM 效果图　　图 6.8.2　锂离子电池工艺流程图

表 6.8.2　　　　　　　　　　　　负 极 浆 料 物 料 配 方

负极材料	黏结剂	导电剂	溶剂	增稠剂
TB-17	CMC	Super-P	H_2O	SBR
95.7%	1.5%	1.0%	55%	1.8%

2. 涂布参数

正负极涂布参数见表 6.8.3。

表 6.8.3　　　　　　　　　　　正 负 极 涂 布 参 数

正极双面面密度/(mg/cm^2)	负极双面面密度/(mg/cm^2)
30.0	20.0

3. 化成

这里，化成的具体参数如表 6.8.4 所示。

表 6.8.4　　　　　　　　　　　化 成 工 艺 参 数

工步号	工作状态	时间/min	电流/C	上限电压/mV	终止电流/C
1	恒流充电	30	0.02	3000	
2	恒流恒压充电		0.3	3950	0.03
3	结束				

锂离子电池工艺流程图如图 6.8.2 所示。

五、材料表征及性能测试分析

1. 材料表征

(1) X 射线衍射（X Ray Diffraction，XRD）分析技术的应用范围十分广泛，是用来分析物质结构和材料晶格常数的重要表征手段。

(2) 扫描电子显微镜（Scanning Electron Microscope，SEM）是一种通过高能电子束与样品的内部轨道原子的相互作用来表征材料微观形貌的物理检测技术。

2. 材料的电化学性能测试

(1) 本实验电池的电化学性能测试采用的仪器为武汉蓝电电子有限公司型号为

CT‒2001A，软包卷绕全电池测试电压范围为 3.0～4.2V。交流阻抗测试（Electrochemical Impedance Spectroscopy，EIS）采用双电极模式，测试条件为频率范围在 0.01Hz～100kHz 之间，电压区间为 3.0～4.2V，扫速是 0.05mV/s。

（2）红外热成像技术是一种探测物体温度在高于绝对零度（-273K）下辐射出来的红外线的无损物理检测手法。其基本原理为探测器吸收物体辐射出红外线后，自身内阻发生变化，从而在银幕上观察到物体的温度；由于其灵敏度好、空间分辨率出色和非接触等特点，其在医疗、安检、汽车等方面得到广泛的运用。本工作采用的红外热成像仪型号为 Testo 875‒2i（德图仪器公司），设备的温度检测量程为 -30～300℃，红外热灵敏度小于 0.05℃，视场角度 32°＊23°，空间分辨率达到 2.5mRad，使用的红外频带为 7.5～14μm。全电池放电的产热情况对于材料的性能有着重要的意义，因此本实验中我们通过红外热成像技术记录了全电池在 5C 放电条件下表面的平均温度分布情况，每 30s 记录一次电池放电过程中的红外热成像图像。

（3）针刺实验：对于锂离子电池安全测试试验而言，针刺实验是最为复杂的，其原理为使用钢针刺穿电芯从而造成电池短路，进而整个锂离子电池的能量都会通过内短路点在短时间内快速释放（最多会有 70% 的能量在 1min 内释放），导致温度在短时间内急剧上升，继而引发连锁反应，从而导致热失控。

六、习题

1. 石墨烯材料除了优异的电导性能，还有什么物理特性？
2. Al_2O_3 纳米颗粒相比于其他材料有什么区别？
3. 除了从电极设计角度提升全电池的安全性，还有什么有效的方式？
4. 为什么要在满电的条件下采集电池放电的热分布情况？
5. 当温度升高时，电池正负极材料表面会发生什么变化，这些变化对电池的性能有何关联？
6. 结合之前相关的锂离子纽扣电池案例和全电池的阻抗数据，为什么全电池的电阻（一般 mΩ 级）远小于纽扣电池（通常 Ω 级）？

七、实验参考数据

本次研究的纯 NCM、NCM‒Gs、NCM‒Al_2O_3 和 NCM‒Al_2O_3＆Gs 正极材料的 XRD 谱图如图 6.8.3 所示。显然，三元正极活性材料的主要衍射峰为 18.68°（003）、36.72°（101）、37.88°（006）、38.37°（012）、44.46°（104）、48.62°（015）、58.63°（107）、64.36°（018）和 65.02°（110），其对应为 R‒3m 空间

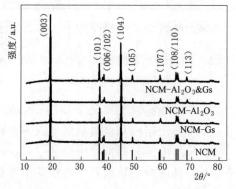

图 6.8.3　NCM、NCM‒Gs、NCM‒Al_2O_3 和 NCM‒Al_2O_3＆Gs 样品的 XRD 图谱

群相的六方 α-NaFeO₂ 层状结构。从结果可以看出，材料所有的衍射峰都表明这四个样品都具有良好的结晶度，说明添加剂材料的加入并没有改变 NCM 活性材料的晶体结构。由于样品中添加的石墨烯和/或 Al_2O_3 纳米颗粒含量较低（分别是 0.5wt.％和 1.0wt.％），在 XRD 谱图中很难发现特征峰的存在。但是在扫描电子显微镜结果证实了石墨烯和 Al_2O_3 纳米颗粒的存在。

为了确定 Gs 和 Al_2O_3 添加剂是否成功地引入到 NCM 正极材料中，并均匀地分布在材料间隙。如图 6.8.4（a）①、（b）①、（c）①和（d）①所示，提供扫描电镜横截面图像并进行对比，从四种样品的截面结果可得，电极两侧得到均匀的涂层，总厚度为 128μm。与图 6.8.4（a）中②、③所示的纯 NCM 相比，图

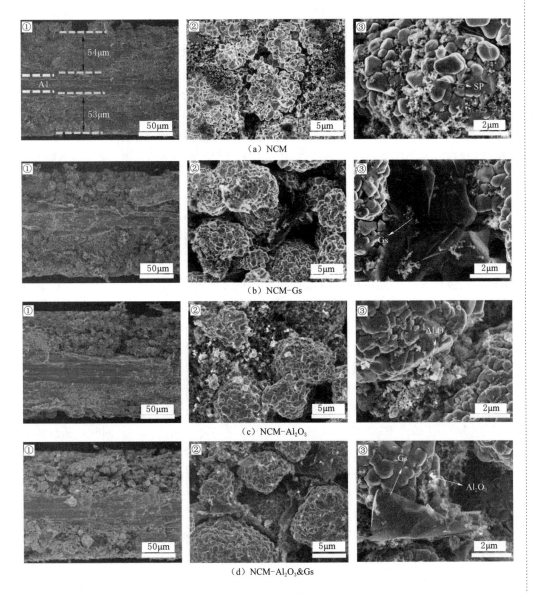

（a）NCM

（b）NCM-Gs

（c）NCM-Al₂O₃

（d）NCM-Al₂O₃&Gs

图 6.8.4　样品的 SEM 图

6.8.4（b）中②、③中的石墨烯片、或图 6.8.4（c）中②、③中的 Al_2O_3 纳米颗粒都能够均匀分散在 NCM 活性材料的间隙或表面。如图 6.8.4（d）中②、③所示，Gs 和 Al_2O_3 纳米颗粒也均匀分散在 NCM‐Al_2O_3 和 Gs 样品中，有效形成了长程和近程电导率和界面接触网格。因此，NCM‐Al_2O_3&Gs 电极的这种结构对于提高材料的导电性，为抑制过渡金属的溶解，从而提高电池的循环稳定性具有关键作用。SEM 观测结果进一步验证了实验操作的可靠性。

为了研究添加剂 Gs 和 Al_2O_3 纳米颗粒对 NCM 全电池电化学性能的影响，相关结果如图 6.8.5 所示。从四种样品的充放电曲线可以发现 NCM、NCM‐Gs、NCM‐Al_2O_3 和 NCM‐Al_2O_3&Gs 全电池的放电容量接近设计，在 0.5C@3.0～4.2V 的条件下分别为 565mAh、557mAh、554mAh 和 550mAh。相应地，图 6.8.5（b）显示了四个全电池的倍率性能，可以看到电池的倍率性能随着电流密度从 0.5～5.0C 明的增加而降低，其中 NCM‐Gs、NCM‐Al_2O_3 NCM‐Al_2O_3&Gs 在 5.0C 大电流时的容量保持率分别为 64.6%、69.6%、77.9% 和 79.7%。此外，当电流密度降至 1.0C 时，这 4 个电池甚至在 200 次循环后仍保持稳定的循环性能，表明全电池具有良好的一致。

图 6.8.6 为四种全电池在 1.0C 室温下的循环稳定性对比结果；可以看到，循环 400 次后，NCM、NCM‐Gs、NCM‐Al_2O_3、NCM‐Al_2O_3 和 NCM‐Al_2O_3&Gs 的保持率分别为 90.8%、95.0%、91.5% 和 93.6%。同时，如图 6.8.6（b）所示，这四种样品在 3.0C 的较大电流速率下，循环稳定性的变化趋势相似，循环 400 次后，分别可以获得 73.6%、79.3%、76.2% 和 76.9% 的保持率。结合图 6.8.6（a）和（b）的结果可以清楚地发现，添加了 Gs 的 NCM‐Gs 和 NCM‐Al_2O_3&Gs 的电池性能均优于未添加 Gs 的 NCM 和 NCM‐Al_2O_3&Gs 的电池。虽然已经包覆的氧化铝可以提高电极和电解质之间的界面兼容性和进一步改善性能，但是其贡献在室温下不明显，这可能与过渡金属在 NCM 中的溶解较小以及界面相容性不严重恶化有关。相反，添加导电性优良的 Gs 对稳定循环性能起主导作用，说明提高电池性能主要受室温下电导的控制。众所周知，NCM 材料在循环过程中容易发生溶解过渡金属，特别是在高温和高电流密度下，导致材料的循环稳定性较差。因此，研究添加剂对高温下锂离子电池性能的影响是十分必要的。图 6.8.6（c）比较了这四种软包全电池在 3.0C@50℃ 下的循环性能，正如预期的那样，NCM‐Al_2O_3&Gs 的电池在循环 400 次后可逆容量保持最好。同时，从整体上看，添加 Al_2O_3 的两个样品电池的电化学性能都优于添加 Gs 的电池，表明 Al_2O_3 在改善循环稳定性方面起着很好的主导作用。正如之前的研究指出的，添加 Al_2O_3 的 NCM 正极可以增强界面相容性，并进一步提高其高温下的锂离子电池性能。因为当在高温下测试时，由于金属离子在电极材料中溶解所引起的电解质分解、界面相容性恶化和结构不稳定等问题，会降低电极的导电性，在电池内部产生大量热量，最终导致锂离子电池性能下降。因此，对于 NCM‐Al_2O_3&Gs 电池，添加 Al_2O_3 可以有效降低电解液的酸度，有利于减少 NCM 的侵蚀，提高其循环稳定性；而 Gs 的加入可以改善电极的电导率，促进锂离子的迁移动力学，提高电极的散热

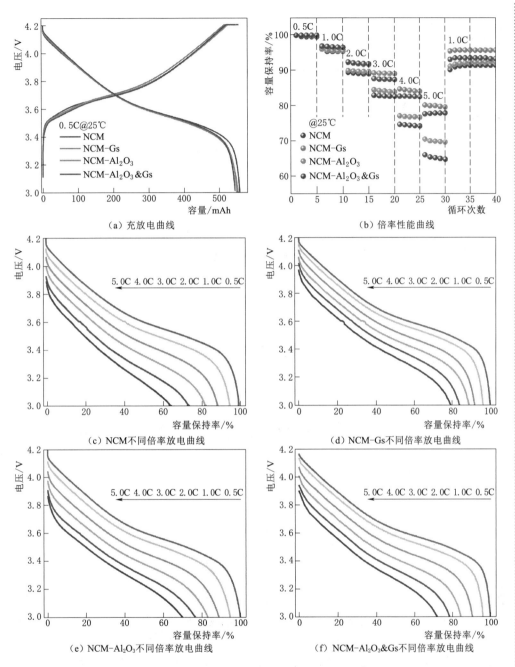

图 6.8.5　NCM、NCM－Gs、NCM－Al₂O₃ 和 NCM－Al₂O₃&Gs 的电化学性能图

能力，增强电极的安全性。

　　对软包全电池放电过程中产生的热量进行评价，在实际应用中具有重要意义。正极温度过高会加剧电解液分解、不可逆相变和过渡金属元素溶解的问题，而对负极而言，SEI 膜的过多生长会加速，导致消耗电池内有限的锂离子，引起可逆容量的损失。如图 6.8.7 所示，通过红外热成像技术记录了在 5.0C 放电条件下，不同

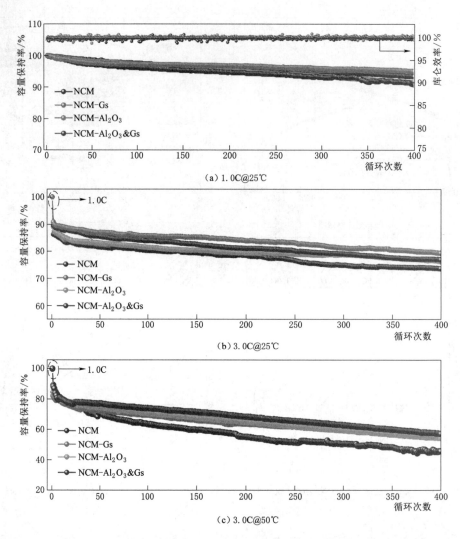

（a）1.0C@25℃

（b）3.0C@25℃

（c）3.0C@50℃

图 6.8.6　NCM、NCM‐Gs、NCM‐Al$_2$O$_3$ 和 NCM‐Al$_2$O$_3$&Gs 在
各种电流密度和条件下的循环性能图

放电深度（DOD）下全电池表面的平均温度分布情况。从图 6.8.7（b）可以看出，在放电过程中，这四种电池表面的平均温度分布较为均匀，进一步说明电池制备工艺较为稳定一致。此外，从图 6.8.7（c）可以得到，在 DOD 为 0 时，四种电池的表面温度保持在 25.0℃，并随着 DOD 的增加而升高。其中 DOD 在 100% 时，NCM、NCM‐Gs、NCM‐Al$_2$O$_3$ 和 NCM‐Al$_2$O$_3$&Gs 电池的表面平均温度分别为 40.8℃、38.1℃、39.7℃和 38.6℃。因此，添加高导热系数的 Gs 能有效促进电池的散热，使电池的温度分布更为均匀，这样可提高锂离子的扩散动力学，得到稳定的界面兼容性，特别是在大电流密度时。以上结果与图 6.8.6（b）和（c）所示的四种电池在 3.0C 下的循环性能一致。值得注意的是，NCM‐Gs 和 NCM‐Al$_2$O$_3$&Gs 在 3.0C@50℃的循环性能与 5.0C 时的温度依赖性略有不同；在较高的

温度时，电解质容易发生副反应并产生少量 HF，Al_2O_3 纳米颗粒能缓解 NCM 活性材料与电解质之间的副反应，增强 NCM 的结构稳定性，改善电解质与活性材料的界面相容性。

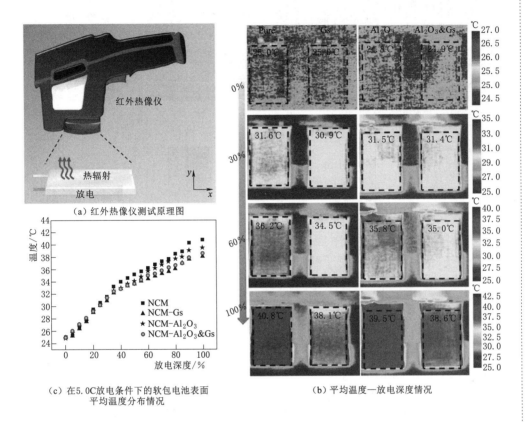

（a）红外热像仪测试原理图

（c）在5.0C放电条件下的软包电池表面平均温度分布情况

（b）平均温度—放电深度情况

图 6.8.7　不同样品的平均温度与放电深度的关系

如图 6.8.8 所示，通过针刺试验探究软包电池在 100％荷电状态（SOC）下的安全性，其中图 6.8.8（a）～（c）为针刺穿透的热成像和测试设备的照片。进一步比较图 6.8.8（d）和（e）可得，NCM 电池的温度在针刺后 60s 跃升至 80℃，350s 后冷却至 46℃，而 NCM－Al_2O_3&Gs 针刺后 85s 升温到 70℃，冷却后维持在 40℃。因此，说明 NCM－Al_2O_3&Gs 的电池产热较慢，放热较快，进一步证实了添加具有优良导热性和界面相容性的 Gs 和 Al_2O_3 对电池散热具有提高的作用。此外，在针刺试验中，电池没有发生火灾和爆炸，表明在电极中添加 Gs 和 Al_2O_3 可以显著提高 NCM 正极材料的软包电池的热安全性。

本实验中通过简单高效的液相搅拌方式将石墨烯和 Al_2O_3 纳米颗粒添加到 NCM523 活性材料中，可以显著提高综合电化学性能，包括循环稳定性、倍率性能和热稳定性。说明添加物有助于抑制电解液与活性材料间的副反应，减小电极的极化；添加具有优良导热性和界面相容性的 Gs 和 Al_2O_3 对电池散热具有提高的作用。

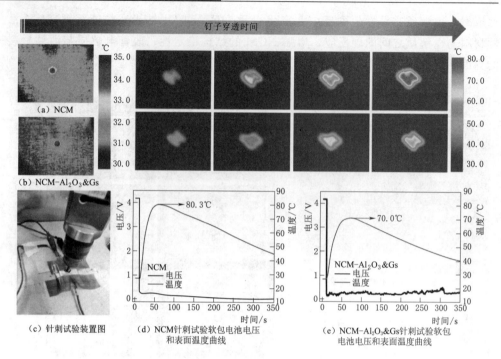

图 6.8.8　红外热像仪研究针刺穿透过程中软包电池的温度分布情况

参 考 文 献

[1]　Weng, W.; Lin, J.; Du, Y.; Ge, X.; Zhou, X.; Bao, J. Template‐free synthesis of metal oxide hollow micro‐/nanospheres via Ostwald ripening for lithium‐ion batteries [J]. Journal of Materials Chemistry A 2018, 6 (22), 10168‐10175.

[2]　Kim, H.; Lee, S.; Cho, H.; Kim, J.; Lee, J.; Park, S.; Joo, S. H.; Kim, S. H.; Cho, Y. G.; Song, H. K.; Kwak, S. K.; Cho, J. Enhancing interfacial bonding between anisotropically oriented grains using a glue‐Nanofiller for advanced Li‐Ion Battery cathode [J]. Advanced Materials, 2016, 28 (23), 4705‐12.

[3]　Liu, S.; Xiong, L.; He, C. Long cycle life lithium ion battery with lithium nickel cobalt manganese oxide (NCM) cathode [J]. Journal of Power Sources, 2014, 261, 285‐291.

[4]　Schipper, F.; Erickson, E. M.; Erk, C.; Shin, J.‐Y.; Chesneau, F. F.; Aurbach, D. Review—recent advances and remaining challenges for lithium ion battery cathodes [J]. Journal of The Electrochemical Society, 2016, 164 (1), A6220‐A6228.

[5]　Pham, H. Q.; Kim, G.; Jung, H. M.; Song, S.‐W. Fluorinated polyimide as a novel high‐voltage binder for high‐capacity cathode of lithium‐ion batteries [J]. Advanced Functional Materials, 2018, 28 (2), 1704690‐1704698.

[6]　Lee, Y. S.; Shin, W. K.; Kannan, A. G.; Koo, S. M.; Kim, D. W. Improvement of the cycling performance and thermal stability of lithium‐ion cells by double‐layer coating of cathode materials with Al_2O_3 nanoparticles and conductive polymer [J]. ACS Appl Mater Interfaces, 2015, 7 (25), 13944‐51.

[7]　He, J.‐r.; Chen, Y.‐f.; Li, P.‐j.; Wang, Z.‐g.; Qi, F.; Liu, J.‐b. Synthesis and electrochemical properties of graphene‐modified $LiCo_{1/3}Ni_{1/3}Mn_{1/3}O_2$ cathodes for lithium ion batteries [J]. RSC Advances, 2014, 4 (5), 2568‐2572.

第 7 章　18650 圆柱形磷酸铁锂‖石墨锂电池的工业化制备及电池综合性能检测

实验 7.1　正负电极的浆料配制

一、实验目的

1. 掌握配料中物料配比原理及其作用。
2. 掌握配料工序的基本操作流程和规范，基本参数的检测和调节方法。
3. 了解匀浆时长、温度、转数以及真空度对浆料性能的影响。

二、实验原理

18650 柱状锂离子电池的工业化制备包括配料、涂布、烘烤、辊压、制片及卷绕、焊帽、注液、电池封装及化成等环节。浆料制备是锂离子电池生产的第一道工艺，混料工艺在锂离子电池的整个生产工艺中对产品的品质影响度大于 30%，其质量好坏直接决定了电池的品质和均一化程度。配料是按照计量比将活性物质、黏结剂、导电剂以及添加剂通过机械搅拌物理混合形成均一并具有一定黏性的混合悬浮液的过程。

三、实验原材料、试剂及仪器设备

本实验所涉及的主要化学试剂有：磷酸铁锂、聚偏氟乙烯（PVDF）、导电炭黑（Super-P）、N-甲基吡咯烷酮（NMP）、负极石墨（TB-17）、羧甲基纤维素钠（CMC）、丁苯橡胶（SBR）、去离子水。

本实验所使用的主要材料制备仪器有：隔离式自动真空烤箱（型号：XKX7-210A）、真空搅拌机（型号：XFZH-02L）、低温冷却液循环泵（型号：DLSB-5/10）、电子天平（型号：JJ5000）、筛网（型号：100目/150目）、旋转黏度计（型号NDJ-9S）、烧杯 1000mL。

四、实验内容与要求

1. 配方要求

正极材料类型：磷酸铁锂；负极材料类型：石墨（TB-17）；其正负极浆料配

比见表 7.1.1 和表 7.1.2。

表 7.1.1　　　　　　　　　　　　正极浆料配比（质量比）

正极材料	黏结剂	导电剂	溶　剂
$LiFePO_4$	PVDF	Super – P	NMP
92.0%	4.0%	4.0%	50.0%

表 7.1.2　　　　　　　　　　　　负极浆料配比（质量比）

负极材料	分散剂	导电剂	黏结剂	溶　剂
石墨	CMC	Super – P	SBR	去离子水
94.5%	1.5%	2.0%	2.0%	45.0%~50.0%

正极材料烘烤：$LiFePO_4$、PVDF、Super – P 放在烘箱里以 80℃真空烘烤。

2. 配料流程

（1）正极配料流程如图 7.1.1 所示。

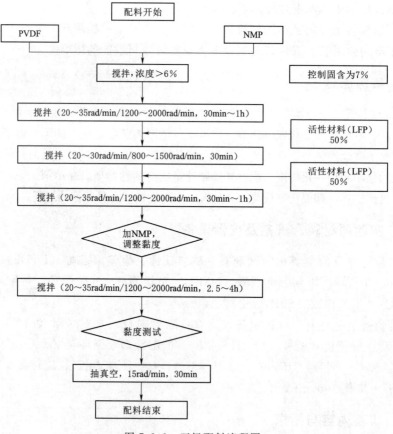

图 7.1.1　正极配料流程图

（2）负极配料流程如图 7.1.2 所示。

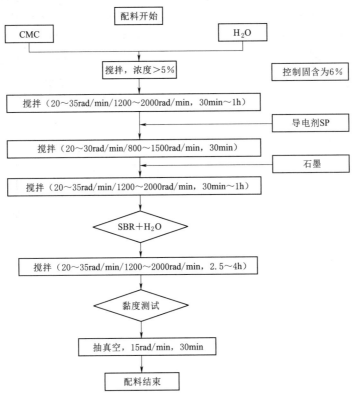

图 7.1.2 负极配料流程图

五、实验记录与数据处理

（1）正极制浆实验记录，见表 7.1.3。

表 7.1.3　　　　　　　　　正极浆料配置参考记录表

参数 ＼ 正极耗材	NMP	PVDF	Super-P	LiFePO$_4$
用料质量				
投料时间				
转数				
浆料温度				
固含量				
黏度				
细度				

（2）负极制浆实验记录，见表 7.1.4。

表 7.1.4　　　　　　　　　　　　负极浆料配置参考记录表

参数 \ 负极耗材	CMC	Super-P	石墨	SBR	H_2O
用料质量					
投料时间					
转数					
浆料温度					
固含量					
黏度					
细度					

六、思考题

1. 配料实验中，固含量怎么测试？请给出计算公式。

2. 评估浆料品质的检测项目有哪些？

3. 导电剂在电极中的理想分布状态应该是怎样的？

实验 7.2　正负电极的涂布及烘干处理

一、实验目的

1. 掌握锂离子软包全电池的涂布工序的操作原理，熟悉操作要点。
2. 理解涂布工序对电池性能的影响机制和内在关联。
3. 了解涂布工序发生的异常情况及其处理方式。

二、实验原理

涂布工艺是一种基于对流体物理性的研究，将一层或者多层液体涂覆在一种基材上的工艺，基材通常为柔性的薄膜或者衬纸，然后涂覆的液体涂层经过烘箱干燥或者固化方式使之形成一层具有特殊功能的膜层。锂离子电池浆料涂布是继制备浆料完成后的下一道工序，此工序主要目的是将稳定性好、黏度好、流动性好的浆料均匀地涂覆在正负极集流体上。请同学参考实验 6.2，已经详细介绍了锂离子电池极片涂布工艺分类、极片涂布对锂离子电池的成品率和性能的影响。涂布的具体流程如图 7.2.1 所示，浆料的黏度、烘箱的温度、涂布运行的速度、面密度的大小、双面的对齐度等对涂布的均匀性都有影响。

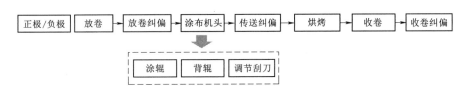

图 7.2.1　涂布的具体流程图

三、实验原材料、试剂及仪器设备

本实验所使用的原料有：已制备参数符合要求的正极、负极浆料。

本实验所使用的主要材料制备仪器有：涂布机 NMP 回收系统、电子天平、数显千分尺、卷尺、大头针、圆盘取样器。

四、实验内容及实验步骤

1. 实验内容

将正极和负极浆料过筛，然后分别均匀地涂布在铝箔（正极集流体）和铜箔（负极集流体）上，并留出未涂布区作为极耳区。正负极极片涂膜和留白的参数值如图 7.2.2 所示，涂布主要参数如表 7.2.1 所示，涂布后的极片进入涂布机烘箱烘烤，烘烤温度如表 7.2.2 所示，以完全烘干为准。

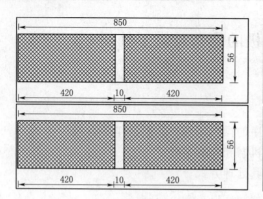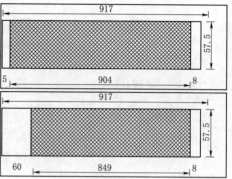

图 7.2.2　正负极极片的涂布工艺参数示意图

表 7.2.1　　　　　　　　　　　　正负极涂布的主要参数值　　　　　　　　　　　单位：g/m²

正极双面面密度	铝箔面密度	负极双面面密度	铜箔面密度
260±4	40.5	110±3	88.0

表 7.2.2　　　　　　　　　　　　　　正负极涂布烘箱设定

正极	第一阶段温度/℃	第二阶段温度/℃	第三阶段温度/℃
	80～100	90～110	80～110
负极	第一阶段温度/℃	第二阶段温度/℃	第三阶段温度/℃
	80～100	90～110	80～100

2. 实验步骤

（1）设备开机（包括开启涂布机、空气压缩机和 NMP 回收系统的电源）。

（2）清理设备，将待用的铝箔放入机头位置并进行接带操作，纠偏回中，逗号刀回零和背辊回零，调节背辊和涂辊的平行度和松紧度；安装料槽。

（3）试涂布，开始单面涂布前的参数设置，包括片路参数、逗号刀参数、涂布运行速度和背辊参数，开启"单面涂布"进行单面首件检查（试涂 2～3 片极片）。

（4）烘干后，使用电子天平称重得到单面面密度，若符合工艺要求，则可顺利通过首件检查环节，若面密度不符合要求（偏大或者偏小），重新输入计算修正后的逗号刀高度值，使用卷尺测量极片左右侧厚度检查和涂长、留白尺寸。

（5）单面涂布：待首件检查合格后方可开始单面涂布。

（6）双面涂布：单面收卷完成后进行双面涂布，并重复步骤（2）～（3），首件合格后方可开始双面涂布。

（7）结束工作：将涂好的极片卷收起来，放至真空干燥箱以 120℃进一步烘烤，并且清洗设备，关闭电源、气源和回收系统。

五、实验记录

实验参数记录如表 7.2.3 所示。

表 7.2.3   **涂 布 实 验 参 数 记 录**

参数	浆料固含量	浆料黏度	逗号刀参数	运行速度	单面面密度	双面面密度	片路设定	烘箱实际温度
正极涂布								
负极涂布								

六、习题

1. 涂布过程中，若面密度偏大或偏小对电池性能有怎样的影响？

2. 涂布调试中出现面密度偏大该怎么处理？

3. 请分析涂布中出现极片未烘干，导致出现粘辊现象的原因以及处理办法。

4. 常见的极片表面缺陷有哪些？如何产生的？对电池性能有哪些影响？

实验 7.3 正负电极极片的辊压

一、实验目的

1. 掌握锂离子软包全电池的辊压工序的操作原理，熟悉操作要点。
2. 理解辊压工序对电池性能的影响机制和内在关联。
3. 了解辊压工序发生的异常情况及其处理方式。

二、实验原理

辊压是将涂布后的极片进一步压实，从而提高电池的能量密度。辊压后极片的平整程度会直接影响后序分切工艺的加工效果，而极片活性物质的均匀程度也会间接影响电芯性能。电池极片辊压可以增加正负极材料的压实密度，增大电池的放电容量、减小内阻、减小电池极化和改善电池循环寿命。辊压流程如图 7.3.1 所示，辊压的微观过程分析详见实验 6.3。影响极片辊压质量的内因是极片缺陷，影响极片辊压质量的外因是辊压条件，辊压条件的变化也会影响极片辊压质量，条件变化包括工艺参数变动及设备带来的变化。在实际生产过程中控制的参数主要包括辊压的压力、可调间隙和辊压的转速。

正极/负极 → 放卷 → 放卷纠偏 → 对辊 → 收卷纠偏 → 收卷

图 7.3.1 辊压流程图

三、实验原材料、试剂及仪器设备

（1）本实验材料：正负极极片参数见表 7.3.1。

表 7.3.1 正负极极片参数 单位：g/m²

正极双面面密度	负极双面面密度
260±4	110±3

（2）本实验所使用的主要材料制备仪器有：对辊机（型号 LDY400-N45）、数显千分尺（型号 0～25mm、0.001mm）。

四、实验内容及步骤

1. 实验内容
完成极片的辊压作业，辊压参数如表 7.3.2 所示。

表 7.3.2 正负极极片辊压参数

参数	压实密度/(g/cm³)	厚度/μm
正极	2.20	133±3
负极	1.53	81±3

2. 实验步骤

（1）开机，选用单动模式，用无尘纸擦拭上下钢辊和机头机尾。

（2）安装箔卷：将电极卷穿入放卷轴中，同时在收卷侧穿入一个空收卷芯，并将机头的箔材牵引至机尾进行接带，并设置好纠偏装置，开启自动纠偏。

（3）调整张力控制和纠偏设置，使极片收卷后松紧适当。

（4）根据表 7.3.2 的辊压工艺参数要求的辊压厚度，设置一定的压力、伺服和线速度，对极片进行试碾压处理，若碾压后的厚度不合格，应根据实际工艺要求对其进行调节，直至辊压厚度符合工艺标准，然后开启自动辊压，直至全部极片辊压完毕，并做好记录。

（5）作业完毕，清洁保养设备，清理仪器，摆放好物品后，关闭电源开关，有序离开操作间。

五、实验记录

实验过程数据记录见表 7.3.3。

表 7.3.3　　　　　　　　实 验 过 程 数 据 记 录

内　容	正极辊压		负极辊压	
压力设定值				
线速度				
伺服相对坐标	传动侧	操作侧	传动侧	操作侧
伺服绝对坐标	传动侧	操作侧	传动侧	操作侧
实测压实厚度				

六、习题

1. 辊压压力偏大会造成怎样的结果？对极片有怎样的影响？

2. 辊压时，厚度压不下去可能的原因有哪些？如何调控？

3. 辊压对于成品全电池有哪些影响？建议从电芯电阻，以及参考后续几个章节的化成和分容方面考虑。

7-1　正负极片的分条、焊接及包胶

实验 7.4　正负电极极片的裁切、极耳焊接及包胶

一、实验目的

1. 掌握裁切工艺的要求，熟悉操作要点。

2. 了解裁切边缘质量对电池性能的影响机制及其改进措施。

3. 掌握极耳焊接的技术要求，熟悉极耳焊接操作要点。

二、实验原理

锂离子电池极片经过浆料涂敷、干燥和辊压之后，形成集流体及两面涂层的三层复合结构，然后根据电池设计结构和规格，再对极片进行裁切。分切流程如图 7.4.1 所示，锂离子电池极片裁切工艺分类和极片裁切过程边的质量及外观完整度对电池性能影响详见实验 6.4。极片裁切时的注意要点是裁切尺寸、毛刺检测和掉粉的问题。

图 7.4.1　极片分切流程图

极耳就是从电芯中将正负极引出来的金属导电体，锂离子电池的焊接是将正负极耳铆到极片的铝箔或铜箔上。锂离子电池的焊接有超声焊接、电阻焊和激光焊，电阻焊是将被焊工件压紧于两电极之间，并通以电流，利用电流流经工件接触面及邻近区域产生的电阻热将其加热到熔化或塑性状态，使之形成金属结合的一种方法。18650 柱状电池制作可用超声波金属点焊机将铝带作为极耳和正极片焊接，用微电脑高频逆变点焊机将镍带作为极耳与铜箔焊接。

极片贴胶是为了封住极耳部位可能的毛刺和绝缘，要注意控制阴阳极贴胶的位置和长度，防止贴胶露金属，18650 柱状电池正极包胶和焊接位置如图 7.4.2 所示，18650 柱状电池负极包胶和焊接位置如图 7.4.3 所示。

极片焊接和包胶的注意事项包括以下几个方面：

（1）分切后的极片两侧一定光滑，无毛刺，收接极片时，尽量少触碰两侧；

（2）务必调试好焊接参数，避免虚焊；

（3）注意保护手指，勿伸入机器的焊接部位；

（4）手动贴胶务必小心翻动极片，保证极片质量。

三、实验原材料、试剂及仪器设备

本实验所涉及的主要材料有：符合辊压工艺参数要求的电极片、镍带铝带。

本实验所使用的主要材料制备仪器有：双针点焊机（SWM—2000）、超声波金

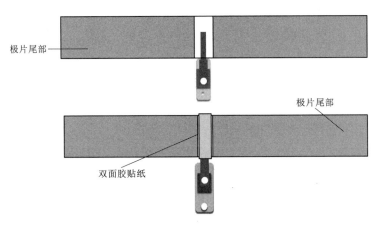

图 7.4.2 正极包胶和焊接位置图

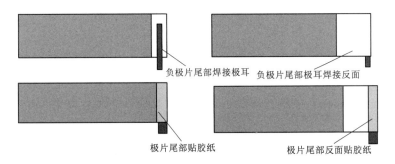

图 7.4.3 负极包胶和焊接位置图

属焊接（UM-40）、间歇式切片机（DYG-140B）、正极分条机、负极分条机。

四、实验步骤

1. 极片分条

（1）确认极片是否符合工艺要求，确认好生产工艺、规格型号；

（2）调节分条机、试裁切，检查试样是否有毛刺；

（3）进行分条，作业完毕，关闭设备，做好实验记录。

2. 极耳焊接

（1）确定电极的端面形状和尺寸、极耳尺寸、分切机刀口尺寸；

（2）开机调试设备，初步选定焊接功率和焊接时间；

（3）试样焊接符合工艺要求，需满足确保极耳焊接牢固，避免出现虚焊现象，导致电池的内阻增大，极耳与极片相对位置符合工艺要求；

（4）进行焊接，作业完毕，关闭设备，做好实验记录。

3. 包胶

由于极耳与极片焊接处容易出现毛刺、凸起，在卷绕过程中刺穿隔膜，因此，使用高温绝缘胶对毛刺等进行覆盖，这样既可避免毛刺刺穿隔膜导致微短路，影响电池性能；又可进一步加固焊接位置。取符合工艺要求的绿胶将焊接处贴紧，不覆盖到涂料,不露出铝箔,不褶皱。

五、实验记录

实验过程参数记录见表 7.4.1。

表 7.4.1   实验过程参数记录

正 极 极 耳 焊 接		
功率	延时时长	压力
负 极 极 耳 焊 接		
温度	延时时长	压力
极 片 分 条 尺 寸		
正极	负极	

六、习题

1. 极片转运过程中毛刺和粉尘产生的原因有哪些?

2. 根据毛刺和粉尘产生的原因,解决方案有哪些?

3. 极片分切中存在的主要缺陷有哪些?

实验 7.5 正负电极极片的卷绕、入壳、点底焊、辊槽及焊盖

7-2 极片卷绕、辊槽、底点焊以及焊帽

一、实验目的

1. 熟悉 18650 圆柱形全电池极片的卷绕、入壳、辊槽、点底焊及焊盖工序。
2. 掌握 18650 圆柱形全电池卷绕工序的要点。
3. 了解各工序制作过程中的具体参数。

二、实验原理

电极片经过前段工序（极耳焊机与包胶）后，如图 7.5.1 所示，将会进行卷绕、入壳、点底焊、辊槽及焊盖工序。

卷绕过程是把正负极极片和隔膜制作成电芯，它是锂离子电池制作过程中的核心工序。图 7.5.2 给出的是它卷绕前的正面图和截面图，以下是具体操作步骤：开启半自动卷绕机，按照仪器使用说明书设置好参数，取正负极极片各两片进行调试，将卷绕好的调试电芯进行检查，确保其负极极片可以完全包住正极极片且电芯完整未损坏，调试成功后开始进行极片的卷绕。把制作成功的正负极极片放入卷绕机中，检查卷绕情况，若电芯有问题则取出正负极极片备用，如果电芯没有问题就继续下一个电芯的卷绕。卷绕过程中要注意以下几点：①开始卷绕工作前应注意筛选出没有产生破损的正负极片进行卷绕；②卷绕时应该保证隔膜完全包覆负极极片，而负极极片要完全覆盖正极；③极片在辊压之后应尽快完成极片分切、极耳的焊接与贴胶及卷绕过程，否则极片会因为放置太久产生膨胀而在卷绕之后难以入壳。

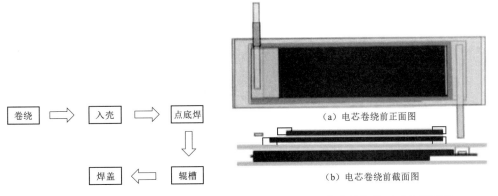

图 7.5.1 18650 圆柱形全电池部分制作工艺流程图

图 7.5.2 电芯卷绕前正面和截面图

（a）电芯卷绕前正面图

（b）电芯卷绕前截面图

如图 7.5.3 所示，将卷绕好的电芯进行检查后，在上下极耳处安装上、下绝缘垫片。将电芯正极耳朝上，负极耳朝下装入钢壳，并判断电芯入壳的难易程度；若无法轻松入壳，不可使用外力挤压入壳，否则电芯当中的极片与隔膜褶皱，造成测

试过程产生内短路。应先判断卷针是否松动，机器参数是否正确，再判断隔膜层是否多余以及极片辊压参数是否正确，再做出相应调整，直到成功入壳。随后通过焊针将电芯的负极耳与钢壳焊接在一起，其目的是将整个钢壳作为负极。并且检查电芯的负极极耳在被焊接之后是否还会存在脱落现象，倘若脱落的话则微调参数（如增加焊接电流或调节气压等），直至确保负极耳与钢壳连接处牢固。

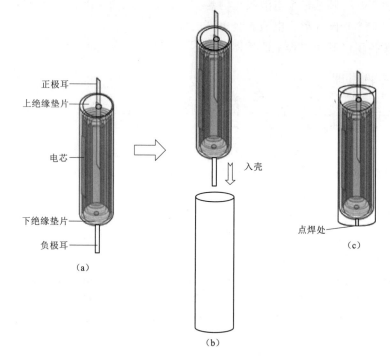

图 7.5.3   电芯安装上、下绝缘垫片及入壳工序流程图

电芯点底焊后，即可对其进行辊槽，电池钢壳辊槽后如图 7.5.4 所示。使用凸

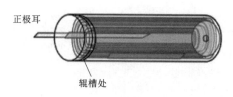

图 7.5.4   电池钢壳辊槽示意图

轮式启动滚槽机对钢壳外壁靠正极耳侧进行辊槽处理，其目的是内挤压出小圆弧以挡住正极帽，防止电芯因正极帽挤压而变形。这里，使用空壳对仪器进行调试，检查在其运行后电池壳是否会发生破损、变形等现象，倘若有损坏，将仪器调试到稳定状态。

电芯入壳后，对其进行上盖焊接是重要的一个步骤，焊盖的质量影响着电池的安全性能。如图 7.5.5 所示，电池上盖的组成部分及作用分别为：上顶盖——支撑以及保护内部部件；垫片——隔绝上盖等部件与钢壳的接触；热敏电阻——当电池内部热量积聚，使电池温度达到一定预警值时，其将切断电流，阻止电池内部进一步的化学反应产热；泄气开关——若电池内部因短路发生剧烈反应，同时伴随大量的气体生成，当电池内部的气体达到一定的阈值时，该开关将被翻转打开进行泄气，防止压力过大引起爆炸等危险情况；电流切断机构——电流断开装置。除了电池上盖内部部件的这些功能，其还具有密封功能，即能够防止水分或者空气的入侵以及防止电解液的蒸发。因此，电池上盖的焊接效果对电池的整体性能至关重要，应当充分掌握焊接过程的操作要求。

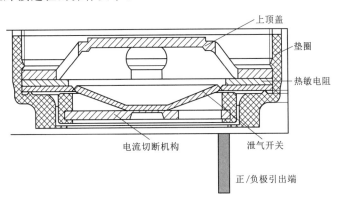

图 7.5.5　电池上盖结构示意图

三、实验原材料及仪器

本实验耗材主要有：正负极电极片、上垫片、下垫片、钢壳、18650 上盖。

本实验所使用的主要材料仪器有：半自动卷绕机、点底焊机、凸轮式气动滚槽机、激光焊接机。

四、实验内容

1. 卷绕

（1）准备好正负极片，按照工艺要求进行正负极片重要配对后方可卷绕。

（2）上料，取出待作业正负极片置于料槽内。

（3）启动卷绕，按照顺序点击显示器上的开关按钮，完成卷绕。卷绕结束后，应检查卷芯是否平整，松紧度是否良好，符合要求的即为合格品，否则需要拆解下正负极片重新卷绕。

卷绕的注意事项包括以下几个方面：

1）负极必须包住正极。

2）卷绕时，前两半圈稍稍放松，以防卷断极片，然后再卷紧。

3）工作台面一定要保持清洁，且物料盘中的正负极片不可混在一起，应严格分开，防止正负极活性物质颗粒黏附在隔膜或极片上造成电池短路或微短路。

4）卷绕时极片要严格按工艺要求准确放到位。

5）次品应做好标记，次品与合格品应严格分开。

2. 入壳

（1）取卷绕结束后的电芯使用下绝缘垫片穿过负极耳并对折负极耳；

（2）取 18650 钢壳，将卷芯负极朝下整齐装入钢壳。

3. 点底焊

（1）如图 7.5.6 所示，点焊机上下两个输出端，下端为块铜板（铜板大小约为 30mm×60mm，厚 6～8mm），上端下压式接触端焊针为尖头式焊针（焊针直径 2～2.5mm）。

图 7.5.6　点底焊机实物图

（2）点焊：打开点焊机电源，取一个待点底焊的电芯，将点底焊针逆时针旋入电心中心位置，放在点焊台上踩下脚踏板，焊针经过两次延时将负极耳焊接在钢壳底部；焊接完成后拔出点底焊针，将上垫片穿过正极耳，并将正极耳对折压住。

（3）放置上绝缘垫片：取点焊完成后的电芯用上绝缘垫片穿过正极耳并将其对折压住垫片，完成操作。

点底焊的注意事项包括以下几个方面：

1）调节参数与压力时不可以过大；

2）插入点底焊针时不可以顺时针旋转，也不可以用力往下插，以免破坏电芯隔膜或者极片；

3）焊接完成后要确定电芯与钢壳焊接牢固；

4）点底焊的过程中禁止将手放在点底焊机，以免压伤手。

4. 激光焊机

（1）开机和调节焊接参数包括频率、电流和脉冲，严格按照激光焊机操作规程开机并设置相应参数；

（2）将正极耳与上盖下侧（图 7.5.5）进行焊接；

（3）调整好焊接的位点，在其相邻位置继续焊接 5～6 个位点，防止出现虚焊。

激光焊的注意事项包括以下几个方面：

1）严格按激光焊接机操作规程开机；

2）注意操作安全，发生异常现象及时停机；

3）保证焊接牢固性。

五、实验记录

点底焊、激光焊实验过程参数记录分别见表 7.5.1 和表 7.5.2。

表 7.5.1　　　　　　　　　　点底焊实验过程参数记录

内　容	第一次延时时长	第二次延时时长	压　力
点底焊			

表 7.5.2		激光焊实验过程参数记录	
内　容	频　率	电　流	脉　冲
激光焊			

六、习题

1. 卷绕过程发现负极极片露箔，是否能继续使用，若能，对其性能有何影响；若不能请叙述原因。同理正极极片出现相应状况呢？

2. 在激光焊焊接上盖当中，若出现虚焊，可能与哪些因素有关？

七、拓展

激光焊接是把能量密度很高的激光束照射到工件上，使工件受热熔化，然后冷却得到焊缝。

1. 激光焊的特点

（1）聚焦后的功率密度高。

（2）焊接速度快。

（3）工件变形小。

（4）能焊难熔的、热敏感性强的、热物理性能差异悬殊的材料（钛、石英）。

（5）可穿过透明介质（玻璃）对密闭容器内的工件焊接。

（6）激光束不受电磁干扰、无磁偏吹现象能焊接磁性材料（电磁场）。

（7）可借助反射镜使光束达到一般焊接方法无法焊的部位（非接触焊接）。

（8）不需要真空室，不产生 X 射线。

激光焊的不足之处是设备的一次投资大，对高反射率的金属直接进行焊接较困难。

2. 激光焊机的原理

激光电源首先把脉冲氙灯点着，通过激光电源对氙灯脉冲放电，形成一定频率、一定脉宽的光波，该光波经过聚光腔辐射到 YAG 激光晶体上，激发 YAG 激光晶体发光，再经过激光谐振腔谐振之后，发出波长为 $1.06\mu m$ 脉冲激光，该脉冲激光经过扩束、反射、聚焦后打在所要焊接的物体上；在 PLC 的控制下，移动数控工作台，从而完成焊接。

接头质量主要取决于熔核尺寸（直径和熔深）、熔核本身及热影响区的金属显微组织及缺陷情况。

3. 工艺参数的选择

（1）脉冲能量。

1）它主要影响金属的熔化量，当能量增大时焊点的熔深和直径增加，强度也跟着增加。

2）由于光脉冲能量分布不均匀性，最大熔深总是出现在光束的中心部位，而焊点直径也总是小于光斑直径。

（2）脉冲宽度。

1）它主要影响熔深，进而影响接头强度。当脉冲宽度增加时，脉冲能量增加，在一定的范围内焊点熔深和直径也增加。因而接头强度随之也增加，然而；当脉冲宽度超过一定值以后，一方面热传导所造成的热损耗增加，另一方面，强烈的蒸发最终导致了焊点截面积减小、接头强度下降。

2）大量研究和实践表明，脉冲激光焊接的脉宽下限不低于 1ms，上限不高于 3ms。

（3）脉冲形状。

1）由于材料的反射率随工件表面温度的变化而变化，所以脉冲形状对材料的反射率有间接影响。

2）激光开始作用时，由于材料表面为室温，反射率很高；随着温度的升高，反射率迅速下降；当材料处于熔化状态时，反射率基本稳定在某一值。

（4）离焦量。

1）一定的离焦量可以使光斑能量的分布相对均匀；且在一定的激光功率和焊接速度下，只有焦点处于最佳位置内才能获得最大熔深和好的焊缝形状。

2）光束焦点位置是影响焊接质量的关键参数，同时也是最难检测和控制的工艺参数。

3）如工件表面的不平整性或实际工件的形状原因，使得焊接过程中喷嘴至工件表面距离发生变化，从而导致离焦量（也就是焦点位置）的变化，那么激光焊接的熔深就难以保持稳定，甚至出现焊接强度不够、焊接不良等缺陷。

4）负离焦：焦点在工件表面的下方（即短距离）"V"。负离焦时熔深比较大，原因是：负焦时小孔内的功率密度比工件表面的高，蒸发更强烈。

5）正离焦：焦点在工件表面的上方（即长距离）适焊薄材料"钉头"形。

实验 7.6　电池电芯的烘烤、注液、封口及化成

7-3　柱状电池注液、封口、化成

一、实验目的

1. 熟悉 18650 圆柱形电池电芯烘烤、注液、封口及化成的制作工艺要求。
2. 掌握实验过程出现异常的处理方法。
3. 理解电芯封口的原理及化成的目的。

二、实验原理

电芯经过前段裁切、极耳焊接及包胶工序后。如图 7.6.1 所示，将按照电芯烘烤、注液、封口及化成步骤，完成电池的制作。

圆柱电芯经过滚槽之后，接下来就是非常重要的一步：烘烤。电芯在制作过程中，会带入一定的水分，如果不及时把水分控制在标准之内，将会严重影响电池性能的发挥和安全性能。一般采用自动真空烤箱进行烘烤，整齐放入待烘烤电芯，设置参数，加热升温至 80℃（以磷酸铁锂/石墨电芯举例），需要经过长时间的真空干燥。

图 7.6.1　电芯烘烤、注液、封口及化成流程图

将烘烤后的电芯转移至手套箱，按照工艺要求进行注液。待电解液浸润完全后，即可将电池帽盖住钢壳，随后使用预封口机将上盖进行预封口。电池取出后，转移至全自动封口机再次封口，达到上盖与钢壳完全牢固的效果。

电池注液后，需静置 48h，以便电解液将正负极以及隔膜三者完全浸润，随后即可进行化成操作（其原理与作用见实验 6.5）。值得注意的是，18650 圆柱形电池与软包电池类似，化成过程都会产气。不同的是，18650 圆柱形内部气压达到一定阈值时，上盖的泄气开关会被顶开进行排气。而软包电池则利用气袋进行储气，在后续的二封阶段将气袋切除。

三、实验原材料及仪器

本实验耗材主要有：18650 电芯、电解液。

本实验所使用的主要材料仪器有：真空干燥箱、电子天平、预封口机、全自动封口机、蓝电电池测试仪。

四、实验内容

1. 电芯注液

（1）将电芯送入手套箱，并整齐摆放于手套箱平台上，使用电子天平称取电池的质量，并记录每个电池的初始重量。

（2）用滴管吸取电解液，将其加入电芯使正负极以及隔膜三者慢慢吸收电解液。由于注液量较大，无法一次性完成额定的质量；因此必须采取取少量多次的方

法。即待注液量快要达到工艺要求时，将电池放置于电子天平上，慢慢滴加电解液，观察电子天平示数，直至达到工艺所要求的注液量。

2. 封口

（1）用镊子将注液好的电池盖帽压好放入注液口，使用预封口机对其进行一次封口操作。

（2）将预封口后的电池转移至全自动封口机进行封口，封口后的电池钢壳外壁，盖帽等可能有少许液体，应使用酒精进行擦洗，以防止电解液的腐蚀。

3. 化成

打开化成柜开关及测试软件，将电池按照上正下负进行正确的安装，以表7.6.1的化成参数进行设置。

表 7.6.1　18650 电池化成参数

工步名称	时间/min	电流/C	上限电压/mV	截止电流/mA
恒流充电	60	0.02	3000	
恒流恒压充电	1200	0.2	3650	0.02

五、实验记录

电池注液质量记录见表7.6.2。

表 7.6.2　电池注液质量记录

序号	初始质量	第一次注液后质量	第二次注液后质量	第三次注液后质量
1				
2				
3				
4				
5				
⋮				

六、习题

1. 电芯注液后的预封口要保证其密封性，请分析其原因。

2. 在化成工序中，若电池正负极反向安装，则对电池的性能有何影响？

3. 电池注液量过多或过少对电池性能有何影响？

4. 化成电流的大小对电池性能有何影响？

七、拓展

所谓真空干燥，就是将待干燥的物料置于一个封闭空间中，用真空设备将封闭空间内的气压降至一个大气压下，与此同时不断地对物料进行加热，这样物料内的水分子由于压力差和浓度差的作用逐渐扩散到物料的表面，在物料表面获得足够的动能以后，逐渐克服分子间吸引力的束缚，逃逸到低气压的真空室中，然后通过真空泵排到大气中。真空干燥主要经历三个过程：

（1）传热过程，物料通过热源吸收热量，升温并将内部的湿分汽化；

（2）物料内部湿分液态传质过程，物料内部的水分以液态的形式向表面移动，然后在表面完成汽化；

（3）物料表面湿分的气态传质过程，在物料表面汽化的水蒸气逐渐逃逸到真空室内部，并通过真空室流向外界。

要完成以上的传热传质过程，温度、压力及浓度为关键控制因素：

1）温度：热源温度要明显大于物料的温度，满足自身温度升高以及湿分汽化所需的能量，温度越高，干燥越快。

2）浓度：指的是物料内部湿分的浓度，物料内部浓度要高于物料表面浓度，在毛细管力及浓度差的作用下，向表面迁移，最终使湿分的浓度不断降低。

3）压力：物料表面的蒸气压力要高于干燥箱内的蒸气分压力，这是真空干燥的核心理论。

实验 7.7　18650 圆柱形磷酸铁锂‖石墨锂电池的性能示例研究

一、实验目的

1. 了解磷酸铁锂正极材料的特点。
2. 熟悉磷酸铁锂正极材料的改性方法。
3. 掌握纳米 Si 修饰磷酸铁锂正极材料的界面特性。

二、实验原理

近期，商业磷酸铁锂电池被越来越多地运用在移动手机、便携式笔记本电脑以及电动车上。然而，由于碳负极界面 SEI 膜的不稳定性以及从材料中溶解出来的金属铁的催化性，会促进 SEI 膜的进一步生成，消耗更多的活性锂，使得磷酸铁锂电池面临着严重的容量衰减问题，尤其是在高温环境下。因此，许多实用的策略被提出用来有效地解决这些瓶颈问题，其中就包括碳包覆、活性材料或者极片的表面修饰等。这些方法中，直接的极片表面修饰尤其是对磷酸铁锂极片的表面修饰被认为是非常有前景的方法。研究发现，通过原子沉积技术在 $LiNi_{1/3}Co_{1/3}Mn_{1/3}O_2$ 极片上直接镀上适量厚度的固态电解质，被修饰之后的材料在电化学性能上得到了巨大的改善。此外，许多金属氧化物也被选择为包覆电极的候选材料。Si 作为半导体中的代表，也可以运用在表面修饰工程中。在这里 Si 充当着中间隔离层的角色，切断电解液中 HF 对活性材料的侵蚀，从而有力地抑制过渡金属的溶解。

基于纽扣电池，发现经纳米 Si 修饰的磷酸铁锂在高温下表现出低的颗粒粗化、良好的倍率性以及稳定的循环性。也有报道称，磷酸铁锂电池的电化学性能衰退是由于活性材料的晶格结构遭受到了破坏，使得 Fe^{3+} 溶解到电解液中，还有活性颗粒间的开裂降低电子转移电导，使得表面电阻剧烈上升以及电解液与电极界面间的副反应导致有限锂离子的消耗，而由于 SEI 膜的不稳定会导致新鲜的石墨表面再次暴露，此时就会促进电解液的又一轮分解，加剧副反应的进行。根据对磷酸铁锂电池在高温下老化机制的初步了解，在极片上进行 Si 修饰可提供有效途径来解决磷酸铁锂电池的老化问题，从而获得优异的电化学性能。

然而，许多关于磷酸铁锂的改性工作都是基于各种类型的纽扣电池，所使用到的活性材料是少量的，当将其运用到商业电池上时，改善的效果和改善的机理与纽扣相比可能会有所差别。本实验，结合全电池制备工艺组装成 18650 电池，研究纳米 Si 修饰的正极极片对锂离子电池电化学性能的影响。

三、实验原材料及仪器设备

本实验主要涉及的实验原材料和试剂主要有：磷酸铁锂、石墨、聚偏氟乙烯（PVDF）、碳纳米管（CNT）、N，N‐甲基吡咯烷酮、导电剂、羧甲基纤维素（CMC）、石墨（C）、丁苯橡胶（SBR）、纳米氮化钛（TiN）、铝塑膜、陶瓷隔膜、电解液。

本实验主要涉及的实验仪器主要有：电子天平、真空干燥箱、马弗炉、搅拌机、数字显示自动黏度计、自动间隙式涂布机、自动辊压机、正极制片机、负极制片机、自动叠片机、超声波金属焊接机、手动铝塑膜成型机、简易封边机、翻盖式真空预封机、手动热冷压机、转盘式二封机。

本实验主要涉及的测试仪器主要有：电化学工作站、X 射线衍射仪、扫描电子显微镜（SEM）、蓝电电池测试仪、高低温实验箱。

四、实验步骤

1. LiFePO$_4$‖石墨 18650 圆柱形全电池的制备

以锂离子全电池工艺为基础，按照物料烘烤、制浆、涂布、辊压、裁切、极耳焊接、包胶、卷绕、入壳、辊槽、点底焊、焊盖、烘烤、注液、封口及化成等多步工序，完成 LiFePO$_4$‖石墨圆柱电池的制备。值得注意的是，本实验在电池正极片涂布之后，通过简易的超声喷雾技术，将纳米 Si 均匀地沉积在磷酸铁锂极片上，具体的操作如图 7.7.1 所示。这里，无喷雾和喷雾的样品标记分别为 LiFePO$_4$@C 和 LiFePO$_4$@C - Si。

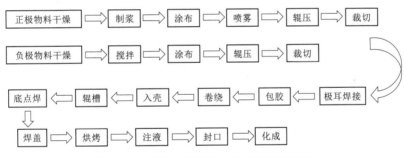

图 7.7.1 18650 圆柱形全电池制备流程图

2. 纳米 Si 修饰磷酸铁锂极片

首先是配制浓度为 0.1mol/L 纳米 Si 溶液，将适量的 SBR 溶解在去离子水中并持续地搅拌。而后，将乙醇溶液与纳米 Si 粉分别加入到上述溶液中持续超声振荡搅拌，其中乙醇溶液体积与去离子水体积的比值为 4∶1。待纳米 Si 颗粒均匀地在溶液中分散开，就可以开展磷酸铁锂极片的表面修饰工作。Si 溶液经过超声喷头的超声雾化作用会形成微小的雾化液滴，在自重力的牵引下沉积在磷酸铁锂极片上，100℃的衬底温度会加速溶剂的挥发，从而实现磷酸铁锂极片表面均匀的纳米 Si 修饰（图 7.7.2）。其中，喷涂的工作距离控制在 12cm，喷涂速率为 2mL/min。

五、材料表征及性能测试

1. 材料表征

采用 X 射线衍射仪对复合材料进行晶相结构的分析；采用扫描电子显微镜观察

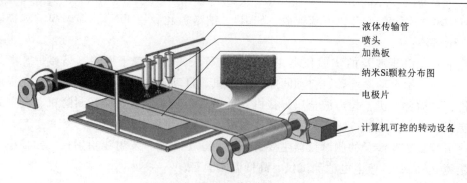

图 7.7.2　超声喷雾装置示意图

样品的微观形貌；采用拉曼仪测试电极表层物质信息，利用原子力显微镜观测电池表面形态。

2. 锂离子电池电化学性能测试

电池常温下的循环性能测试电压范围在 2.5～3.65V 之间。经过两天 60℃的储存之后，继续在 60℃的高温下进行相同的电压范围内的循环性能测试。电池先是以 0.2C 进行恒流充电，随后开始恒压充电直至充电电流小于 0.02C（1C＝1500mA）。放电时是以恒流的形式进行放电，到 2.5V 截止放电行为。电池分别以 0.5C、1C、2C、3C 恒流放电的形式进行倍率性能测试；经过多次循环的电池被放电到 2.5V 的状态进行交流阻抗测试，然后通过电化学工作站（CHI660C）以 15mV 的振幅在 10mHz～100kHz 的范围内进行测试记录。

六、习题

1. 试分析磷酸铁锂正极材料高温循环稳定性差的原因。
2. 对磷酸铁锂正极材料进行电极喷涂后，其循环性为什么会得到提升？

七、实验参考数据分析

图 7.7.3（a）和（b）分别展示的是电池 $LiFePO_4@C$ 和 $LiFePO_4@C-Si$ 在常温下和 60℃下的循环性能图。从图 7.7.3（a）可以看出，室温下，在 3C 电流密度下循环 100 次之后纳米 Si 喷涂的电池仍然保持着稳定的 1325mAh 的放电容量，明显高于 $LiFePO_4@C$ 的 1200mAh 的放电容量。此外，如图 7.7.3（b）所示，在 60℃高温下，虽然电池 $LiFePO_4@C$ 和 $LiFePO_4@C-Si$ 材料都表现出不同程度的容量衰减，但是通过对比可以发现，循环充放电 100 次后，$LiFePO_4@C-Si$ 材料仍然保持着 1110mAh 的放电容量，而电池 $LiFePO_4@C$ 仅为 1010mAh。同时，图 7.7.3（c）展示的是常温下电池 $LiFePO_4@C$ 和 $LiFePO_4@C-Si$ 材料的倍率性能图，可以得到，在 0.5C、1C、2C 和 3C 的电流密度下，$LiFePO_4@C-Si$ 样品均释放出更高的容量。这表明纳米 Si 修饰的 $LiFePO_4@C$ 无论是常温还是高温都表现出良好的循环稳定性和倍率性能，揭示了纳米 Si 的引入可以抑制 $LiFePO_4$ 圆柱电池在高温下电化学性能的衰退。

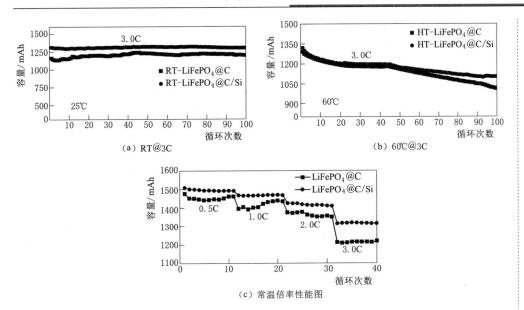

图 7.7.3　LiFePO$_4$@C 和 LiFePO$_4$@C-Si 材料的电化学性能图

此外，图 7.7.4 为 LiFePO$_4$@C 和 LiFePO$_4$@C-Si 电池在不同电流密度下的放电平台。可以图 7.7.4（a）和（b）得到，电池 LiFePO$_4$@C 和 LiFePO$_4$@C-Si 材料在小电流密度下都具有相对平坦的放电平台；然而随着电流密度的增加，对比于 LiFePO$_4$@C，纳米 Si 修饰的电池具有相对较高而且较长的放电平台，这说明纳米 Si 修饰的电池在放电的过程中可以输出更多的能量，并且相对较高的放电电压意味着 LiFePO$_4$@C-Si 电池有更小的极化率，这非常有利于容量的发挥。

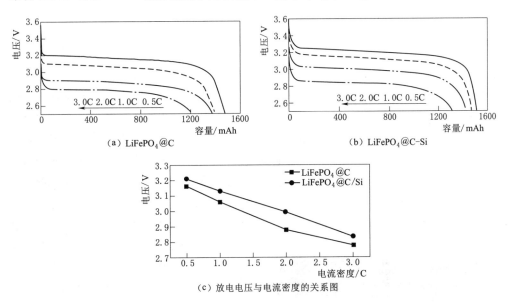

图 7.7.4　不同电流密度下的放电曲线及放电电压与电流密度的关系图

为了了解 18650 圆柱形电池在循环之后内部电阻的变化情况，尤其是纳米 Si 修饰之后，利用交流阻抗技术（EIS）分别对经过 100 次循环后的 $LiFePO_4@C$ 和 $LiFePO_4@C-Si$ 电池进行测量，结果如图 7.7.5 所示。从图 7.7.5（a）中可以知道，在常温下电池 $LiFePO_4@C$ 和 $LiFePO_4@C-Si$ 电池在中频区域的半圆宽度是相差不多的，说明电池 $LiFePO_4@C$ 和 $LiFePO_4@C-Si$ 具有相近的电池总电阻。通过对交流阻抗图的拟合，纯的样品的电子转移电阻为 2.98mΩ，而喷涂纳米 Si 的电子电阻为 2.73mΩ。然而在 60℃ 高温的情况下，经过 100 次循环之后，$LiFePO_4@C-Si$ 的电子转移电阻仅为 2.16mΩ，远远小于 $LiFePO_4@C$ 的电子转移电阻（27.5mΩ）交流阻抗结果暗示着由于纳米 Si 的加入，电池内部总电阻的增长被有效地压制，从而提升电池在高温的环境下循环稳定性。我们知道，在电池实际运用中，电池在高温下的性能是评价电池综合性能优劣的重要指标之一。因此，接下来我们会针对电池在高温状况下的老化机制进行详细的讨论。

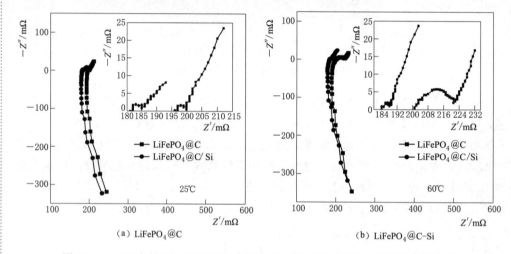

（a）$LiFePO_4@C$　　　　　　　（b）$LiFePO_4@C-Si$

图 7.7.5　100 次循环后 $LiFePO_4@C$ 和 $LiFePO_4@C-Si$ 电池的交流阻抗图谱

为了深刻地理解纳米 Si 在抑制 18650 圆柱形电池电容量衰减的机理，将 60℃ 循环 100 次后的 $LiFePO_4@C$ 和 $LiFePO_4@C-Si$ 电池在完全放电的状态下进行拆解。如图 7.7.5 所示，在电池 $LiFePO_4@C$ 和 $LiFePO_4@C-Si$ 的正负极片上分别选取"1""2"和"3"三个位置进行一系列的老化研究。图 7.7.7（a）和图 7.7.8（a）分别展示的是 $LiFePO_4@C$ 和 $LiFePO_4@C-Si$ 电池负极表面"1"位置的表面形貌图。通过对比会发现，电池 B 负极"1"位置的表面更加的平滑，没有明显的裂缝，说明 $LiFePO_4@C-Si$ 电池在高温下有更小的接触电阻，这将有利于电池电化学性能的改善。从图 7.7.7（c）和图 7.7.8（c）可以获悉，在电池 $LiFePO_4@C$ 和 $LiFePO_4@C-Si$ 电

图 7.7.6　电池正负极"1""2""3"位置的示意图

池经过老化之后，在负极的表面上除了有 C 元素的存在外，还有 Fe、O、P 元素的存在。这里 O 元素可能来自于一些有机盐与无机盐，而这些有机盐和无机盐则是 SEI 膜的重要组成部分，而 P 元素则可能是由 PF_6 还原而来。从图

7.7.7（b）和图 7.7.8（b）的表面 Fe 元素的分布图像可以发现，Fe 元素均匀分布与负极表面，意味着 $LiFePO_4@C$ 电池正极材料在电池循环过程中受到了攻击破坏，致使金属铁离子的溶解，随后被电还原在负极的表面上。

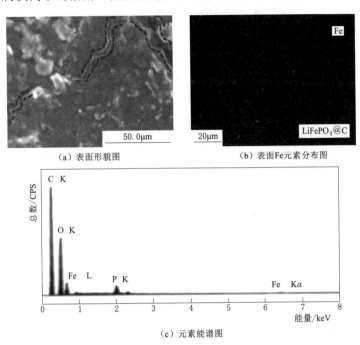

（a）表面形貌图　　　　　　（b）表面Fe元素分布图

（c）元素能谱图

图 7.7.7　$LiFePO_4@C$ 电池老化后形貌表征测试图

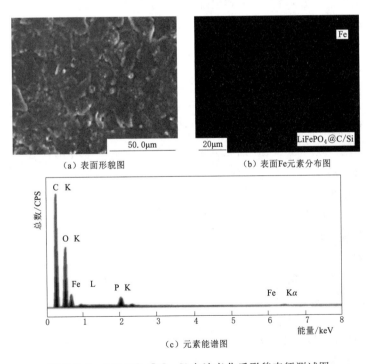

（a）表面形貌图　　　　　　（b）表面Fe元素分布图

（c）元素能谱图

图 7.7.8　$LiFePO_4@C$-Si 电池老化后形貌表征测试图

经过 EDS 的检测，$LiFePO_4$@C 电池负极"1"位置有 0.33wt.％的 Fe 沉积，$LiFePO_4$@C-Si 只有 0.17wt.％ Fe 沉积，说明纳米 Si 可通过表面的悬键来吸附电解液中多余的 H^+，从而有效地减少正极材料中 Fe 的溶解。值得注意的是，Fe 沉积在负极表面之后会催化负极表面 SEI 膜的持续形成；与此同时，SEI 膜在碳表面的持续生长或者再构造会消耗许多的活性锂，增加材料的表面电阻，而电池之所以会出现容量衰减多是由于在负极表面上 SEI 膜的持续生长或者再构造直接导致活性锂的消耗。这就不难解释具有更少 Fe 元素沉积的 $LiFePO_4$-Si 电池具有良好的循环稳定性；因为当在负极表面有很多的 Fe 元素沉积时，这就会导致更厚的 SEI 膜形成，致使更多不可逆容量的损失。由于厚度较厚的 SEI 膜脆弱易碎的本质，从图 7.7.7（a）中我们可以看到负极表面的开裂现象。从另一个层面表示 $LiFePO_4$@C 负极表面存在厚度较厚的 SEI 膜，进一步确定在负极表面众多的 Fe 沉积与电池表现出巨大的容量减少是存在着密不可分的联系。此外，电池 $LiFePO_4$@C 和 $LiFePO_4$@C-Si 电池负极片"2"和"3"位置的 Fe 含量也利用 EDS 进行测量。相比较于纯的样品负极"2"和"3"位置分别具有 0.28wt.％、0.03wt.％的 Fe 沉积，纳米 Si 修饰后的电池相对应的位置只有 0.04wt.％、0.00wt.％的 Fe 沉积，直接表明在负极 Si 的不同位置会有不同的 Fe 元素沉积量，也发现 $LiFePO_4$@C-Si 负极上 Fe 沉积量总体上都是少于纯的样品。SEM 和 EDS 的结果都可以证实纳米 Si 的表面修饰确实可以有效地防止正极材料受到电解液中 HF 的持续侵蚀，从而减少活性锂的消耗，改善电池的综合电化学性能。

为了更进一步探究高温老化之后石墨负极表面微结构的变化，尤其是化学状态的变化，老化负极分别进行 XPS 和 Raman 检测。图 7.7.9（a）、（b）分别展示的是在高温下经过多次循环之后电池 $LiFePO_4$@C 和 $LiFePO_4$@C-Si 材料负极"1"位置 C 1s 的 XPS 能谱。基于先前的报道，两个电池的 C 1s 能谱被很好的拟合。处在 284.5eV 位置的尖锐峰是指代石墨 sp^2 键（C—C），处在 285.7eV 位置的肩峰是表示典型的碳原子（C—C 或者 C—H）。位于 289.7eV 位置的峰是属于 SEI 膜中 CO_3，被认为是 $(CH_2OCO_2Li)_2$、$ROCO_2Li$ 和 Li_2CO_3。通过计算，我们可以获得 $LiFePO_4$@C 负极片的 284.5eV、285.7eV 和 289.7eV 结合能位置的面积比例分别是 26.0％、44.2％和 29.8％，而 $LiFePO_4$@C-Si 在相对应位置的峰比例分别是 33.9％、43.6％和 22.5％。值得注意的是，可以观察纯的样品在 289.7eV 位置的峰面积比例大于纳米 Si 修饰的材料，意味着 $LiFePO_4$@C 具有更厚的 SEI 膜。而电 $LiFePO_4$@C-Si 在 284.5eV 位置的峰面积比例大于 $LiFePO_4$@C，说明前者在高温循环之后还保持着良好的石墨碳结构。此外，两种材料的"1"位置 Fe 2p 的 XPS 能谱，分别如图 7.7.9（c）、（d）所示。从图中可以看到，在 710.7eV、725eV 位置有两个峰，分别对应的是 Fe $2p_{3/2}$ 和 Fe $2p_{1/2}$，指代着这两个电池负极表面都有 Fe_2O_3 的存在。特别是在 718.3eV 位置有肩峰的出现，进一步确认在负极表面有 Fe_2O_3 相的存在。由 XPS 能谱检测，在电池 $LiFePO_4$@C 和 $LiFePO_4$@C-Si 负极上的 Fe 沉积量分别为 1.19wt.％和 0.76wt.％；这进一步地确认了过多的 Fe 沉积会加剧更厚的 SEI 膜形成，从而造成更多的不可逆容量的损失。Zheng 等提出了电

解质 $LiPF_6$ 的分解产物会与电解液中的质子杂质反应，从而引发电解液成分的自催化分解反应，致使铁离子的溶解和石墨负极上 SEI 膜的破坏，最终造成电池容量的衰减。当纳米 Si 被引入到正极表面作为物理隔离层后，不仅电解液的分解速率减缓了，而且由于 HF 不能轻易靠近正极材料表面，正极上的活性材料所受的攻击也有所缓和，最终电化学性能得到了提升。

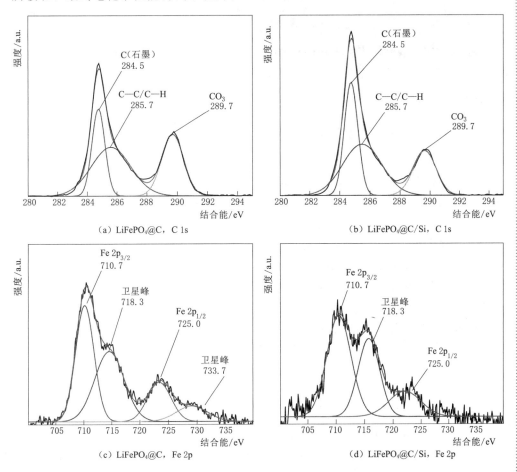

图 7.7.9　$LiFePO_4$@C 和 $LiFePO_4$@C-Si 在高温下经过多次循环之后
负极"1"位置的 XPS 能谱

图 7.7.10 呈现的是新鲜石墨负极与老化之后位置"1"的拉曼光谱。在拉曼光谱中的 D 与 G 峰比值大小与碳结构的杂乱程度是相关联的，由此可以作为判断有序度的依据。很明显，在经过 60℃ 高温 100 次循环之后电池 $LiFePO_4$@C 和 $LiFePO_4$@C-Si 负极的 I_D/I_G 比值在大幅度的增加，表明负极上的石墨材料在高温测试之后产生较大的无序化。值得注意的是，相比较于 $LiFePO_4$@C-Si，纯的电池具有更大的 I_D/I_G 比值（$I_D/I_G = 0.834$）。因此，结合图 7.7.7（a）和图 7.7.8（a）的结果，相比较于 $LiFePO_4$@C 负极，纳米 Si 喷涂后的负极拥有着紧实平滑的表面、更薄的 SEI 膜形成以及更少量的 Fe 沉积，这些都是获得优异电化学性能的重要

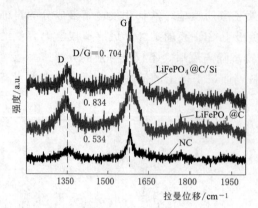

图 7.7.10　新鲜石墨负极与老化之后
位置"1"的拉曼光谱

原因。

据我们所知，锂离子电池的容量损失多是因为在电循环过程中电解液与电极界面间不可逆的副反应。就正极和负极的潜质而言，副反应更有可能发生在负极的表面上。结果就是在负极表面沉积生成成分复杂的 SEI 膜，该膜主要由无机锂盐和有机锂盐组成，它不仅可以扮演促进锂离子扩散的角色，而且密实的 SEI 膜可以有效地阻止电解液继续的还原分解。然而在实际情况中，SEI 膜的稳定性和密实性主要是由它的化学成分和物理特性所共同决定。特别是当大量的铁离子从磷酸铁锂中溶解出来而后又被还原在负极表面时，由于铁的催化促进作用，将会致使更多、更厚、不均匀的 SEI 膜在负极表面形成。考虑到 SEI 膜在高温下的不稳定性以及脆弱易碎的属性，在一次又一次的电池循环过程中，持续的 SEI 膜生长、开裂、修复将会一直进行，结果就是消耗更多的活性锂用于 SEI 膜的修复，最终导致容量的大幅度下降。为了解释负极表面 SEI 膜在电化学循环过程中生长和重构的机理，Tan 等已经提出了三个不同的机制。考虑到铁会催化 SEI 膜的生成，以及持续的 SEI 膜生长和修复这两个因素，就不难解释在高温测试下 $LiFePO_4$@C 电池会有如此大的容量衰减。从另一个方面，$LiFePO_4$@C 负极表面有更多的铁沉积，说明 $LiFePO_4$@C 的正极遭受到了更大的来自于电解液 HF 的攻击，这也是在高温循环下电池容量损失的重要原因。总结上述的实验结果，纳米 Si 的引入不仅改善了 18650 圆柱形电池的倍率性能，而且提高电池的循环稳定性，此外纳米 Si 的表面修饰有助于抑制 18650 圆柱形电池的老化。

总之，利用超声喷雾装置，磷酸铁锂极片上实现了纳米 Si 的均匀修饰。通过与石墨负极相配对，成功组装以磷酸铁锂为正极的 18650 圆柱电池。Si 修饰前后的 18650 圆柱形电池的电化学性能得到评估。此外，结合 EDS、SEM、XPS、XRD、拉曼光谱和 KPFM 技术来研究有无纳米 Si 修饰 18650 全电池的老化情况。通过对比我们可以得出以下结果：①有纳米 Si 修饰的圆柱电池负极表面仍然保持十分完整的石墨碳结构，有更少的 Fe_2O_3 沉积以及更薄 SEI 膜生成；②纳米 Si 修饰的正极表面在高温老化之后还具有较好的 $LiFePO_4$ 相、较少量的锂离子损耗。

参 考 文 献

[1]　杨文宇. 表面修饰对锂离子电池性能的改善及其老化抑制的研究 [D]. 福州：福建师范大学，2018.